机械制图技术与应用案例解析

陈超　编著

清華大学出版社
北　京

内 容 简 介

本书以理论作铺垫，以实操为指向，全面、系统地讲解了AutoCAD 2022的基本操作方法与核心应用功能，并以通俗易懂的语言、图文并茂的形式对机械制图技能知识进行了全面细致的剖析。

全书共10章，遵循由浅入深、从基础知识到案例进阶的学习原则，对机械制图基础入门、辅助绘图功能、绘制与编辑机械图形、图层与图块、机械尺寸、文本注释与表格、三维模型，以及机械图形打印与输出等内容进行了逐一讲解，并结合UG软件介绍了简单模具的创建流程，以帮助刚入行的新手了解制图的全过程。

本书结构合理，内容丰富，易学易懂，既有鲜明的基础性，也有很强的实用性。本书既可作为高等院校相关专业的教学用书，又可作为高职院校以及设计爱好者的参考书。

图书在版编目（CIP）数据

机械制图技术与应用案例解析 / 陈超编著. —北京：清华大学出版社，2023.10
ISBN 978-7-302-64758-4

Ⅰ. ①机…　Ⅱ. ①陈…　Ⅲ. ①机械制图　Ⅳ. ①TH126

中国国家版本馆CIP数据核字（2023）第192600号

责任编辑： 李玉茹
封面设计： 杨玉兰
责任校对： 周剑云
责任印制： 宋　林

出版发行： 清华大学出版社
　网　　址： https://www.tup.com.cn，https://www.wqxuetang.com
　地　　址： 北京清华大学学研大厦A座　**邮　　编：** 100084
　社 总 机： 010-83470000　**邮　　购：** 010-62786544
　投稿与读者服务： 010-62776969，c-service@tup.tsinghua.edu.cn
　质 量 反 馈： 010-62772015，zhiliang@tup.tsinghua.edu.cn
　课 件 下 载： https://www.tup.com.cn，010-62791865
印 装 者： 三河市君旺印务有限公司
经　　销： 全国新华书店
开　　本： 185mm×260mm　**印　　张：** 17　**字　　数：** 412千字
版　　次： 2023年12月第1版　**印　　次：** 2023年12月第1次印刷
定　　价： 79.00元

产品编号：102725-01

前言

对从事机械设计行业的人来说，AutoCAD软件是再熟悉不过了，它是该行业入门必备软件，是一款高效率绘图软件，利用它可以精准地绘制出各种不同类型的设计图纸。

AutoCAD软件除了在二维绘图方面展现出强大的功能性和优越性外，在软件协作性方面也体现出杰出的优势。根据设计者需求，可将设计好的图纸文件调入3ds Max、SketchUp、UG、Photoshop等设计软件做进一步的完善和加工。同时，也可将PDF、JPG等文件导入AutoCAD软件进行编辑，从而节省用户制图的时间，提高了设计效率。

随着软件版本的不断升级，目前AutoCAD软件技术已逐步向智能化、人性化、实用化方向发展，旨在让设计师将更多的精力和时间用在创作上，以便给大家呈现出更完美的设计作品。

党的二十大精神贯穿“素养、知识、技能”三位一体的教学目标，从“爱国情怀、社会责任、法治思维、职业素养”等维度落实课程思政；提高学生的创新意识、合作意识和效率意识，培养学生精益求精的工匠精神，弘扬社会主义核心价值观。

本书内容概述

全书共分10章，各章节内容如下。

章节	内容导读	难点指数
第1章	主要介绍机械绘图常识、常用的机械绘图软件、机械设计行业标准与要求、AutoCAD软件的基础操作等	★☆☆
第2章	主要介绍绘图环境的设置、视图的显示、图形的选择、捕捉功能的使用、测量功能的使用等	★☆☆
第3章	主要介绍点、各类线段、各类曲线、矩形和多边形的绘制方法等	★★☆
第4章	主要介绍图形的复制、移动、修改，以及图案填充、图形夹点的编辑等方法	★★★
第5章	主要介绍图层与图块的创建、编辑与管理等操作	★★☆
第6章	主要介绍尺寸标注的组成与规则、标注样式的创建、尺寸标注的添加、尺寸标注的编辑以及引线标注的创建等方法	★★★
第7章	主要介绍文字样式、文字内容以及表格的创建与编辑方法	★★☆
第8章	主要介绍三维绘图环境的设置、基本几何体的创建、二维图形生成三维实体的方法	★★★
第9章	主要介绍三维实体的变换、三维实体的编辑以及利用UG软件建模的方法	★★★
第10章	主要介绍图形的输入与输出、模型与布局空间的使用以及图纸的打印操作等	★★☆

选择本书理由

本书采用**“案例解析 + 理论讲解 + 课堂实战 + 课后练习 + 拓展赏析”**的结构进行编写，其内容由浅入深，循序渐进，可让读者带着疑问去学习知识，并从实战应用中激发学习兴趣。

（1）专业性强，知识覆盖面广。

本书主要围绕机械设计行业的相关知识点展开讲解，并对不同类型的案例制作进行解析，让读者了解并掌握该行业的设计原则与绘图要点。

（2）带着疑问学习，提升学习效率。

本书先对案例进行解析，然后再针对案例中的重点工具进行深入讲解，这样可让读者带着问题去学习相关的理论知识，从而有效提升学习效率。此外，本书所有的案例都经过了精心的设计，读者可将这些案例应用到实际工作中。

（3）行业拓展，以更高的视角看行业发展。

本书在每章结尾部分安排了“拓展赏析”版块，旨在让读者掌握了本章相关技能后，还可了解本行业中一些具有代表性的国之重器以及匠人精神，从而开阔读者视野。

（4）多软件协同，呈现完美作品。

在创作本书时，添加了UG软件协作内容，让读者在完成图纸的初步设计后，能够结合UG软件设计出更为精准的三维模型效果。

本书读者对象

- 从事机械产品设计的工作人员。
- 高等院校相关专业的师生。
- 高职院校辅助设计的师生。
- 对机械行业有着浓厚兴趣的爱好者。
- 想通过知识改变命运的有志青年。
- 掌握更多技能的办公室人员。

本书由陈超编写，本书在编写过程中力求严谨细致，但由于编者水平有限，疏漏之处在所难免，望广大读者批评指正。

编　者

素材文件

课件、教案、视频

目录

第1章 机械制图入门

机械制图

第2章 学会用辅助功能绘图

第3章 绘制简单的机械图形

第4章 机械图形的编辑

第5章 创建机械图层与图块

机械制图

第6章 机械图形的尺寸标注

第7章 机械图形的文字注释

第8章 创建机械三维模型

编辑机械三维模型

第10章 输出并打印机械设计图

第1章

机械制图入门

内容导读

对刚接触机械设计的人来说，除了掌握机械原理、机械制造电路原理、理论力学、材料力学等知识外，还需要熟练运用各类制图软件将所设计的产品展现出来，这样才能将设想变成现实。本章将围绕机械制图的各个方面，介绍一些制图的规定与标准，然后介绍机械行业常用的绘图软件。

思维导图

- 机械制图入门
  - AutoCAD基础操作
    - AutoCAD工作界面
    - 图形文件的基础操作
    - 命令调用方式
    - 了解坐标系统
  - 机械设计行业的标准与要求
    - 机械设计的岗位和行业概况
    - 机械设计岗位的能力要求
  - 了解机械制图
    - 什么是机械图样
    - 机械图样的三视图
    - 机械图样基础常识
  - 机械制图辅助软件
    - AutoCAD绘图软件
    - UG绘图软件
    - Pro/Engineer绘图软件

1.1 了解机械制图

机械制图是机械工程语言，它用图样表示机械产品的结构形状、大小、工作原理和技术要求，是机械设计与机械制造的基础。

1.1.1 什么是机械图样

机械图样是根据投影原理、国家标准或相关规定绘制出各种机械设备的零件、部件或整台机器的图纸。它是设计者表达设计意图的重要手段，是制造者组织生产、制造零件和装配机器的依据，也是使用者了解产品结构和性能的重要途径。

机械图样包含两类：零件图和装配图。

（1）零件图是表示单个零件结构、大小及技术要求的图样，如图1-1所示。一张完整的零件图包括图形、尺寸、技术要求和标题栏。

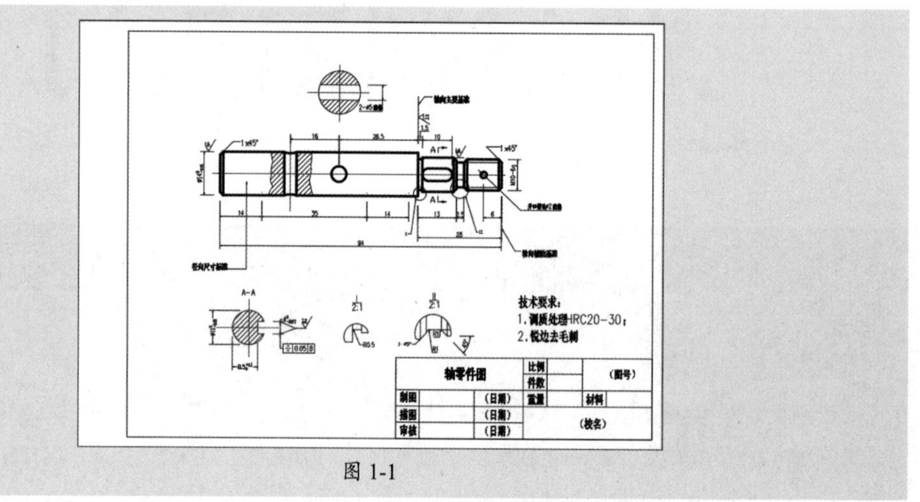

图 1-1

（2）装配图用于表示各零件之间的连接方式、装配关系、主要零件基本结构、必要的尺寸和技术要求，还可以了解其工作原理、传动路线等，如图1-2所示。它是制造、安装、检验、使用及维修机器的重要依据。

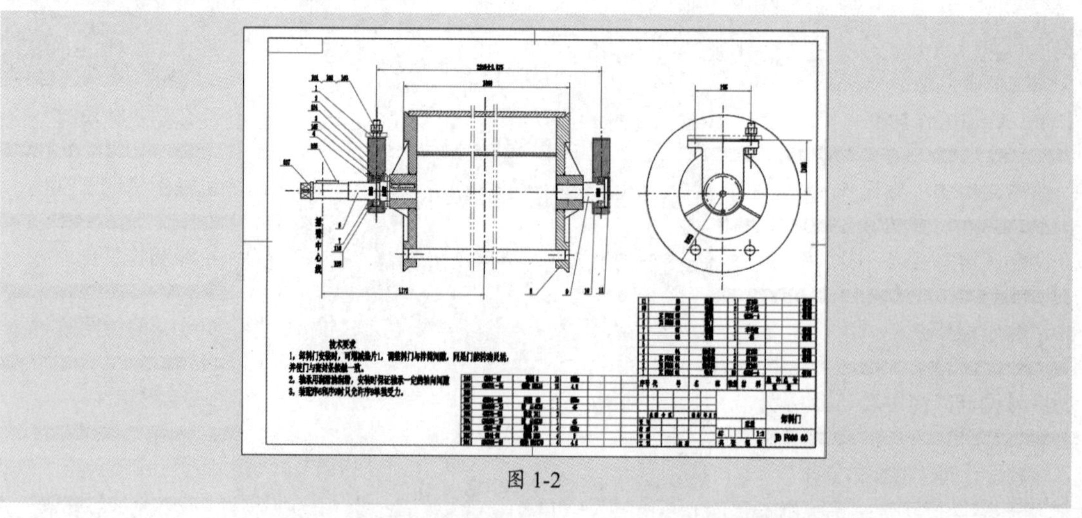

图 1-2

机械图样通常由视图、尺寸、技术要求和标题栏四个部分组成，若缺少一项，将不能称之为机械图样。

- **视图：**用于表达物体的结构形状。
- **尺寸：**用于表达物体的大小尺寸。
- **技术要求：**用于表达物体的加工质量指标（如热处理、硬度指标等）。
- **标题栏：**用于标记图样的基本资料，例如零部件名称、材料、质量、制图比例、设计者、审核者等内容。

1.1.2 机械图样的三视图

简单地说，所谓三视图就是观察者从正面（主视图）、左面（左视图）和上面（俯视图）这三个不同角度观察同一个物体而绘制的图形，如图1-3所示。

在绘制三视图时需注意，主视图和俯视图的长要相等，主视图和左视图的高要相等，左视图和俯视图的宽要相等。

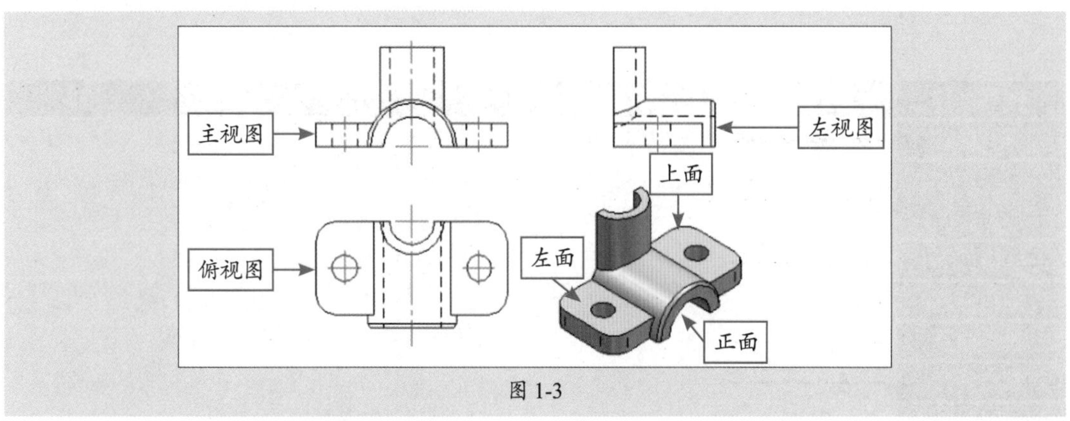

图 1-3

1.1.3 机械图样基础常识

对刚接触机械制图的用户来说，先要了解制图的一些基本常识，以便日后能够更准确地绘制出符合行业规范和标准的工程图纸。下面归纳几条制图规范和标准，供用户参考。

1. 图纸幅面

根据国家标准《技术制图　图纸幅面和格式》（GB/T 14689—2008）相关规定，图纸幅面是指图纸宽度与长度组成的图面。按尺寸大小，图纸幅面可分为5种，分别为A0、A1、A2、A3、A4，如表1-1所示。图框右下角必须要有标题栏，标题栏中的文字方向与看图方向一致。

表 1-1

单位：mm

幅面代号	A0	A1	A2	A3	A4
$B \times L$	841 × 1189	594 × 841	420 × 594	297 × 420	210 × 297
a	25				
c	10			5	
e	20		10		

图样无论是否装订，都应在图幅内用粗实线画出图框，其格式有两种：一种是需装订的图样，图框格式如图1-4所示。另一种是不需要装订的图样，图框格式如图1-5所示。周边尺寸按表1-1的规定绘制。同一产品的图样，只能采用一种格式。

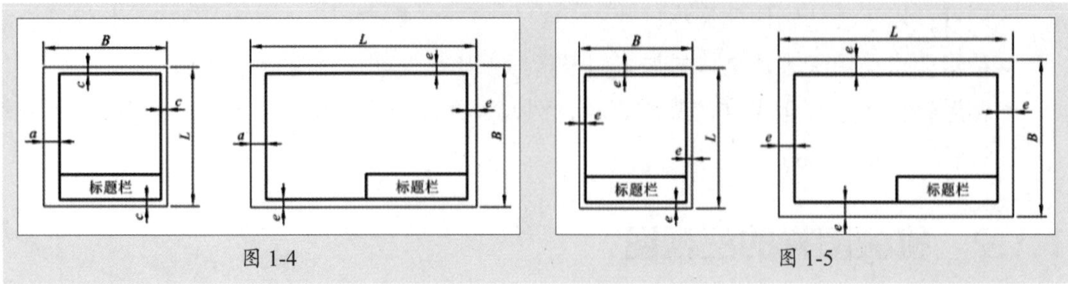

图 1-4　　图 1-5

2. 图线

根据国家标准《技术制图　图线》（GB/T 17450—1998）相关规定，机件的图样是用各种不同粗细和形式的图线画成的，其基本线型如表1-2所示。基本线型可以变形，如由直线变形为折线或波浪线。

表 1-2

图线名称	图线型式	图线宽度	主要用途
粗实线	————	*d*（0.5~2mm）	可见轮廓线，可见过渡线
细实线	————	0.5*d*	尺寸界线、尺寸线、剖面线、重合断面的轮廓线、引出线
虚线	------------	0.5*d*	不可见轮廓线
细点画线	-·-·-·-·-	0.5*d*	轴线、对称中心线、轨迹线、节线
粗点画线	-·-·-·-·-	*d*	有特殊要求的线或表面的表示线
双点画线	-··-··-··-	0.5*d*	相邻辅助零件的轮廓线、极限位置的轮廓线
双折线	—∧∨—∧∨—	0.5*d*	断裂处的边界线
波浪线	～～	0.5*d*	断裂处的边界线、视图和剖视的分界线

图线分为粗细两种，粗线的宽度*d*按图的大小和复杂程度，可从0.13mm、0.18mm、0.25mm、0.35mm、0.5mm、0.7mm、1.0mm、1.4mm、2.0mm这些系数中选取。细线的宽度为*d*/2。

图线绘制需注意以下几点。

- 点画线和双点画线的首末两端应为“画”而不应为“点”。它们中的点是极短的一画（长约1mm），不能画成圆点，且应点、线一起画。
- 同一图样中，同类型图线的宽度应一致，虚线、点画线及双点画线的线段长度和间隔应各自大致相等。
- 两平行线之间的距离应不小于粗实线的2倍宽度，最小距离不得小于0.7mm。
- 虚线、点画线或双点画线和实线相交或它们自身相交时，应以“画线”相交，而不应为“点”或“间隔”相交。
- 在较小的图样上绘制细点画线和细双点画线有困难时，可用细实线代替。
- 绘制圆的对称中心线时，圆心应为线段的交点。首末两端轮廓线为2~5mm。

- 虚线、点画线或双点画线为实线的延长线时，不得与实线相连。

3. 绘图比例

根据国家标准《技术制图　比例》（GB/T 14690—1993）相关规定，绘制图样时通常采用如表1-3所示的比例进行绘图，也可选用如表1-4所示的比例进行绘制。

表 1-3

种类	比例				
原值比例	1：1				
放大比例	5：1	2：1	5×10°：1	2×10°：1	1×10°：1
缩小比例	1：5	1：2	1：5×10°	1：2×10°	1：1×10°

表 1-4

种类	比例				
放大比例	4：1	2.5：1	4×10°：1	2.5×10°：1	1×10°：1
缩小比例	1：1.5	1：2.5	1：3	1：4	1：6
	1：1.5×10°	1：2.5×10°	1：3×10°	1：4×10°	1：6×10°

为了能从图样上获得实物大小的真实概念，应尽量用原值比例，即1：1的比例画图。当机件不宜采用1：1画图时，可采用画的图形比相应实物小的方法，称为缩小比例，即1：n；也可采用图形画得比相应实物大的方法，称为放大比例，即n：1。但无论缩小或放大，在标注尺寸时，必须标注机件的实际尺寸。每一张图样上均要在标题栏的“比例”栏中填写比例。

4. 字体

根据国家标准《技术制图　字体》（GB/T 14691—1993）相关规定，图样中书写的汉字、数字、字母必须做到字体端正、笔画清楚、排列整齐、间隔均匀。如果图样上的字体很潦草，不仅会影响图样的清晰和美观，而且还会造成差错，给生产带来麻烦和损失。

- 文字的高度，选用3.5、5、7、10、14、20（单位mm）。
- 图样及说明中的汉字，宜采用长仿宋体，也可以采用其他字体，但要容易辨认。
- 汉字的字高应不小于3.5mm，手写汉字的字高一般不小于5mm。
- 字母和数字的字高不应小于2.5mm。与汉字并列书写时，字高可小一至二号。
- 拉丁字母中的I、O、Z，为了避免同图纸上的1、0和2相混淆，不得用于轴线编号。
- 分数、百分数和比例数的注写，应采用阿拉伯数字和数字符号，例如，四分之三、百分之二十五和一比二十应分别写成3/4、25%和1：20。

5. 尺寸标注

根据国家标准《技术制图　简化表示法》（GB/T 16675.2—2012）相关规定，图样除了画出物体及其各部分的形状外，还必须准确、详尽、清晰地标注尺寸，以确定其大小，作为施工的依据。尺寸标注基本原则如下。

- 机件的真实大小应以图样上所注的尺寸数值为依据，与图形的大小及绘图的准确度无关。

- 图样中（包括技术要求和其他说明）的尺寸，以毫米为单位时，不需标注计量单位的代号或名称；如果用其他单位，则必须注明相应的计量单位的代号和名称。
- 图样中所标注的尺寸为该图样所示机件的最后完工尺寸，否则应另加说明。
- 机件的每一个尺寸一般只标注一次，并应标注在反映该结构最清晰的图形上。

在绘制尺寸线时，应注意以下几点。

- 尺寸线必须用细实线单独绘制，不能借用图形中的任何图线，也不能画在其他图线的延长线上。
- 尺寸线终端采用箭头的形式时，箭头尖端应与尺寸界线接触，同一张图纸上箭头的大小要一致，采用斜线形式的尺寸线与尺寸界线必须垂直，同一张图样中尽量采用同一种尺寸线终端的形式。
- 标注线性尺寸时，尺寸线必须与标注的线段平行。
- 当采用箭头时，在位置空间不够的情况下，允许用圆点或斜线代替箭头。

1.2 机械制图辅助软件

在机械设计过程中，常用的绘图软件有AutoCAD、CAXA、Pro/Engineer、UG、CATIA、Solidworks等，利用这些软件可以提升机械产品的开发效率。

1.2.1 AutoCAD绘图软件

应用AutoCAD软件绘制各类机械图样已成为设计人员必须具备的基本素质和就业条件。

1. 强大的二维绘图功能

AutoCAD提供了一系列二维绘图命令，用户可以方便地用各种方式绘制二维基本图形，如点、线、圆、圆弧、多段线、椭圆、正多边形等。也可以对指定的封闭区域填充图案，如剖面线、涂黑、砖、砂石、渐变色填充等。

2. 灵活的图形编辑功能

AutoCAD软件提供了很强的图形编辑和修改功能，使用如移动、旋转、复制、镜像、缩放等操作命令，用户可以灵活地对选定图形进行编辑和修改。

3. 逼真的实体模型功能

AutoCAD软件提供了许多三维绘图命令，如创建长方体、圆柱体、球、圆锥、圆环等操作命令，以及三维网格、旋转网格等网格模型；也可以将平面图形进行回转和平移来生成三维模型；通过对模型进行“并集”“差集”“交集”等布尔运算，可以生成更复杂的模型。图1-6所示是利用AutoCAD三维建模功能创建的零件模型。

4. 标注和添加文字的零件图

利用AutoCAD软件提供的尺寸标注和添加文字功能，用户可以定义尺寸标注和文字样式，为绘制的图形添加标注尺寸、公差、几何形状以及文字等。图1-7所示是一个经过尺寸标注和添加文字的零件图。

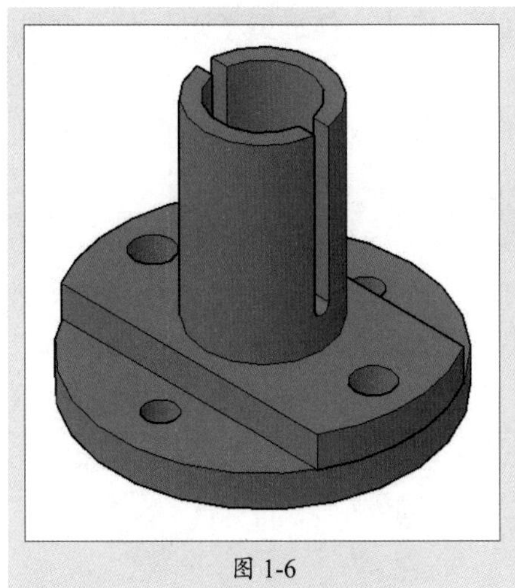

图 1-6

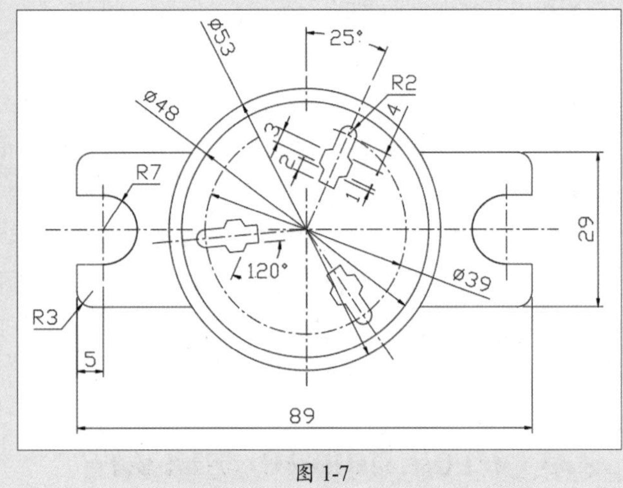

图 1-7

1.2.2 UG绘图软件

UG（Unigraphics NX）是一款集CAD、CAM、CAE于一体的三维参数化设计软件，功能强大，可以轻松实现各种复杂实体及造型的建构，为产品设计及加工过程提供了数字化造型和验证手段，广泛应用于航空航天、汽车、造船、通用机械和电子等工业领域，图1-8所示是用UG制作的零件模型。

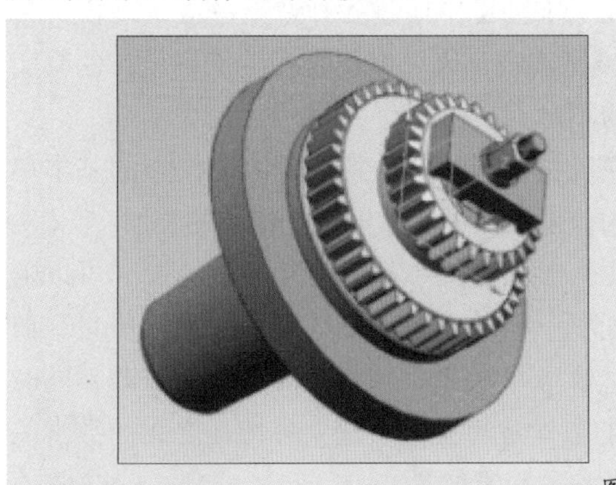

图 1-8

UG具有强大的实体造型、曲面造型、虚拟装配和产生工程图等设计功能。在设计过程中，可以进行有限元分析、机构运动分析、动力学分析和仿真模拟；可通过建立的三维模型直接生成数控代码，用于产品的加工，其处理程序支持多种类型的数控机床。另外，该软件所提供的二次开发语言UG/Open Grip、UG/Open API简单易学，实现功能多，便于用户开发专用CAD系统应用。具体来说，该软件具有以下特点。

- 具有统一的数据库，真正实现了CAD、CAE、CAM等各模块之间数据交换的自由切换，可实施并行工程。
- 采用复合建模技术，可将实体建模、曲面建模、线框建模、显示几何建模与参数化建模融为一体。

- 利用基础特征（如孔、凸台、型胶、槽沟、倒角等）作为实体造型基础，形象直观，并能用参数驱动。
- 曲面设计采用非均匀有理B样条作为基础，可通过多种方法生成复杂的曲面，特别适合汽车外形设计、汽轮机叶片设计等复杂曲面造型。
- 出图功能强，可方便地从三维实体模型直接生成二维工程图。能按ISO标准和国标标注尺寸、形位公差和汉字说明等，并能直接对实体做旋转剖、阶梯剖和轴测图挖切以生成各种剖视图，增强了绘制工程图的实用性。
- 以Parasolid为实体建模核心，实体造型功能处于领先地位，目前CAD、CAE、CAM软件均以此作为实体造型基础。

1.2.3 Pro/Engineer绘图软件

Pro/Engineer也是一款三维实体模型设计软件，该软件以参数化著称，是参数化技术的最早应用者，在三维造型软件领域占有重要地位。它能将产品从设计至生产的过程集成在一起，让多位用户同时进行同一产品的设计制造工作。Pro/Engineer具有完善的三维实体模型设计系统，在模具设计、零件装配图等方面有着非常出色的表现。

Pro/Engineer作为一种全参数化的计算机辅助设计系统，与其他计算机辅助设计系统相比具有以下特点。

- Pro/Engineer是一个实体建模器，允许在三维环境中通过各种造型手段实现设计目的，能够将用户的设计思想以最逼真的模型表现出来，以便直接地了解设计的真实性，避免设计中的点、线、面构成几何的不足。
- Pro/Engineer是一个基于特征的实体建模工具，系统认为特征是组成模型的基本单元，实体建模是通过多个特征创建完成的，也就是说实体模型是特征的叠加。
- Pro/Engineer是一个全参数化的系统，几何形状和大小都由尺寸参数控制，可以随时修改这些尺寸参数并对设计对象进行分析，计算出模型的体积、面积、质量、惯性矩等特征之间相依的关系，即所谓的“父子”关系，使得某一特征的修改，同时会牵动其他特征的变更；可以运用强大的数学运算方式，建立各特征之间的数学关系，使计算机能自动计算出模型应有的形状和固定位置。
- Pro/Engineer创建的三维零件模型以及由此产生的二维工程图、装配部件、模具、仿真加工等，它们之间双向关联，采用单一的数据管理，既可以减少数据的存储量以节约磁盘空间，又可以在任何环节对模型进行修改，以保证设计数据的统一性和准确性，也避免了因复杂修改而花费大量的时间。
- Pro/Engineer能够依据创建的原始模型，通过家族表改变模型各组成对象的数量或尺寸参数，建立系列化的模型，这也是建立国家标准件库的重要手段之一。

1.3 机械设计行业的标准与要求

由于各行业的差别，行业标准和从业要求也各不相同。在机械设计行业，想要成为一名合格的设计师，就必须了解该行业的行业标准与所要具备的能力。

1.3.1 机械设计的岗位和行业概况

根据机械行业的从业特点，可将行业划分为以下6种。

1. 机械设计工程师

对机械行业而言，机械设计岗位是唯一能够带来行业核心竞争力，以及行业优质资源配置的从业岗位，特别是专业技术能力的打造方面，是一个具有集大成专业能力输出的职业岗位，也是一个能够在机械行业带来可持续发展的岗位。当然，这对该专业的毕业生来说不太友好，岗位要求比较高，一般只有少数优秀毕业生能够入职该岗位，更多毕业生只能分布到其他普通岗位上。

2. 机械设备运维工程师

该岗位是机械专业学生就业面最广的岗位，凡是制造业企业，几乎都离不开这个岗位，其就业量之大、就业面之广对机械行业而言可谓首屈一指。设备运维工程师最基本的职责就是负责并维护机械设备的稳定性，同时不断优化系统架构和提升部署效率，优化资源利用率，提高机械设备的整体性能。

3. 机械工艺工程师

机械工艺技术岗位是绝大部分机械专业学生职业生涯的始发地，无论今后从事哪一类机械岗位，其共同的起始点都可以归结为机械工艺技术岗位，因为这是一个机械工程师的技能之源和立足之本。

在该岗位上，工艺师们不仅可以建立对一个产品、一个企业，甚至一个行业的基本认知，更可以通过产品的生产流程、运行规则和技术控制等要素来深化自己的专业知识，让自己从更理性的层面去面对和适应职场的发展，也从更切合实际的角度去规划和发展自己的职业未来。

4. 产品质检工程师

该岗位在机械行业和制造业都是很常见的，从事该岗位的人员可以了解并熟悉机械专业的各类国家标准以及产品质量的评定与资格认证流程。当然，这个岗位不是每个人都能做好的，它除了要求有良好的行业认知能力外，还需要具备良好的沟通能力和演讲能力，将你自己的行业认知传输给对方，让对方信服。

5. 采购工程师

该岗位主要负责企业样品的开发、订单采购以及生产过程质量及进度的跟踪。此外，还负责查看其他企业来图、来样品的核价与报价。可以说该岗位需要有一定的机械专业知识，但更看重的是个人社交能力。

6. 销售工程师

这个岗位是机械专业学生就业率很高的一个岗位，也是机械专业学生创业成功率最高的一个岗位。如果你暂时无法进入机械设计岗位去拓展自己的技术能力，那最好进入销售岗位去积累行业的资源和人脉，这样对一些打算日后自主创业者来说是很有帮助的。

1.3.2 机械设计岗位的能力要求

无论从事机械专业的哪一个岗位，多多少少都需要具备一定的专业能力，特别是对从事设计、工艺技术类岗位的人来说，其能力要求更严格。一个合格的设计工程师需要具备以下几个方面的专业能力，才能真正胜任机械设计岗位。

1. 产品研发能力

作为一名机械设计师，产品研发能力是职场的核心竞争力。不要以为会画几张机械图纸就是设计师，机械设计行业并不缺绘图员，缺少的是具有产品研发能力的人。真正的机械设计工程师，一定是基于产品的架构，从项目方案开始进行规划和设计的，这不仅牵涉到产品的功能部件、结构布局，外购件的选型，标准件的选用和零件图纸的表达，同时还需要具备一定的电气控制规划能力，这些工作都需要有足够的认知，而不是单纯地画几张图纸那么简单。

2. 机械加工工艺能力

机械设计工程师如果不懂得机械加工工艺，那无疑是不合格的，因为产品研发的技术可行性很大一部分决定于工艺，同时产品的质量和成本也有相当一部分决定于产品工艺，这是每个机械设计从业人员都要具备的基本认知。

3. 产品装配工艺能力

产品装配流程设计同样是机械设计工程师的必备能力，这个流程中的思考也伴随着产品方案的定型，进而产生一个大概的雏形，因为产品装配从来就不是一个简单的流程，而是伴随着各种装配工具、装配工装、检测工具等的采购与设计，装配流程和检验流程的规划，是一个复杂的工作。

4. 销售与采购能力

销售与采购能力对一名机械设计工程师而言是不可缺少的。无论是企业的常规产品销售，还是用户具体产品方案的解决，很多都需要由专门的技术人员介入和支持，在机械行业尤其如此。作为最具专业技术发言权的机械设计工程师，自然是这些工作的不二人选。因为他们掌握了这个行业的通用性语言——专业技术，这是其他人员无法替代的工作能力。

1.4 AutoCAD基础操作

AutoCAD是Autodesk公司开发的一款绘图软件，也是目前市场上使用率极高的辅助设计软件，广泛应用于建筑、机械、电子、服装、化工及室内设计等工程设计领域。

1.4.1 案例解析：调整AutoCAD界面主题色

启动AutoCAD 2022软件后，其工作界面是以酷炫的蓝黑色显示，如图1-9所示。若对该主题色不满意，可以通过以下方法来对其进行更换。

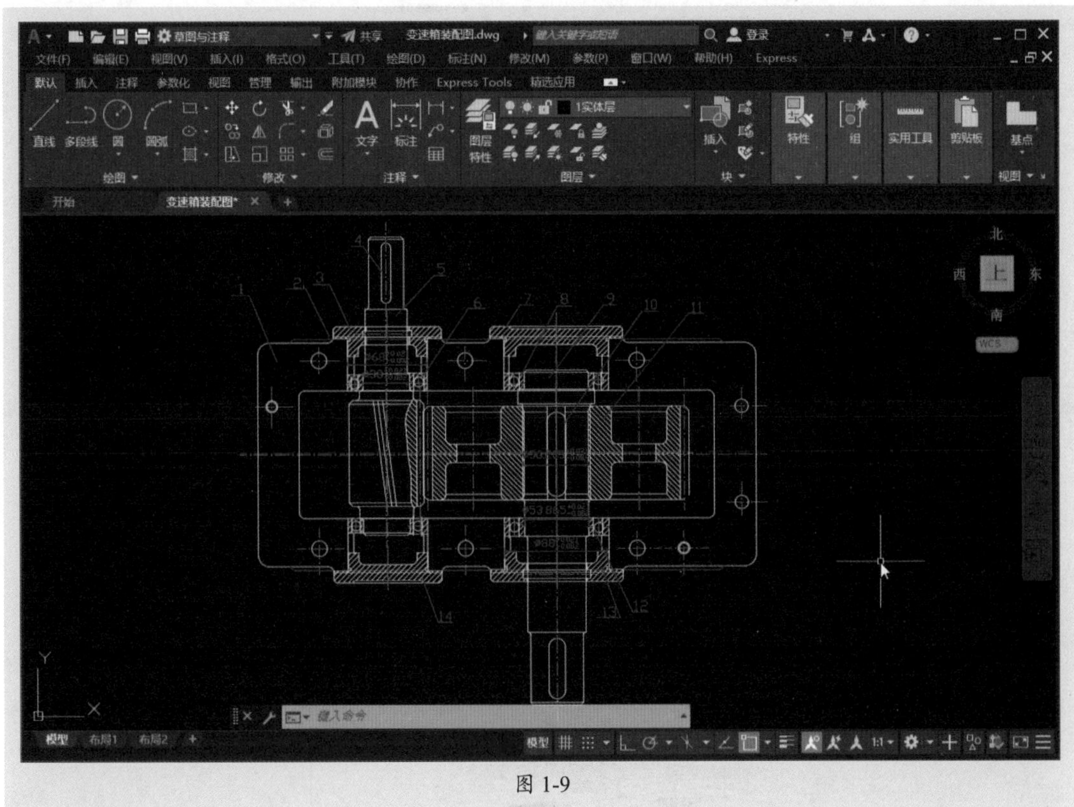

图 1-9

步骤01 用鼠标右键单击操作界面，在快捷菜单中选择“选项”命令，如图1-10所示。

步骤02 在“选项”对话框的“显示”选项卡中，将“颜色主题”设置为“明”，如图1-11所示。

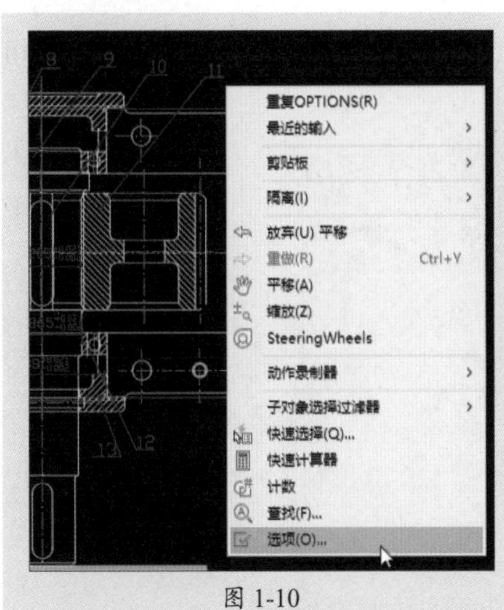

图 1-10

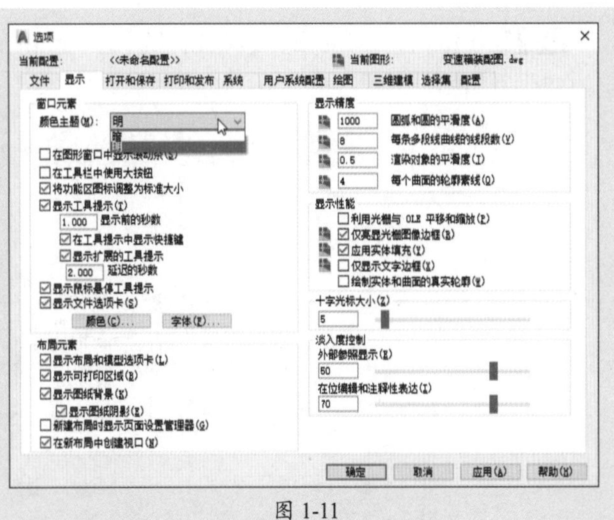

图 1-11

步骤 03 单击“颜色”按钮，如图1-12所示。

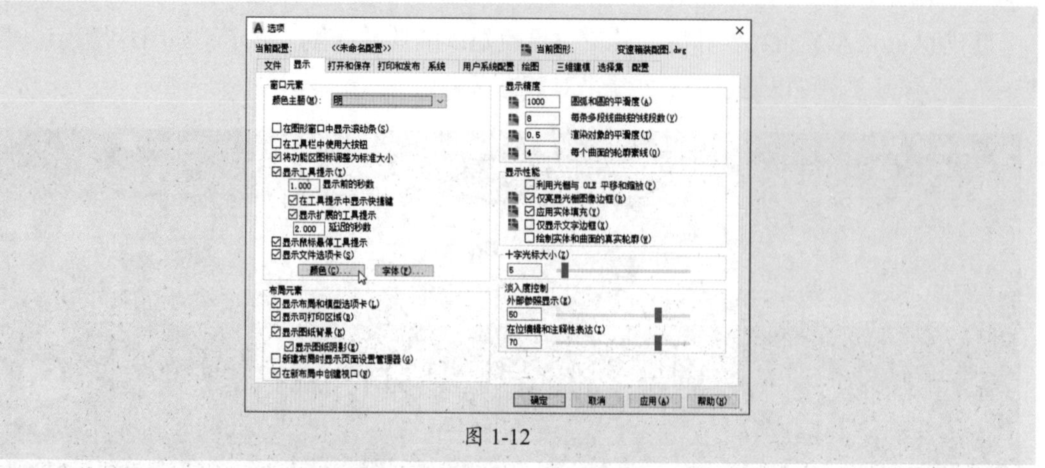

图 1-12

步骤 04 打开“图形窗口颜色”对话框。将“统一背景”的“颜色”设为“白”，单击“应用并关闭”按钮，如图1-13所示。

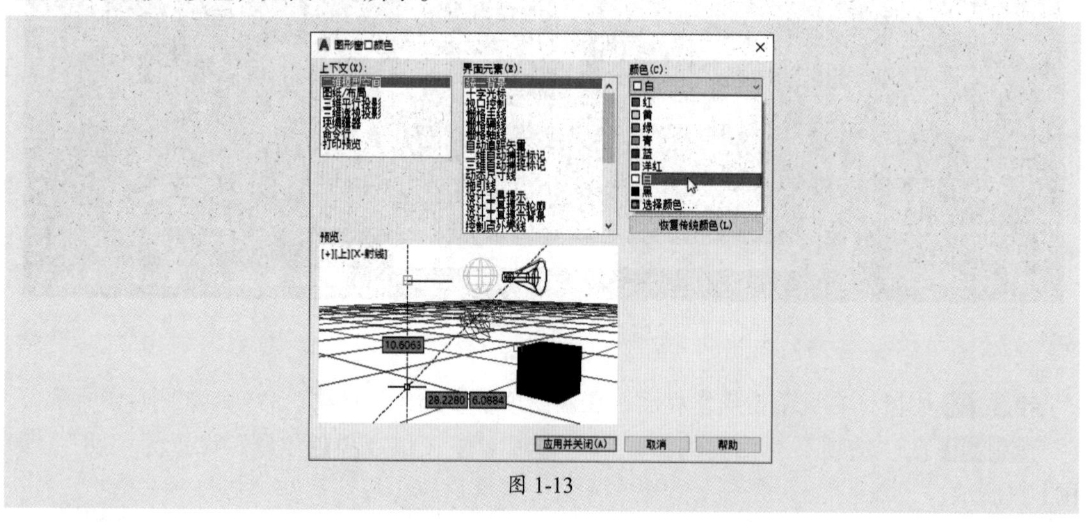

图 1-13

步骤 05 返回上一层对话框，单击“确定”按钮。此时的绘图界面背景色已经发生了相应的变化，如图1-14所示。

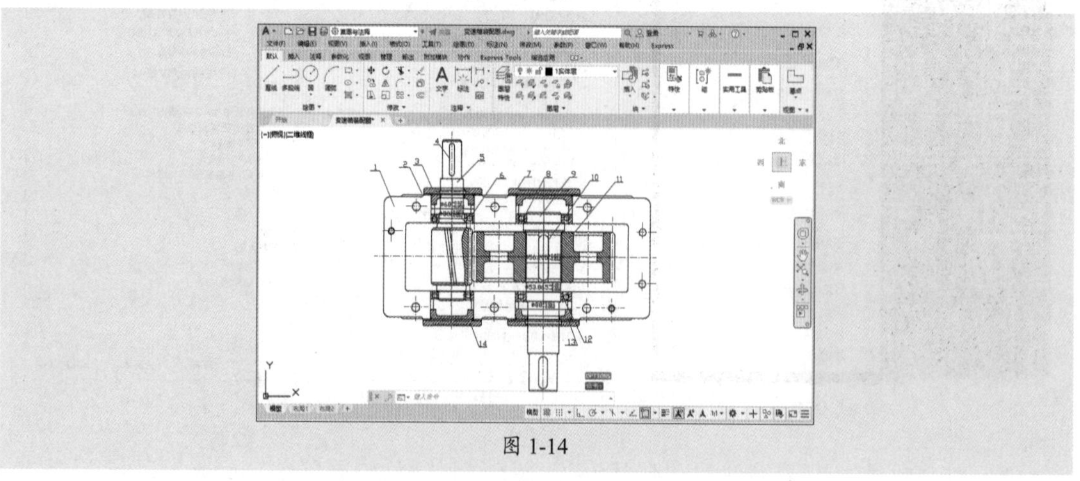

图 1-14

1.4.2 AutoCAD工作界面

AutoCAD 2022的工作界面由标题栏、菜单栏、功能区、文件选项卡、绘图区、十字光标、命令行以及状态栏等组成，如图1-15所示。

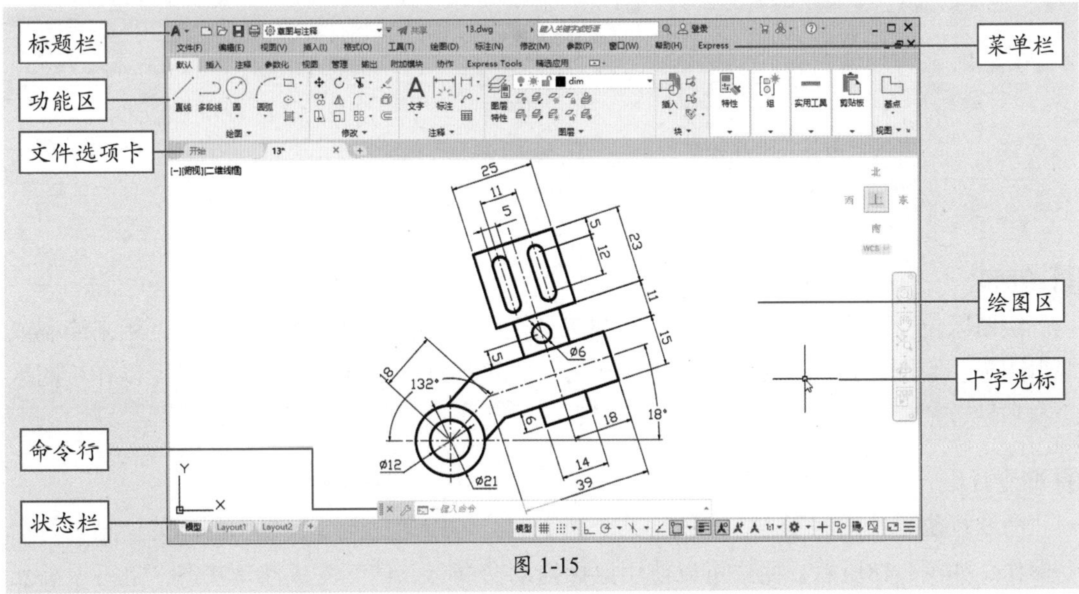

图 1-15

1.“菜单浏览器”按钮

“菜单浏览器”按钮位于工作界面的左上方，单击该按钮，弹出AutoCAD菜单，选择相应的命令，便会执行相应的操作。

2.标题栏

标题栏位于工作界面的最上方，它由“菜单浏览器”按钮、快速访问工具栏、当前文件标题、搜索框、“登录”按钮、Autodesk App Store、保持连接、帮助以及窗口控制按钮等部分组成。

3.菜单栏

菜单栏包括文件、编辑、视图、插入、格式、工具、绘图、标注、修改、参数、窗口、帮助、Express共13个主菜单。默认情况下，菜单栏是隐藏的，如需显示，可在快速访问工具栏中单击按钮，在打开的下拉列表中选择“显示菜单栏”选项，如图1-16所示。

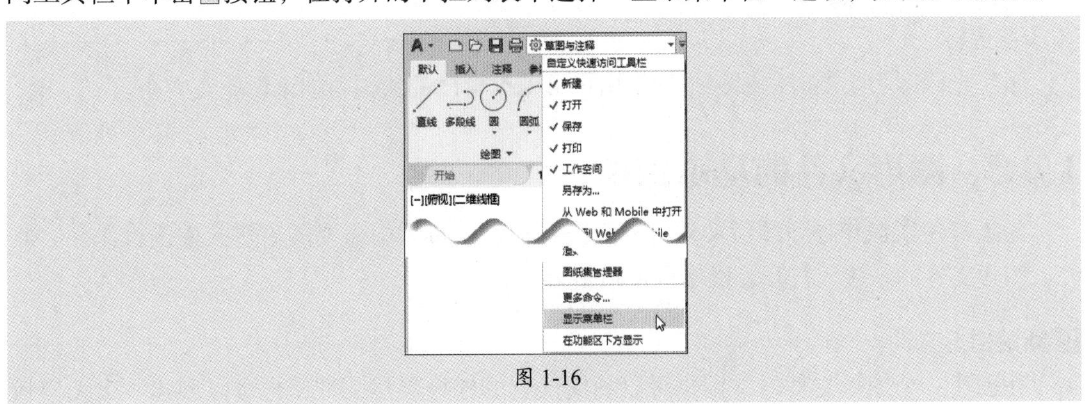

图 1-16

4. 功能区

功能区在菜单栏的下方，包含功能面板和功能按钮。功能按钮是能代替命令的简便工具，利用功能按钮可以完成绘图的大量操作，如图1-17所示。

图 1-17

5. 绘图区

绘图区位于工作界面的正中央，即被工具栏和命令行所包围的整个区域，用来绘制或编辑图形。绘图区是一个无限大的电子屏幕，无论尺寸多大或多小的图形都可以在绘图区绘制和灵活显示。

6. 命令行

命令行位于绘图区下方，在执行某个命令时，可以通过命令行显示的相关信息进行命令操作，如图1-18所示。用户可以使用鼠标拖动命令行，使其变成浮动状态，也可以随意更改命令行的大小。

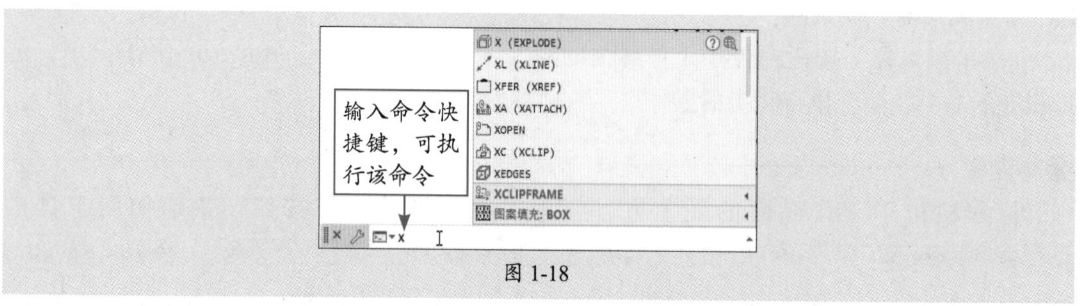

图 1-18

7. 状态栏

状态栏用于显示当前的状态。在状态栏的最左侧有“模型”和“布局”两个绘图模式，单击可进行模式切换。状态栏主要用于显示光标的坐标轴、控制绘图的辅助功能按钮、控制图形状态的功能按钮等。

8. 十字光标

十字光标即为绘图时的鼠标指针，用户可根据自己的绘图习惯来调整其大小。

1.4.3 图形文件的基本操作

为了避免误操作导致图形文件意外丢失，在设计过程中需要随时对文件进行保存。此外，图形文件的新建、打开等操作也是必须学会的。

1. 新建图形文件

在创建一个图形文件时，用户可以利用已有的样板创建文件，也可以创建一个无样板的图形文件。在“开始”界面上单击“新建”按钮，即可创建一个空白文件，如图1-19所示。

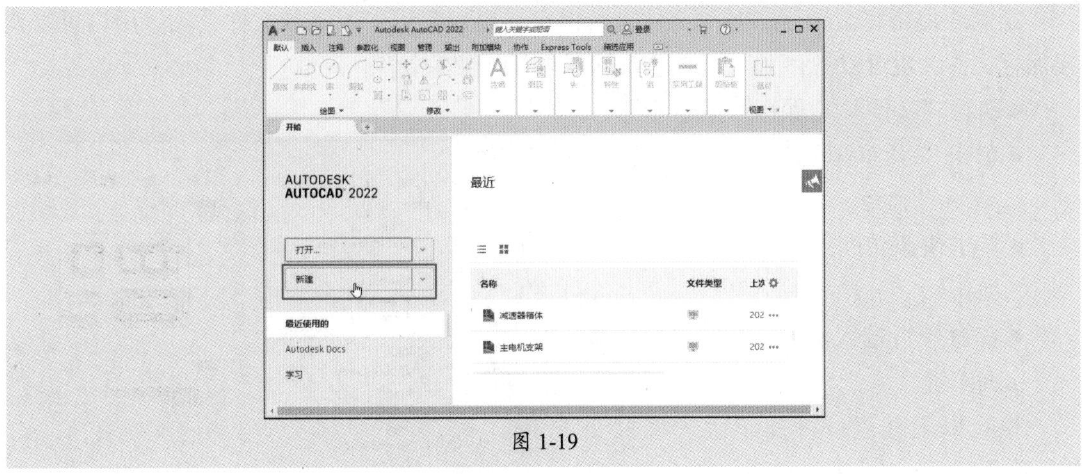

图 1-19

此外，用户还可通过以下几种方式新建文件。

- 执行“文件”|“新建”命令。
- 单击“菜单浏览器”按钮，执行“新建”|“图形”命令。
- 单击快速访问工具栏中的“新建”按钮。
- 单击绘图区上方文件选项卡中的“新图形”按钮 + 。
- 在命令行输入NEW命令，然后按回车键。

2. 打开图形文件

在“开始”界面中单击“打开”按钮，打开“选择文件”对话框。选择所需文件，单击“打开”按钮即可打开文件，如图1-20所示。

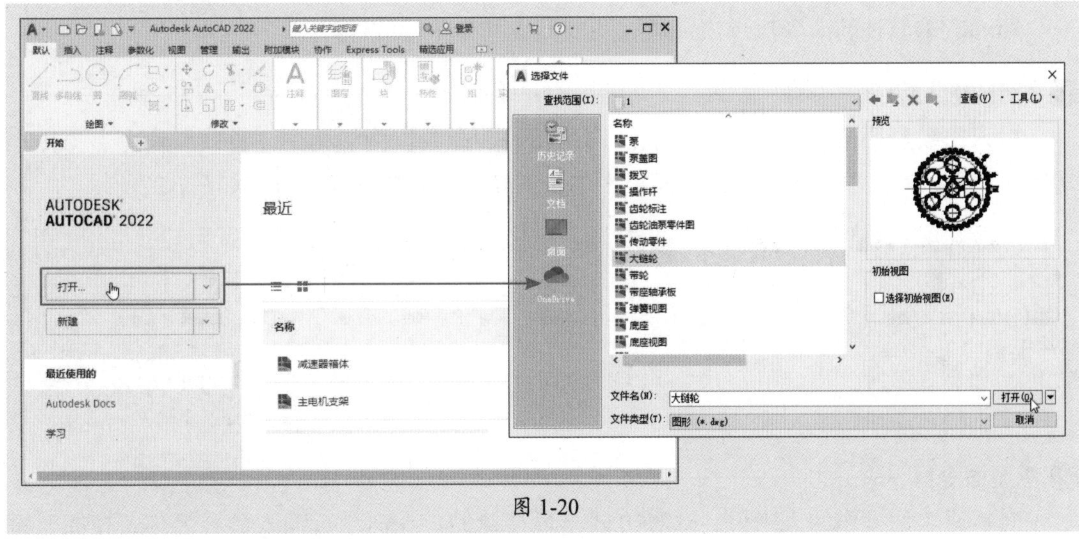

图 1-20

用户还可通过以下几种方式打开文件。

- 执行“文件”|“打开”命令。
- 单击“菜单浏览器”按钮，执行“打开”|“图形”命令。
- 在命令行输入OPEN命令，然后按回车键。

3. 保存图形文件

绘制或编辑完图形后，要对文件进行保存，以避免因失误导致文件丢失。用户可以直接保存文件，也可以另存文件。通过以下方法可以保存文件。

- 执行“文件”|“保存”命令。
- 单击“菜单浏览器”按钮，执行“保存”命令。
- 单击快速访问工具栏中的“保存”按钮。
- 在命令行输入SAVE命令，然后按回车键。

执行以上任意一种操作后，将打开“图形另存为”对话框，如图1-21所示。命名图形文件后单击“保存”按钮，即可保存文件。

图 1-21

4. 另存图形文件

如果用户需要重新命名文件或者更改保存路径，就需要另存文件。通过以下方法可以将图形文件另存到其他位置或以新的文件保存。

- 执行“文件”|“另存为”命令。
- 单击“菜单浏览器”按钮，执行“另存为”命令。

1.4.4 命令调用方式

AutoCAD软件的命令执行主要通过功能面板和命令行两种方式。

1. 使用功能面板

对入门级新手来说，可以在功能区调用相关的命令。例如调用“直线”命令，只需在功能区“默认”选项卡的“绘图”面板中单击“直线”命令按钮即可，如图1-22所示。

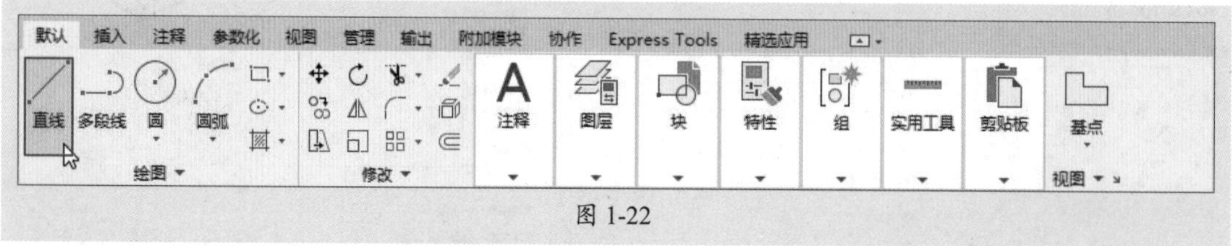

图 1-22

2. 使用命令行

对精通软件操作的人来说，这种方式是最便捷的。在命令行输入命令名称，按回车键即可调用命令。例如执行“直线”命令，输入L（Line命令的缩写），按回车键即可。

命令行提示如下：

```
命令: L（输入命令快捷键，回车）
LINE
```

```
指定第一个点:
指定下一点或 [放弃(U)]:
```

操作提示

除以上两种方式外，用户还可以使用菜单栏进行命令调用，即执行“绘图”|“直线”命令。

执行命令过程中可按Esc键终止当前命令操作。命令终止后，按空格键或者回车键，可重复执行上一次命令。

1.4.5 了解坐标系统

启动AutoCAD软件后，在绘图区左下角会显示绘图坐标。用户需要通过坐标系来指定点的位置。AutoCAD的坐标系分为两种，分别是世界坐标系（WCS）和用户坐标系（UCS）。

1. 世界坐标系

世界坐标系（World Coordinate System，WCS）是AutoCAD默认的坐标系统，分别通过X、Y、Z这三个相互垂直的坐标轴来确定位置。坐标原点位于绘图区左下角。在世界坐标系中，X轴和Y轴的交点就是坐标原点$O(0,0)$，X轴正方向为水平向右，Y轴正方向为垂直向上，Z轴正方向为垂直于XOY平面，指向用户。在二维绘图状态下，Z轴是不可见的。世界坐标系是一个固定不变的坐标系，其坐标原点和坐标轴方向都不会改变，如图1-23所示。

2. 用户坐标系

相对于世界坐标系WCS，用户可根据需要创建无限多的坐标系，这些坐标系称为用户坐标系。在进行三维造型操作时，固定不变的世界坐标系已经无法满足绘图需要，故而定义一个可以移动的用户坐标系（User Coordinate System，UCS），在需要的位置上设置原点和坐标轴的方向，更加便于绘图。用户坐标系和世界坐标系完全重合，但用户坐标系的图标少了原点方框标识，如图1-24所示。

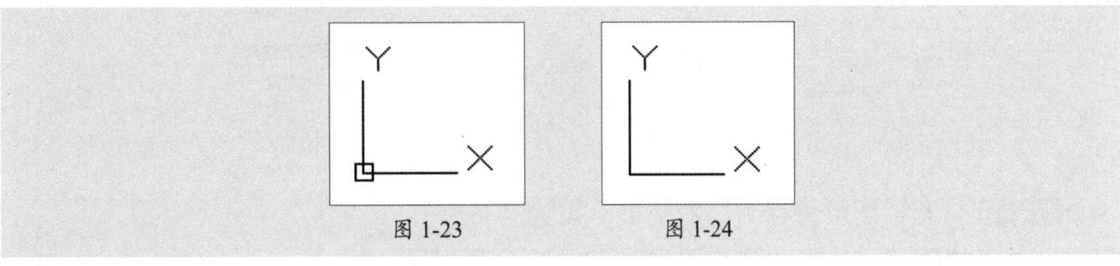

图 1-23　　图 1-24

3. 输入坐标值

在绘图时，经常需要通过输入坐标值来确定线条或图形的位置、大小和方向。用户可采用以下方法来输入新的坐标值。

（1）绝对坐标。

绝对坐标包含绝对直角坐标和绝对极坐标两种。

- **绝对直角坐标：** 相对于坐标原点的坐标，可以输入(X,Y)或(X,Y,Z)坐标来确定点在坐标系中的位置。当输入(30,15,40)时，则表示该点在X轴正方向距离原点30个单位，在Y轴正方向距离原点15个单位，在Z轴正方向距离原点40个单位。

- **绝对极坐标：** 通过相对于坐标原点的距离和角度来定义点的位置。输入极坐标时，距离和角度之间用“<”符号隔开。当输入(30<45)时，表示该点距离原点30个单位，并与X轴成45°。角度逆时针旋转为正，顺时针旋转则为负。

（2）相对坐标。

相对坐标是指相对于上一个点的坐标，它是以上一个点为参考点，用位移增量来确定点的位置。在输入相对坐标时，需在坐标值之前加“@”符号。如上一个点的坐标是(3,20)，输入(@2,@3)，则表示该点的绝对直角坐标为(5,23)。

课堂实战 将文件保存为低版本格式

为了便于在低版本软件中打开高版本的图形文件，在保存图形文件时，可以对其格式类型进行设置。下面以将图形文件保存为AutoCAD 2004版本格式为例，介绍具体的操作。

步骤 01 启动AutoCAD 2022软件，在“开始”面板中单击“打开”按钮，打开“选择文件”对话框。选择“壳体零件图”素材文件，如图1-25所示。

步骤 02 打开该文件，右击文件选项卡，在快捷菜单中选择“另存为”命令，如图1-26所示。

图 1-25

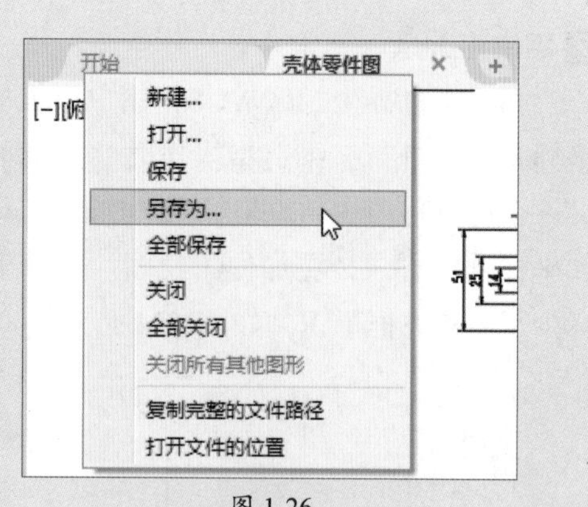

图 1-26

步骤 03 打开“图形另存为”对话框。设置好文件保存的路径，单击“文件类型”下拉按钮，选择“AutoCAD 2004/LT2004图形（*.dwg）”选项，如图1-27所示。单击“保存”按钮。

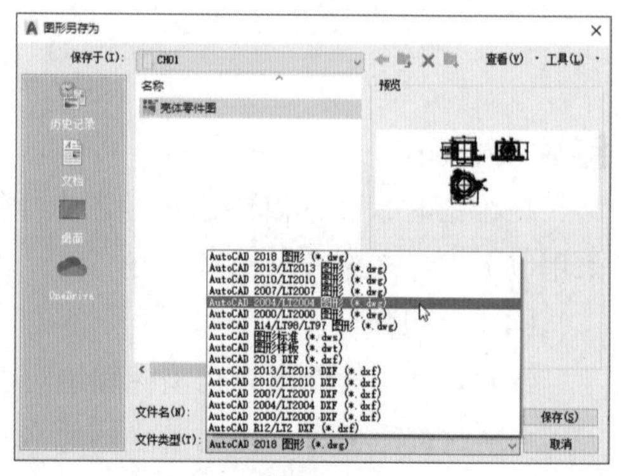

图 1-27

课后练习 调整十字光标大小

默认情况下，十字光标的大小为5。为了满足个人的绘图习惯，用户可对其大小进行调整，图1-28所示为十字光标大小为100的效果。

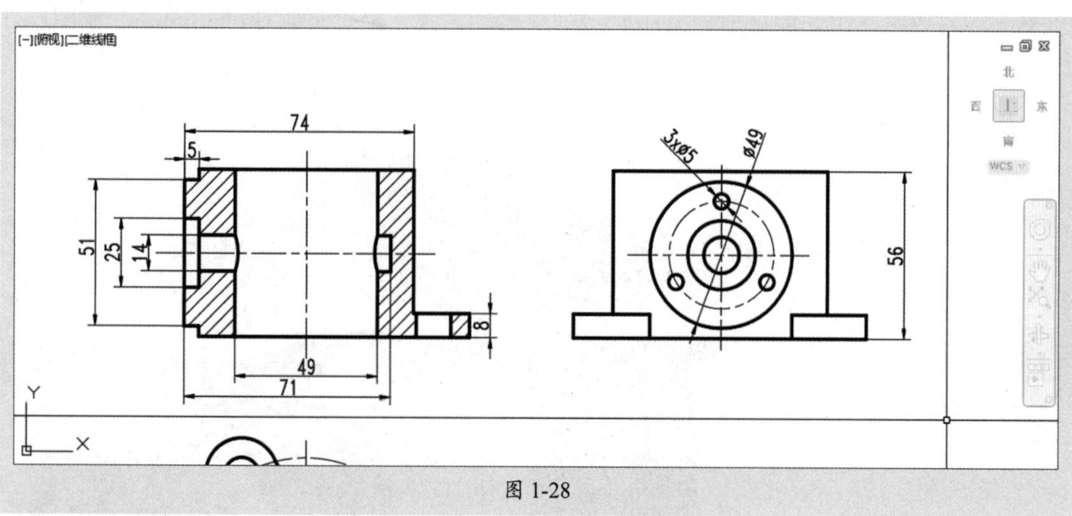

图 1-28

1. 技术要点

步骤 01 在命令行输入OP快捷命令，打开“选项”对话框。

步骤 02 切换到“显示”选项卡，在“十字光标大小”选项组中更改其默认值。

2. 分步演示

如图1-29和图1-30所示。

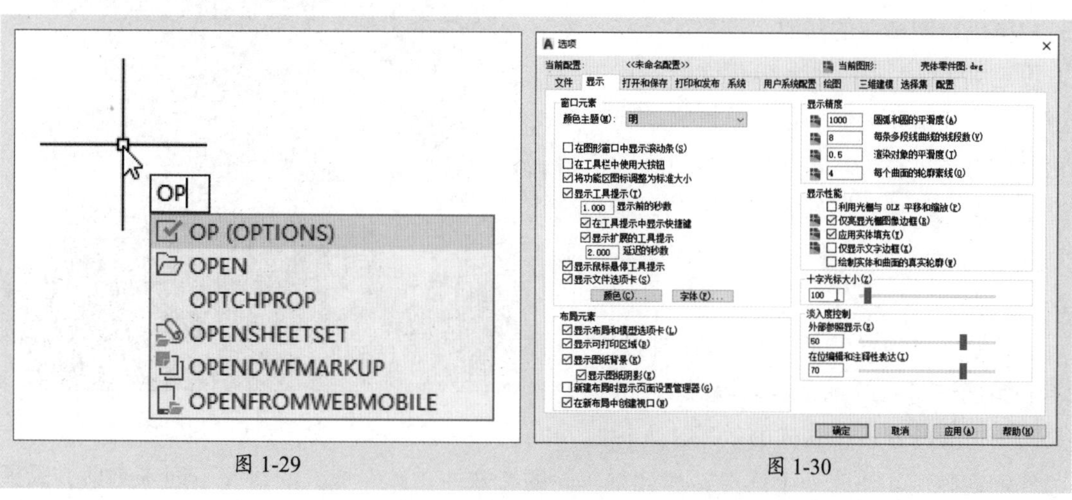

图 1-29　　图 1-30

拓展赏析

大国重器：徐工DE400采矿自卸汽车

徐工集团生产的DE400采矿自卸汽车是世界第二大汽车、全球载重量最大的电传动自卸车。它的功率高达3650马力，采用4 × 2的电传动方式，最高行驶速度50km/h，如图1-31所示。

图 1-31

作为矿用机械设备，DE400采矿自卸车是我国机械制造业的骄傲。这款矿车载重能力可达400吨，是普通卡车载重量的10倍。当然，这款矿车的体积也十分巨大，光一个轮胎的直径就达4.03米，如图1-32所示，超过了普通居民楼一层的高度。整个车身高达7.6米，车外观长15米、宽10米，整体自重260吨。

图 1-32

这款DE400矿车使用电传动控制方式，能够精确进行系统承重，装满400吨货物，只需要短短的24秒，这样的效率让人惊叹。此外，这款矿车还有一个优势，那就是车轮的特殊性。矿山地区的路况不同于平地，满地都是尖锐的石子、杂物，路况非常差，普通的车轮会出现爆胎现象。而对这款大型矿车来说，面对任何复杂的路况，都能够如履平地一般地飞驰而过。

除了在矿区工作，在国内大型水利电站等工程的施工现场，如果有DE400矿车辅助，日常工作效率会有较大的提升。

第2章

学会用辅助功能绘图

内容导读

熟练掌握AutoCAD辅助工具的使用，会给以后绘图工作带来很大的便利。本章将对一些常用的辅助工具进行讲解，包括绘图环境的设置、视图的控制、图形的选择、捕捉和测量工具的使用等。

思维导图

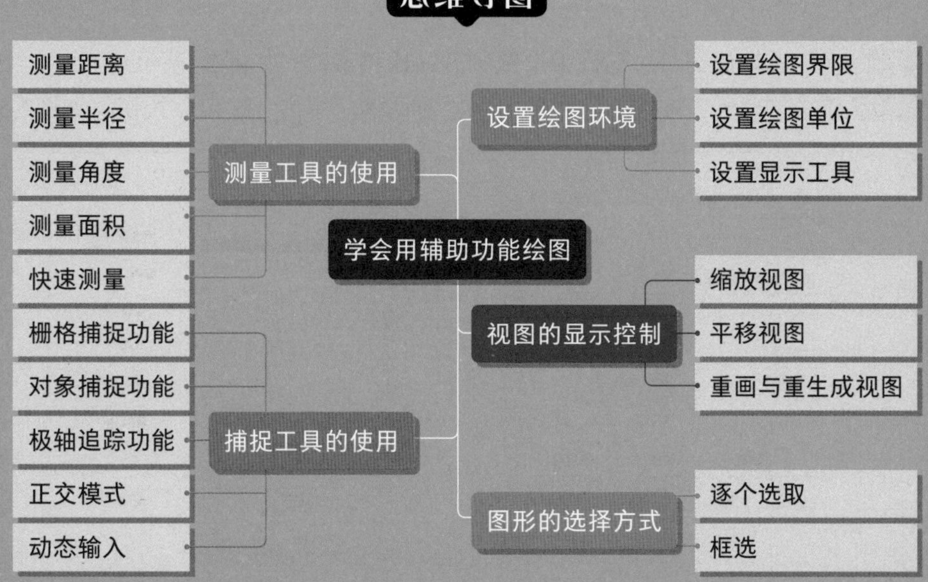

2.1 设置绘图环境

在使用AutoCAD绘制图形之前，可以根据个人的绘图习惯对绘图环境做进一步的调整，从而提高绘图效率，如设置绘图比例、绘图界限、绘图单位等。

2.1.1 案例解析：自定义绘图比例

系统默认的绘图比例为1∶1，如果要对该比例进行更改，可通过以下方法进行操作。

步骤 01 在状态栏中单击 1:1 按钮，在打开的列表中选择所需比例值，如图2-1所示。

步骤 02 如果列表中没有合适的比值，可选择“自定义”命令，如图2-2所示。

步骤 03 打开“编辑图形比例”对话框。单击“添加”按钮，如图2-3所示。

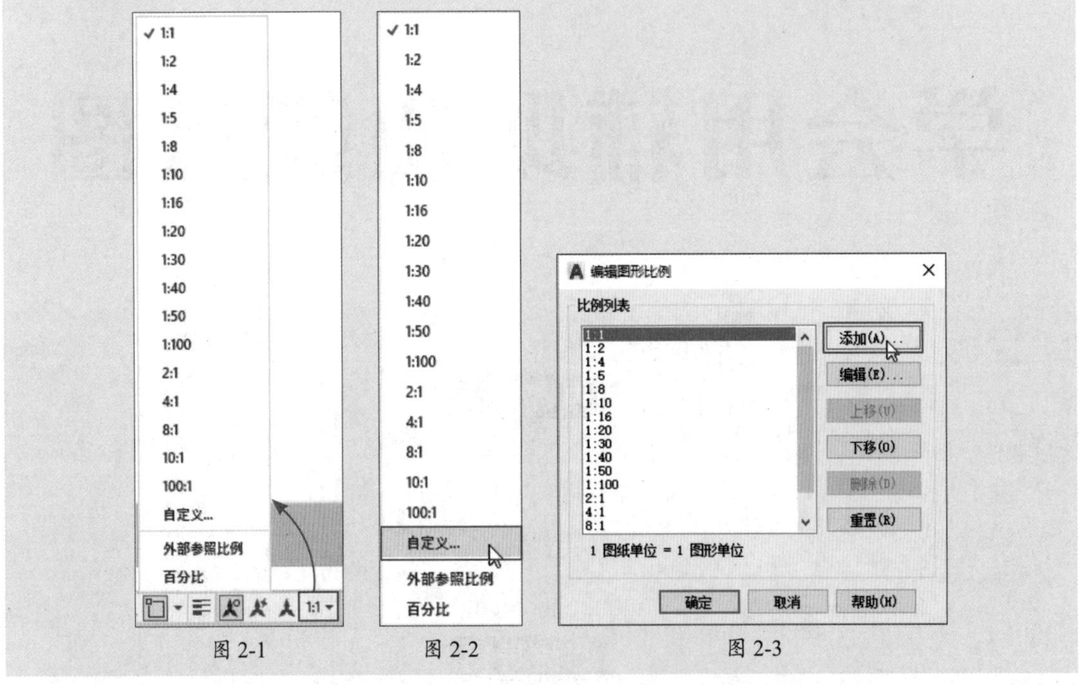

图 2-1　　图 2-2　　图 2-3

步骤 04 在“添加比例”对话框中设置所需的比例参数，如图2-4所示。

步骤 05 单击“确定”按钮，返回到上一层对话框。单击“确定”按钮，如图2-5所示。

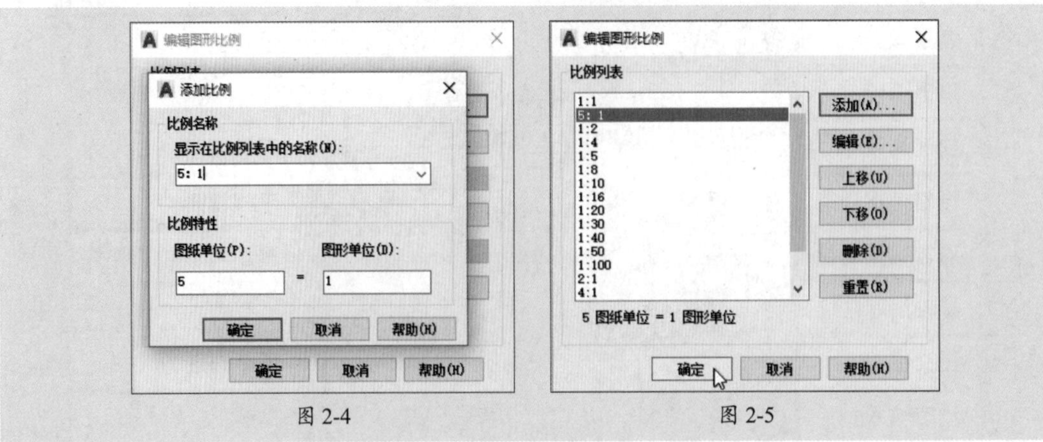

图 2-4　　图 2-5

步骤 06 在制图时只需打开比例列表，勾选刚添加的比例值即可，如图2-6所示。

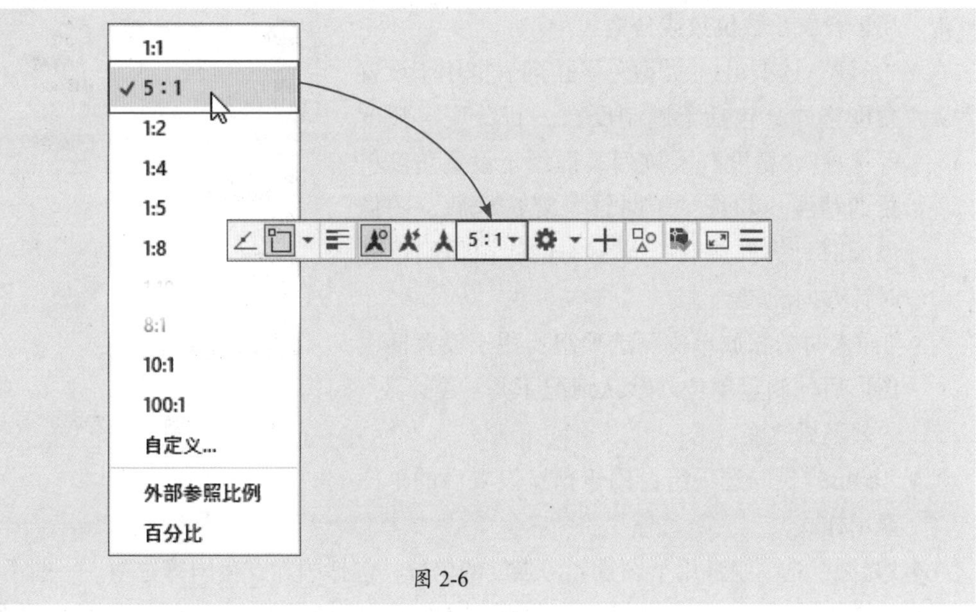

图 2-6

操作提示

如果要删除多余的比例值，可打开“编辑图形比例”对话框，选中要删除的比例值，单击“删除”按钮。

2.1.2 设置绘图界限

绘图界限是指在绘图区设定的有效区域。如果没有设定绘图界限，那么系统对绘图范围将不作限制，这给打印和输出增加了难度。通过以下方法可以设置绘图边界。

- 执行“格式”|“图形界限”命令。
- 在命令行输入LIMITS命令并按回车键。

命令行提示如下：

```
命令:
LIMITS
重新设置模型空间界限:
指定左下角点或 [开(ON)/关(OFF)] <0.0000,0.0000>:（指定图形界限第一点坐标值）
指定右上角点 <420.0000,297.0000>:（指定图形界限对角点坐标值）
```

2.1.3 设置绘图单位

绘图单位包括长度单位、角度单位、缩放单位、光源单位以及方向控制等。执行“格式”|“单位”命令，或在命令行输入UNITS并按回车键，均可打开“图形单位”对话框，如图2-7所示。

- “长度”选项组：“类型”下拉列表框用于设置测量的格式，包括建筑、小数、科学、工程、分数等选项。“精度”下拉列表框用于设置小数位数或分数大小。

- “角度”选项组：“类型”下拉列表框用于设置角度格式，包括十进制度数、百分度、弧度等选项。“精度”下拉列表框用于设置角度单位的精度。勾选“顺时针”复选框后，图像以顺时针方向旋转；若不勾选，图像则以逆时针方向旋转。
- “插入时的缩放单位”选项组：用于设置插入图形后的测量单位。默认情况下是“毫米”，一般不做改变。
- “输出样例”选项组：用于预览设置后的单位显示样式。

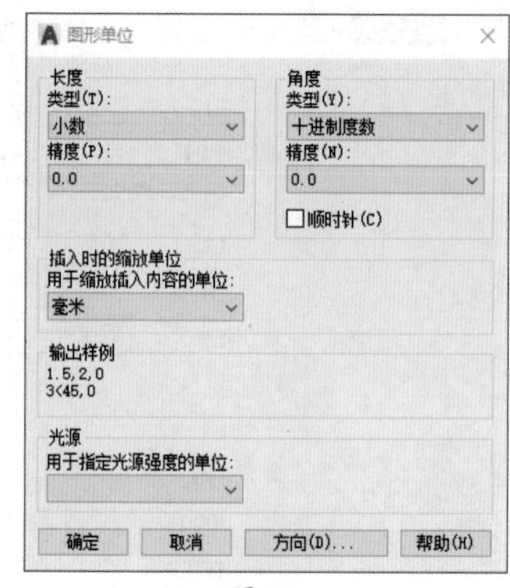

图 2-7

- “光源”选项组：用于设置光源强度的单位，包括国际、美国等选项。一般不做改变。
- “方向”按钮：单击该按钮，打开“方向控制”对话框。默认测量角度是东，用户可以设置测量角度的起始位置。

2.1.4 设置显示工具

显示工具是绘图环境中重要的因素之一，用户可以通过“选项”对话框更改自动捕捉标记的大小、靶框的大小、拾取框的大小等。右击绘图区任意一点，在快捷菜单中选择“选项”命令，打开“选项”对话框。可按需设置，如图2-8所示。

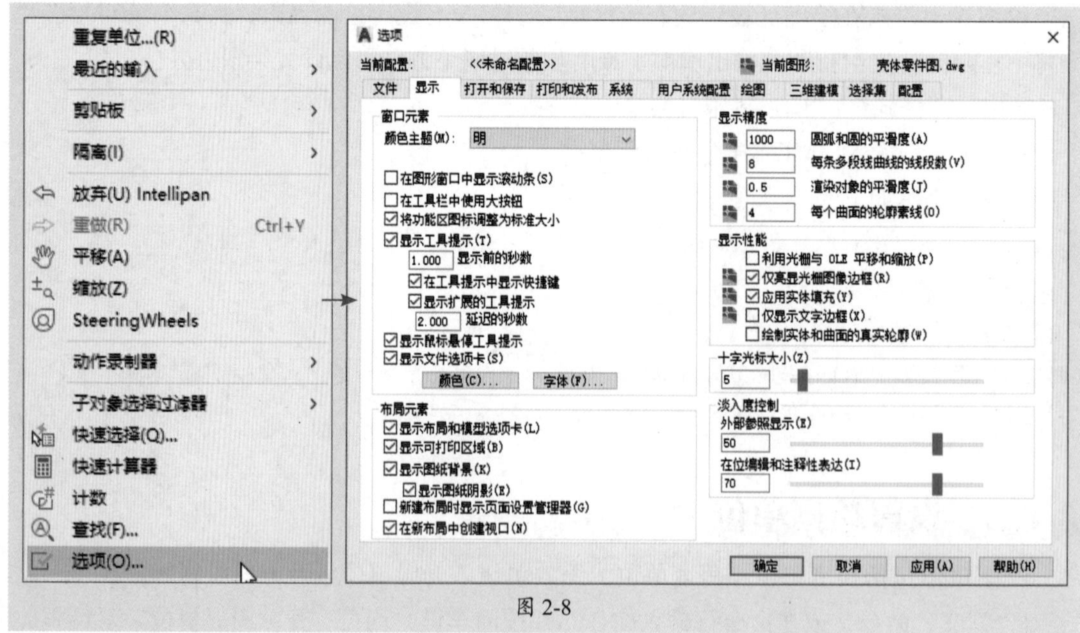

图 2-8

1. 更改外部参照显示

外部参照显示用来控制所有DWG外部参照的淡入度。在“显示”选项卡的“淡入度控制”选项组中输入淡入度数值，或直接拖动滑块即可修改外部参照的淡入度，如图2-9所示。

2. 更改自动捕捉标记大小

在“绘图”选项卡的“自动捕捉标记大小”选项组中，拖动滑块到满意位置，单击“确定”按钮，如图2-10所示。

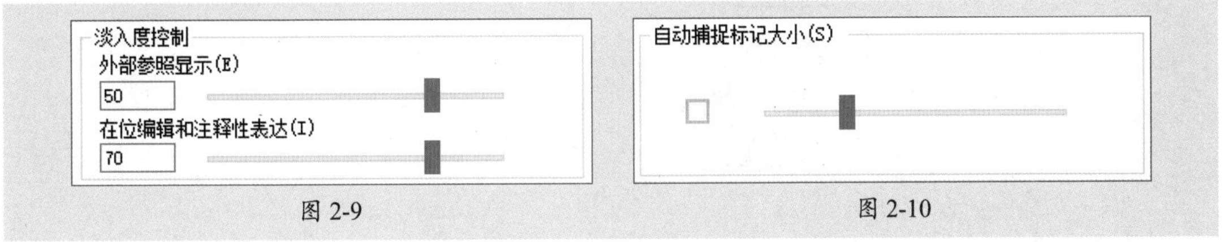

图 2-9　　图 2-10

3. 更改靶框的大小

靶框也就是在绘制图形时十字光标的中心位置，在“绘图”选项卡的“靶框大小”选项组中拖动滑块可以设置大小。靶框大小会随着滑块的拖动而变化，在左侧可以预览，如图2-11所示。

4. 更改拾取框大小

十字光标在绘制图形的中心位置为拾取框，用于拾取图形。设置拾取框的大小，可以快速拾取物体。在“选择集”选项卡的“拾取框大小”选项组中拖动滑块，即可调整拾取框大小，如图2-12所示。

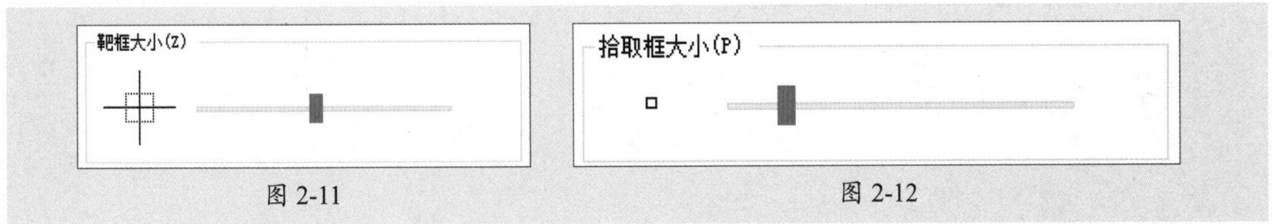

图 2-11　　图 2-12

2.2 视图的显示控制

当图形线条太密集或图形很大的时候，用户无法看清图形的整体形态，这时就需要使用缩放或平移功能来控制视图窗口显示。下面对一些常用的视图显示功能进行介绍。

2.2.1 缩放视图

在绘制图形局部细节时，通常会放大视图显示，绘制完成后再利用缩放工具缩小视图，以观察图形的整体效果。视图缩放仅仅调整图形在屏幕上显示的大小，图形自身的尺寸将保持不变。图2-13所示是缩小视图显示，图2-14所示是放大视图显示。

通过以下方式可以进行视图的缩放操作。

- 执行“视图”|“缩放”命令，在子菜单下可以选择需要的缩放方式。
- 在命令行输入ZOOM并按回车键，根据需要选择缩放方式。
- 滚动鼠标中键，可调整视图的缩放。向上滚动中键，为放大视图；向下滚动中键，为缩小视图。

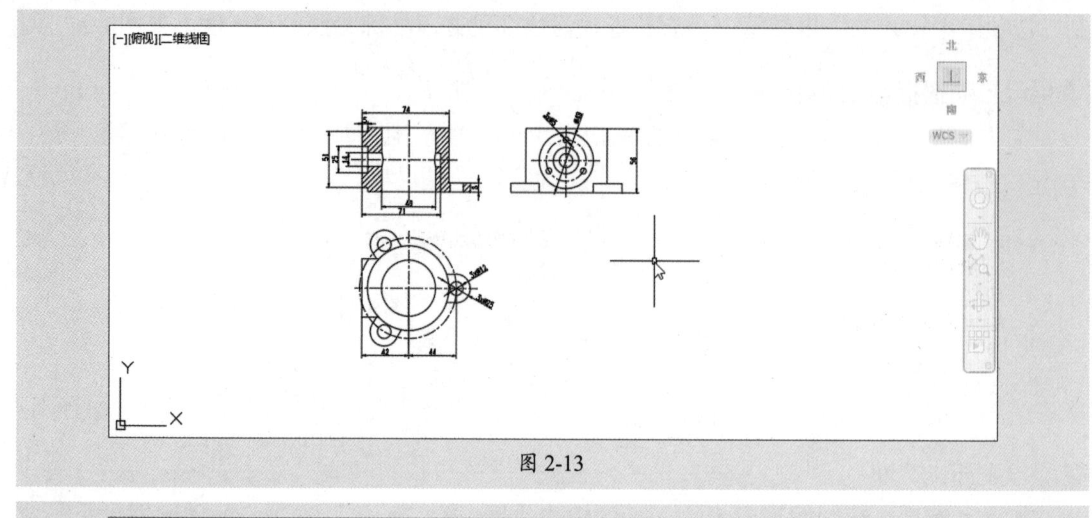

图 2-13

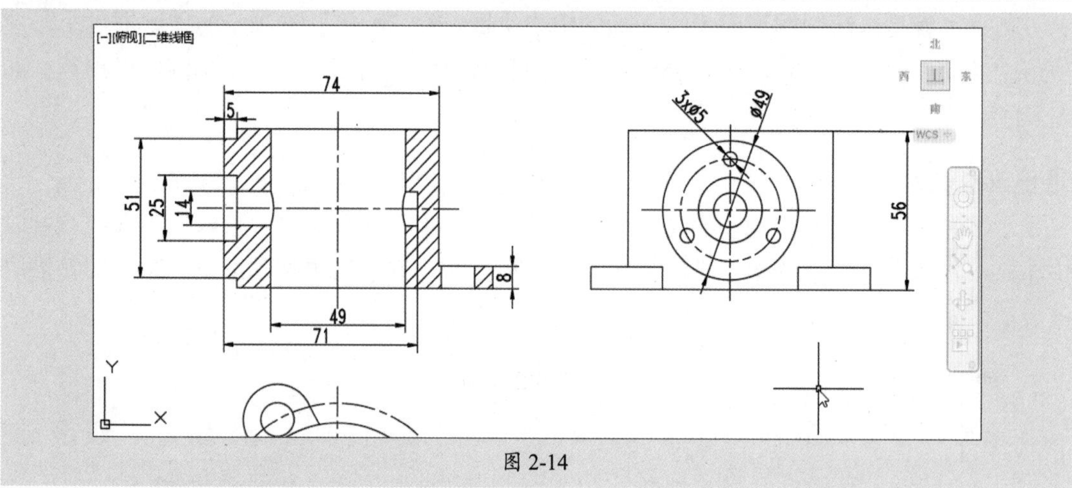

图 2-14

2.2.2 平移视图

使用平移工具可以重新定位当前图形在屏幕上的位置，以便对图形的其他部分进行浏览或绘制。用户只需按住鼠标中键不放，当光标变为▣形状时，移动光标至合适位置即可平移视图，如图2-15所示。

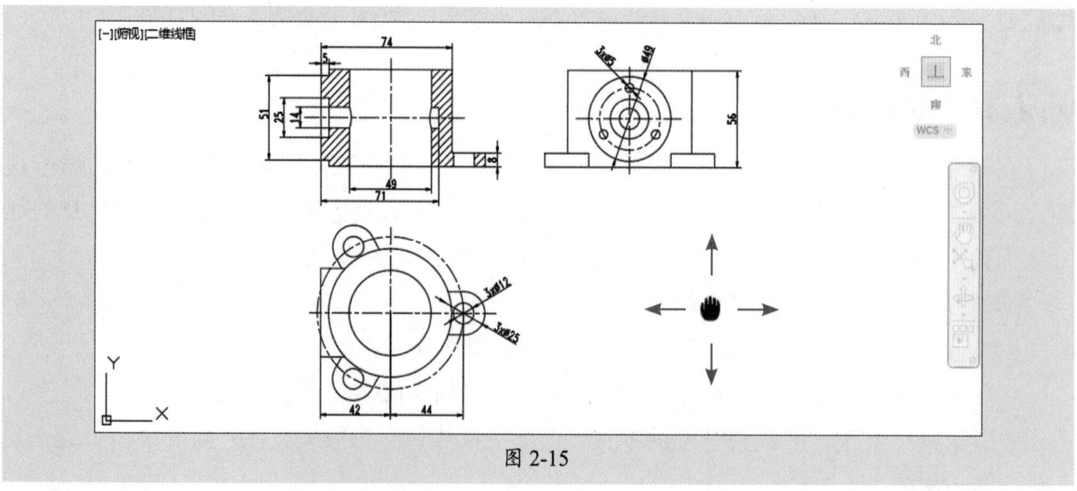

图 2-15

2.2.3 重画与重生成视图

在绘图过程中，有时会出现一些残留的光标点。为了清除这些光标点，用户可使用重画与重生成功能进行操作。

1. 重画

重画功能用于从当前窗口中删除编辑命令留下的点标记，同时可编辑图形留下的点标记，其实就是对当前视图进行刷新操作。用户只需在命令行中输入redraw或redrawall命令，按回车键后即可进行重画操作。

2. 重生成

重生成功能用于在视图中进行图形的重生操作，包括生成图形、计算坐标、创建新索引等。它会在当前视口中重新生成整幅图形并重新计算所有对象的坐标，重新创建图形数据库索引，从而优化显示和对象选择的性能。在命令行输入regen或regenall命令，按回车键后即可进行操作。

3. 自动重生成图形

自动重生成图形功能用于自动生成整个图形，它与重生成图形功能不同。在对图形进行编辑时，在命令行输入regenauto命令，按回车键后即可自动再生成整个图形，以确保屏幕显示能反映图形的实际状态，保持视觉的真实度。

2.3 图形的选择方式

在进行图形编辑时，首先要选中图形。在AutoCAD中选取图形有多种方法，下面对一些常用的选取方式进行介绍。

2.3.1 案例解析：批量选取图形的尺寸标注

下面以选取壳体零件图中的尺寸标注为例，介绍快速选取图形的方法。

步骤 01 打开“壳体零件图”素材文件。在“默认”选项卡的“实用工具”面板中单击“快速选择”按钮，打开“快速选择”对话框，如图2-16所示。

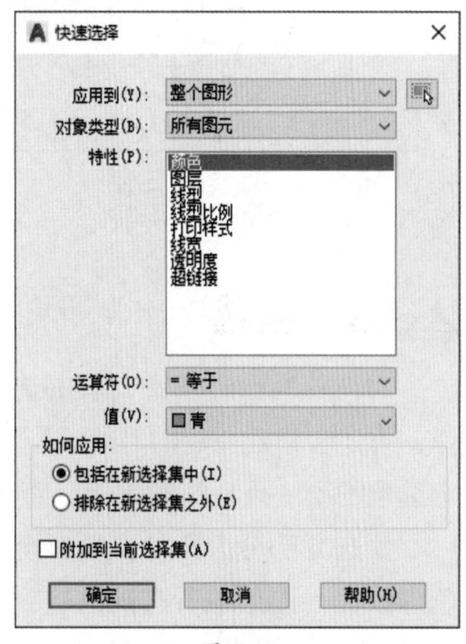

图 2-16

步骤 02 在“特性”列表框中选择“图层”选项，将“值”设为“尺寸层”，如图2-17所示。

步骤 03 设置完成后，单击“确定”按钮。此时，图纸中所有的尺寸标注已全部被选中，如图2-18所示。

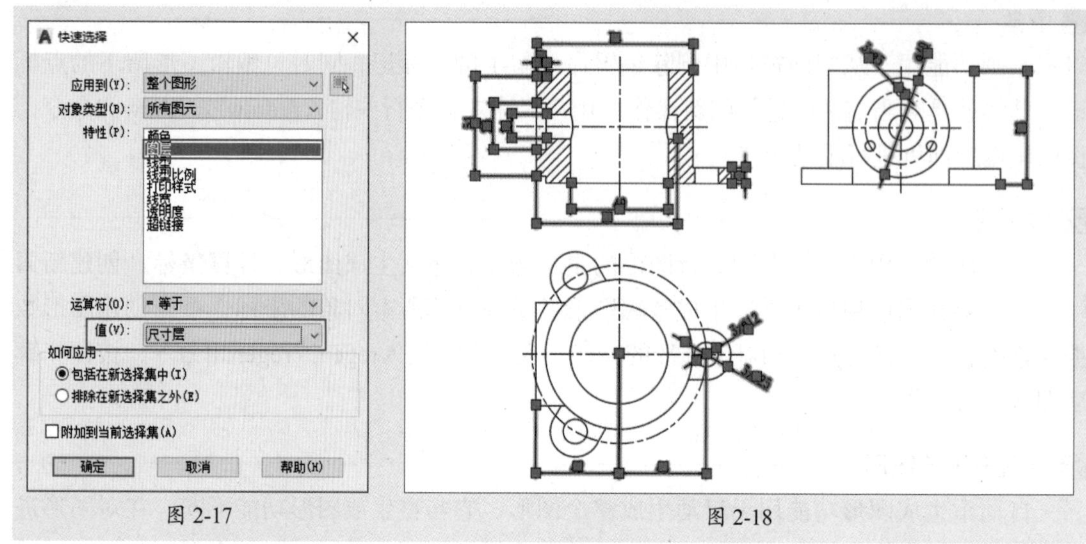

图 2-17　　图 2-18

2.3.2　逐个选取

在绘图区直接单击所需的图形，当图形四周出现夹点时即被选中，如图2-19所示。当然，也可连续单击多个图形进行多选，如图2-20所示。

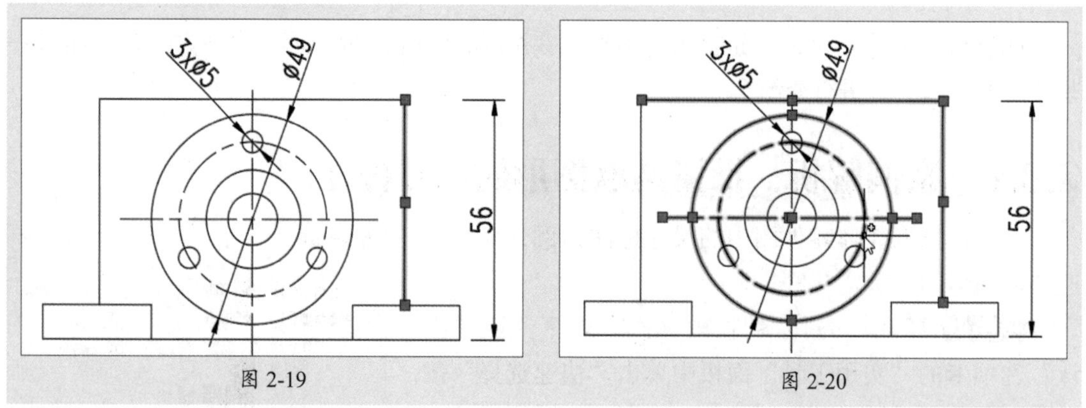

图 2-19　　图 2-20

2.3.3　框选

对简单的图形来说，单击选取是方便的。如果图形比较复杂，以单击选取的方式来选择，肯定会消耗一定的时间。当遇到这种情况时，可以使用框选方式进行选择。在绘图区指定选取的第一点，拖动鼠标，直到所需选择图形都显示在选取框内后，单击鼠标完成框选。

框选方法分为两种：从右至左框选和从左至右框选。当从右至左框选时，选取框为绿色虚线框，图形中所有被框选到的图形以及与框选边界相交的图形都会被选中，如图2-21所示。

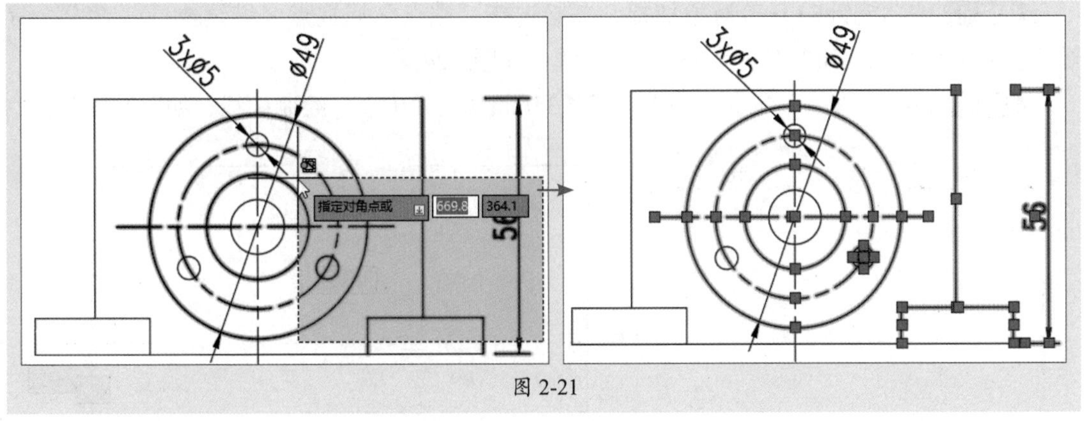

图 2-21

当从左至右框选时，选取框为蓝色实线框，所框选图形全部被选中，与框选边界相交的图形对象则不被选中，如图2-22所示。

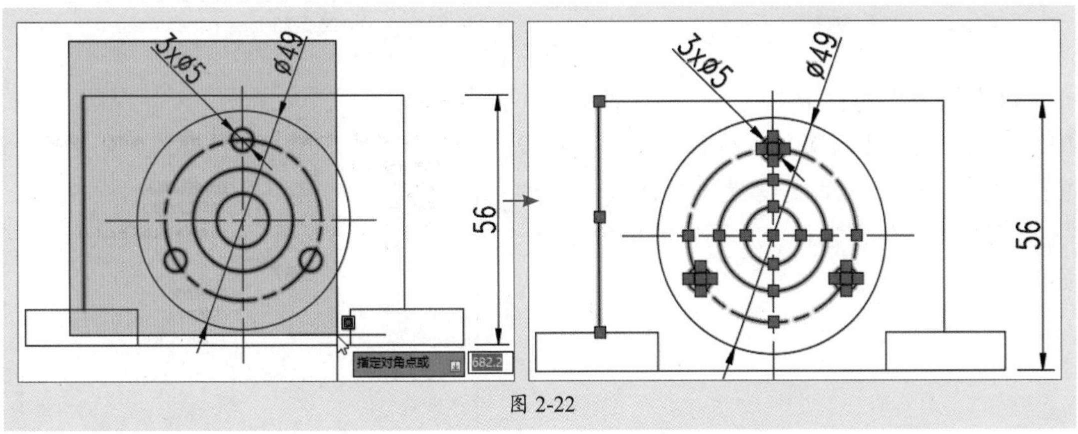

图 2-22

2.4 捕捉工具的使用

在绘制图形时，使用栅格显示、捕捉模式、极轴追踪、对象捕捉、正交模式、全屏显示、模式显示更改等辅助工具可以提高绘图效率。

2.4.1 案例解析：绘制燕尾槽立面图

下面利用对象捕捉、正交、极轴追踪等功能来绘制燕尾槽立面图。

步骤 01 按功能键F8开启正交模式，执行“直线”命令，绘制尺寸为50mm × 35mm的U形，如图2-23所示。

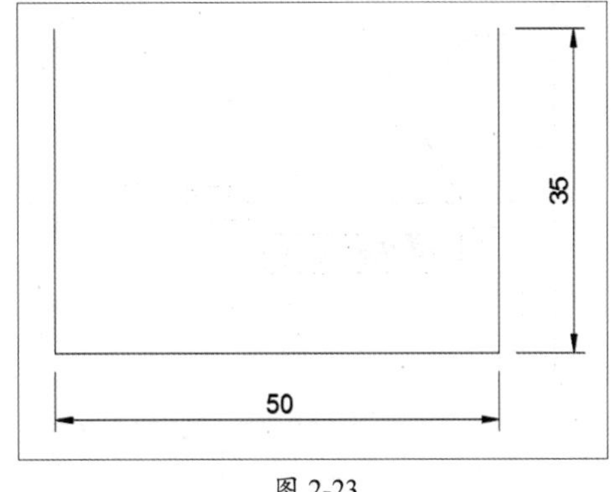

图 2-23

步骤 02 按功能键F3开启对象捕捉，务必选择“端点”捕捉点，继续执行“直线”命令，分别捕捉两端，绘制长度为18mm的直线，如图2-24所示。

步骤 03 执行“直线”命令，捕捉两条长35mm线段的中点，绘制中线，如图2-25所示。

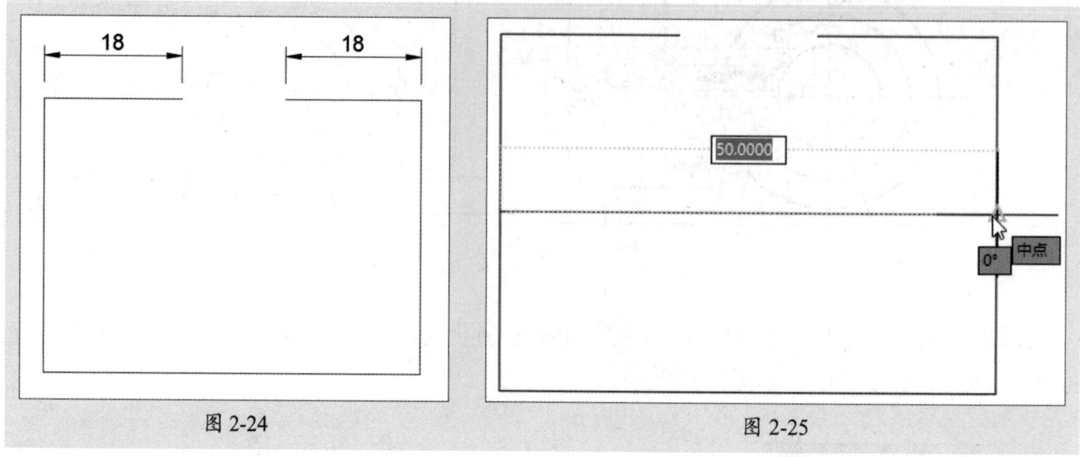

图 2-24　　图 2-25

步骤 04 在状态栏上右键单击“极轴追踪”按钮，在弹出的下拉菜单中选择“正在追踪设置”命令，打开“草图设置”对话框。选中“启用极轴追踪”复选框，并设置增量角为60°，如图2-26所示。

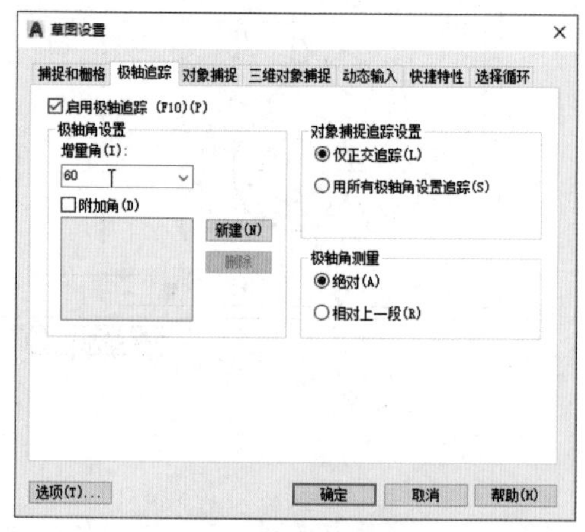

图 2-26

步骤 05 设置完毕关闭“草图设置”对话框。执行“直线”命令，分别捕捉两条长18mm线段的端点。向下移动光标，沿着辅助虚线捕捉与之相交横线的交点绘制两条斜线，如图2-27所示。

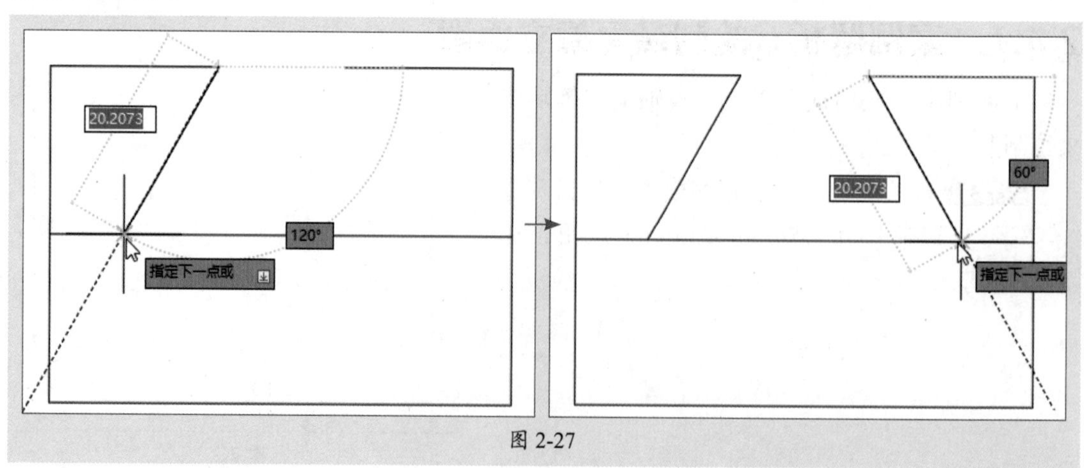

图 2-27

步骤 06 分别选择中线两端的夹点，将其移至交叉点上，如图2-28所示。

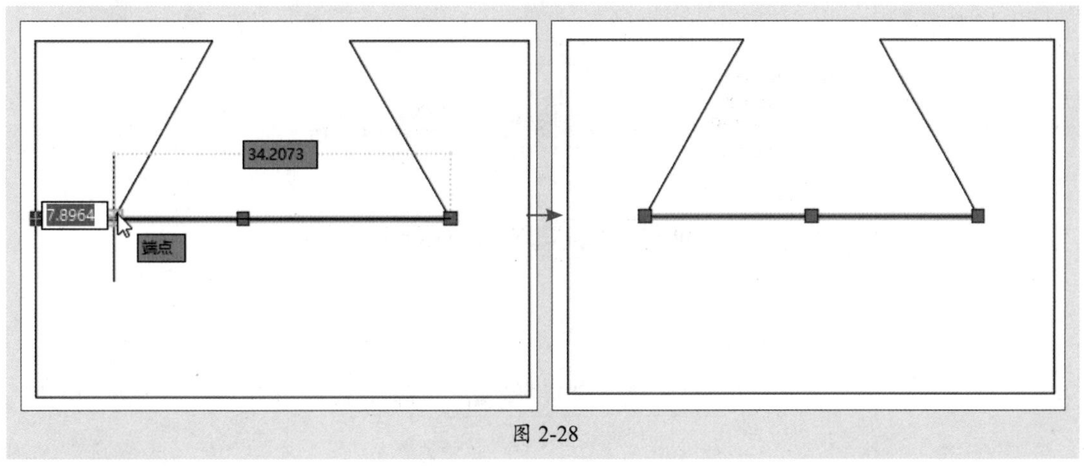

图 2-28

步骤 07 执行“直线”命令，捕捉中线的中点，绘制长42mm的中心线，并调整位置，如图2-29所示。

步骤 08 在“默认”选项卡的“特性”面板中单击“线型”下拉按钮，选择“其他”命令，如图2-30所示。

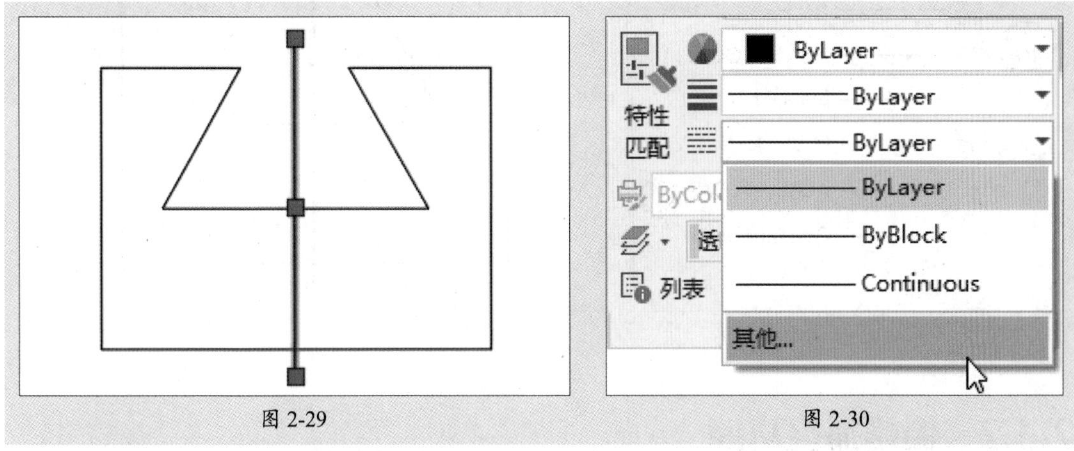

图 2-29　　图 2-30

步骤 09 打开“线型管理器”对话框。单击“加载”按钮，打开“加载或重载线型”对话框。选择一款中心线线型，如图2-31所示。

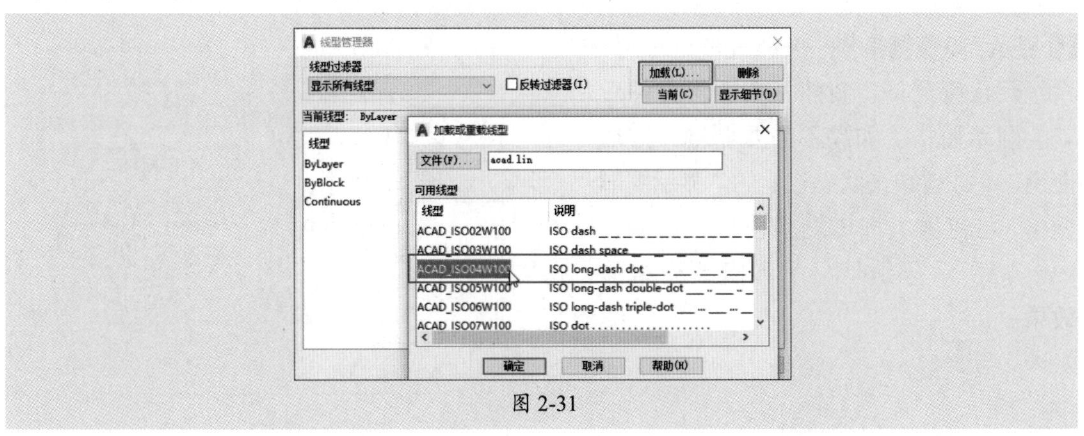

图 2-31

步骤 10 单击“确定”按钮，返回上一层对话框。选择加载的线型，单击“确定”按钮，如图2-32所示。

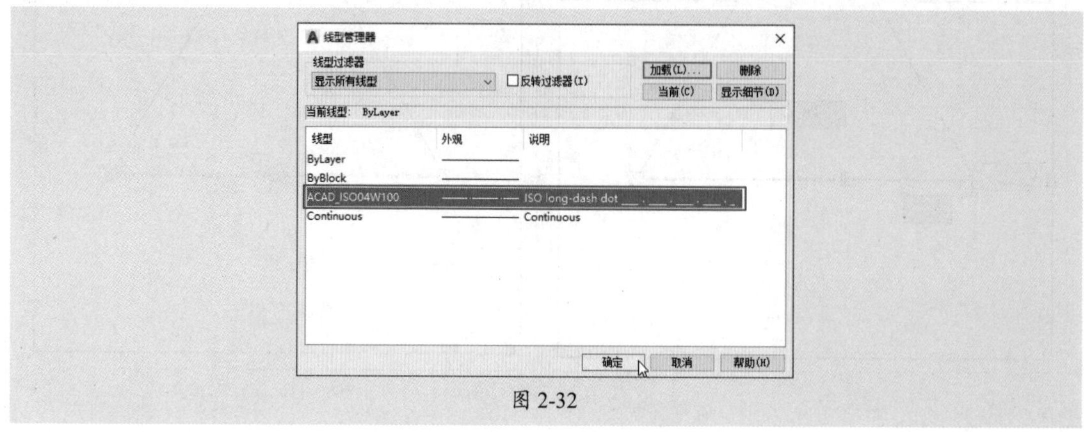

图 2-32

步骤 11 选择中心线，再次打开“线型”下拉列表，选择加载的线型。此时，被选中线段的线型已发生了变化，如图2-33所示。

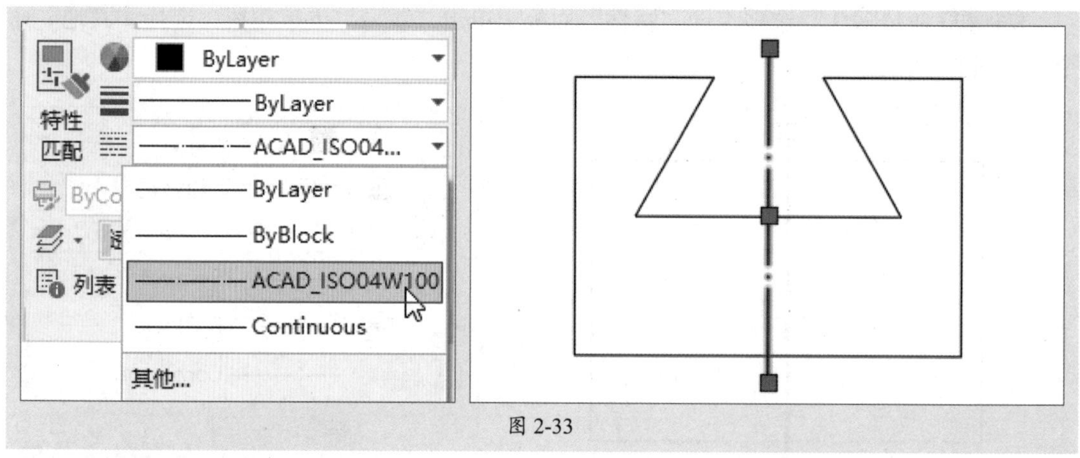

图 2-33

2.4.2 栅格捕捉功能

栅格显示是指在屏幕上按指定的行间距、列间距排列栅格点。利用栅格可以对齐图形，以直观地显示图形之间的距离。

1. 显示 / 隐藏栅格

默认情况下，新建一个图形文件后就会显示栅格。如果不需要栅格，按功能键F7，或者单击状态栏上的“显示图形栅格”按钮▦，将其关闭即可，图2-34、图2-35所示分别是显示和隐藏栅格的效果。

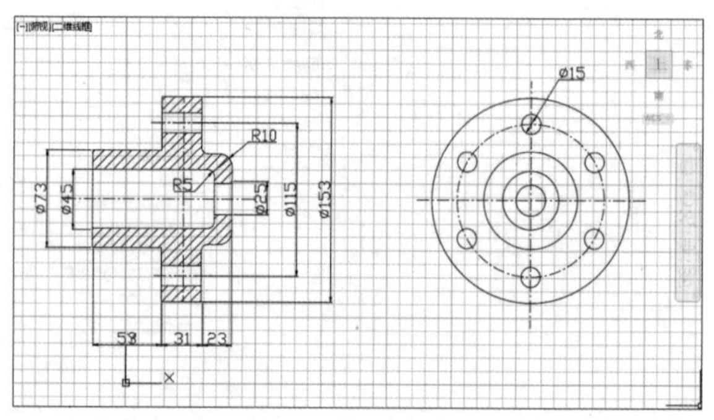

图 2-34

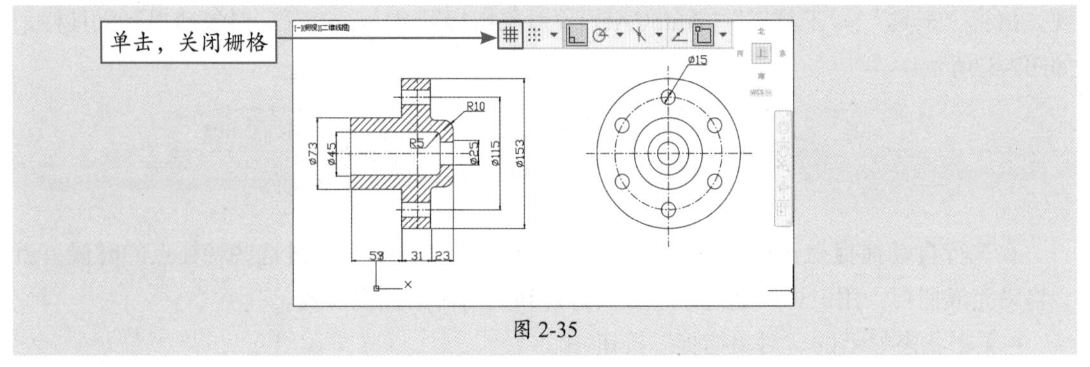

图 2-35

2. 栅格捕捉

绘图屏幕上的栅格点对光标有吸附作用，开启栅格捕捉后，栅格点即能够捕捉光标，使光标只能按指定的步距移动。通过以下方法可以开启栅格捕捉。

- 执行“工具”|“绘图设置”命令。
- 在状态栏上单击“捕捉模式”按钮▦，开启捕捉模式，单击右侧的扩展按钮，再从打开的菜单中选择“栅格捕捉”命令。
- 按快捷键Ctrl+B或按功能键F3。
- 在“草图设置”对话框中勾选“启用捕捉”复选框。

在状态栏上右击“捕捉模式”按钮，选择“捕捉设置”命令，打开“草图设置”对话框。在“捕捉和栅格”选项卡中，用户可对“捕捉间距”值和“栅格间距”值进行设置，如图2-36所示。

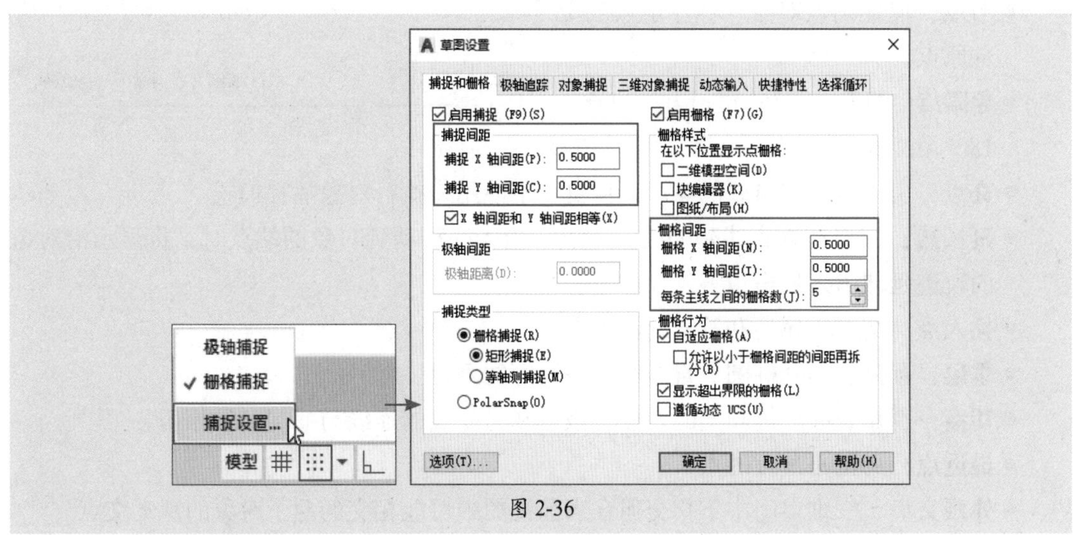

图 2-36

2.4.3 对象捕捉功能

在绘图中若需要确定一些具体的点，只凭肉眼是很难正确地确认位置。在AutoCAD中，对象捕捉功能能帮助用户快速、准确地捕捉图纸中所需的位置。对象捕捉是通过已存在的实体对象的点或位置来确定点的位置。

对象捕捉分为自动捕捉和临时捕捉两种。临时捕捉主要通过“对象捕捉”工具栏实

现。执行“工具”|“工具栏”| AutoCAD |“对象捕捉”命令，打开“对象捕捉”工具栏，如图2-37所示。

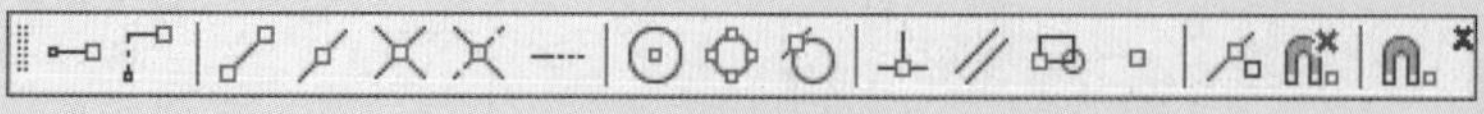

图 2-37

在执行自动捕捉操作前，需要设置对象的捕捉点。当光标经过这些特征点的时候，就会自动完成捕捉。用户可以通过以下方式打开和关闭对象捕捉模式。

- 单击状态栏上的“对象捕捉”按钮。
- 按功能键F3进行切换。

打开“草图设置”对话框，可以在“对象捕捉”选项卡中设置自动捕捉模式。需要捕捉哪些对象捕捉点和相应的辅助标记，就勾选其前面的复选框，如图2-38所示。

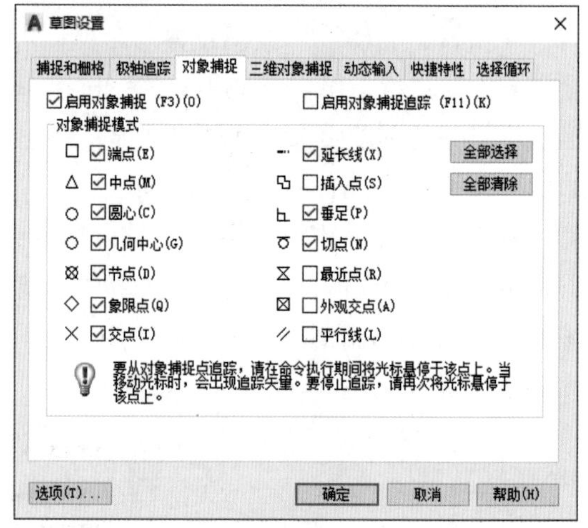

图 2-38

下面将对各捕捉点的含义进行介绍。

- **端点：** 直线、圆弧、样条曲线、多段线、面域或三维对象的最近端点或者角。
- **中点：** 直线、圆弧和多段线的中点。
- **圆心：** 圆弧、圆和椭圆的圆心。
- **几何中心：** 多段线、二维多段线和二维样条曲线的几何中心点。
- **节点：** 捕捉到点对象、标注定点或文件原点。
- **象限点：** 圆弧、圆和椭圆上0°、90°、180°和270°处的点。
- **交点：** 实体对象交界处的点。延伸交点不能用来执行对象捕捉模式。
- **延长线：** 用户捕捉直线延伸线上的点。当光标移动到对象的端点时，将显示沿对象的轨迹延伸出来的虚拟点。
- **插入点：** 文本、属性和符号的插入点。
- **垂足：** 圆弧、圆、椭圆、直线和多段线等的垂足。
- **切点：** 圆弧、圆、椭圆上的切点。该点和另一点的连线与捕捉对象相切。
- **最近点：** 离靶心最近的点。
- **外观交点：** 三维空间中不相交但在当前视图中可能相交的两个对象的视觉交点。
- **平行线：** 通过已知点且与已知直线平行的直线的位置。

2.4.4 极轴追踪功能

当需要绘制指定倾斜角度的斜线段时，就需要使用极轴追踪工具进行辅助绘图。用户可以通过以下方式启用极轴追踪模式。

- 在状态栏上单击“极轴追踪”按钮。
- 打开“草图设置”对话框，勾选“启用极轴追踪”复选框。

● 按功能键F10进行切换。

极轴追踪包括极轴角设置、对象捕捉追踪设置、极轴角测量等选项。右击“极轴追踪”按钮，在打开的下拉菜单中选择“正在追踪设置”命令，打开“草图设置”对话框。在“极轴追踪”选项卡中进行相关设置即可，如图2-39所示。

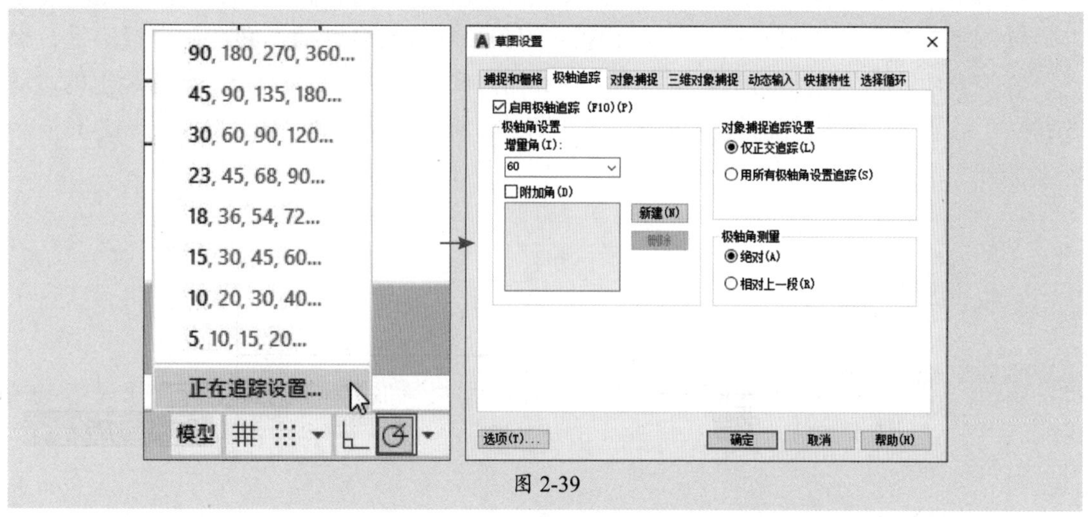

图 2-39

1. 极轴角设置

“极轴角设置”选项组包含“增量角”和“附加角”选项。在“增量角”下拉列表框中可以选择具体角度，也可以勾选“增量角”复选框，在其下面的列表框内输入指定数值。

附加角是为了弥补角度而不是增量角倍数才设置的，可以设置多个。它起到辅助的作用，当绘制角度的时候，如果是通过附加角设置的角度就会有提示。

2. 对象捕捉追踪设置

对象捕捉追踪是指当系统自动捕捉到图形中的一个特征点后，以该点为基点，沿设置的极轴追踪另一点，并在追踪方向上显示一条虚线延长线，用户可以在该延长线上定位点。在使用对象捕捉追踪时，必须打开对象捕捉，并捕捉一个点作为追踪参照点。“对象捕捉追踪设置”选项组包括仅正交追踪和用所有极轴角设置追踪。

- **仅正交追踪：** 指追踪对象的正交路径，也就是对象*X*轴和*Y*轴正交的追踪。当“对象捕捉”打开时，仅显示已获得的对象捕捉点的正交对象捕捉追踪路径。
- **用所有极轴角设置追踪：** 指光标从获取的对象捕捉点起沿极轴对齐角度进行追踪。设置该选项将对所有的极轴角都将进行追踪。

3. 极轴角测量

“极轴角测量”选项组包括“绝对”和“相对上一段”两个单选按钮。“绝对”单选按钮是根据当前用户坐标系UCS确定极轴追踪角度，“相对上一段”单选按钮是根据上一段绘制线段确定极轴追踪角度。

2.4.5 正交模式

正交模式可以保证绘制的直线完全成水平和垂直状态。通过以下方式可打开正交模式。

- 单击状态栏上的“正交模式”按钮。
- 按功能键F8进行切换。

2.4.6 动态输入

使用动态输入功能可在光标处显示坐标值和命令等信息，而不必在命令行中进行输入。在AutoCAD中有两种动态输入方法：指针输入和标注输入。通过单击状态栏上的“动态输入”按钮，即可开启或关闭该功能，图2-40所示为开启动态输入效果，图2-41所示为关闭动态输入效果。

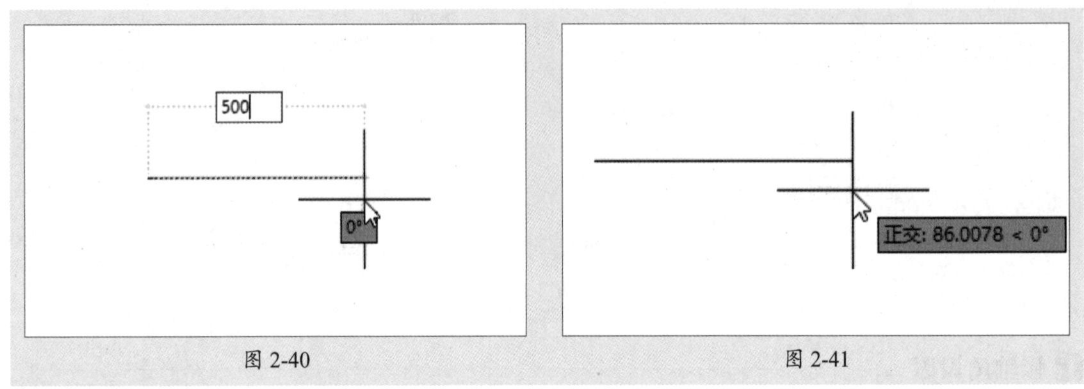

图 2-40　　图 2-41

1. 启用动态输入

打开“草图设置”对话框的“动态输入”选项卡，勾选“启用指针输入”复选框，即可启用指针输入功能，如图2-42所示。在“指针输入”选项组中单击“设置”按钮，打开“指针输入设置”对话框，便可根据需要设置输入的格式和可见性，如图2-43所示。

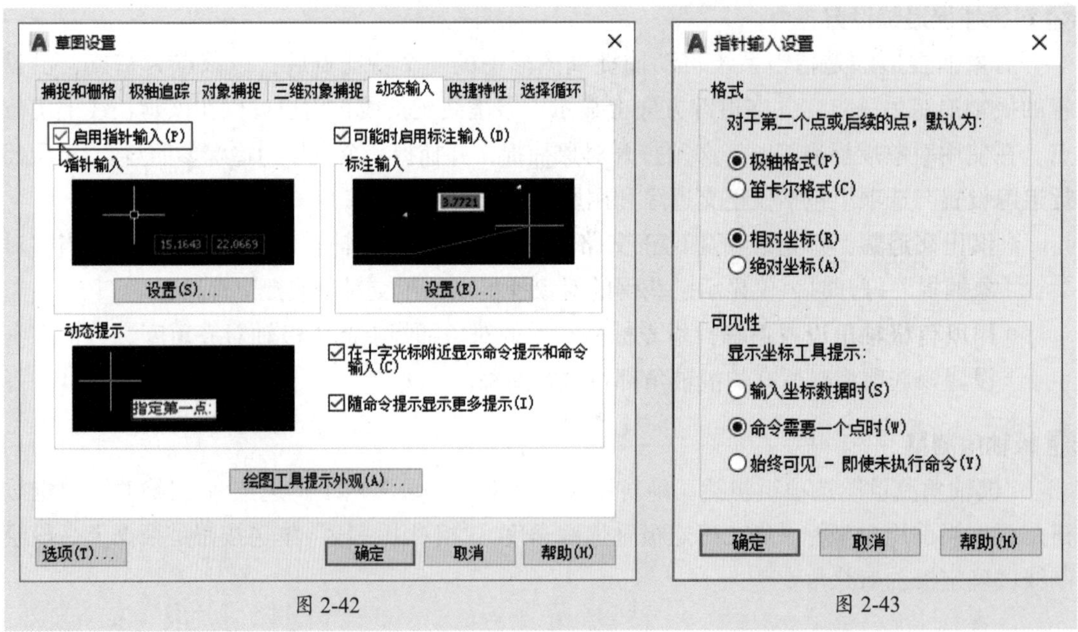

图 2-42　　图 2-43

2. 启用标注输入

打开“草图设置”对话框的“动态输入”选项卡，勾选“可能时启用标注输入”复选框，即可启用标注输入功能，如图2-44所示。在“标注输入”选项组中单击“设置”按钮，打开“标注输入的设置”对话框，可以设置输入的可见性，如图2-45所示。

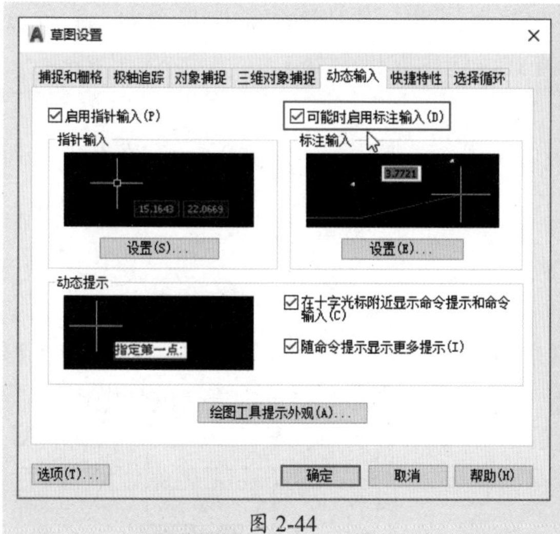

图 2-44

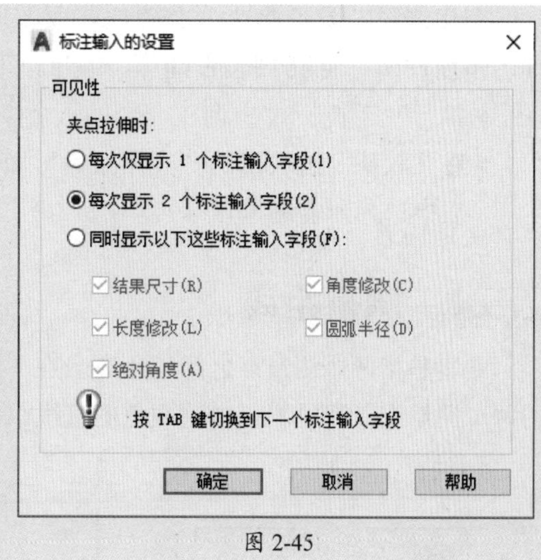

图 2-45

3. 显示动态提示

在“草图设置”对话框的“动态输入”选项卡中勾选“动态提示”选项组中的“在十字光标附近显示命令提示和命令输入”复选框，则可在光标附近显示命令提示，如图2-46所示。单击“绘图工具提示外观”按钮，打开“工具提示外观”对话框，可设置工具提示的颜色、大小、透明度以及应用范围，如图2-47所示。

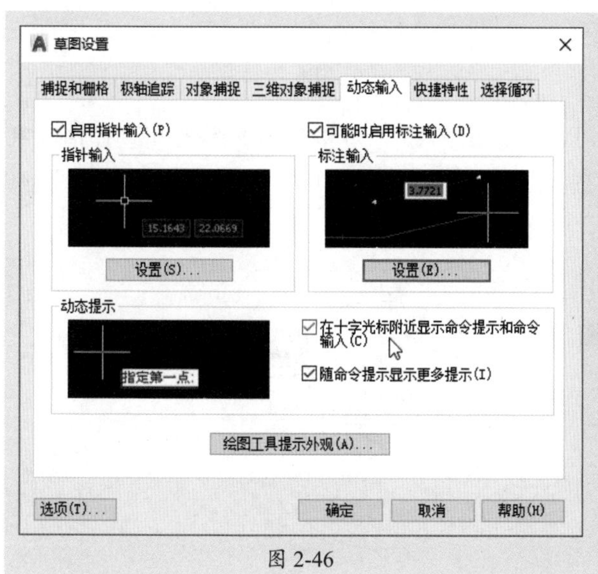

图 2-46

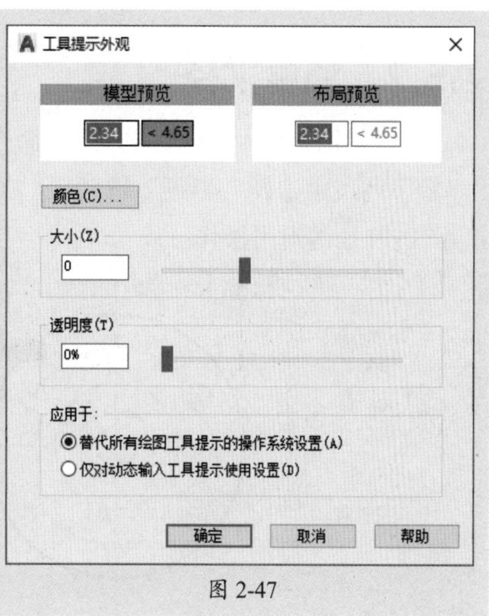

图 2-47

操作提示

在状态栏上如果没有“动态输入”按钮，可单击状态栏右侧的☰按钮，在打开的列表中勾选“动态输入”选项。

2.5 测量工具的使用

利用测量工具可快速、准确地获取图形的数据信息，其功能包括距离查询、半径查询、角度查询、面积/周长查询等。通过以下方式可调用测量命令。

- 执行“工具”|“查询”命令的子命令。
- 在“默认”选项卡的“实用工具”面板中单击“测量”下拉按钮，在其下拉列表中选择所需的选项即可。

2.5.1 测量距离

距离是指两个测量点之间的距离。在“测量”列表中选择“距离”选项，指定图形的两个测量点，即可测量出这两点的直线距离，如图2-48所示。按Esc键退出测量操作。

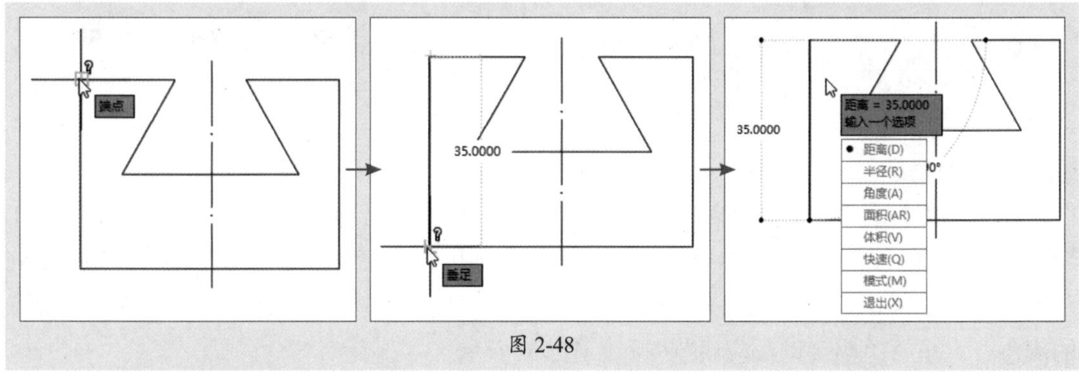

图 2-48

2.5.2 测量半径

在绘制图形时，使用“半径”命令可以测量出圆弧、圆和椭圆的半径和直径值。在“测量”列表中选择“半径”选项，再选择所需测量的圆弧即可得出测量结果，如图2-49所示。按Esc键退出操作。

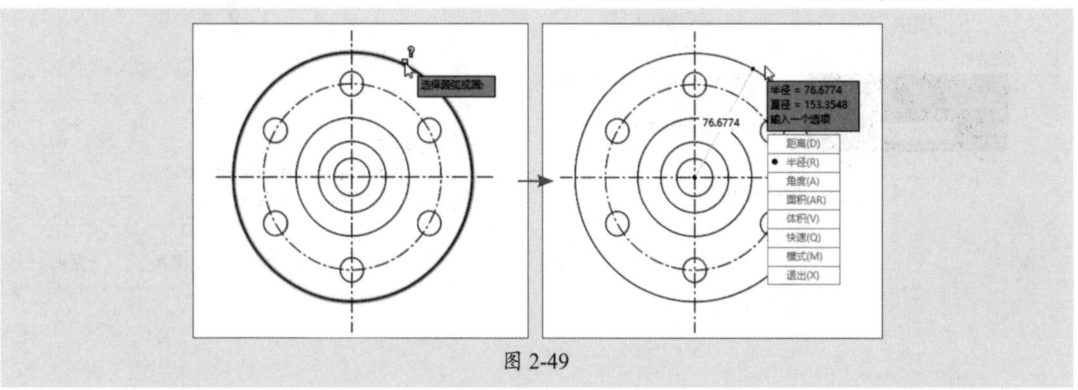

图 2-49

2.5.3 测量角度

测量角度是指测量两条线段之间的夹角度数。在“测量”列表中选择“角度”选项，根据需要选择两条夹角边，即可得出测量结果，如图2-50所示。按Esc键退出测量操作。

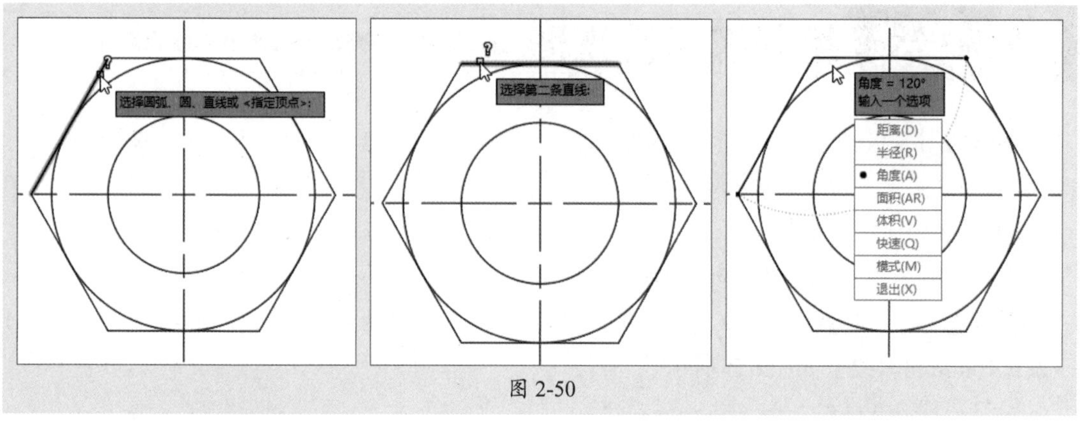

图 2-50

2.5.4 测量面积

测量面积可以测量出图形的面积和周长。在“测量”列表中选择“面积”选项，指定第一个测量点，然后沿着图形轮廓依次捕捉测量点，直到最后一个测量点，组成一个封闭的路径，按回车键即可得出该封闭区域的面积值和周长值，如图2-51所示。

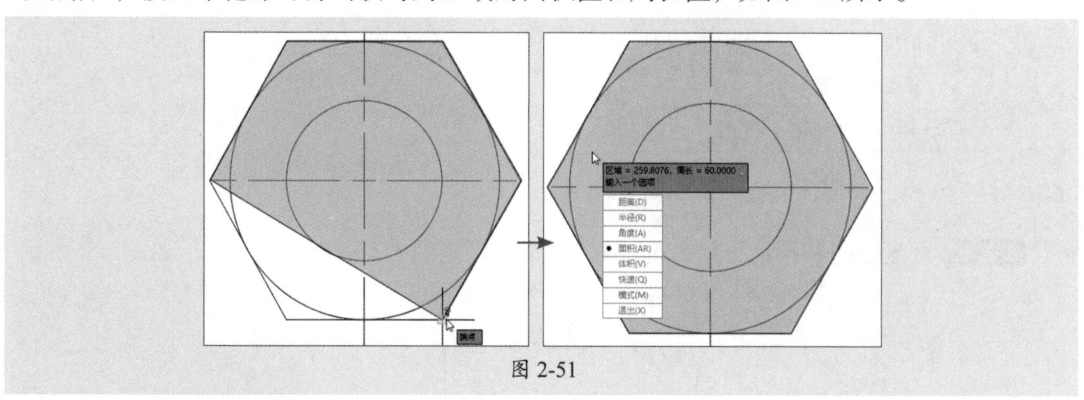

图 2-51

2.5.5 快速测量

在“测量”列表中选择“快速”命令，将光标移至指定图形上，系统会自动对光标周边的直线、圆弧、夹角进行测量，并显示出测量值，如图2-52、图2-53所示。

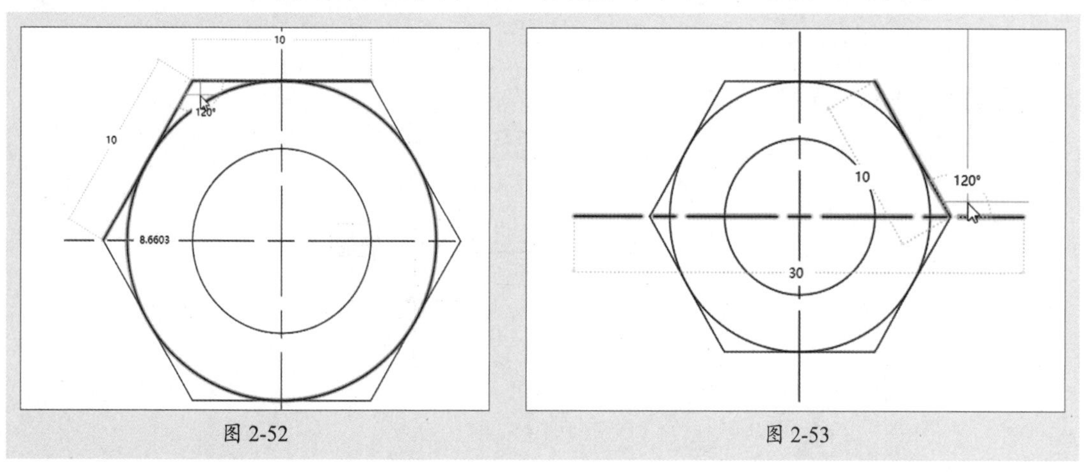

图 2-52　　图 2-53

课堂实战 绘制螺母俯视图

下面利用“极轴追踪”“对象捕捉”“直线”“圆”等命令来绘制六角螺母俯视图（其中“直线”和“圆”命令的具体操作会在第3章详细介绍）。

步骤 01 新建图形文件。开启“极轴追踪”模式，在状态栏上右击“极轴追踪”按钮，在下拉菜单中选择“30，60，90，120…”选项，如图2-54所示。

步骤 02 执行“直线”命令，指定线段的起点，向上移动光标，沿着60度辅助虚线绘制一条长10mm的斜线，如图2-55所示。

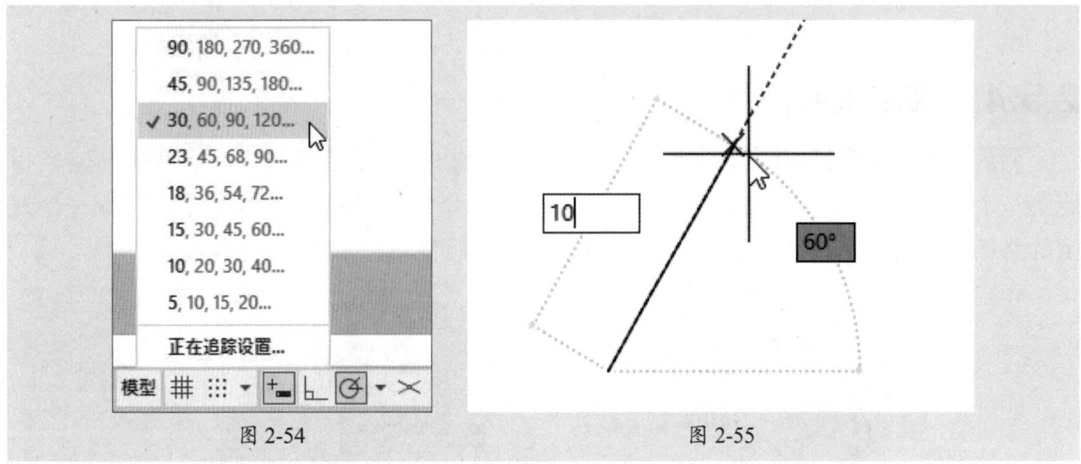

图 2-54　　图 2-55

步骤 03 将光标向右移动，沿着0度的辅助虚线，绘制长10mm的水平线，如图2-56所示。

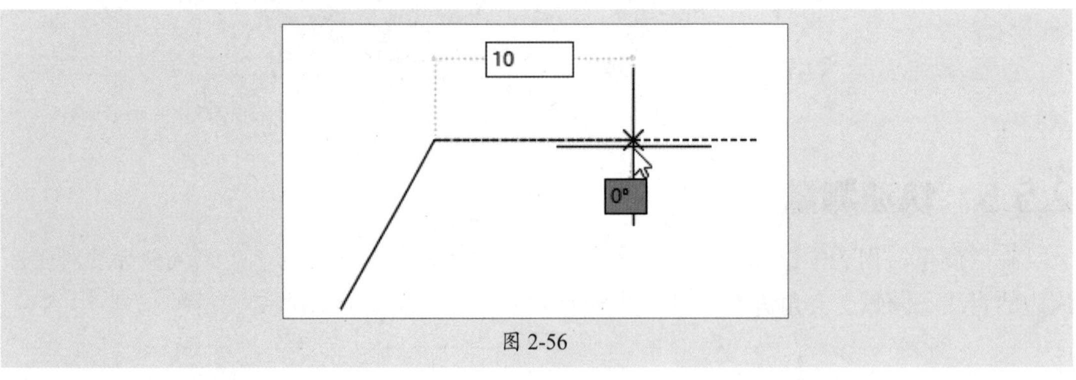

图 2-56

步骤 04 向下移动光标，沿着60度的辅助虚线，绘制长10mm的斜线段，如图2-57所示。

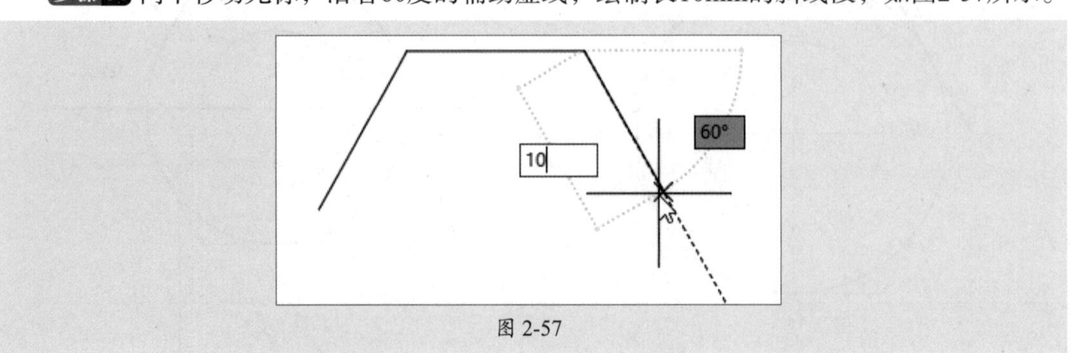

图 2-57

步骤05 继续向下移动光标，沿着120度的辅助虚线，绘制10mm的斜线，如图2-58所示。

步骤06 向左移动光标，分别沿着180度和120度的辅助虚线绘制线段，完成六边形的绘制，如图2-59所示。

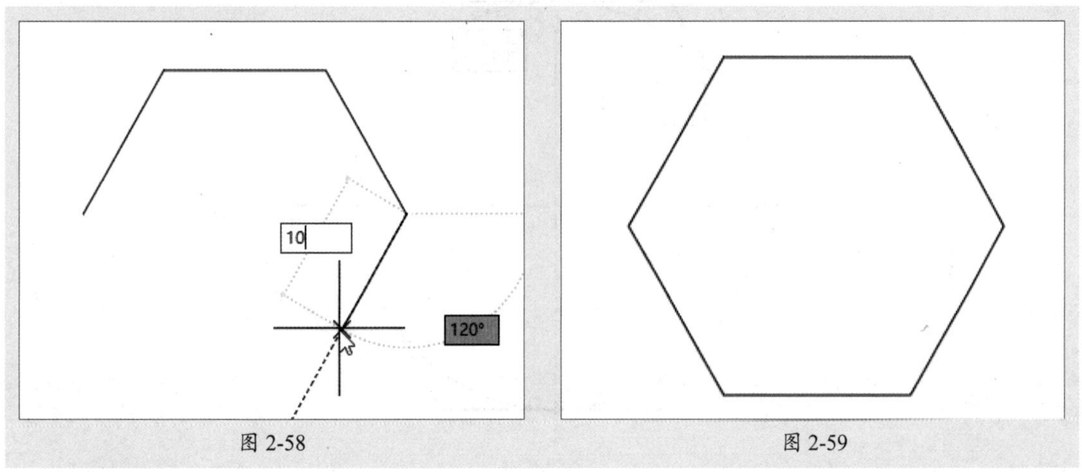

图 2-58　　图 2-59

步骤07 开启“正交”模式。执行“直线”命令，绘制六边形的两条相互垂直的中心线，线段长度适度即可，如图2-60所示。

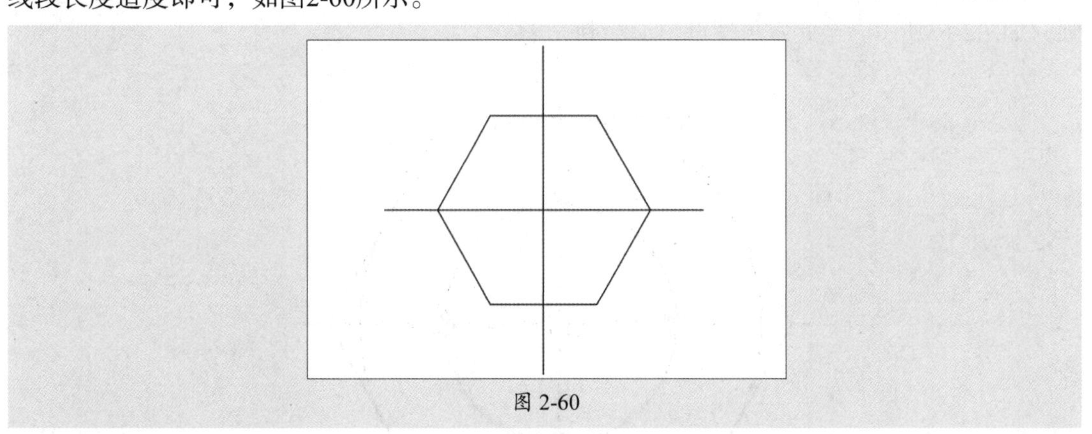

图 2-60

步骤08 在“特性”面板中选择“线型”选项，并加载CENTER（中心线）至线型列表中，将这两条垂直线的线型设为CENTER，如图2-61所示。

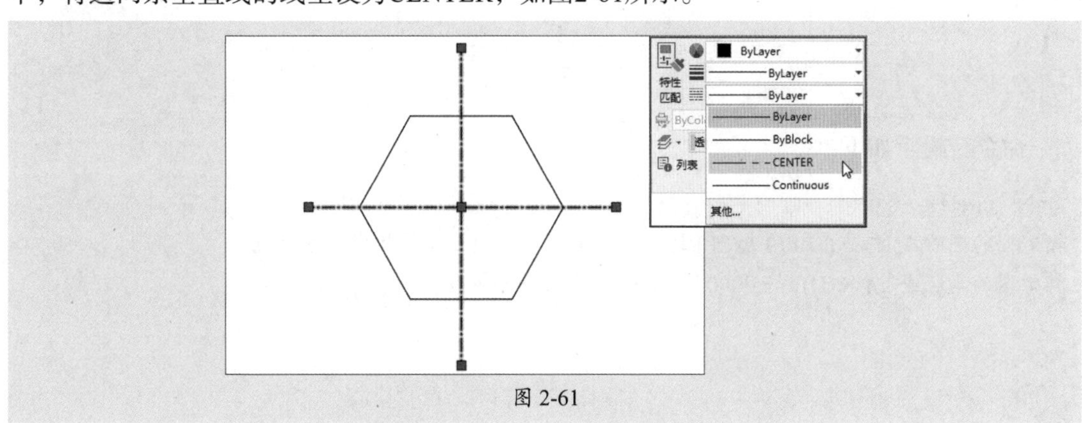

图 2-61

步骤 09 执行"圆"命令，捕捉两条中心线的交点为圆心，捕捉中心线与六边形边线的交点为半径，绘制六边形的内接圆，如图2-62所示。

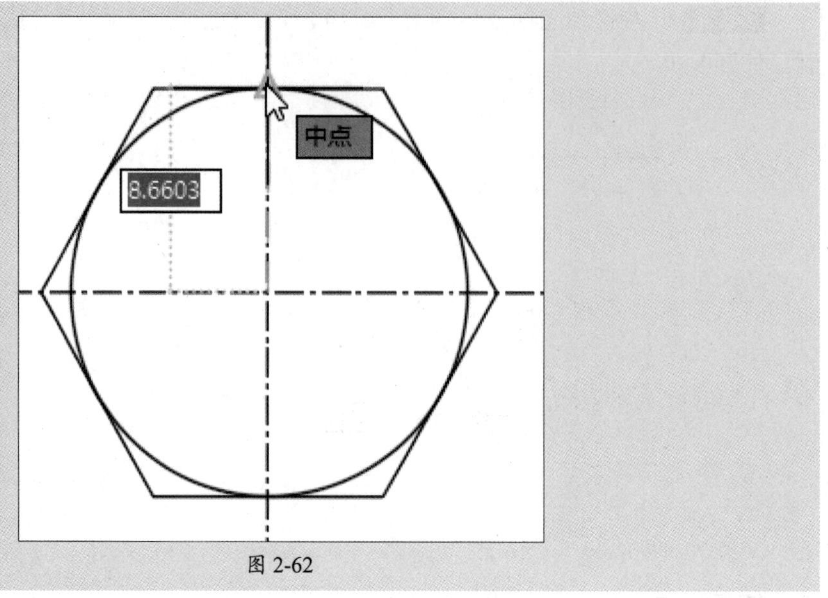

图 2-62

步骤 10 继续执行"圆"命令，同样以两条中心线的交点为圆心，绘制半径为5mm的小圆，如图2-63所示。至此六角螺母图形绘制完毕。

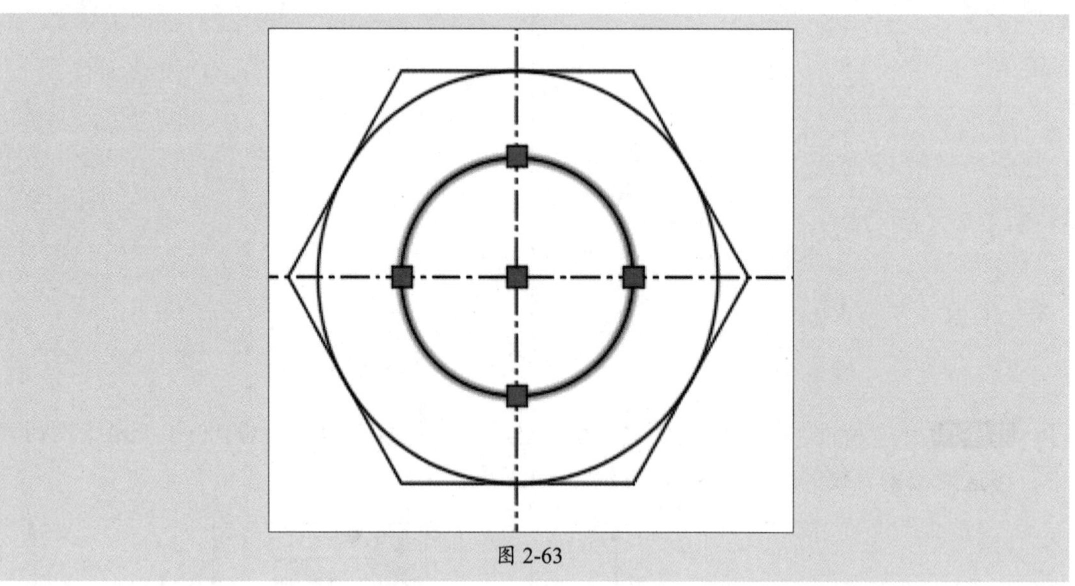

图 2-63

命令行提示如下：

```
命令: _circle
指定圆的圆心或 [三点(3P)/两点(2P)/切点、切点、半径(T)]:（捕捉中心线交点）
指定圆的半径或 [直径(D)] <5.0000>: 5（输入半径值，回车）
```

课后练习 绘制等边三角形

利用极轴追踪命令，绘制边长为300mm的等边三角形，如图2-64所示。

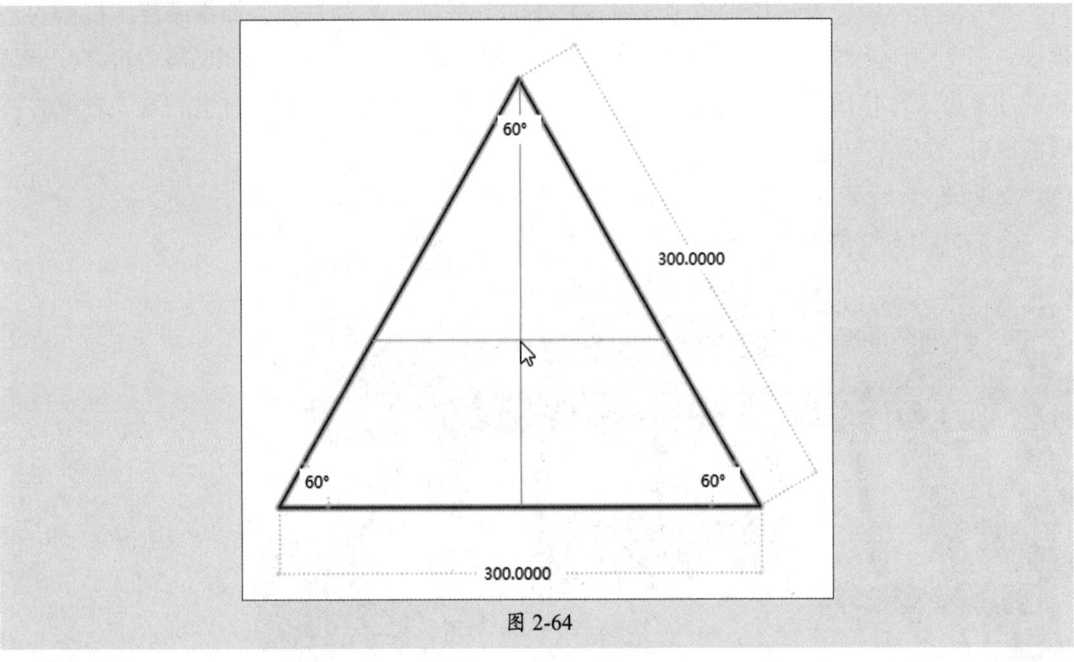

图 2-64

1. 技术要点

步骤 01 启动极轴追踪命令，并选择“30，60，90，120…”选项，设置增量角。

步骤 02 利用“直线”命令沿着60度的辅助虚线绘制边长为300mm的等边三角形。

2. 分步演示

如图2-65所示。

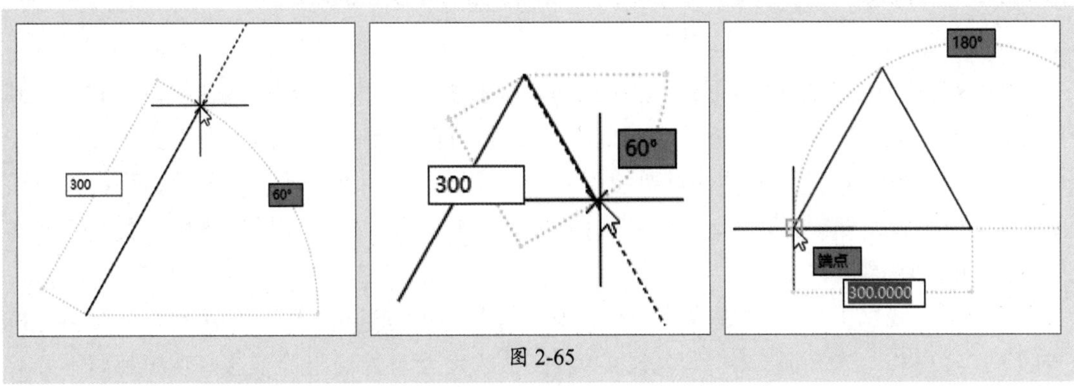

图 2-65

拓展赏析

世界重装之王：模锻液压机

有人把大型模锻液压机形象地比喻成揉面机，揉面机揉的是面，而模锻液压机揉的是钢铁。那么8万吨级的模锻液压机的威力有多大？这么说吧，它巨大的压制能力可将数千辆满载的重型卡车作用于一张书桌面积上。目前，我国就有这么一款号称世界重装之王的模锻液压机，如图2-66所示。

图 2-66

这款8万吨级的模锻液压机诞生在中国第二重型机械集团。该模锻液压机总高42米（其中地上27米，地下15米），设备总质量2.2万吨，是目前世界上吨位最大的液压机，也是中国首架国产客机C919试飞成功的重要功臣之一。任何金属在这款液压机面前，都会被轻松锻造成各种形状，即便是钻石也会在瞬间被压成粉末。有了这款模锻液压机，我国工业实力有了大幅度的提升。

近年来，我国的军工发展水平十分迅猛，运20、蛟龙-600水陆两栖飞机、大型客机C919等已经亮相。未来还有大型客机C929、高铁的大量对外输出等，这些功绩都离不开有“大国重器”之称的大型模锻液压机。

思政课堂

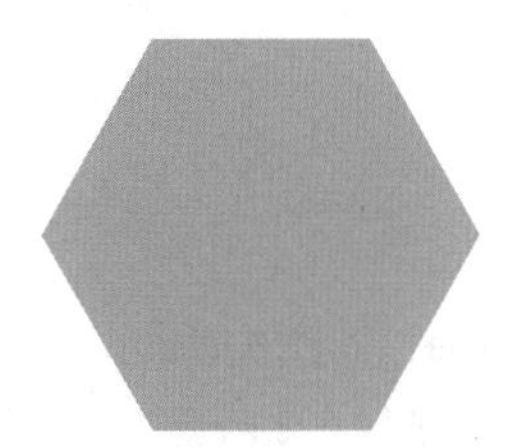

第3章

绘制简单的机械图形

内容导读

图形是由点、线、面三种基本元素构成的，面与面相交得到线，线与线相交得到点。所以要想绘制好图形，就需先熟练掌握这些基本元素的应用。本章将对AutoCAD的点、线段、曲线、矩形与多边形、面域等工具的使用方法进行详细介绍。

思维导图

- 绘制简单的机械图形
  - 绘制矩形和多边形
    - 绘制矩形
    - 绘制多边形
  - 绘制点
    - 设置点样式
    - 绘制单点和多点
    - 定数等分
    - 定距等分
  - 绘制各类曲线
    - 绘制圆
    - 绘制圆弧
    - 绘制椭圆
    - 绘制圆环
    - 绘制样条曲线
    - 绘制修订云线
  - 绘制各类线段
    - 绘制直线段
    - 绘制射线
    - 绘制构造线
    - 绘制与编辑多线
    - 绘制与编辑多线段

3.1 绘制点

任何图形都是由无数点组成，点可以作为捕捉和移动对象的参照。在AutoCAD中，通常不会单独绘制某个点，而是与捕捉工具相结合，绘制各类线段、圆弧或其他图形。

3.1.1 案例解析：绘制五边形

下面将利用等分点来绘制五边形。

步骤 01 执行"圆"命令，指定任意一点为圆心，绘制半径为100mm的圆，如图3-1所示。

步骤 02 执行"定数等分"命令，先选中圆形，然后根据命令行提示，将"线段数目"设为5，如图3-2所示。按回车键，完成5个等分点的绘制。

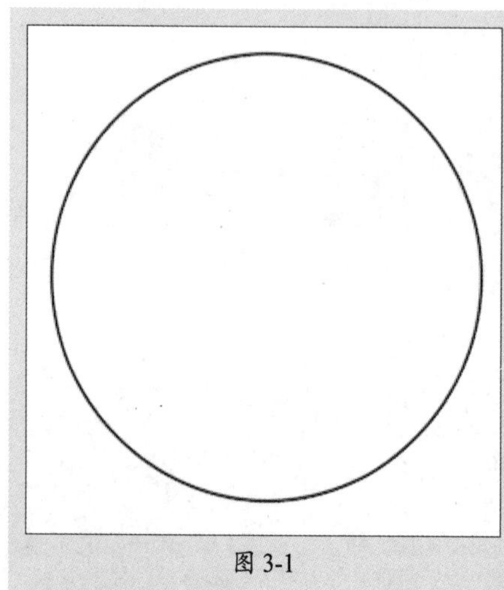

图 3-1

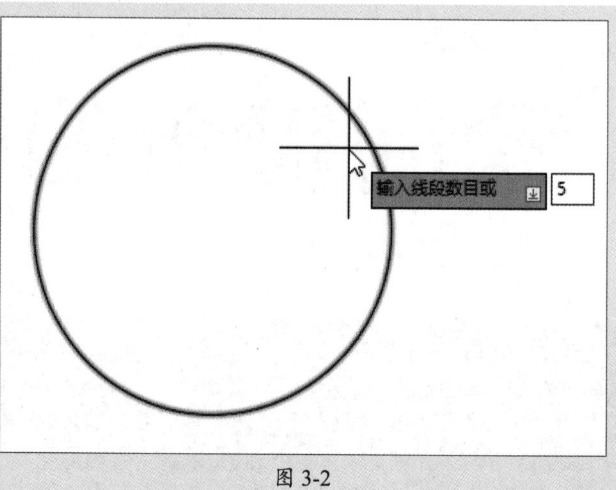

图 3-2

步骤 03 执行"格式"|"点样式"命令，打开"点样式"对话框。选择一款合适的样式，单击"确定"按钮，如图3-3所示。

步骤 04 设置完成后，在圆形上会显示出5个等分点，如图3-4所示。

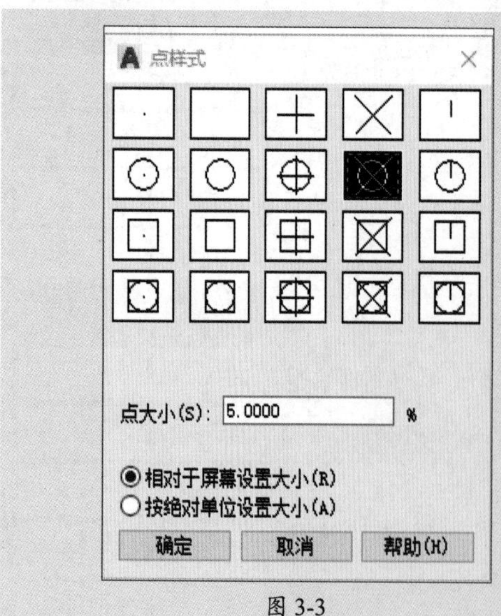

图 3-3

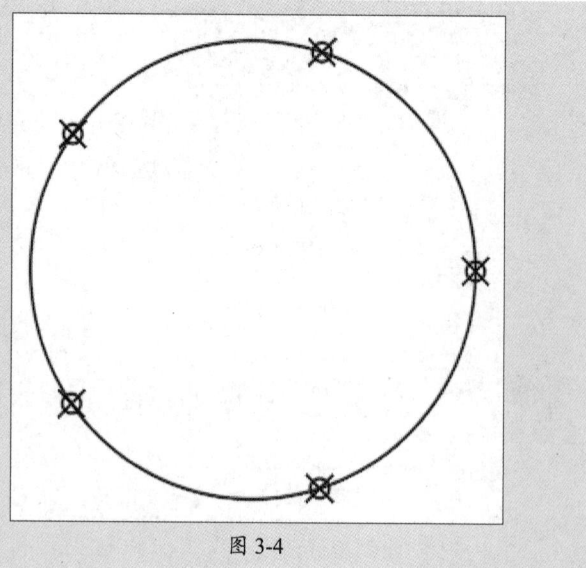

图 3-4

步骤 05 执行“直线”命令，分别捕捉这5个等分点，绘制直线，如图3-5所示。

步骤 06 选中圆形和5个等分点，按Delete键将其删除，如图3-6所示。

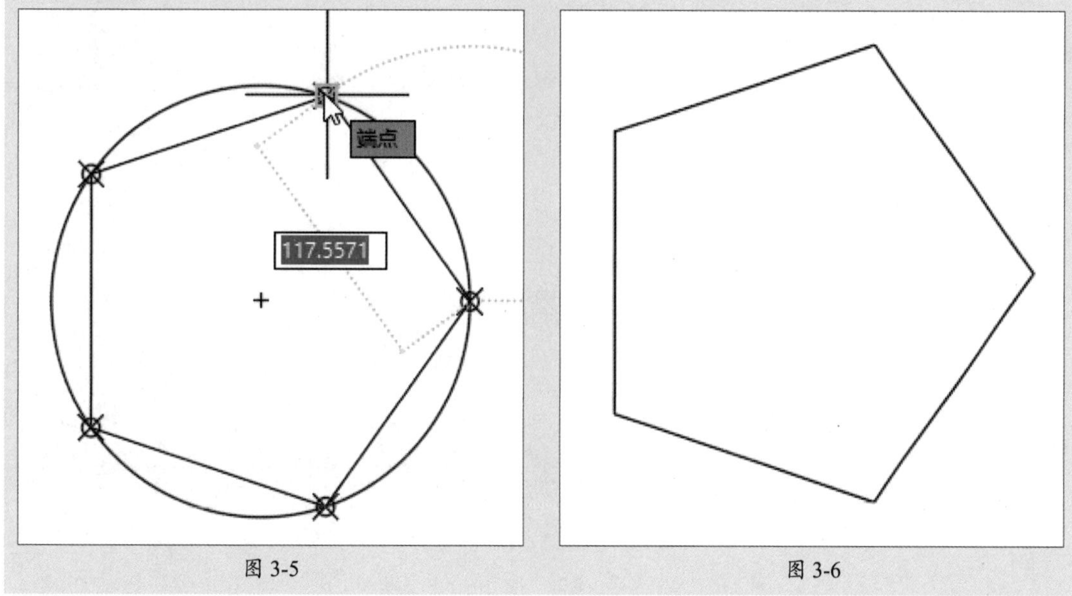

图 3-5　　图 3-6

3.1.2 设置点样式

点是不可见的，如果想要在图形中显示点，则需对点的样式、大小进行设置。执行“格式”|“点样式”命令，打开“点样式”对话框。选择合适的点样式，或设置“点大小”参数值，如图3-7所示。

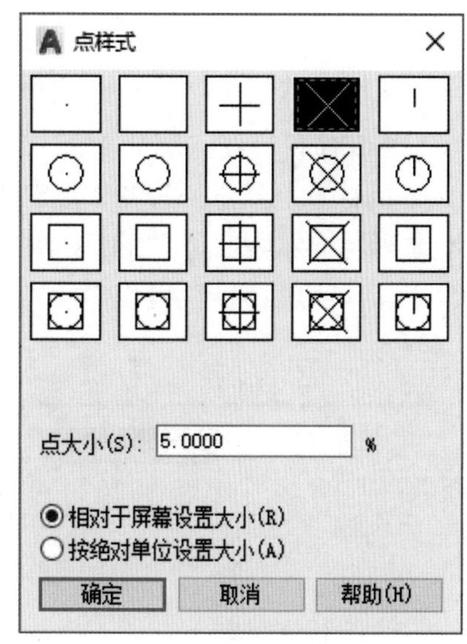

图 3-7

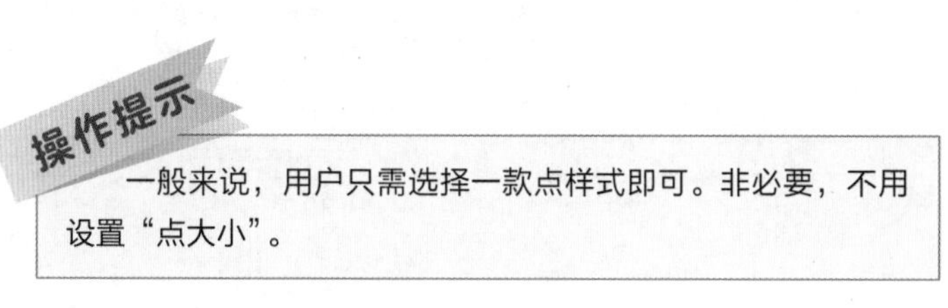

一般来说，用户只需选择一款点样式即可。非必要，不用设置“点大小”。

3.1.3 绘制单点和多点

点是组成图形的最基本实体对象，在AutoCAD中，点可分为单点和多点两种。通过以下方式可绘制点：

- 执行“绘图”|“点”|“单点”或“多点”命令。
- 在“默认”选项卡的“绘图”面板中单击“多点”按钮。
- 在命令行输入POINT命令并按回车键。

执行以上任意一种操作后，根据命令行的提示指定点的位置即可。单击一次可绘制一个点。连续多次单击，可绘制多个点，如图3-8所示。按Esc键可取消点操作。

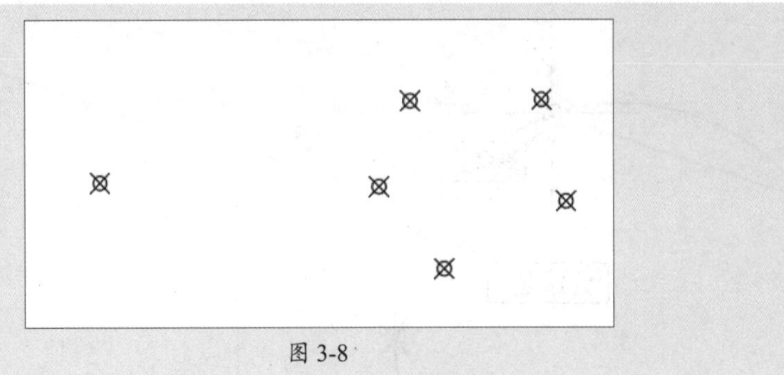

图 3-8

命令行提示如下：

```
命令: _point
当前点模式: PDMODE=35 PDSIZE=20.0000
指定点:（指定点的位置）
```

3.1.4 定数等分

定数等分是将线段按照指定的数目进行等分。通过以下方式可以绘制定数等分点：

- 执行“绘图”|“点”|“定数等分”命令。
- 在“默认”选项卡的“绘图”面板中，单击“定数等分”按钮。
- 在命令行输入DIV命令并按回车键。

执行以上任意一种操作后，选择所需的图形对象，根据命令行的提示信息，输入等分数目，按回车键即可，如图3-9所示。

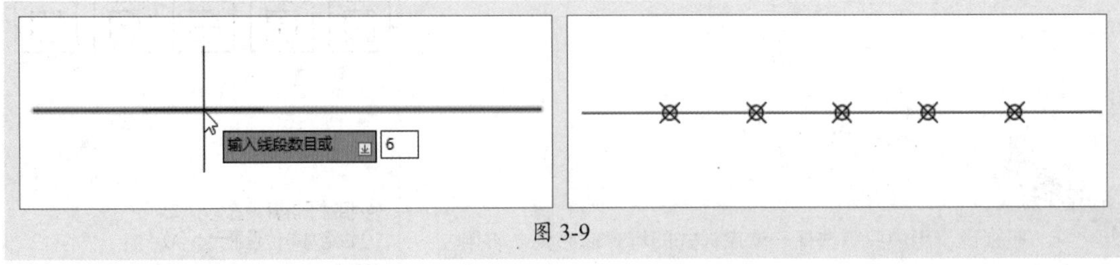

图 3-9

命令行提示如下：

```
命令: _divide
选择要定数等分的对象:（选择要等分的线段）
输入线段数目或 [块(B)]: 6（输入等分的段数，回车）
```

3.1.5 定距等分

定距等分是从线段某一端点开始，按照指定的距离进行等分。需要注意的是，当线段总长值与等分距离值不被整除时，线段的最后一段要比之前的距离短。通过以下方式可执行定距等分：

- 执行“绘图”|“点”|“定距等分”命令。
- 在“默认”选型卡的“绘图”面板中，单击“定距等分”按钮。
- 在命令行输入ME命令并按回车键。

执行以上任意一种操作后，选择所需的图形对象，根据命令行的提示信息，输入等分距离值，按回车键即可。图3-10所示是在长1000mm线段上，以每300mm为一段进行等分的效果。

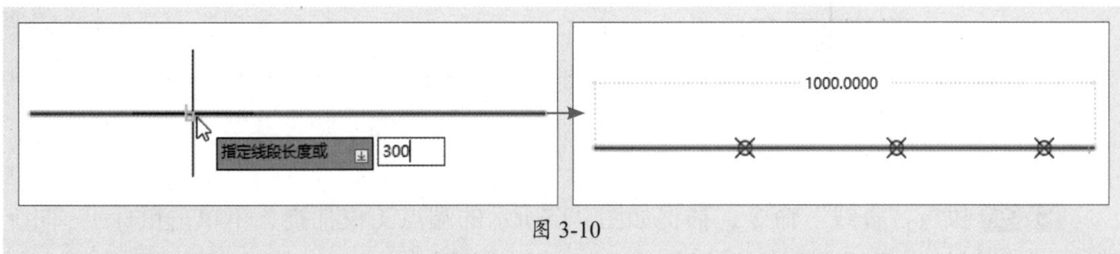

图 3-10

命令行提示如下：

```
命令: _measure
选择要定距等分的对象:（选择所需线段）
指定线段长度或 [块(B)]: 300 （输入等分距离值，回车）
```

3.2 绘制各类线段

线是基本的图形对象之一，许多复杂的图形都是由线组成的。根据用途不同，线分为直线、射线、样条曲线等。下面将对几种常见的线类型进行介绍。

3.2.1 案例解析：绘制底座侧视图

下面利用“直线”和“修剪”命令来绘制底座侧视图。

步骤01 新建图形文件。执行“直线”命令，指定直线的起点，向上移动光标，并输入19，绘制一条长19mm的垂线，如图3-11所示。

步骤02 继续向右移动光标，输入38，向右绘制一条长38mm的线段，如图3-12所示。

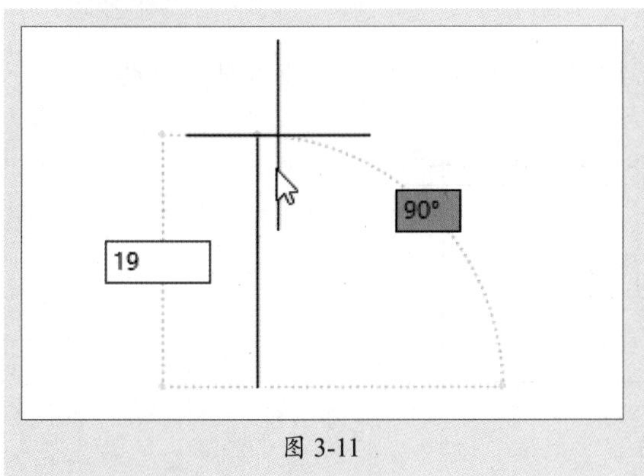

图 3-11

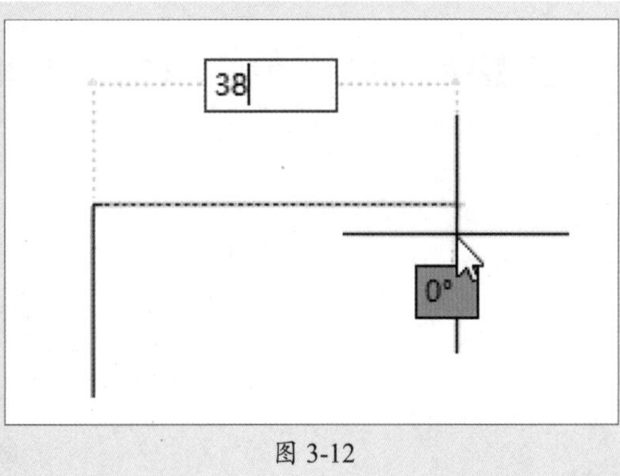

图 3-12

步骤 03 向下移动光标，绘制一条长30mm的直线，如图3-13所示。

步骤 04 按照如图3-14所示的直线尺寸，绘制底座外轮廓线。

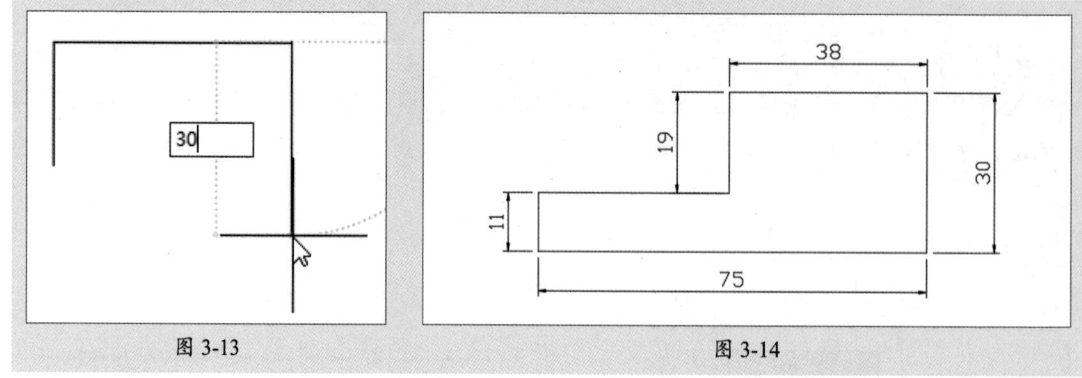

图 3-13　　图 3-14

步骤 05 执行“直线”命令，捕捉如图3-15所示的端点（仅捕捉，不单击鼠标），向上移动光标，系统会显示出捕捉辅助线，输入8，按回车键。

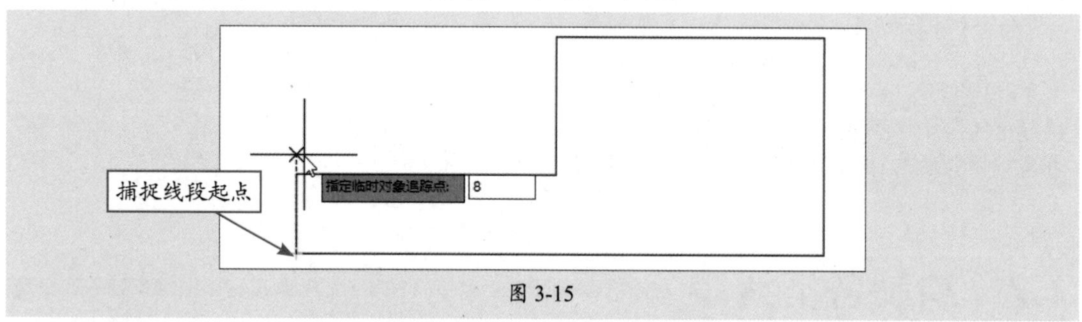

图 3-15

步骤 06 将光标向右移动，绘制一条长56mm的线段，如图3-16所示。

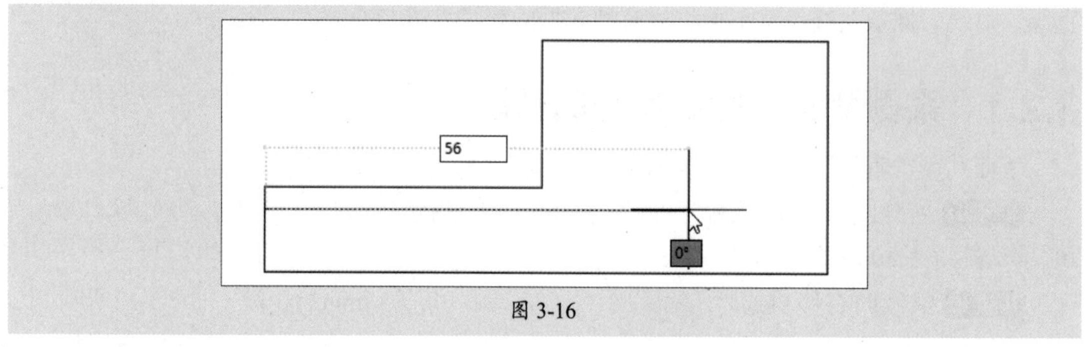

图 3-16

步骤 07 继续执行“直线”命令，按照图3-17所示的尺寸，绘制底座内部造型线。

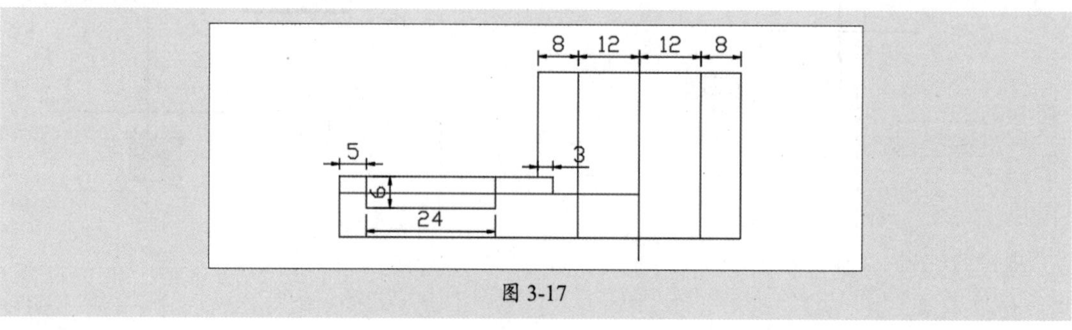

图 3-17

步骤08 将刚绘制的内部线段的线型更改为DASHED，如图3-18所示。至此底座侧视图形绘制完成。

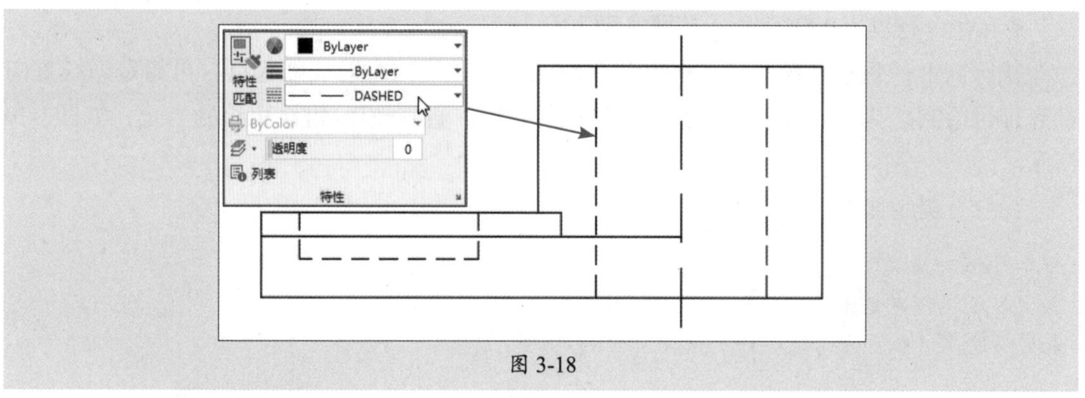

图 3-18

3.2.2 绘制直线段

直线段是各种绘图中最简单，也是常用的一类图形对象。它既可以是一条线段，也可以是一系列相连的线段。可通过以下方式执行“直线”命令：

- 执行“绘图”|“直线”命令。
- 在“默认”选项卡的“绘图”面板中单击“直线”按钮。
- 在命令行输入L命令并按回车键。

执行以上任意一种操作后，根据命令行的提示，指定线段的起点和端点即可绘制直线，如图3-19所示。

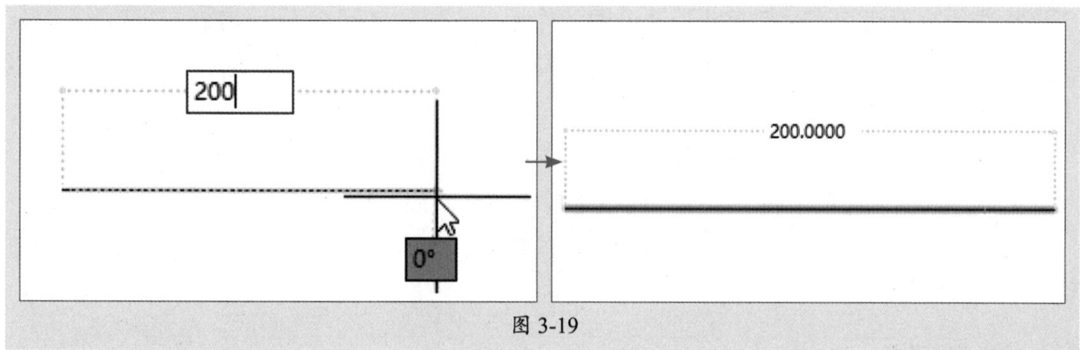

图 3-19

命令行提示如下：

```
命令: _line
指定第一个点:（指定线段的起点）
指定下一点或 [放弃(U)]: 200（输入线段长度值，回车）
指定下一点或 [放弃(U)]:（回车，结束绘制）
```

3.2.3 绘制射线

射线是从线段一端向某一方向一直延伸的直线，即射线是只有起始点没有终点的线段。可通过以下方式调用“射线”命令：

- 执行“绘图”|“射线”命令。
- 在“默认”选项卡的“绘图”面板中单击“射线”按钮。
- 在命令行输入RAY命令并按回车键。

执行以上任意一种操作后，根据命令行的提示，先指定射线的起点，再指定射线方向的点即可绘制。执行一次操作可连续绘制多条射线，直到按Esc键结束绘制为止，如图3-20所示。

命令行提示如下：

```
命令: _ray
指定起点:（指定起点）
指定通过点:（指定方向的点）
```

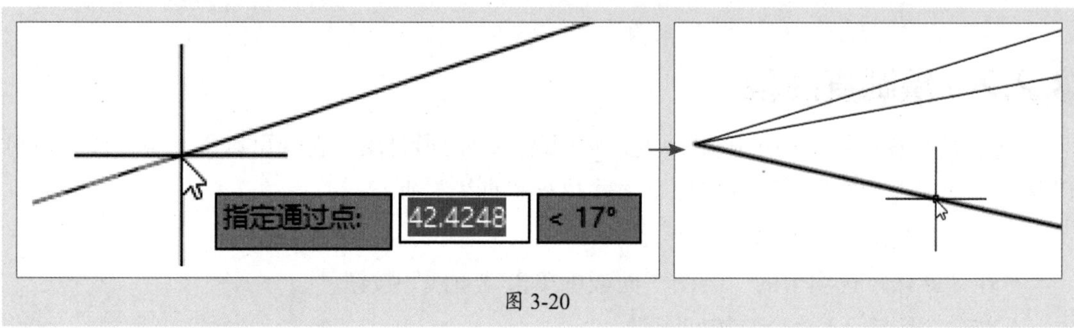

图 3-20

3.2.4 绘制构造线

构造线与射线相同，都起着辅助绘图的作用。它们的区别在于，构造线是两端无限延长的直线，没有起点和终点；而射线则是一端无限延长的直线，有起点无终点。通过以下方式可调用“构造线”命令：

- 执行“绘图”|“构造线”命令。
- 在“默认”选项卡的“绘图”面板中单击“构造线”按钮。

执行以上任意一种操作后，根据命令行的提示，指定构造线上的两个点即可绘制构造线，如图3-21所示。

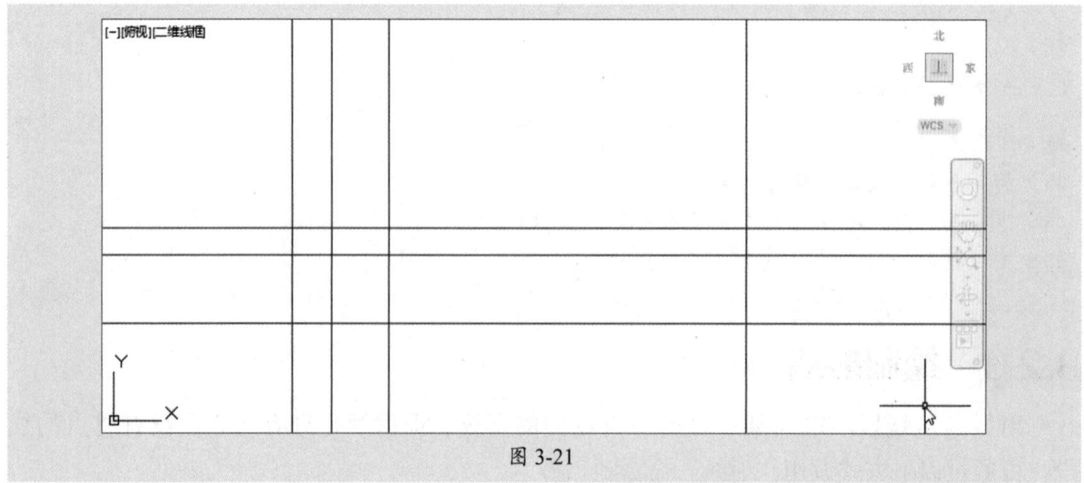

图 3-21

命令行提示如下：

```
命令: _xline
指定点或 [水平(H)/垂直(V)/角度(A)/二等分(B)/偏移(O)]:（指定两个点，回车）
指定通过点:
指定通过点:
```

3.2.5 绘制与编辑多线

多线是一种由平行线组成的图形，应用比较广，例如绘制各类管道、道路、管道剖面图等。

1. 设置多线样式

默认的多线样式为两端开口的平行线。如果对该样式不满意，可对其进行修改。执行“格式”|“多线样式”命令，打开“多线样式”对话框，如图3-22所示。单击“修改”按钮，打开“修改多线样式”对话框。可以对“封口”样式、“图元”样式进行设置，如图3-23所示。

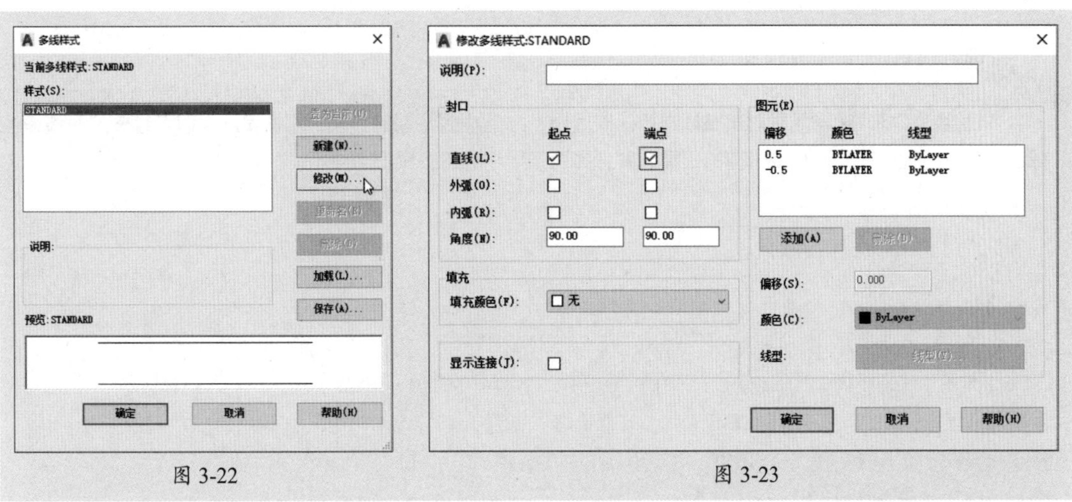

图 3-22　　图 3-23

设置完毕，单击“确定”按钮，返回到“多线样式”对话框。在下方预览区可以看到设置后的多线样式，如图3-24所示。

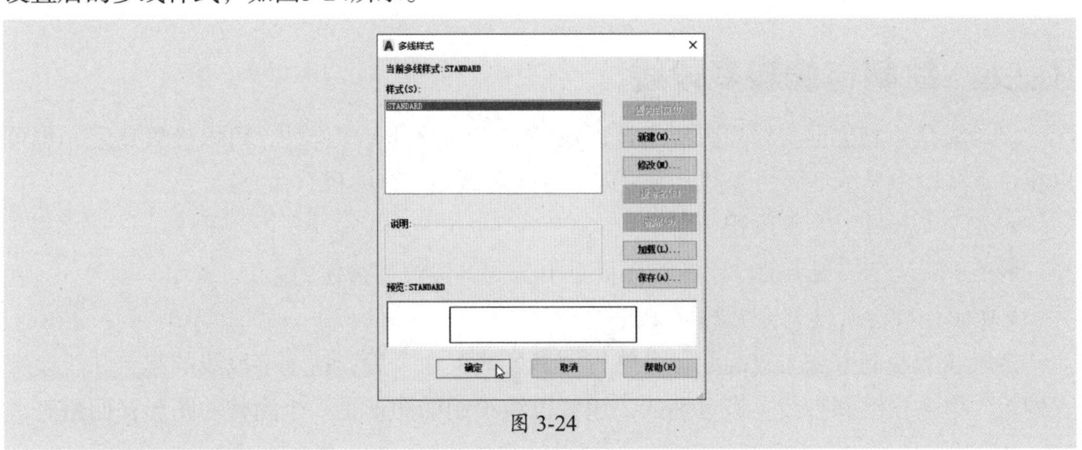

图 3-24

2. 绘制多线

设置完多线样式后，就可以开始绘制多线。用户可以通过以下方式调用“多线”命令：

- 执行“绘图”|“多线”命令。
- 在命令行输入ML命令并按回车键。

执行以上一种操作，根据命令行的提示，设置好多线的对正、比例，指定多线的起点和端点即可绘制多线，如图3-25所示。

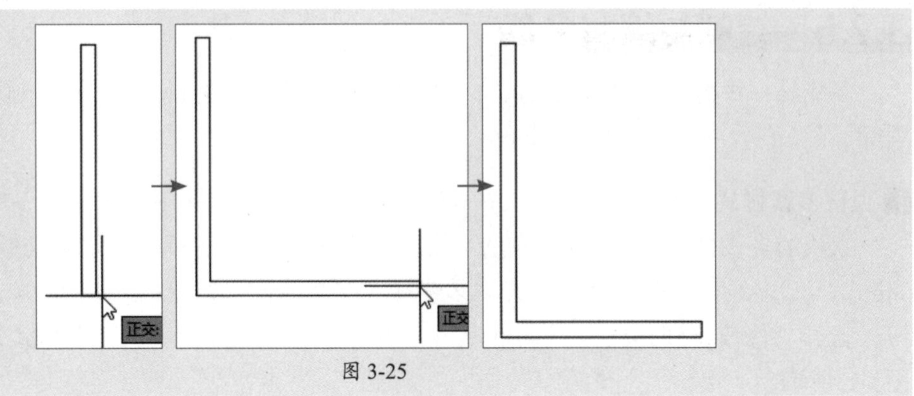

图 3-25

操作提示

多线绘制完毕，通常需要对该多线进行修改编辑，才能达到预期的效果。双击多线，即可打开“多线编辑工具”对话框，在此选择要修剪的工具，并选择两条要修剪的多线即可修剪。

命令行提示如下：

```
命令: MLINE
当前设置: 对正 = 无，比例 = 1.00，样式 = STANDARD
指定起点或 [对正(J)/比例(S)/样式(ST)]: j（选择“对正”选项，回车）
输入对正类型 [上(T)/无(Z)/下(B)] <无>: z（选择“无”，回车）
当前设置: 对正 = 无，比例 =1.00，样式 = STANDARD
指定起点或 [对正(J)/比例(S)/样式(ST)]: s（选择“比例”选项，回车）
输入多线比例 <20.00>: 120（输入比例值，回车）
当前设置: 对正 = 无，比例 = 120.00，样式 = STANDARD
```

3.2.6 绘制与编辑多段线

多段线是由相连的直线或弧线组合而成的。多线段具有多样性，可以设置宽度，也可以在一条线段中显示不同的线宽。通过以下方式可调用“多线段”命令：

- 执行“绘图”|“多段线”命令。
- 在“默认”选项卡的“绘图”面板中单击“多段线”按钮。
- 在命令行输入PL命令并按回车键。

多段线的绘制方法与直线相似，执行“多段线”命令后，指定多段线的起点和线段端点即可。但多段线和直线是有区别的，用多段线绘制的图形是一个完整的图形；而用直线绘制的图形，它的每一条线段都是独立存在的。图3-26所示是多段线效果，图3-27所示是直线效果。

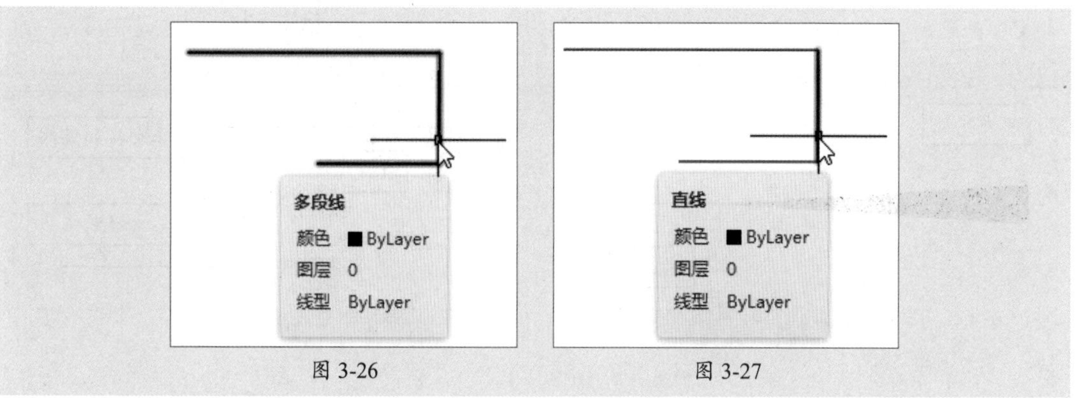

图 3-26　　图 3-27

在绘制多段线的过程中，用户可根据需要对线段的宽度进行更改。在命令行输入w，按回车键，并设置好起点和端点的宽度值即可，如图3-28所示。

命令行提示如下：

```
命令: _pline
指定起点:
当前线宽为 0.0000
指定下一个点或 [圆弧(A)/半宽(H)/长度(L)/放弃(U)/宽度(W)]: w（选择“宽度”选项）
指定起点宽度 <0.0000>: 20（设置线段起点宽度值）
指定端点宽度 <20.0000>: 0（设置线段端点宽度值）
指定下一个点或 [圆弧(A)/半宽(H)/长度(L)/放弃(U)/宽度(W)]:（指定起点位置）
指定下一点或 [圆弧(A)/闭合(C)/半宽(H)/长度(L)/放弃(U)/宽度(W)]:（指定端点位置）
```

多段线默认是以直线显示的，如果在绘制过程中需要改变线型，例如改变为弧线，那么只需在命令行输入A，按回车键即可切换到弧线绘制状态，如图3-29所示。

命令行提示如下：

```
命令: _pline
指定起点:
当前线宽为 0.0000
指定下一个点或 [圆弧(A)/半宽(H)/长度(L)/放弃(U)/宽度(W)]:（指定多段线起点）
指定下一点或 [圆弧(A)/闭合(C)/半宽(H)/长度(L)/放弃(U)/宽度(W)]: a（选择“圆弧”，切换线型）
指定圆弧的端点(按住 Ctrl 键以切换方向)或
[角度(A)/圆心(CE)/闭合(CL)/方向(D)/半宽(H)/直线(L)/半径(R)/第二个点(S)/放弃(U)/宽度(W)]:（指定圆弧的一个端点）
指定圆弧的端点(按住 Ctrl 键以切换方向)或
[角度(A)/圆心(CE)/闭合(CL)/方向(D)/半宽(H)/直线(L)/半径(R)/第二个点(S)/放弃(U)/宽度(W)]:（指定第二个圆弧的端点）
指定圆弧的端点(按住 Ctrl 键以切换方向)或
[角度(A)/圆心(CE)/闭合(CL)/方向(D)/半宽(H)/直线(L)/半径(R)/第二个点(S)/放弃(U)/宽度(W)]: l
```

（选择“直线”，切换线型）
指定下一点或 [圆弧(A)/闭合(C)/半宽(H)/长度(L)/放弃(U)/宽度(W)]:（指定直线的端点）
指定下一点或 [圆弧(A)/闭合(C)/半宽(H)/长度(L)/放弃(U)/宽度(W)]:（按回车键，结束绘制）

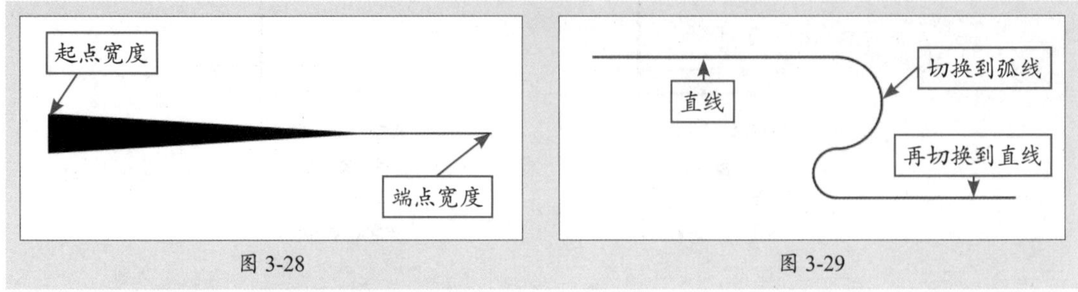

图 3-28　　图 3-29

在绘制过程中，可以通过闭合、打开、移动、添加或删除单个顶点等功能来对多段线进行编辑操作。通过以下方式可编辑多段线：

- 执行“修改”|“对象”|“多段线”命令。
- 双击多段线图形对象。
- 在命令行输入PEDIT命令并按回车键。

执行以上任意一种操作后，选择要编辑的多段线，就会弹出一个多段线编辑菜单。在此选择要编辑的选项即可，如图3-30所示。

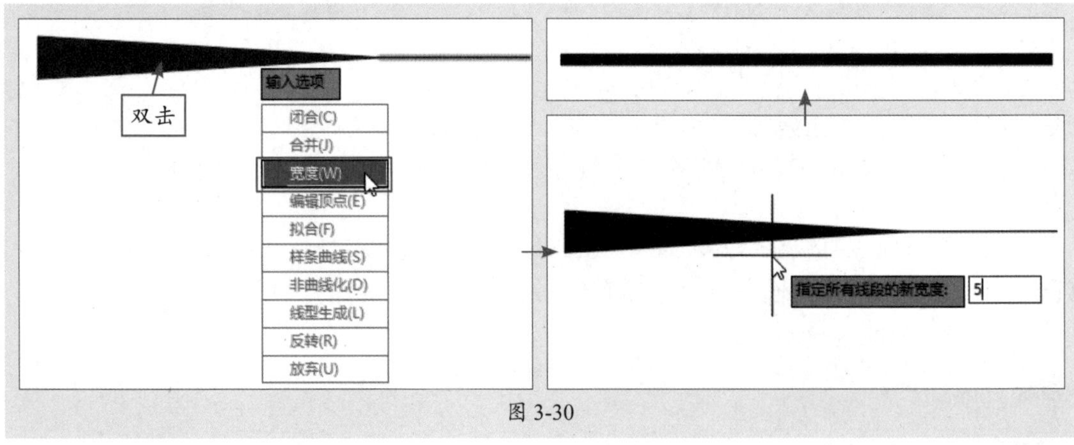

图 3-30

3.3 绘制各类曲线

曲线包括圆、圆弧、椭圆等，这些曲线在机械制图中同样是常用的图形元素。下面将向用户介绍具体的操作方法。

3.3.1 案例解析：绘制手柄图形

下面利用“圆”“多段线”等命令绘制一个手柄的平面图形。

步骤 01 执行“圆”命令，指定绘图区任意一点为圆心，绘制半径为20mm的圆，如图3-31所示。

步骤 02 按功能键F11开启对象捕捉追踪，执行“圆”命令，将光标移动到圆心并沿X轴向右移动以指定圆心距离，这里输入移动距离125mm，如图3-32所示。

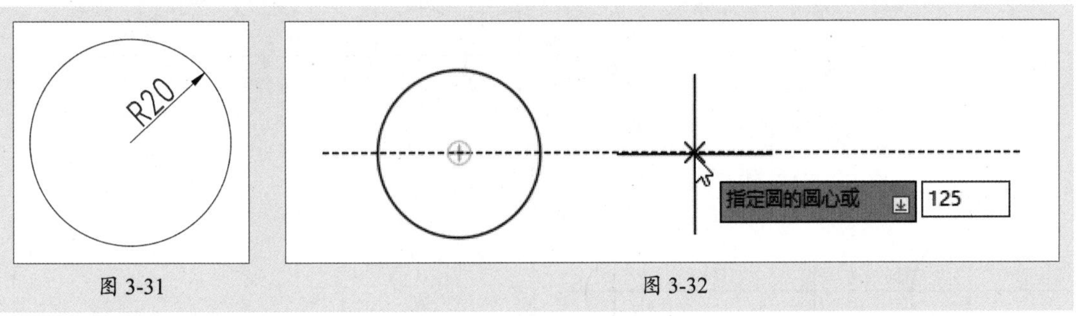

图 3-31　　图 3-32

步骤 03 按回车键确认后，再指定新圆的半径为10mm，按回车键即可完成第二个圆的绘制，如图3-33所示。

步骤 04 执行“直线”命令，绘制中心线，如图3-34所示。

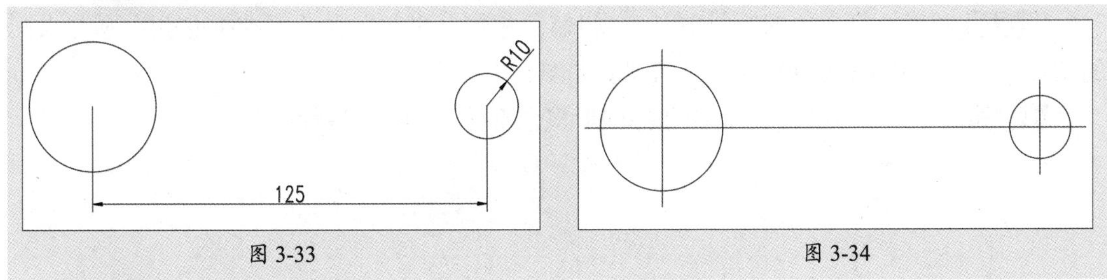

图 3-33　　图 3-34

步骤 05 执行“绘图”|“圆”|“相切，相切，半径”命令，捕捉左侧圆上的一个切点，如图3-35所示。

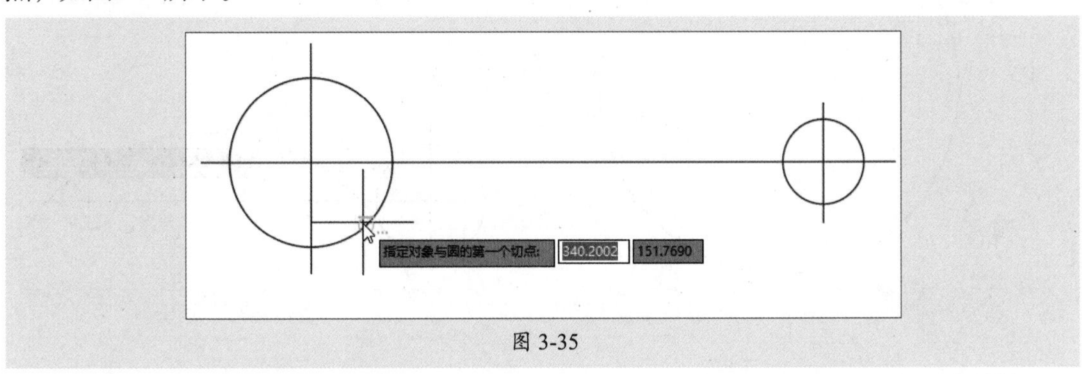

图 3-35

步骤 06 按照同样的方法继续捕捉右侧圆上的一个切点，如图3-36所示。

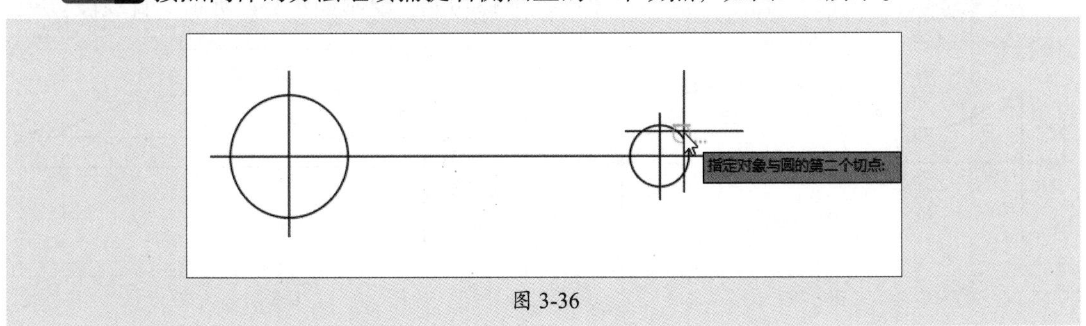

图 3-36

步骤07 输入半径80mm，绘制一个大圆，如图3-37所示。

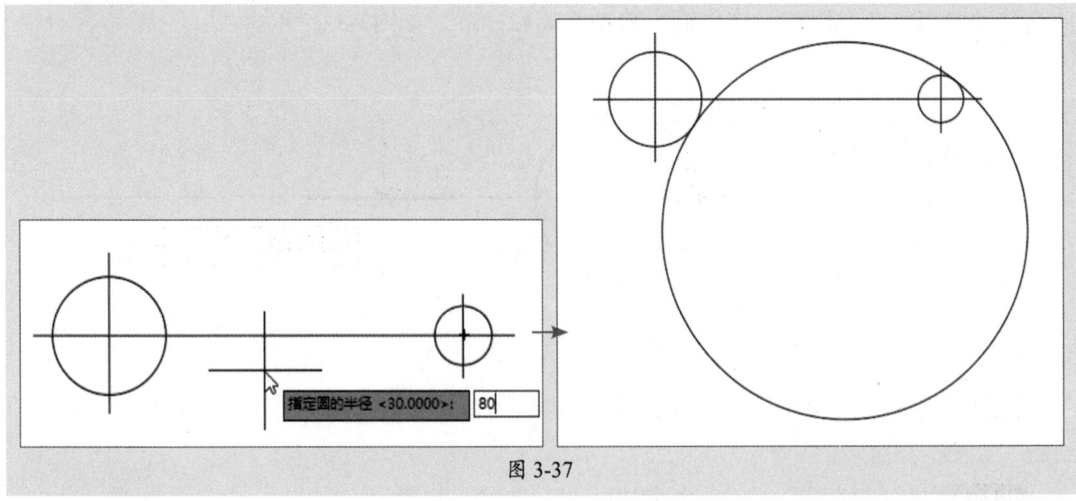

图 3-37

步骤08 同样执行"绘图"|"圆"|"相切，相切，半径"命令，捕捉左侧小圆与大圆的切点，先后绘制半径为30mm的相切圆，如图3-38所示。

步骤09 执行"修剪"命令，修剪掉圆形多余部分，如图3-39所示。

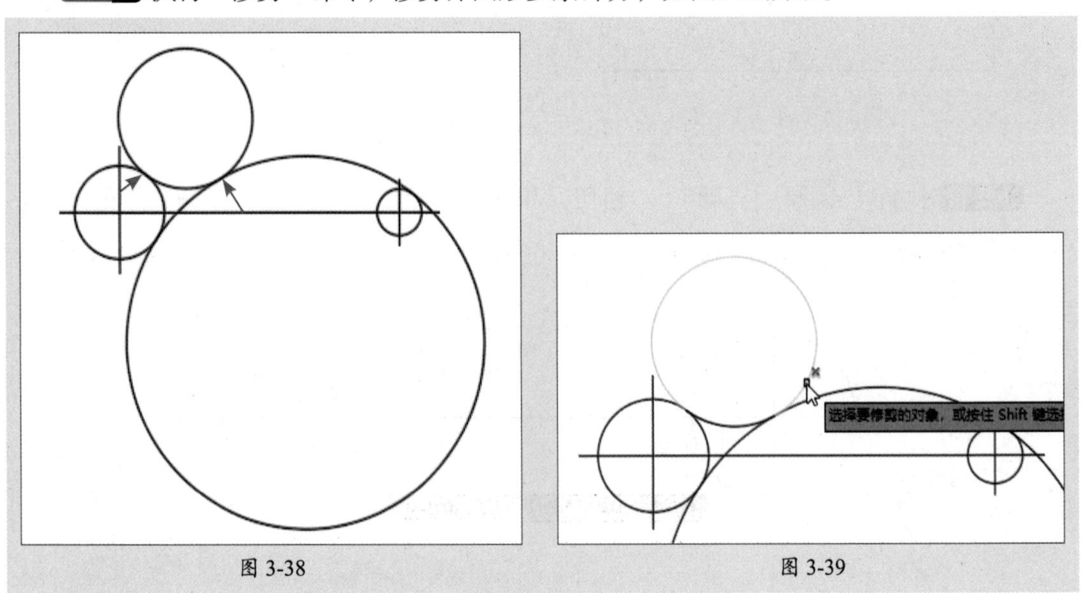

图 3-38　　图 3-39

步骤10 继续执行"修剪"命令，修剪其他线段，结果如图3-40所示。

步骤11 执行"直线"命令，启动对象捕捉追踪功能，绘制如图3-41所示的直线段。

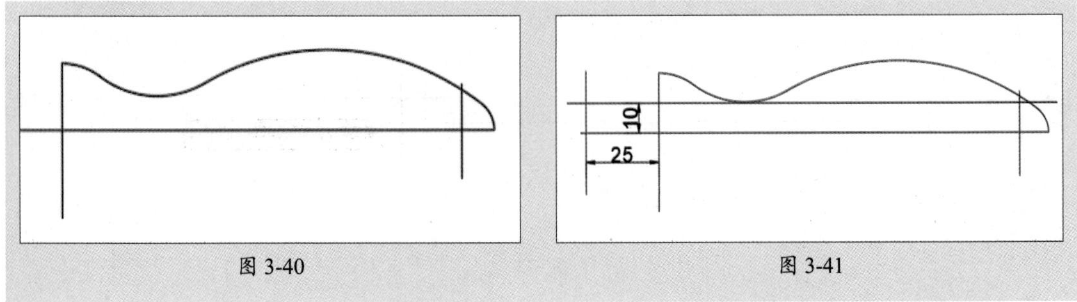

图 3-40　　图 3-41

步骤 12 执行“修剪”命令，修剪并删除多余的线条，结果如图3-42所示。

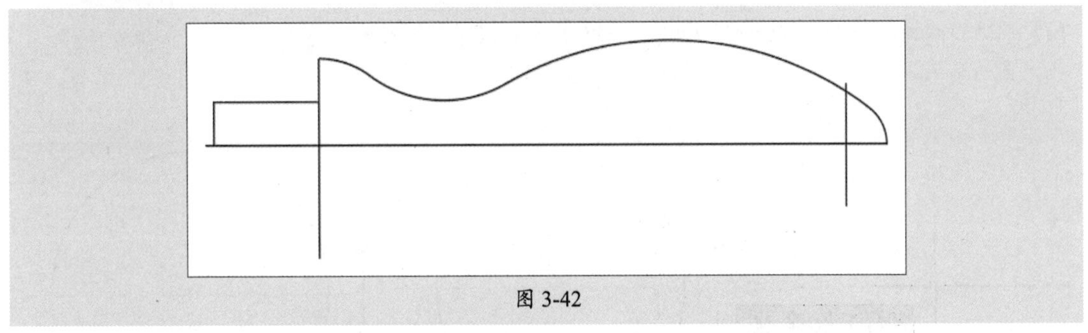
图 3-42

步骤 13 执行“镜像”命令，选中所需图形，按回车键。捕捉中心线的起点和端点作为镜像线，按回车键，将被选图形进行镜像复制，如图3-43所示。

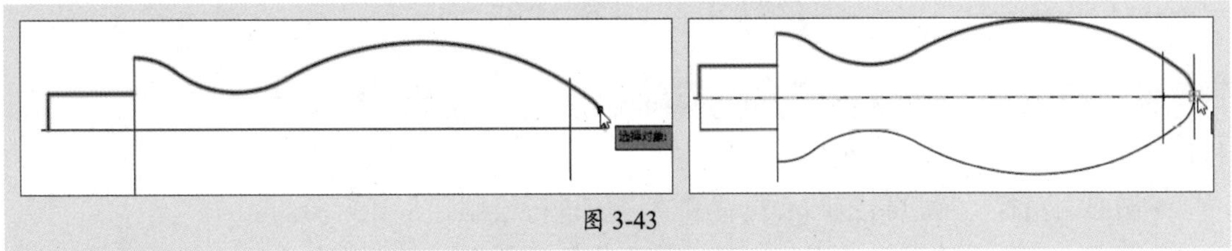
图 3-43

步骤 14 执行“修剪”命令，修剪掉多余的线段，再调整一下图形中心线的线型。至此，手柄图形绘制完成，如图3-42所示。

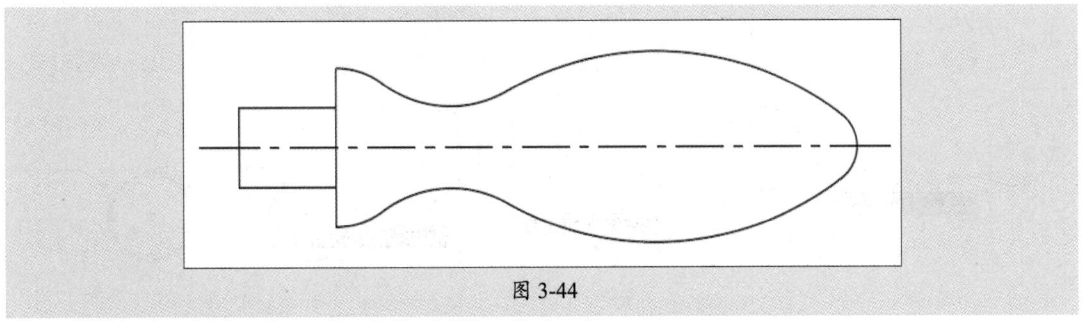
图 3-44

3.3.2 绘制圆

利用AutoCAD创建圆图形的方法有很多，可通过指定圆心和半径来创建，也可通过指定圆的直径来创建，还可通过圆的两点或三点来创建等。用户可根据需求来选择。通过以下方式可调用“圆”命令：

- 执行“绘图”|“圆”命令的子命令。
- 在“默认”选项卡的“绘图”面板中单击“圆”按钮。选择绘制圆的方式。可以单击按钮下的三角符号▼，从打开的下拉列表中进行选择。
- 在命令行输入C命令并按回车键。

“圆心，半径”是默认的圆创建方式。在绘图区指定圆心位置，并根据命令行的提示输入圆的半径值，按回车键即可，如图3-45所示。

命令行提示如下：

命令:_circle
指定圆的圆心或[三点(3P)/两点(2P)/切点、切点、半径(T)]:（指定圆心位置）
指定圆的半径或[直径(D)]<500>:30（输入半径值，回车）

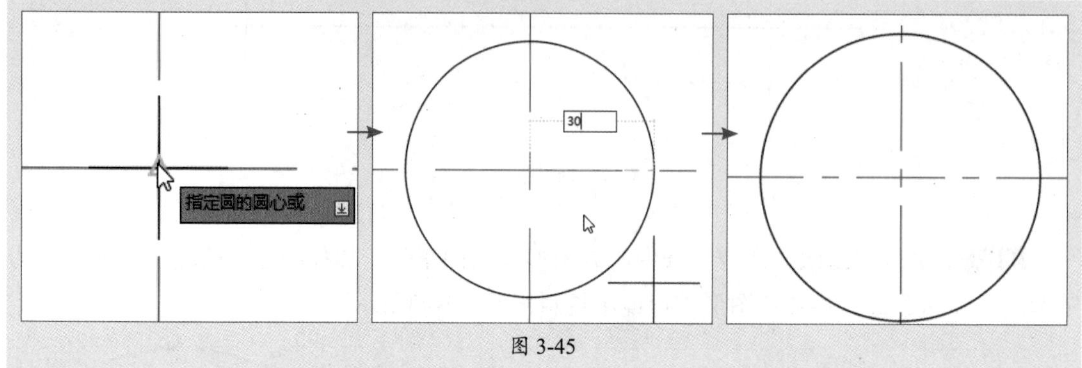

图 3-45

除了该方式外，系统还提供了其他5种绘制方式，分别为：圆心、直径；两点；三点；相切、相切、半径；相切、相切、相切。

- **圆心、直径：** 通过指定圆心位置和直径值进行绘制。
- **两点：** 通过在绘图区任意指定两点作为直径的两个端点来绘制出一个圆。
- **三点：** 通过在绘图区任意指定圆上的三点即可绘制出一个圆。
- **相切、相切、半径：** 指定圆的两个相切点，再输入半径值即可绘制圆，如图3-46所示。

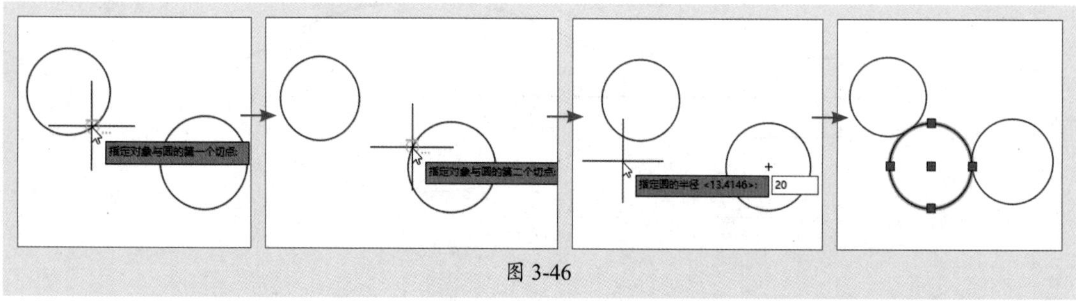

图 3-46

- **相切、相切、相切：** 指定已有图形的三个点作为圆的相切点，即可绘制一个与该图形相切的圆，如图3-47所示。

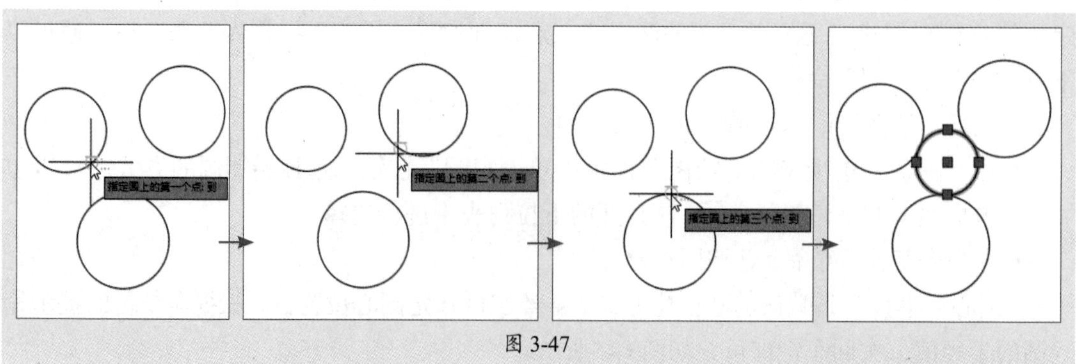

图 3-47

3.3.3 绘制圆弧

绘制圆弧的方法有多种。默认情况下，绘制圆弧需要三点：圆弧的起点、圆弧上的点和圆弧的端点。通过以下方式可调用“圆弧”命令：

- 执行“绘图”|“圆弧”命令的子命令。
- 在“默认”选项卡的“绘图”面板中单击“圆弧”按钮，选择绘制圆弧的方式。可以单击按钮下的小三角符号，在弹出的下拉列表中选择相应选项。
- 在命令行输入A命令并按回车键。

执行以上一种操作后，根据命令行的提示，指定圆弧的三个点即可绘制弧线，如图3-48所示。

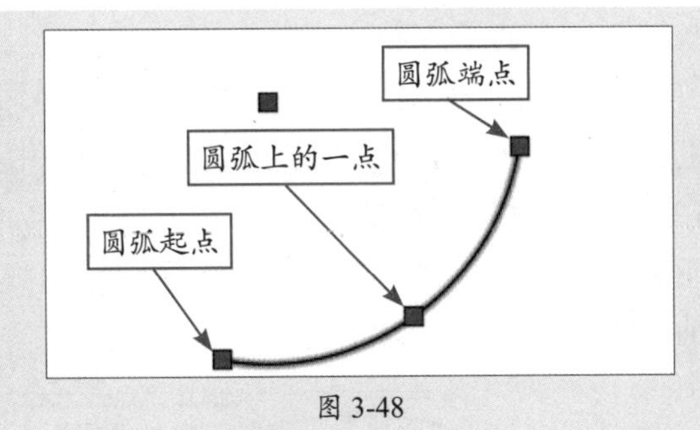

图 3-48

命令行提示如下：

```
命令: _arc
指定圆弧的起点或 [圆心(C)]:（指定圆弧起点）
指定圆弧的第二个点或 [圆心(C)/端点(E)]:（指定圆弧上的一点）
指定圆弧的端点:（指定圆弧端点）
```

此外，系统还提供了其他11种绘制圆弧的方式，包括三点；起点、圆心、端点；起点、圆心、角度；起点、圆心、长度；起点、端点、角度；起点、端点、方向；起点、端点、半径；圆心、起点、端点；圆心、起点、角度；圆心、起点、长度；连续。

- **三点：** 分别指定圆弧上的三个点来绘制圆弧。
- **起点、圆心、端点：** 指定圆弧的起点、圆心和端点绘制圆弧。
- **起点、圆心、角度：** 指定圆弧的起点、圆心和角度绘制圆弧。
- **起点、圆心、长度：** 所指定的弧长不可以超过起点到圆心距离的两倍。
- **起点、端点、角度：** 指定圆弧的起点、端点和角度绘制圆弧。
- **起点、端点、方向：** 指定圆弧的起点、端点和方向绘制圆弧。首先指定起点和端点，这时光标指定方向，圆弧会根据指定的方向进行绘制。指定方向后单击鼠标左键，即可完成圆弧的绘制。
- **起点、端点、半径：** 指定圆弧的起点、端点和半径绘制圆弧，完成的圆弧半径是指定的半径长度。
- **圆心、起点、端点：** 首先指定圆心，再指定起点和端点绘制圆弧。
- **圆心、起点、角度：** 指定圆弧的圆弧、起点和角度绘制圆弧。

- **圆心、起点、长度：** 指定圆弧的圆心、起点和长度绘制圆弧。
- **连续：** 使用该方法绘制的圆弧将与最后一个创建的对象相切。

操作提示

带有起点和端点的圆弧绘制方式，默认是按逆时针绘制的。用户如果觉得不顺手，也可以利用NUITS命令将默认方向改为顺时针。

3.3.4 绘制椭圆

椭圆是由一条较长的轴和一条较短的轴定义而成。通过以下方式可调用“椭圆”命令：

- 执行“绘图”|“椭圆”命令的子命令。
- 在“默认”选项卡的“绘图”面板中单击“椭圆”按钮，选择绘制椭圆的方式。可以单击按钮下的小三角符号，在弹出的下拉列表中选择相应选项。
- 在命令行输入ELLIPSE命令并按回车键。

执行以上一种操作后，根据命令行的提示，指定椭圆的圆心，然后再分别指定椭圆曲线的长半轴长度和短半轴长度即可，如图3-49所示。

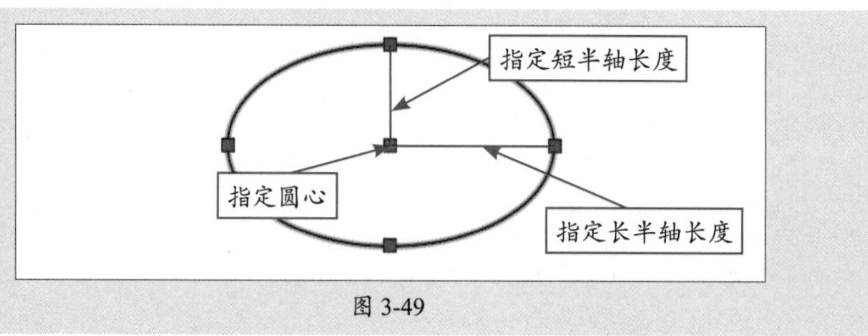

图 3-49

命令行提示如下：

```
命令: _ellipse
指定椭圆的轴端点或 [圆弧(A)/中心点(C)]: _c
指定椭圆的中心点:（指定圆心位置）
指定轴的端点:50（输入长半轴长度值，回车）
指定另一条半轴长度或 [旋转(R)]:30（输入短半轴长度值，回车）
```

此外，AutoCAD还提供了其他两种椭圆的绘制方法，分别为：轴、端点；椭圆弧。

- **轴、端点：** 指定一个点作为椭圆曲线半轴的起点，指定第二个点为长半轴（或短半轴）的端点，指定第三个点为短半轴（或长半轴）的半径点。
- **椭圆弧：** 使用该方法创建的椭圆可以是完整的椭圆，也可以是其中的一段椭圆弧。

操作提示

椭圆弧的起点和端点角度以左侧象限点为0° 起点，按逆时针旋转至右侧象限点为180°，旋转至360° 即与0° 起点重合。

3.3.5 绘制圆环

圆环是由两个同心圆组成的组合图形。通过以下方式可调用“圆环”命令：

- 执行“绘图”|“圆环”命令。
- 在“默认”选项卡的“绘图”面板中单击“圆环”按钮。
- 在命令行输入DONUT命令并按回车键。

执行以上一种操作后，根据命令行提示，先分别指定圆环的内径和外径值，然后再指定圆环的圆心位置即可绘制圆环，如图3-50所示。

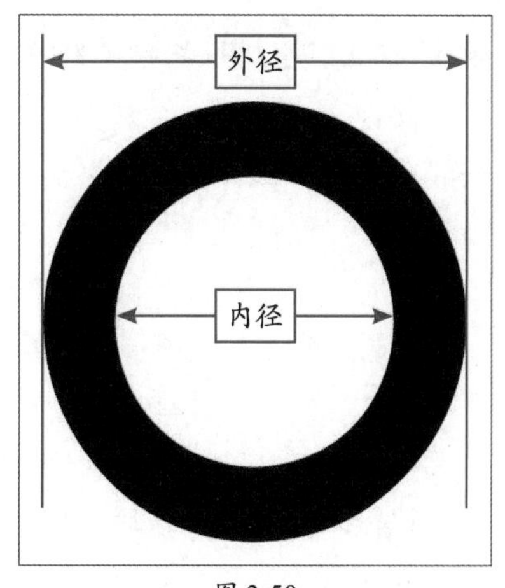

图 3-50

命令行提示如下：

```
命令:DONUT
指定圆环的内径 <228.0181>: 100（指定内径值，回车）
指定圆环的外径 <1.0000>: 120（指定外径值，回车）
指定圆环的中心点或 <退出>:（指定圆心位置）
指定圆环的中心点或 <退出>: *取消*
```

3.3.6 绘制样条曲线

样条曲线是经过或接近影响曲线形状的一系列点的平滑曲线。通过以下方式可调用“样条曲线”命令：

- 在“默认”选项卡的“绘图”面板中单击“样条曲线拟合”按钮或“样条曲线控制点”按钮。
- 在命令行输入SPLINE并按回车键。

样条曲线分为样条曲线拟合和样条曲线控制点两种方式，图3-51所示为拟合绘制的曲线，图3-52所示为控制点绘制的曲线。

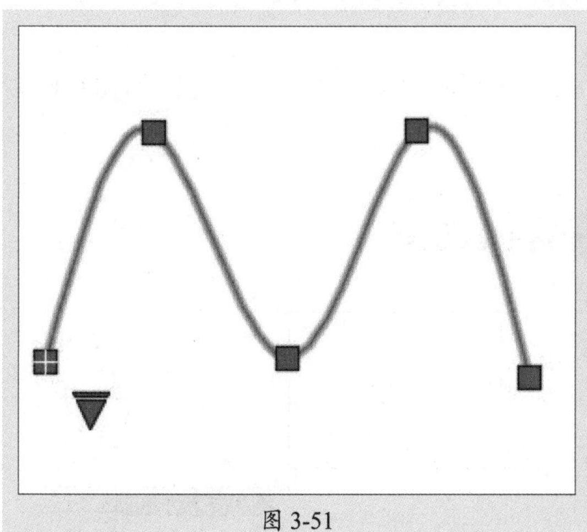
图 3-51

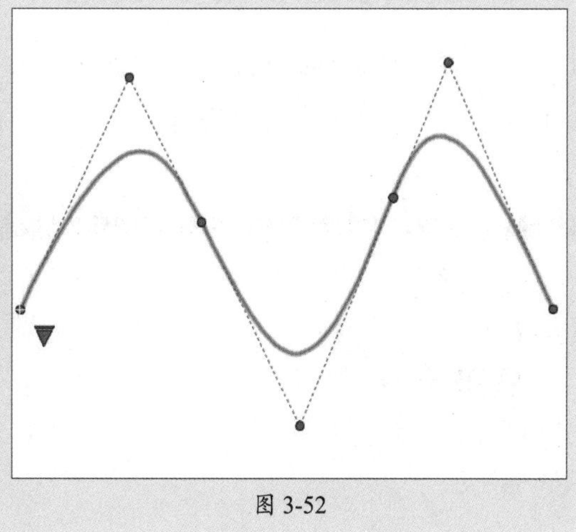
图 3-52

3.3.7 绘制修订云线

修订云线是由多个圆弧组成，用于圈阅标记图形的某个部分，提醒绘图者修订。修订云线分为矩形修订云线、多边形修订云线以及徒手画三种绘图方式。通过以下方式可调用"修订云线"命令：

- 执行"绘图"|"修订云线"命令。
- 在"默认"选项卡的"绘图"面板中单击"修订云线"按钮，选择绘制修订云线的方式。可以单击按钮下的小三角符号，在弹出的下拉列表中选择相应选项。
- 在命令行输入REVCLOUD命令并按回车键。

执行以上一种操作后，指定好云线的起点，并指定云线的端点即可完成云线的绘制，如图3-53所示。

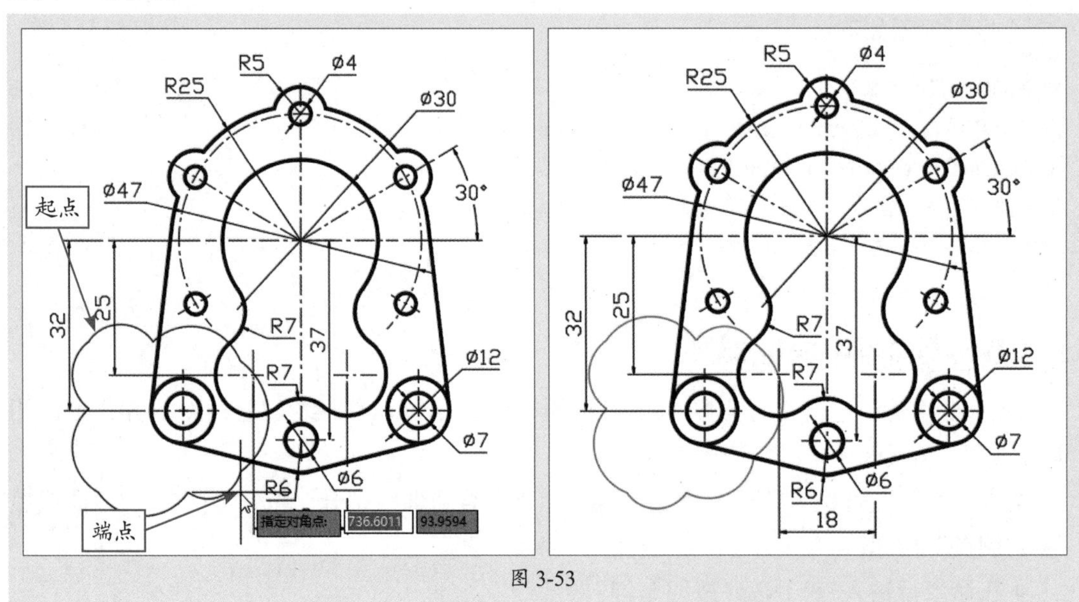

图 3-53

3.4 绘制矩形和多边形

矩形和多边形是基本的几何图形，其中多边形包括三角形、四边形、五边形和其他多边形等。下面分别对其操作进行介绍。

3.4.1 案例解析：绘制阀体类零件俯视图

下面将利用"矩形"和"圆形"命令，绘制阀体类零件俯视图。

步骤 01 执行"矩形"命令，在绘图区指定矩形的起点，然后在命令行输入D，如图3-54所示。

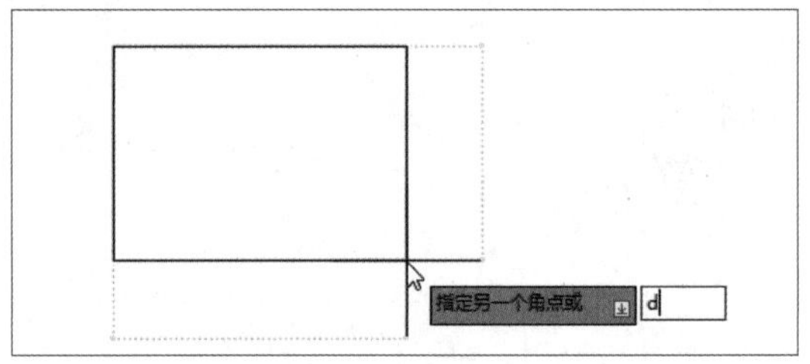

图 3-54

步骤 02 按回车键，分别设置矩形的长、宽数值。这里将长度设为60mm，宽度设为30mm，如图3-55所示。

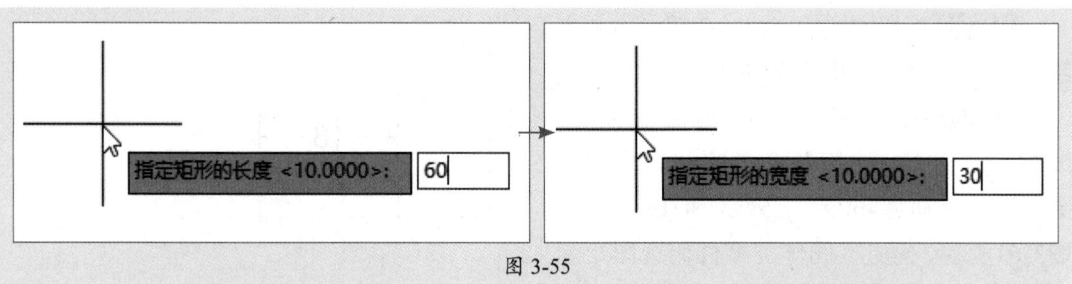

图 3-55

命令行提示如下：

```
命令: _rectang
指定第一个角点或 [倒角(C)/标高(E)/圆角(F)/厚度(T)/宽度(W)]:
指定另一个角点或 [面积(A)/尺寸(D)/旋转(R)]: d（选择“尺寸”，回车）
指定矩形的长度 <10.0000>: 60（输入长度值，回车）
指定矩形的宽度 <10.0000>: 30（输入宽度值，回车）
指定另一个角点或 [面积(A)/尺寸(D)/旋转(R)]:（单击任意处，完成绘制）
```

步骤 03 单击绘图区任意处，即可完成矩形的绘制，如图3-56所示。

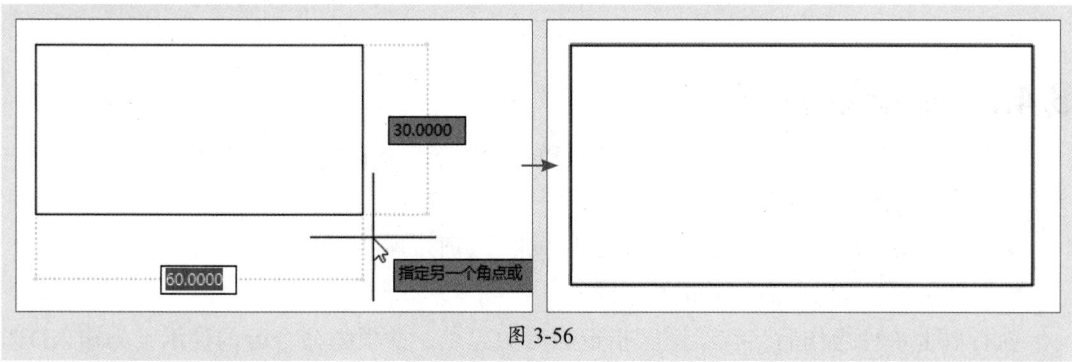

图 3-56

步骤 04 执行“直线”命令，分别捕捉矩形的上下、左右四边的中点，绘制中心线。调整一下中心线的线型，如图3-57所示。

步骤 05 执行“直线”命令，捕捉中心线的交点。向左移动光标并输入18，指定直线的起点，如图3-58所示。

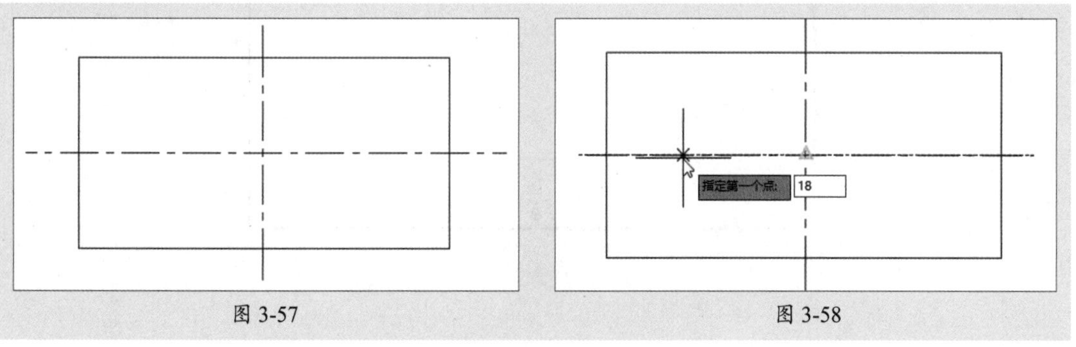

图 3-57　　图 3-58

步骤 06 向两端绘制直线，并将其线型设为中心线，如图3-59所示。

步骤 07 按照同样的方法，在矩形右侧也绘制一条中心线，如图3-60所示。

步骤 08 执行“圆”命令，分别捕捉中心线的三个交点，绘制两个小圆和一个同心圆，半径分别为4mm、7.5mm和10mm，如图3-61所示。至此，阀体类零件俯视图绘制完毕。

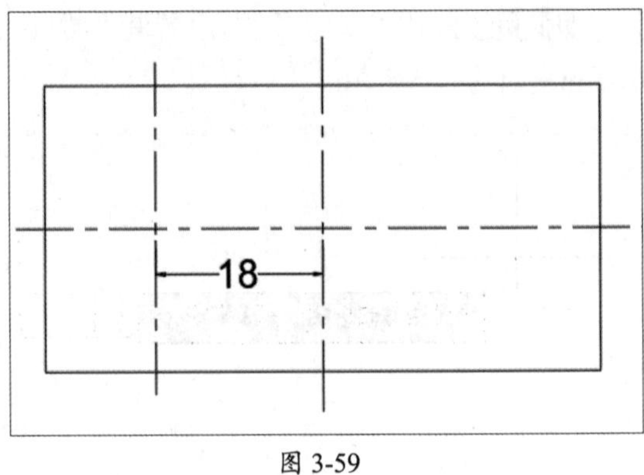

图 3-59

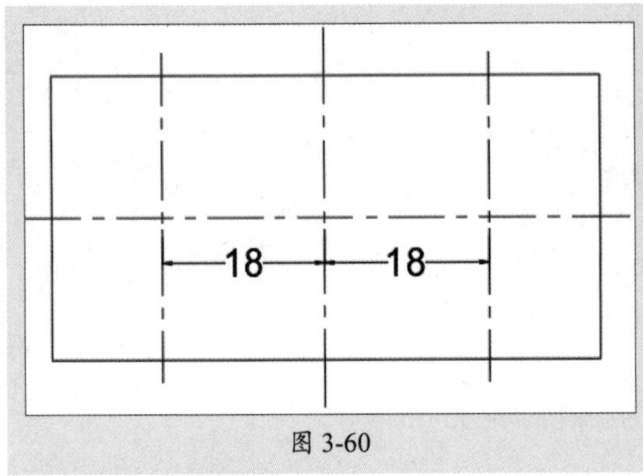

图 3-60

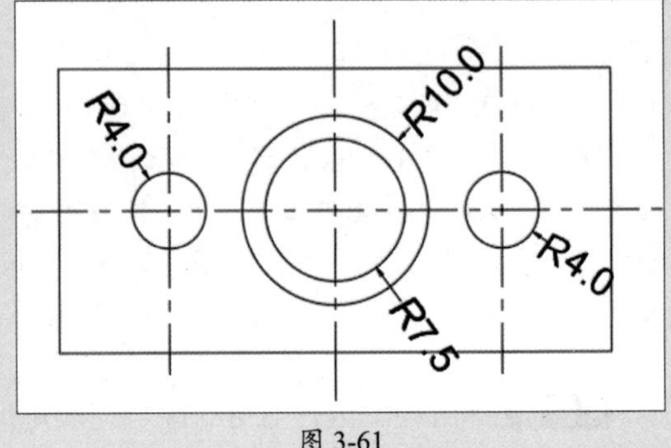

图 3-61

3.4.2 绘制矩形

矩形也是常用的几何图形之一，用户可以通过以下方式调用“矩形”命令：

- 执行“绘图”|“矩形”命令。
- 在“默认”选项卡的“绘图”面板中单击“矩形”按钮。
- 在命令行输入REC命令并按回车键。

执行以上一种操作后，在绘图区指定矩形的起点，并根据命令行的提示，先输入D选择“尺寸”选项，然后分别设置矩形的长度和宽度值即可创建矩形，如图3-62所示。

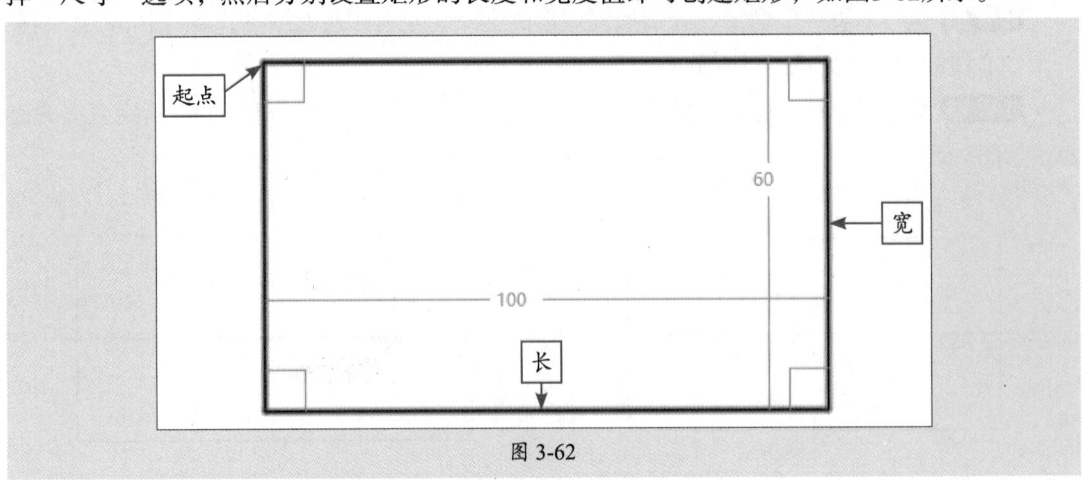

图 3-62

命令行提示如下：

```
命令: _rectang
指定第一个角点或 [倒角(C)/标高(E)/圆角(F)/厚度(T)/宽度(W)]:（指定起点）
指定另一个角点或 [面积(A)/尺寸(D)/旋转(R)]: d（选择“尺寸”选项，回车）
指定矩形的长度 <10.0>: 100（输入长度值，回车）
指定矩形的宽度 <10.0>: 60（输入宽度值，回车）
指定另一个角点或 [面积(A)/尺寸(D)/旋转(R)]:（单击，完成绘制）
```

在绘制矩形时，用户可以根据需要绘制倒角矩形和圆角矩形。

1. 倒角矩形

执行“矩形”命令，先在命令行输入C，选择“倒角”类型，设置好两个倒角距离。然后再指定矩形的起点，并设置好长度和宽度值，单击即可绘制倒角矩形，如图3-63所示。

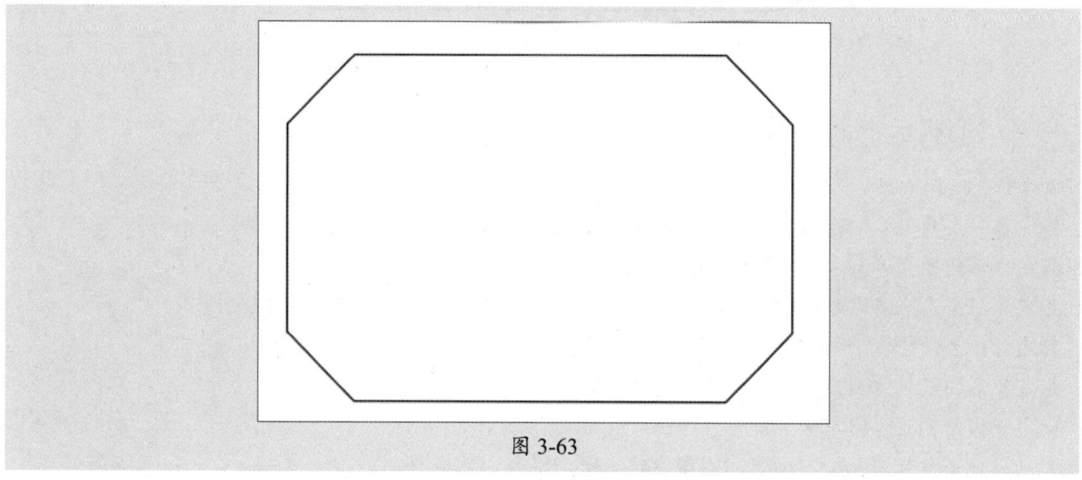

图 3-63

操作提示

在绘制矩形时，如果设置了倒角或圆角值，那么在下一次绘制时，需将这些倒角或圆角值恢复为0，否则它会延续上一次矩形设置参数进行绘制。

命令行提示如下：

```
命令: _rectang
指定第一个角点或 [倒角(C)/标高(E)/圆角(F)/厚度(T)/宽度(W)]: c（选择“倒角”类型，回车）
指定矩形的第一个倒角距离 <0.0>: 80（设置两个倒角距离，回车）
指定矩形的第二个倒角距离 <80.0>: 80
指定第一个角点或 [倒角(C)/标高(E)/圆角(F)/厚度(T)/宽度(W)]:（指定矩形起点）
指定另一个角点或 [面积(A)/尺寸(D)/旋转(R)]: d（选择“尺寸”选项，回车）
指定矩形的长度 <100.0>: 600（设置长、宽值，回车）
指定矩形的宽度 <60.0>: 400
指定另一个角点或 [面积(A)/尺寸(D)/旋转(R)]:（单击，完成绘制）
```

2. 圆角矩形

执行“矩形”命令，先在命令行输入F，选择“圆角”类型，设置好圆角半径值。然后再指定矩形的起点，并设置好长度和宽度值，单击即可绘制圆角矩形，如图3-64所示。

图 3-64

命令行提示如下：

```
命令: _rectang
指定第一个角点或 [倒角(C)/标高(E)/圆角(F)/厚度(T)/宽度(W)]: f（选择“圆角”，回车）
指定矩形的圆角半径 <0.0>: 50（输入圆角半径值，回车）
指定第一个角点或 [倒角(C)/标高(E)/圆角(F)/厚度(T)/宽度(W)]:（指定矩形起点）
指定另一个角点或 [面积(A)/尺寸(D)/旋转(R)]: d（选择“尺寸”选项，回车）
指定矩形的长度 <600.0>:（设置长、宽值，回车）
指定矩形的宽度 <400.0>:
指定另一个角点或 [面积(A)/尺寸(D)/旋转(R)]:（单击，完成绘制）
```

3.4.3 绘制多边形

多边形是由三条或三条以上长度相等的线段组成的闭合图形。默认情况下，多边形的边数为4。通常可用以下方式调用“多边形”命令：

- 执行“绘图” | “多边形”命令。
- 在“默认”选项卡的“绘图”面板中单击“矩形”按钮旁的小三角符号，在弹出的下拉列表中单击“多边形”按钮。
- 在命令行输入POLYGON命令并按回车键。

绘制多边形时，分为内接圆和外接圆两个方式：内接圆是多边形在一个虚构的圆内，如图3-65所示；外切圆是多边形在虚构的圆外，如图3-66所示。

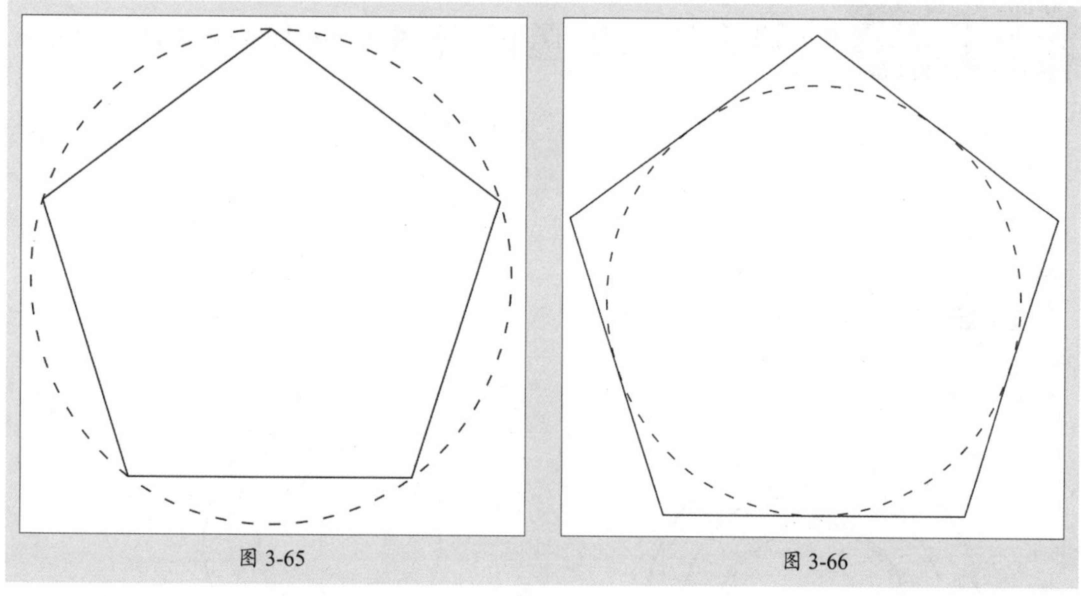

图 3-65　　　　图 3-66

执行“多边形”命令后，根据命令行的提示设置多边形的边数、内切和半径即可，如图3-67所示。

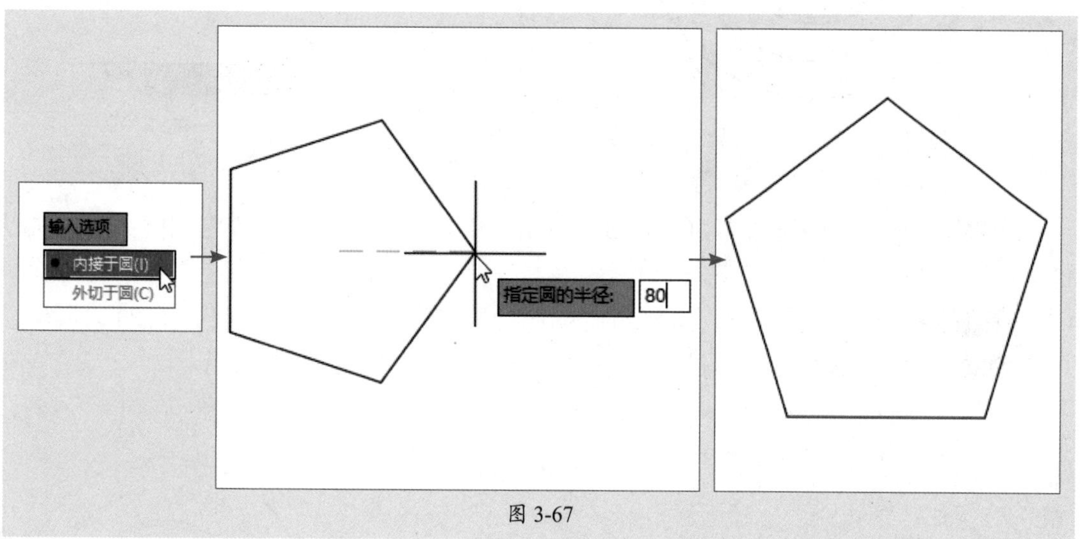

图 3-67

命令行提示如下：

命令: POLYGON
输入侧面数 <7>: 5（输入边数，回车）
指定正多边形的中心点或 [边(E)]:（指定中心点的位置）
输入选项 [内接于圆(I)/外切于圆(C)] <I>: i（选择“内接于圆”或“外切于圆”选项，回车）
指定圆的半径: 80（输入圆半径值，回车）

课堂实战 绘制齿轮泵后盖俯视图

本例将利用本章所学的知识，绘制齿轮泵后盖俯视图形，其中所涉及的主要命令有“圆”“直线”“修剪”等。

步骤 01 执行“圆”命令，指定一个圆心点，分别绘制半径为15mm、16mm、22mm和28mm的同心圆，如图3-68所示。

步骤 02 继续执行“圆”命令，捕捉同心圆的圆心，并向下移动光标，输入28.8，按回车键，指定圆心的位置，如图3-69所示。

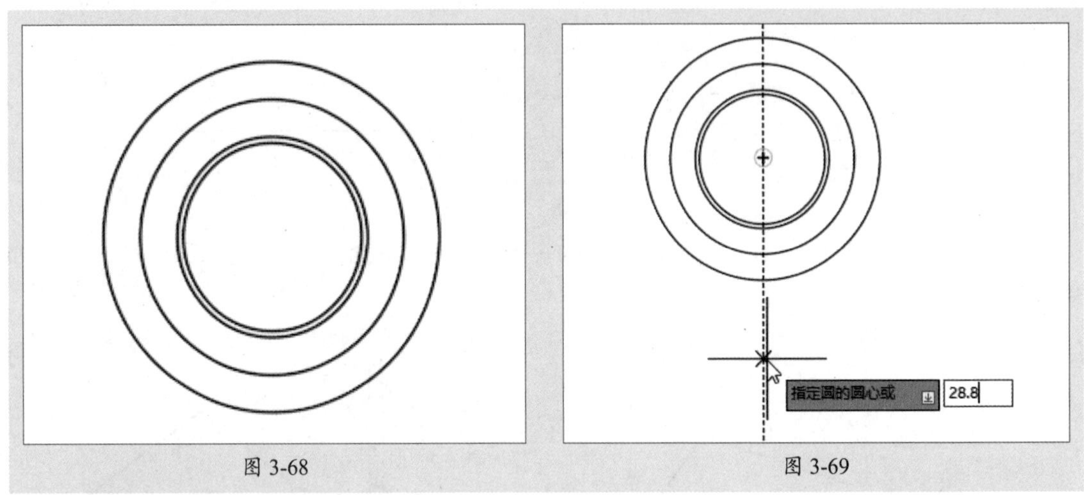

图 3-68　　图 3-69

步骤 03 分别指定圆的半径（15mm、16mm、22mm和28mm），绘制相同大小的同心圆，如图3-70所示。

步骤 04 执行“直线”命令，分别捕捉两个大圆左侧象限点，绘制直线，如图3-71所示。

步骤 05 按照同样的方法，利用直线连接其他圆形，结果如图3-72所示。

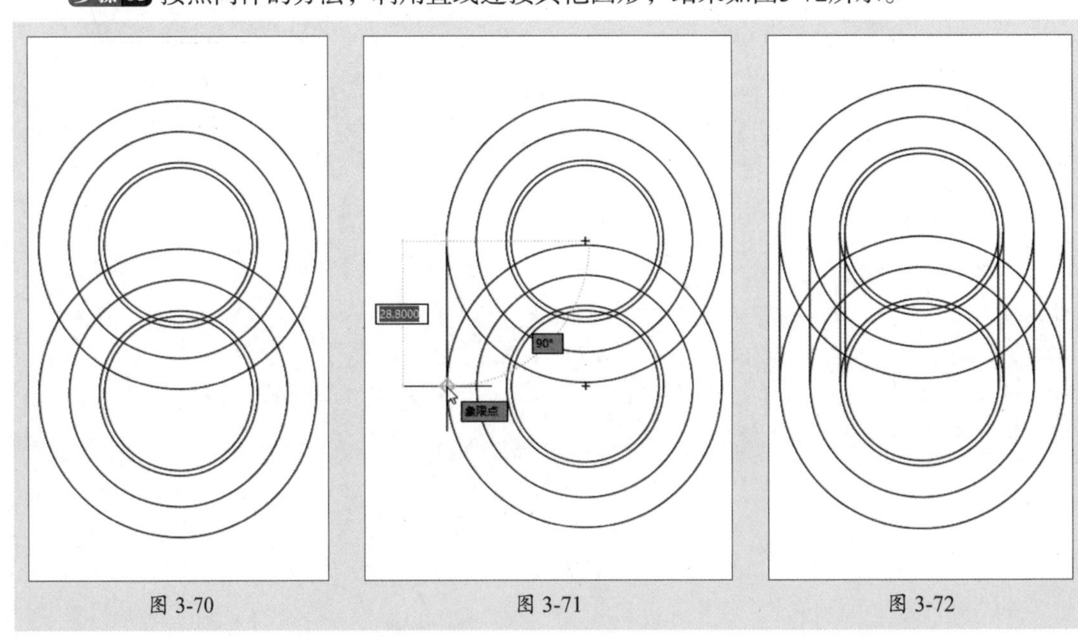

图 3-70　　图 3-71　　图 3-72

步骤 06 执行“修剪”命令，修剪掉图形多余的线段，结果如图3-73所示。

步骤 07 执行“直线”命令，捕捉两个同心圆的圆心，绘制三条相互垂直的中心线，并调整中心线的线型，如图3-74所示。

步骤 08 选中中心线段，在“特性”面板中单击“对象颜色”下拉按钮，将其颜色设为红色。此时的中心线颜色已改为红色，如图3-75所示。

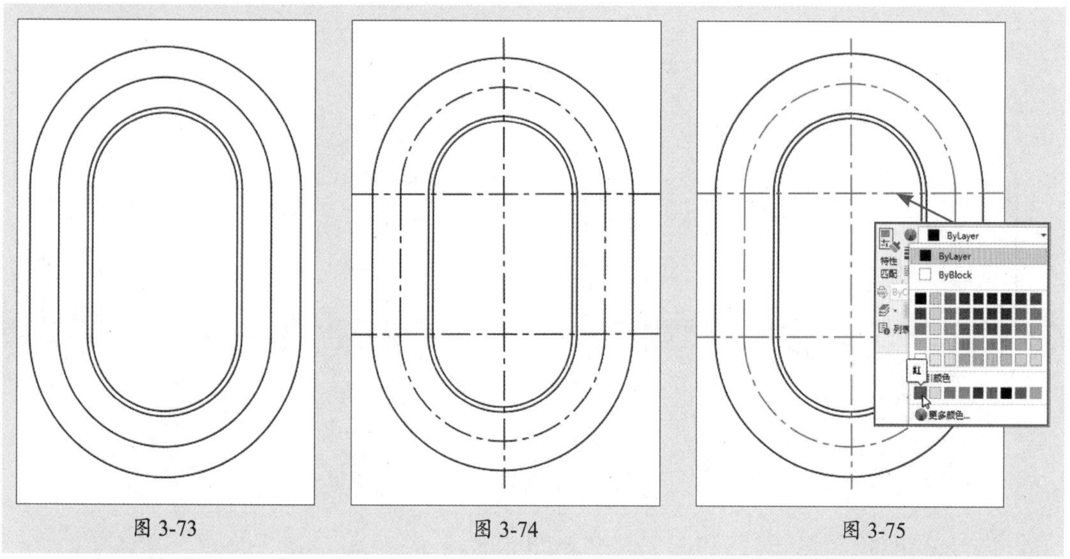

图 3-73　图 3-74　图 3-75

步骤 09 执行“圆”命令，捕捉中心线的一个交点作为圆心，绘制半径分别为3.5mm和4.5mm的小同心圆，如图3-76所示。

步骤 10 按照同样的方法，捕捉中心线的其他交点，绘制相同大小的同心圆，如图3-77所示。

步骤 11 执行“直线”命令，并开启极轴追踪命令，将其增量角度设为“45，90，135，180……”，捕捉下方垂直中心线的交点。向右移动光标，并沿着135度的辅助虚线绘制一条斜线，长度适中即可，如图3-78所示。

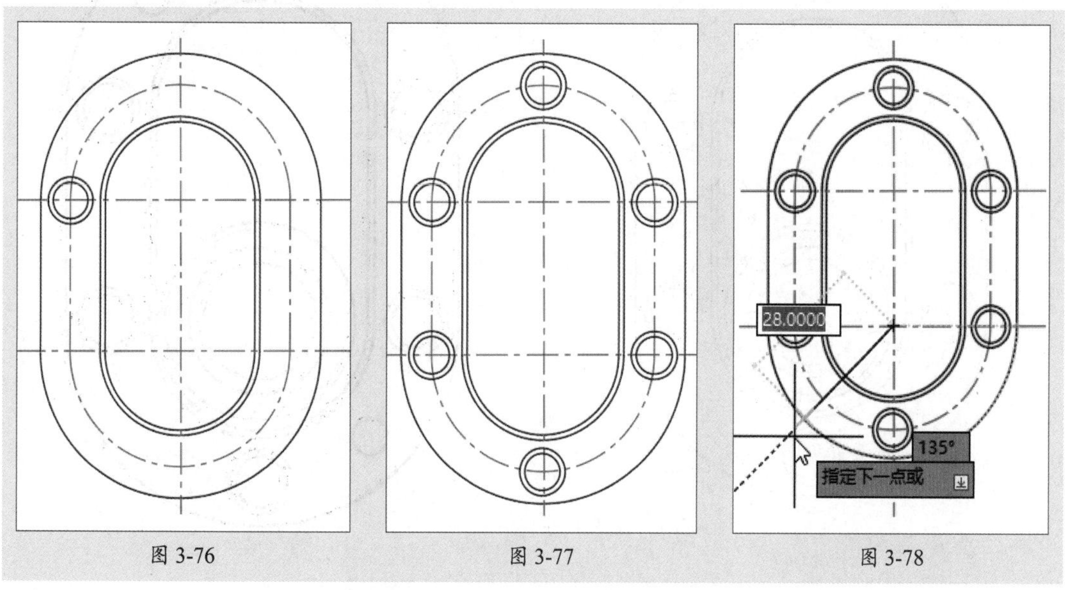

图 3-76　图 3-77　图 3-78

步骤 12 设置好该斜线的线型和颜色。按照同样的方法，在图形上方绘制相同的斜线，如图3-79所示。

步骤 13 执行“圆”命令，捕捉斜线上的交点作为圆心，绘制半径为2.5mm的小圆形，如图3-80所示。

步骤 14 照此方法，捕捉上方斜线交点，绘制相同大小的圆形，如图3-81所示。

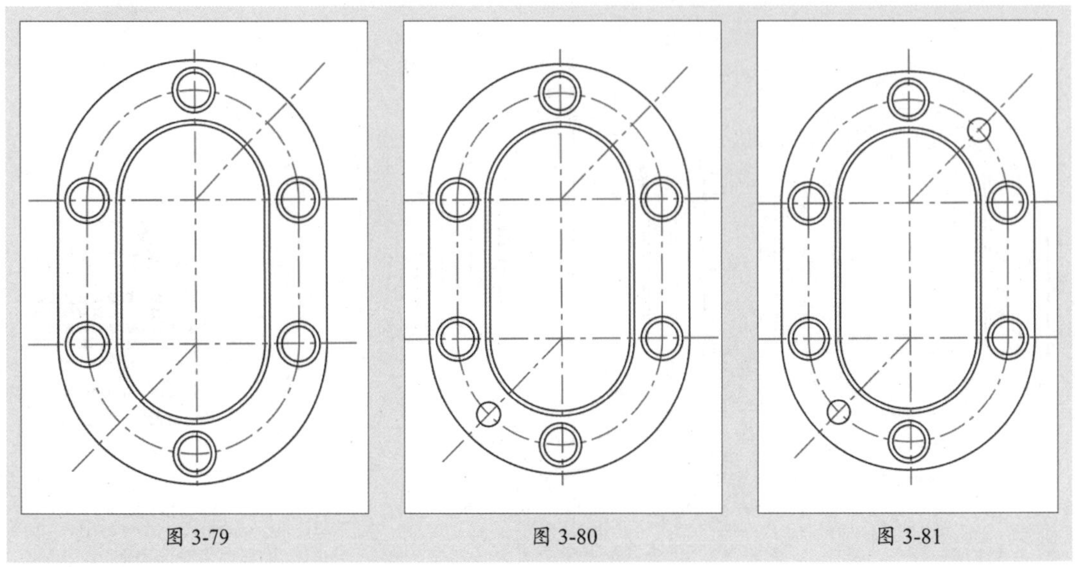

图 3-79　　图 3-80　　图 3-81

步骤 15 执行“圆”命令，捕捉图形下方中心线的交点作为圆心，绘制半径分别为8mm、10mm、12.5mm和13.5mm的同心圆，如图3-82所示。

步骤 16 将图形轮廓线的线宽设置为0.3mm。至此，齿轮泵后盖俯视图绘制完成，结果如图3-83所示。

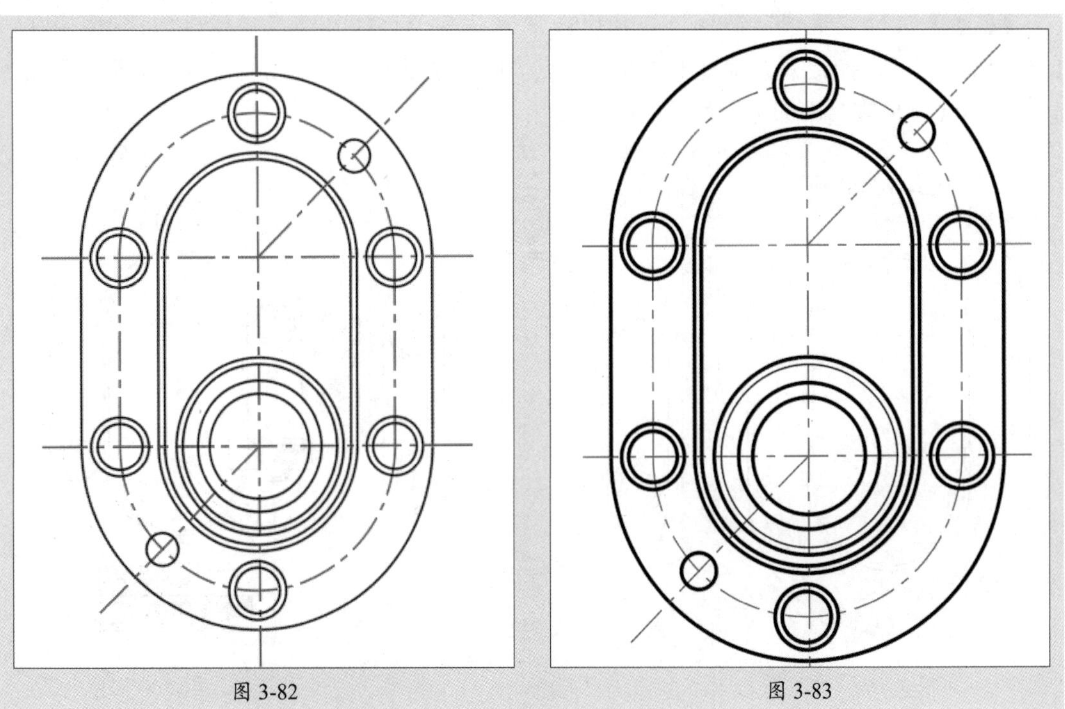

图 3-82　　图 3-83

课后练习 绘制简单零件图形

本实例将利用直线、圆、圆弧等命令，根据如图3-84所示的尺寸绘制该零件图形。

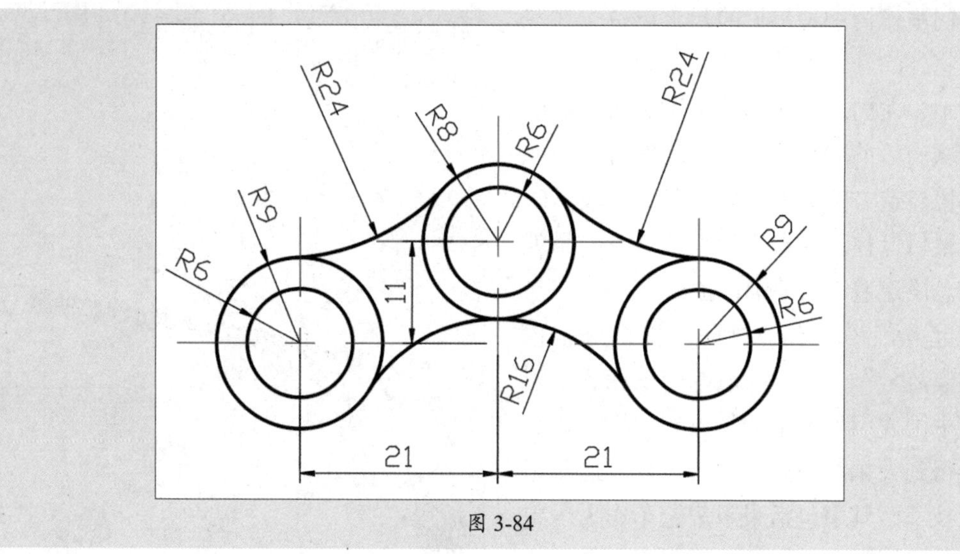

图 3-84

1. 技术要点

步骤 01 执行“直线”命令，绘制中心线，并定位好三个同心圆的圆心位置。

步骤 02 执行“圆”命令，绘制三个同心圆。

步骤 03 执行“圆弧”命令，绘制同心圆的切线，连接三个同心圆。

2. 分步演示

如图3-85所示。

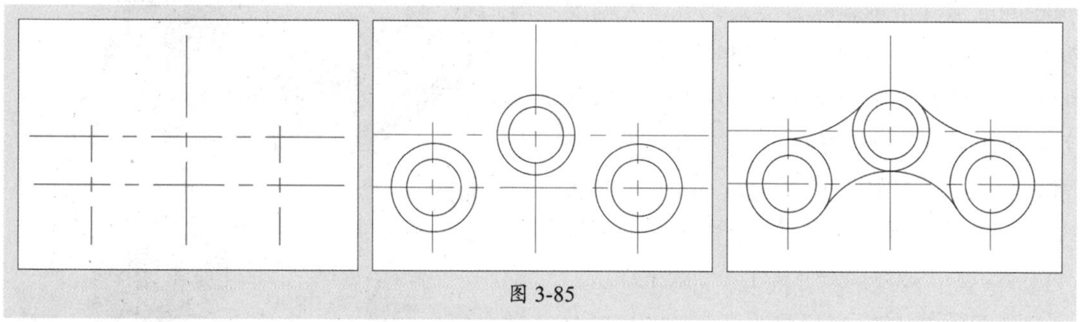

图 3-85

拓展赏析

思政课堂

龙门吊之最：宏海号

龙门吊作为一种常见的起重设备，在室内以及室外的建筑工地上都能看到。相比于建筑工地，龙门吊更多的还是用于大型船舶建造领域。目前我国建造大型船舶时，一般采用总段建造方法，即将船只分成几段同时建造，最后运往船台上进行总装。龙门吊就是这种总段建造法的关键设备。

图 3-86

说起龙门吊，有必要提一提享誉全世界的“宏海号”了。与一般龙门吊相比，宏海号是中国龙门吊技术的集成者。为了让载重能力得到大幅度提升，在宏海号上运用了大量新技术，其中包括采用滚轮车作为承重结构，其摩擦阻力小，承载力度强。依靠这种新型承载技术，宏海号的载重能力已达到2.2万吨，如图3-86所示。

宏海号主体采用的是桁架式结构。桁架是一种由杆件彼此在两端用铰链连接而成的结构，一般具有三角形单元的平面或空间结构。这种结构最大的优势是在承载横截面积相同的情况下承载能力很大，可以大幅度减少起重机钢结构的重量，在降低制造成本的同时有效减小了结构风阻，从而保证这种万吨级的起重设备具有良好的抗风效果，如图3-87所示。这样的结构是实现124.3米跨度、150米高度的有效保证。从远处看，宏海号就像一座可移动的桥，酷似“凯旋门”。

图 3-87

除此之外，宏海号还装有特制的变频PLC控制系统，该控制系统不但能够提升宏海号龙门吊的精准度，而且在一定程度上还能减少机械产生的缓冲力。

第4章

机械图形的编辑

内容导读

在图形的绘制过程中，通常需要对图形进行一系列编辑和修改，才能保证图形结构的完整性。本章将对AutoCAD软件中的常用图形编辑功能进行讲解，包括图形的复制、移动、修剪、填充等工具的使用方法。

思维导图

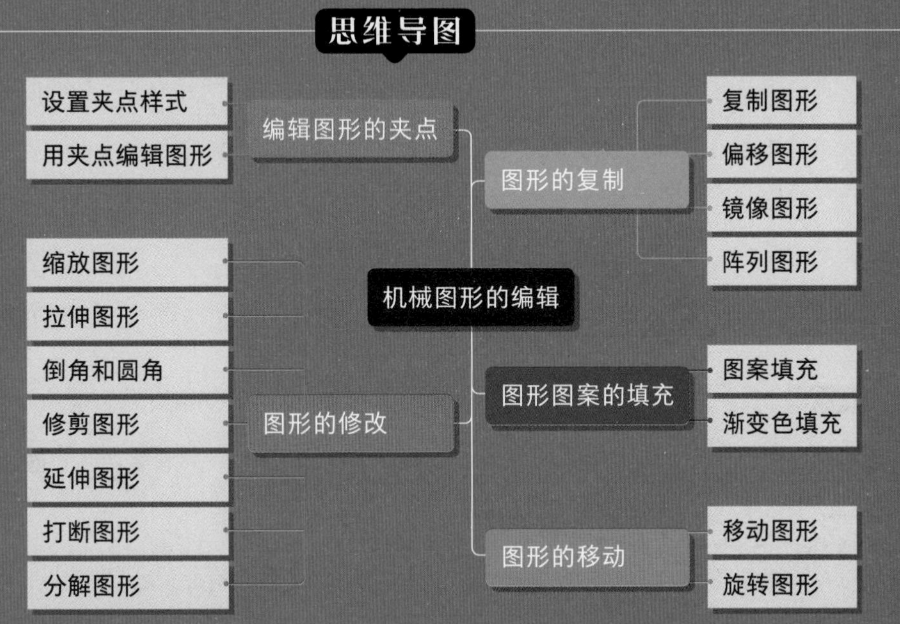

4.1 图形的复制

复制图形包含简单复制、偏移复制、镜像复制、阵列复制四种类型。用户可根据绘图需求选择所需的复制方法进行操作。

4.1.1 案例解析：绘制底座零件俯视图

下面将利用偏移、镜像和环形阵列命令来绘制底座俯视图。

步骤 01 执行“矩形”命令，绘制一个长和宽均为122mm、圆角半径为13.5mm的圆角矩形，如图4-1所示。

步骤 02 执行“直线”命令，捕捉圆角矩形边线的中点，绘制两条相互垂直的中心线，并调整线型及颜色，如图4-2所示。

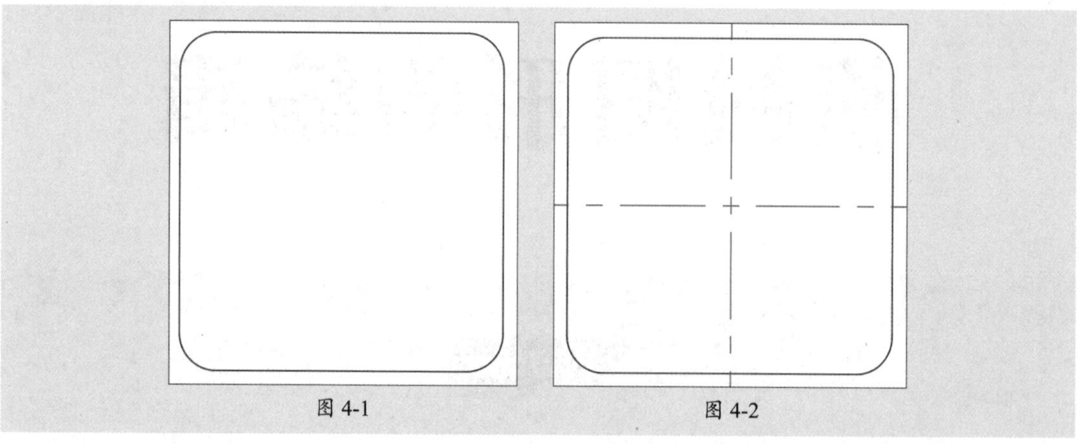

图 4-1　　图 4-2

命令行提示如下：

命令: _rectang
指定第一个角点或 [倒角(C)/标高(E)/圆角(F)/厚度(T)/宽度(W)]: f（选择“圆角”，回车）
指定矩形的圆角半径 <0.0000>: 13.5（设置圆角半径值，回车）
指定第一个角点或 [倒角(C)/标高(E)/圆角(F)/厚度(T)/宽度(W)]:（指定矩形起点）
指定另一个角点或 [面积(A)/尺寸(D)/旋转(R)]: d（选择“尺寸”，回车）
指定矩形的长度 <10.0000>: 122（输入长和宽的值，回车）
指定矩形的宽度 <10.0000>: 122
指定另一个角点或 [面积(A)/尺寸(D)/旋转(R)]:（单击，完成绘制）

步骤 03 执行“圆”命令，捕捉中心线的中点作为圆心，绘制半径为45mm的圆形，如图4-3所示。

步骤 04 执行“偏移”命令，将圆形向内偏移7mm，如图4-4所示。

命令行提示如下：

命令: _offset
当前设置: 删除源=否　图层=源　OFFSETGAPTYPE=0
指定偏移距离或 [通过(T)/删除(E)/图层(L)] <通过>: 7（设置偏移距离，回车）

选择要偏移的对象，或 [退出(E)/放弃(U)] <退出>:（选择圆形）
指定要偏移的那一侧上的点，或 [退出(E)/多个(M)/放弃(U)] <退出>:（在圆形内指定一点）

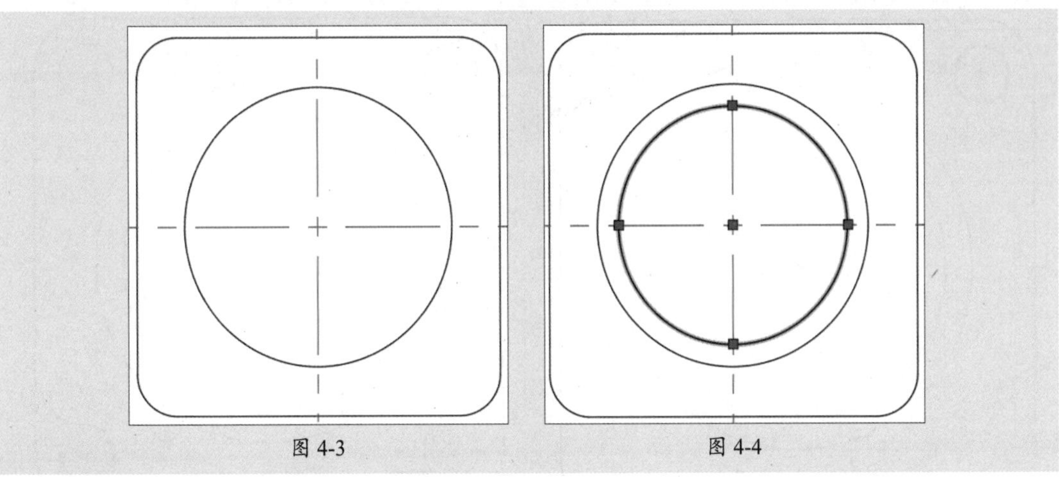

图 4-3　　图 4-4

步骤 05 再次执行“偏移”命令，将半径为45mm的圆形向外偏移7.5mm，如图4-5所示。

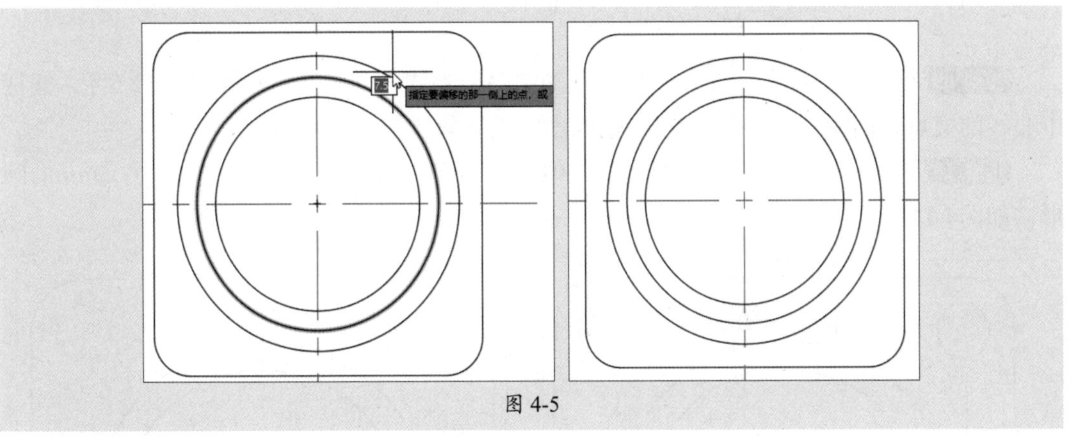

图 4-5

步骤 06 将偏移7.5mm后的圆形的线型设为中心线线型，如图4-6所示。

步骤 07 执行“圆”命令，捕捉矩形左上角圆角的圆心，绘制半径为7mm的小圆形，如图4-7所示。

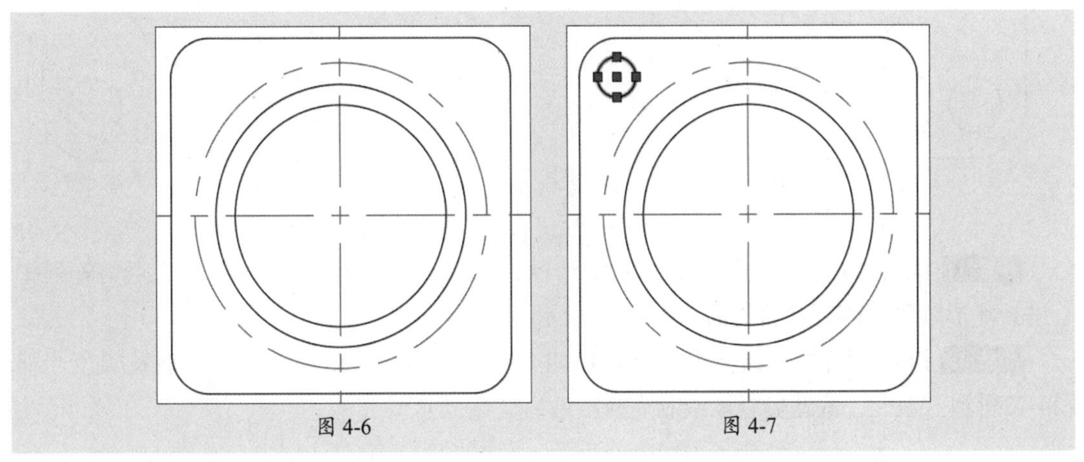

图 4-6　　图 4-7

步骤 08 执行“复制”命令，选择半径为7mm的小圆，并捕捉其圆心，将其复制到其他三个圆角的圆心上，如图4-8所示。

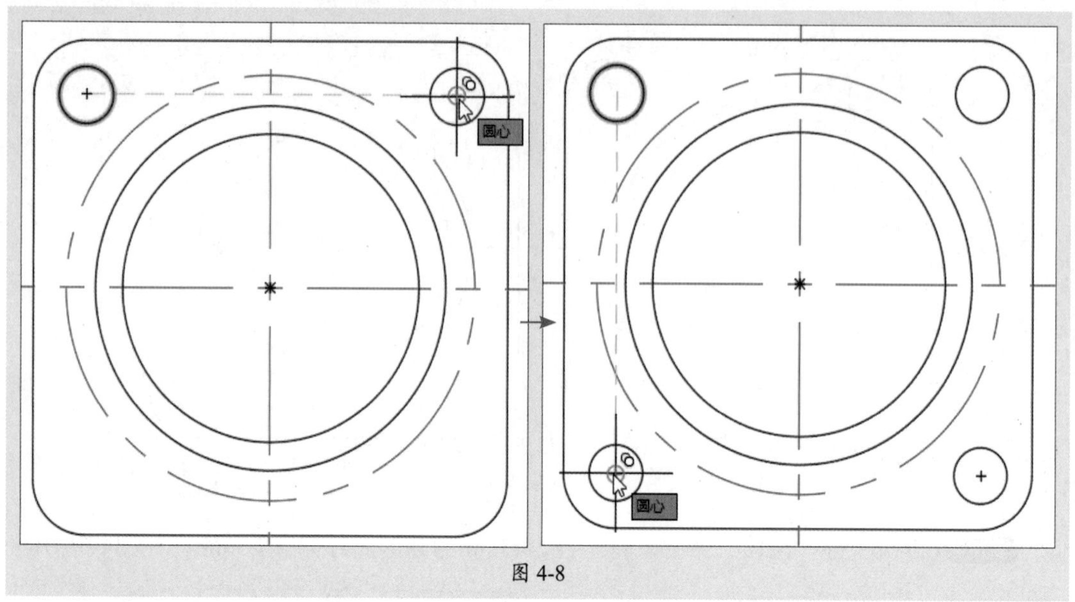

图 4-8

步骤 09 执行“直线”命令，开启“极轴追踪”功能，并将其增量角设为52.5度，捕捉中心线的交点，向左上方沿着157度的辅助虚线绘制斜线，如图4-9所示。

步骤 10 执行“圆”命令，捕捉斜线与中心线的交点作为圆心，绘制半径为3.5mm的圆形，如图4-10所示。

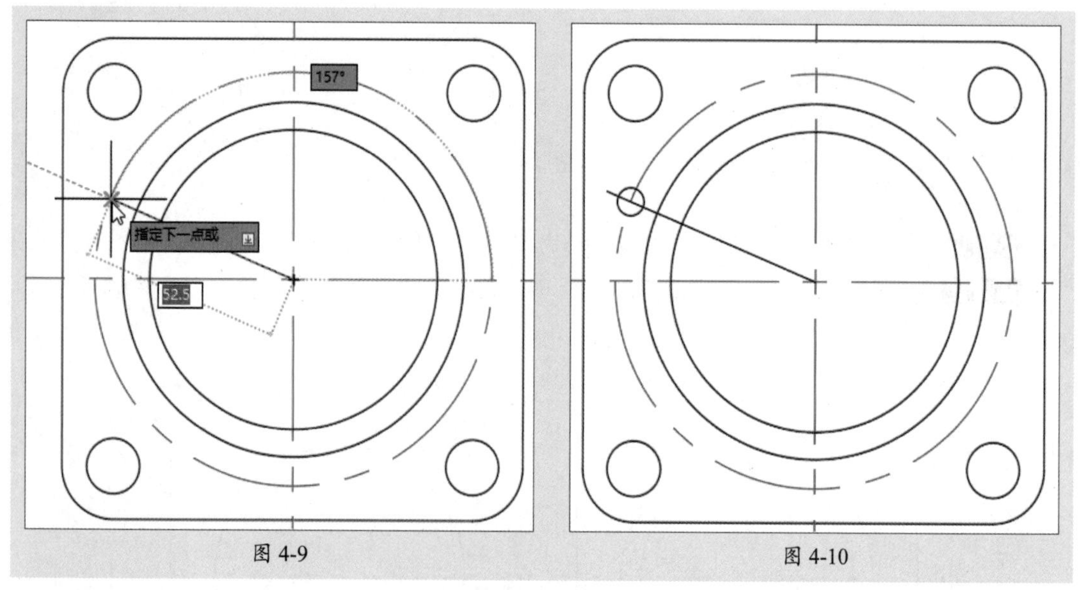

图 4-9

图 4-10

步骤 11 执行“环形阵列”命令，选中半径为3.5mm的小圆，以中心线的交点为阵列中心进行环形阵列，阵列数目为8，如图4-11所示。

步骤 12 执行“直线”命令，绘制矩形四个角的圆形中心线，并设置线型及颜色，如图4-12所示。至此，底座俯视图绘制完成。

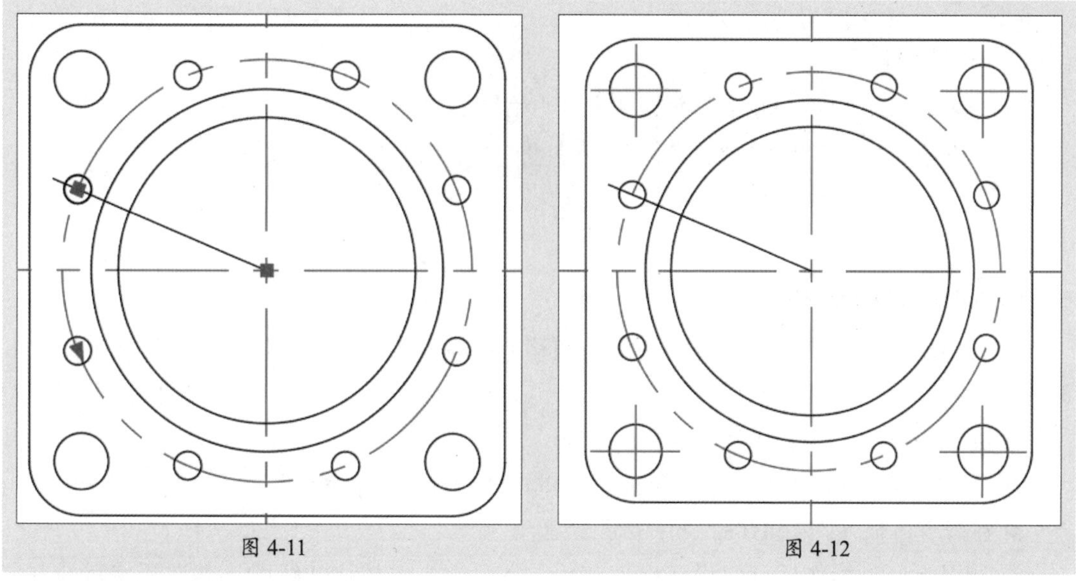
图 4-11　　图 4-12

4.1.2 复制图形

在绘制相同的图形时，使用复制工具可提高图形绘制效率。用户可通过以下方式进行复制操作：

- 执行“修改”|“复制”命令。
- 在“默认”选项卡的“修改”面板中单击“复制”按钮。
- 在命令行输入CO命令并按回车键。

执行以上一种操作后，选择所需图形，根据命令行的提示，指定好复制的基点和新的位置，按回车键即可，如图4-13所示。

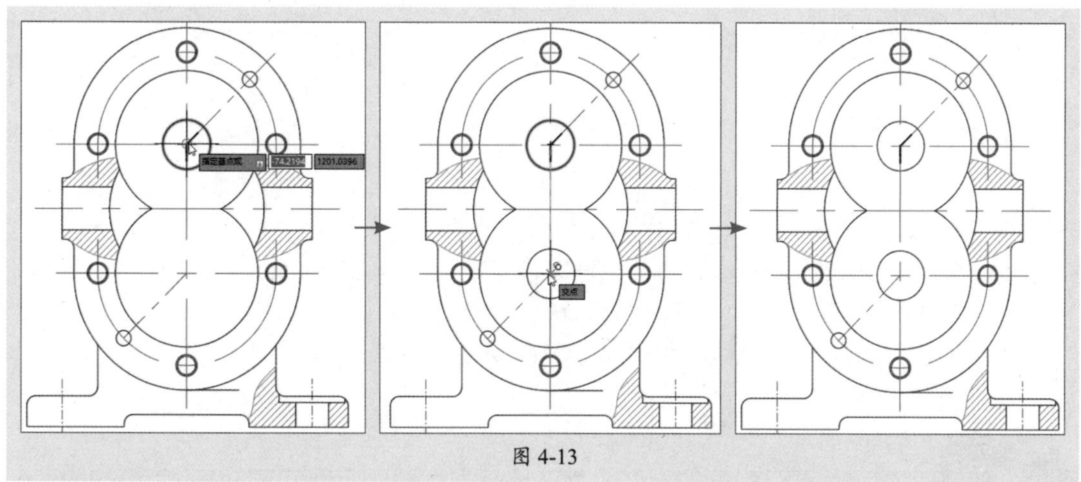
图 4-13

命令行提示如下：

```
命令: _copy
选择对象: 找到 1 个（选择图形，回车）
```

```
选择对象:
当前设置: 复制模式 = 多个
指定基点或 [位移(D)/模式(O)] <位移>:（指定图形的复制基点）
指定第二个点或 [阵列(A)] <使用第一个点作为位移>:（指定新位置，回车）
指定第二个点或 [阵列(A)/退出(E)/放弃(U)] <退出>:
```

4.1.3 偏移图形

偏移是复制的一种，它是按照一定的偏移值将线段进行复制和位移。通过以下方式可调用“偏移”命令：

- 执行“修改”|“偏移”命令。
- 在“默认”选项卡的“修改”面板上单击“偏移”按钮。
- 在命令行输入OFFSET命令并按回车键。

执行以上一种操作后，先设定好偏移值，然后选中要偏移的线段，并在要偏移的方向上指定一点，如图4-14所示。

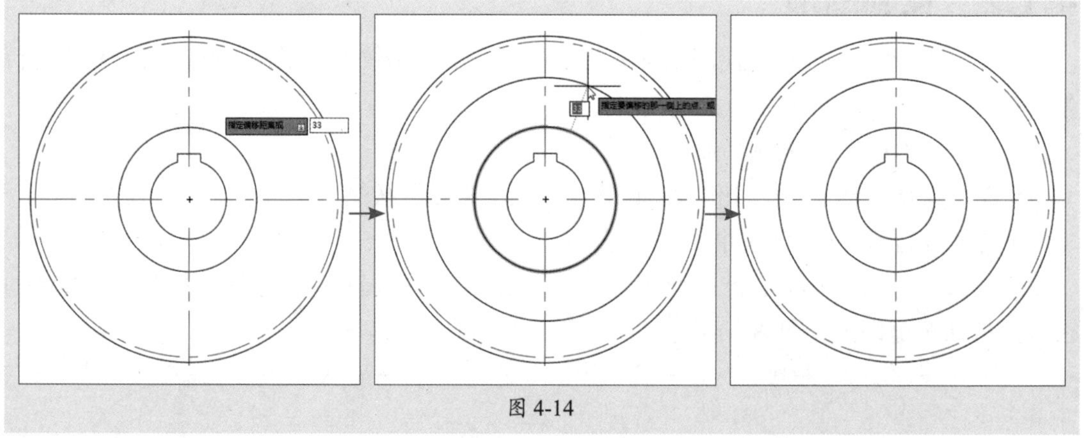

图 4-14

命令行提示如下：

```
命令: _offset
当前设置: 删除源=否  图层=源  OFFSETGAPTYPE=0
指定偏移距离或 [通过(T)/删除(E)/图层(L)] <20.0000>: 33（输入偏移距离值，回车）
选择要偏移的对象，或 [退出(E)/放弃(U)] <退出>:（选择圆形）
指定要偏移的那一侧上的点，或 [退出(E)/多个(M)/放弃(U)] <退出>:（指定该圆形外任意点）
```

操作提示

偏移工具只能对直线、斜线、圆形、弧形、矩形进行操作，不能偏移组合图形。在进行偏移操作时，需要先输入偏移值，再选择偏移对象。

4.1.4 镜像图形

使用“镜像”命令可对图形进行对称复制操作。通过以下方法可调用“镜像”命令：

- 执行“修改”|“镜像”命令。
- 在“默认”选项卡的“修改”面板中，单击“镜像”按钮。
- 在命令行输入MI命令并按回车键。

执行以上一种操作后，根据命令行的提示，先选中所需图形，并指定镜像线的起点和端点，选中是否删除源对象，默认情况下按回车键即可完成镜像操作，如图4-15所示。

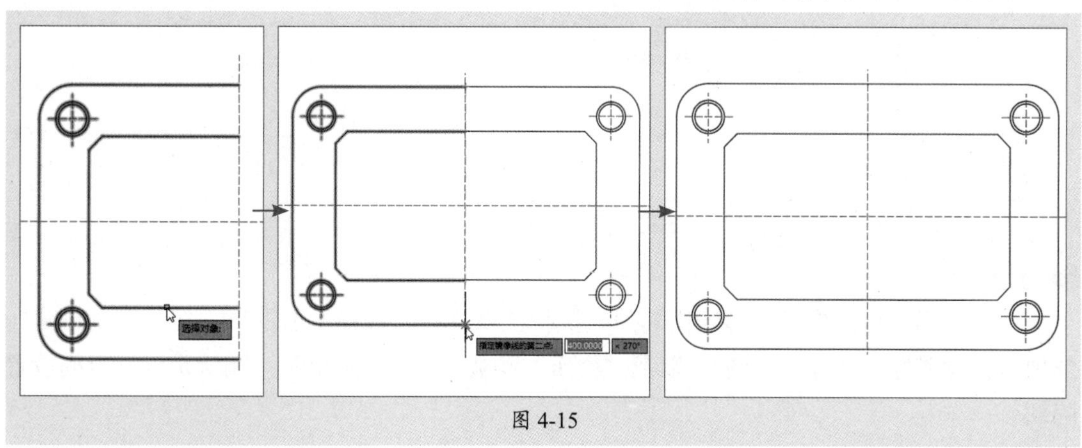

图 4-15

命令行提示如下：

```
命令: _mirror
选择对象: 指定对角点: 找到 18 个（选择图形，回车）
选择对象: 指定镜像线的第一点:（指定中心线的起点）
指定镜像线的第二点:（指定中心线的端点）
要删除源对象吗? [是(Y)/否(N)] <否>:（回车，完成镜像）
```

4.1.5 阵列图形

阵列是一种有规则的复制操作。当绘制的图形需要按照指定的规则进行分布时，就可以使用“阵列”命令来解决。阵列图形包括矩形阵列、环形阵列和路径阵列三种。通过以下方式可调用“阵列”命令：

- 执行“修改”|“阵列”命令的子命令。
- 在“默认”选项卡的“修改”面板中，单击“阵列”下拉按钮并选择阵列方式。
- 在命令行输入AR命令并按回车键。

执行以上一种操作后，在功能区中会显示“阵列创建”选项卡，用户可在该选项卡中对阵列的列数、行数、层数以及特性参数进行设置，如图4-16所示。由于阵列的类型不同，该选项卡中的相关参数也会随之不同。

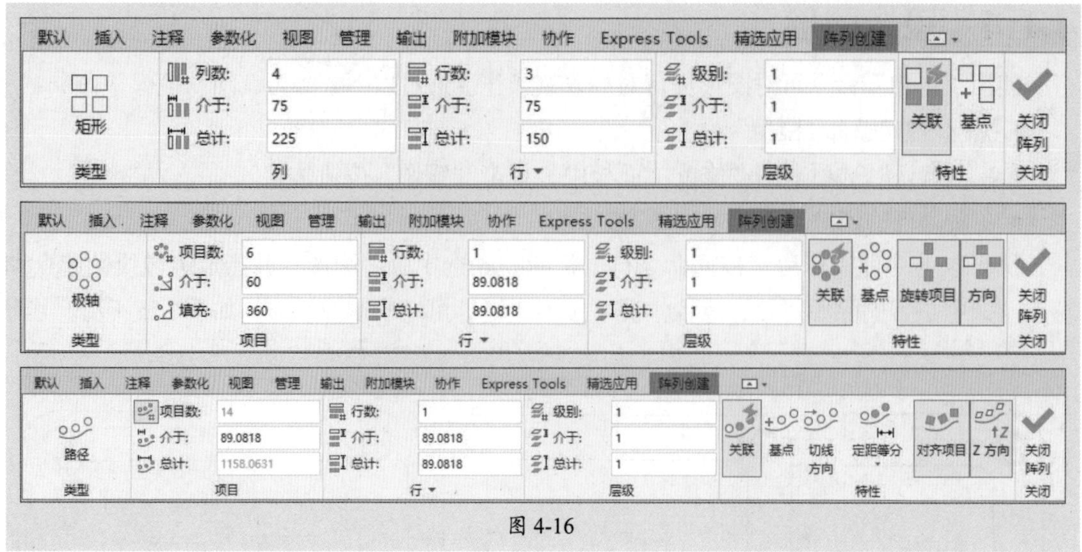

图 4-16

1. 矩形阵列

矩形阵列是指图形呈矩形结构阵列。执行该命令后，选择所需图形，在“阵列创建”选项卡中设置好“列数”“行数”以及“介于”参数，如图4-17所示。默认是以3行4列设置阵列。

2. 环形阵列

环形阵列是指图形呈环形阵列结构。执行该命令后，在“阵列创建”选项卡中设置好“项目数”即可，如图4-18所示。

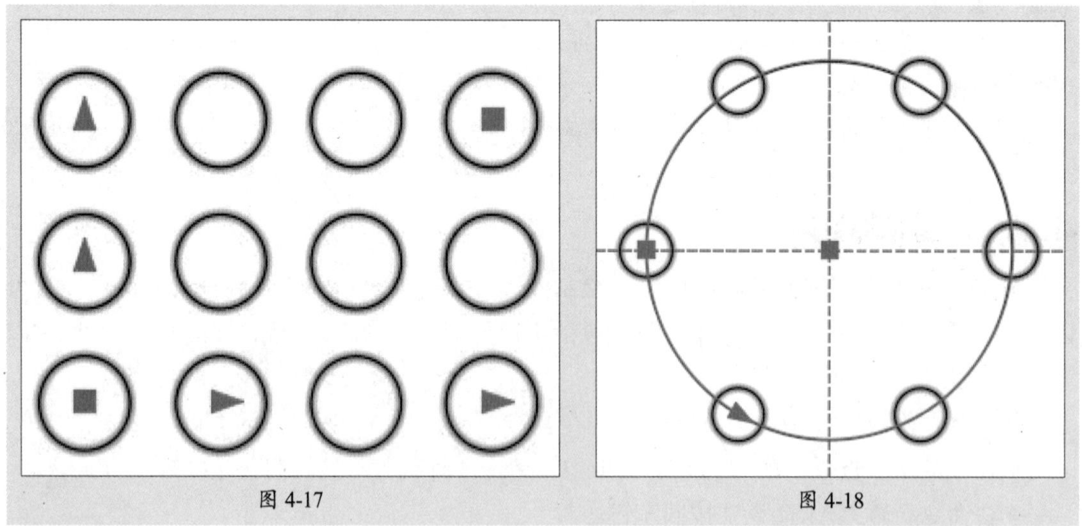

图 4-17　　图 4-18

3. 路径阵列

路径阵列是图形根据指定的路径设置，路径可以是曲线、弧线、折线等线段。执行该命令后，选中图形，并指定阵列的路径线段，设置“介于”参数，系统会自动根据该参数设置好图形的“项目数”，如图4-19所示。

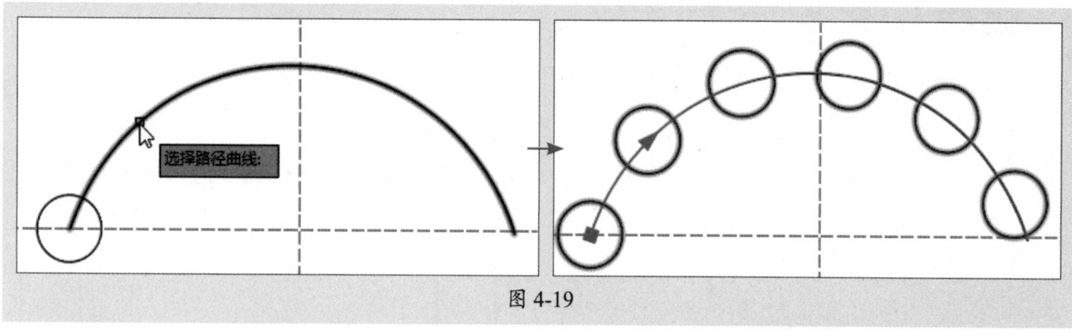

图 4-19

操作提示

无论执行哪一种阵列命令，阵列后的图形都是一个整体。如果需要对其中某个图形进行单独编辑的话，则在设置阵列时应取消“关联”选项的选取状态，如图4-20所示。

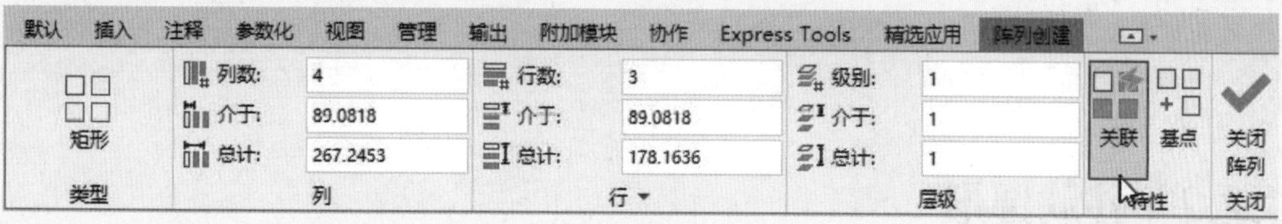

图 4-20

4.2 图形的移动

将图形进行移动操作的方法有很多，可通过简单移动命令进行图形的移动，也可通过旋转命令进行图形的移动。用户可根据绘图需求来选择恰当的方法。

4.2.1 案例解析：绘制垫片图形的中心线

绘制图形中心线的方法有很多。本例将利用旋转复制命令来绘制垫片图形的中心线。

步骤01 打开“垫片”素材文件，执行“直线”命令，捕捉垫片左右两侧中点，绘制中心线，长度适中即可，如图4-21所示。

步骤02 执行“旋转”命令，选中中心线，按回车键，指定中心线的中点为旋转基点，如图4-22所示。

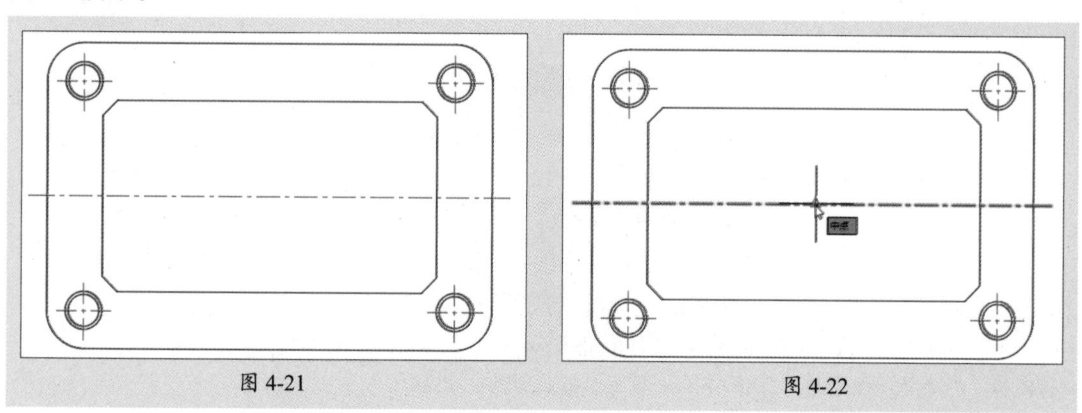
图 4-21　　图 4-22

步骤03 在命令行输入C，并将旋转角度设为90，按回车键，将中心线进行旋转复制，如图4-23所示。

命令行提示如下：

```
命令: _rotate
UCS 当前的正角方向: ANGDIR=逆时针
ANGBASE=0
选择对象: 找到 1 个（选择中心线，回车）
选择对象:
指定基点:（指定中心线的中点）
指定旋转角度，或 [复制(C)/参照(R)] <90>: c
旋转一组选定对象。（选择“复制”，回车）
指定旋转角度，或 [复制(C)/参照(R)] <90>: 90
（输入旋转角度值，回车）
```

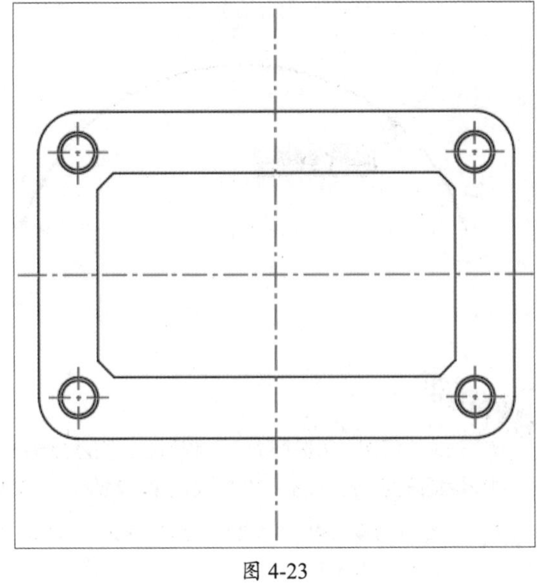

图 4-23

4.2.2 移动图形

移动是将图形对象从当前位置移至新位置。通过以下方式可调用“移动”命令：

- 执行“修改”|“移动”命令。
- 在“默认”选项卡的“修改”面板中单击“移动”按钮✥。
- 在命令行输入M命令并按回车键。

执行以上一种操作后，选中所需图形，并根据命令行的提示指定移动基点，以及新位置，如图4-24所示。

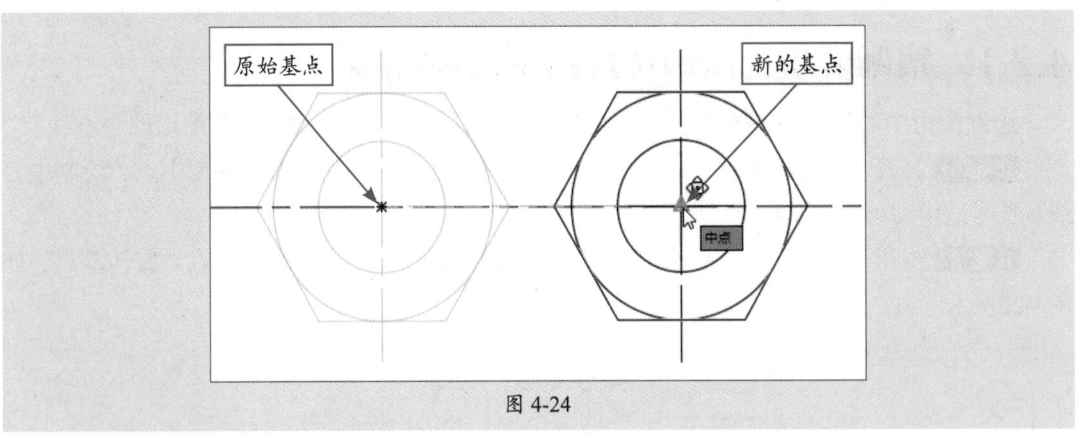

图 4-24

命令行提示如下：

```
命令: _move
选择对象: 找到 1 个（选中图形，回车）
选择对象:
指定基点或 [位移(D)] <位移>:（指定移动基点）
指定第二个点或 <使用第一个点作为位移>:（指定新的位置基点）
```

4.2.3 旋转图形

旋转是指将图形按照指定的角度进行转动。当然也可进行边旋转边复制操作。通过以下方式可调用“旋转”命令：

- 执行“修改”|“旋转”命令。
- 在“默认”选项卡的“修改”面板中单击“旋转”按钮。
- 在命令行输入RO命令并按回车键。

执行以上一种操作后，选中所需图形，根据命令行的提示，指定旋转基点以及旋转角度值，按回车键，如图4-25所示。

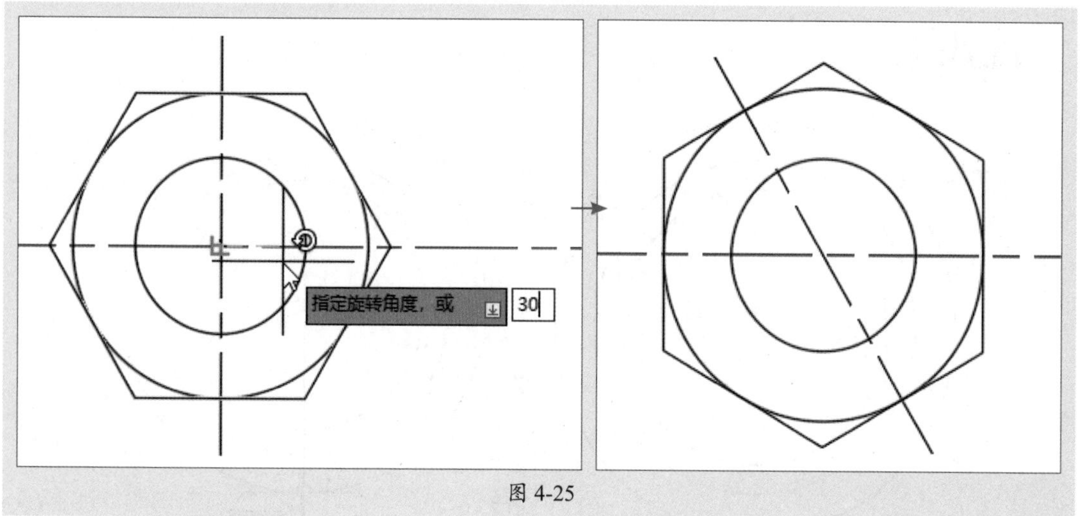

图 4-25

命令行提示如下：

```
命令: _rotate
UCS 当前的正角方向: ANGDIR=逆时针 ANGBASE=0
选择对象: 指定对角点: 找到 4 个（选择图形，回车）
选择对象:
指定基点:（指定旋转的基点）
指定旋转角度，或 [复制(C)/参照(R)] <0>: 30（输入旋转值，回车）
```

如果需要将图形进行旋转并复制，可在指定旋转基点后，在命令行输入C，选择“复制”选项，然后再输入旋转角度值，按回车键。

4.3 图形的修改

在绘制图形的同时，需要结合修改功能对图形进行修改调整。AutoCAD的修改工具有很多，常用的有缩放、拉伸、修剪、倒圆角、打断、分解等。

4.3.1 案例解析：绘制垫圈零件图

下面将利用旋转、阵列、修剪等命令来绘制垫圈零件图。

步骤 01 执行“圆”命令，分别绘制直径为50.5mm、61mm、76mm的同心圆，如图4-26所示。

步骤 02 执行“直线”命令，捕捉大圆上下两个象限点绘制直线段，如图4-27所示。

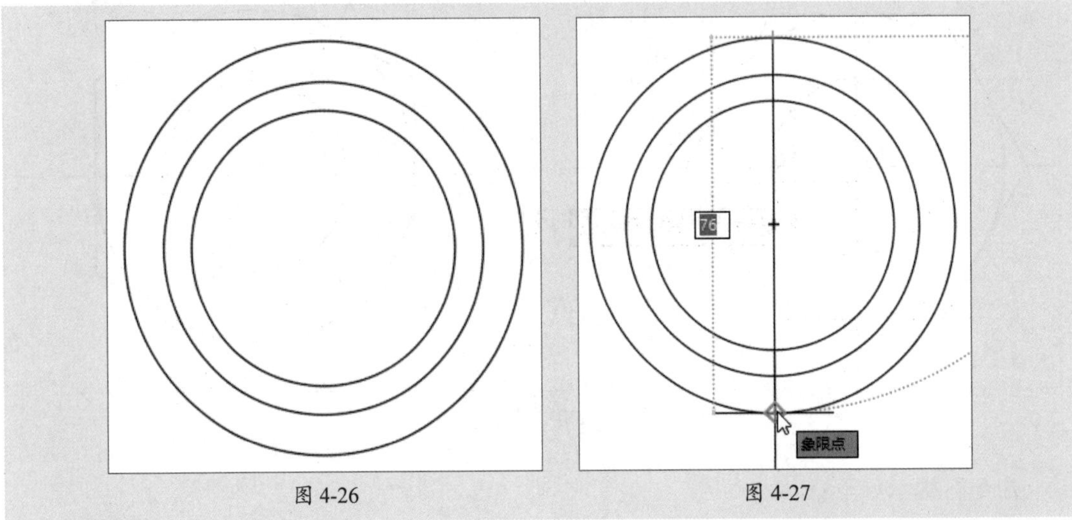

图 4-26　　图 4-27

步骤 03 执行“旋转”命令，选中直线，并捕捉圆心作为旋转基点，并在命令行输入C，顺时针旋转并复制线段，设置旋转角度为30度，如图4-28所示。

步骤 04 执行“偏移”命令，设置偏移尺寸为3.5mm，将所有直线段向两侧偏移，如图4-29所示。

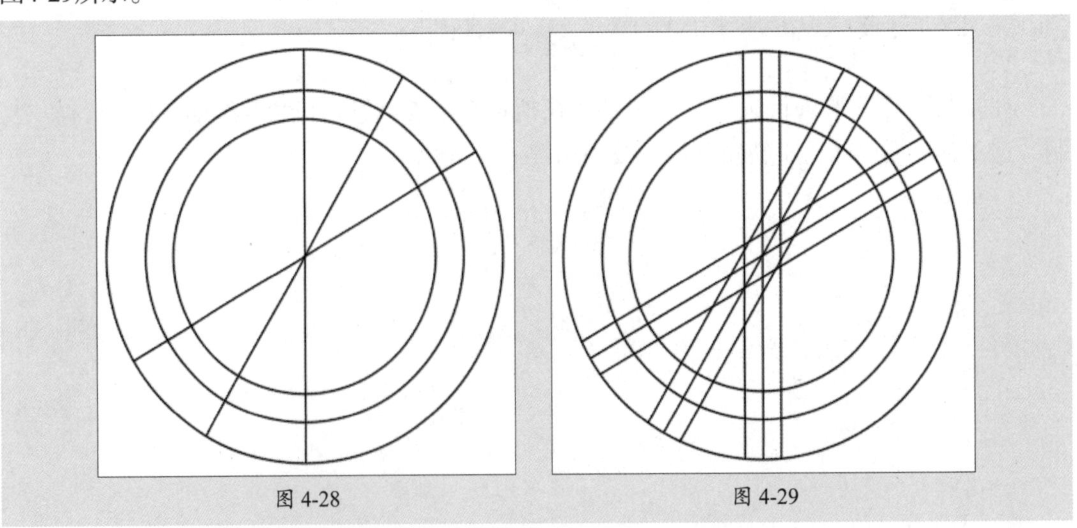

图 4-28　　图 4-29

步骤 05 执行“修剪”命令，选择要修剪的线段，对图形进行修剪，如图4-30所示。

步骤 06 执行“旋转”命令，将修剪后的方形以圆心为旋转中心，按逆时针旋转15度，如图4-31所示。

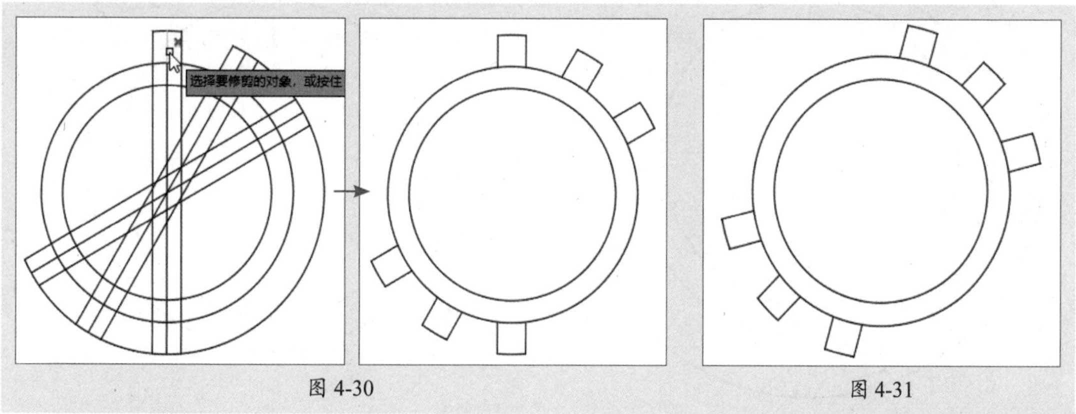

图 4-30　　图 4-31

操作提示

如果按顺时针旋转的话，在输入旋转角度时，需在角度前加“-（负号）”。如果是逆时针旋转，则无需加正负符号。

步骤 07 执行“偏移”命令，将内侧的圆形向外偏移15mm，如图4-32所示。

步骤 08 执行“修剪”命令，修剪图形上多余的线段，结果如图4-33所示。

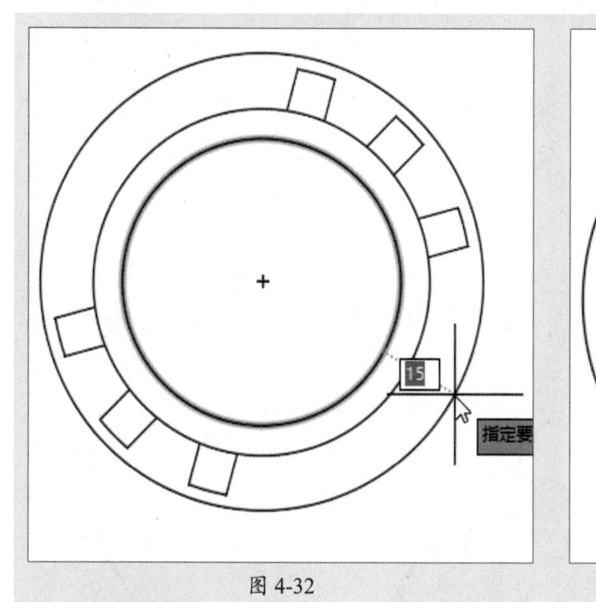

图 4-32

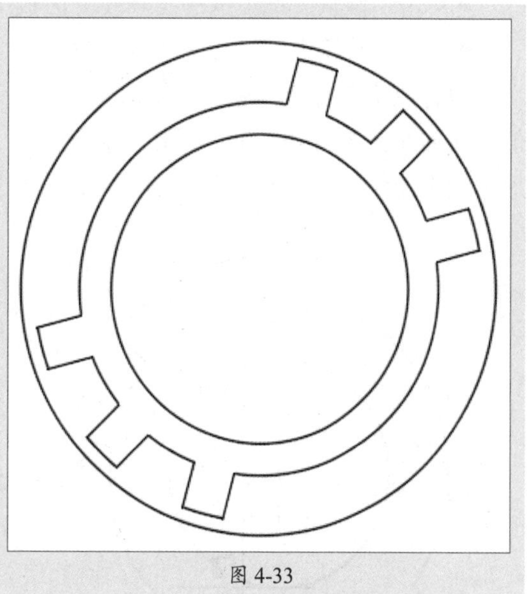

图 4-33

步骤 09 执行“直线”命令，捕捉大圆的象限点，绘制中心线，并调整线型及颜色，如图4-34所示。

步骤 10 继续执行“直线”命令，依次捕捉方形上、下两个中点，绘制中心线，同样调整其线型和颜色，并删除大圆形，如图4-35所示。至此，垫圈零件图绘制完成。

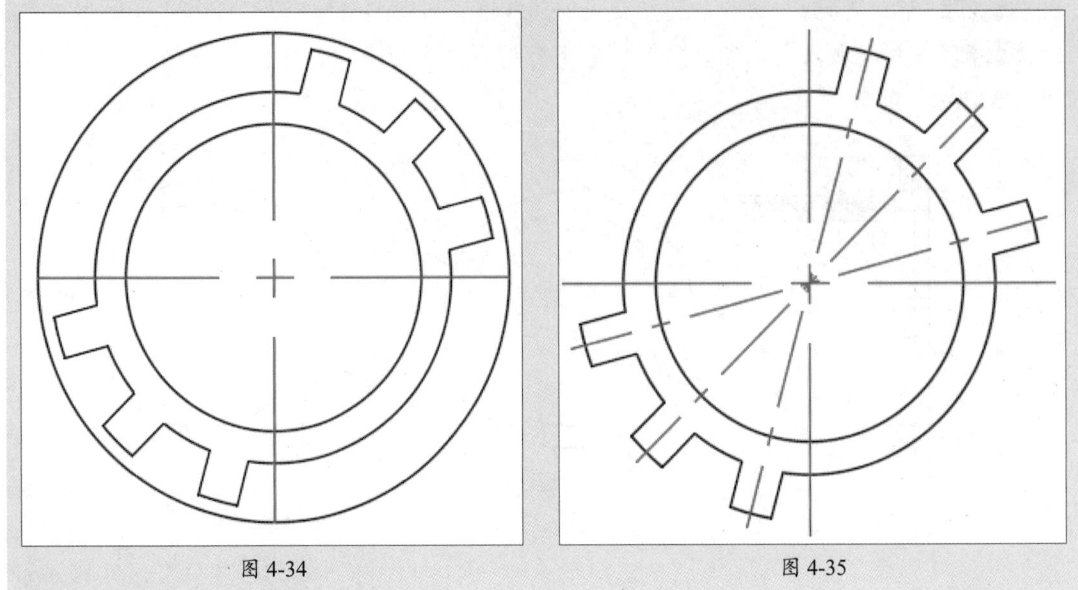

图 4-34　　图 4-35

4.3.2　缩放图形

在绘图过程中，常常会遇到图形比例不合适的情况，这时就可以利用缩放工具。缩放是将图形按照指定的比例值进行放大或缩小操作。通过以下方式可调用“缩放”命令：

- 执行“修改”|“缩放”命令。
- 单击“默认”选项卡的“修改”面板中的“缩放”按钮。
- 在命令行输入SC命令并按回车键。

执行以上一种操作后，根据命令行的提示，选中所需图形，并指定缩放的基点和比例值，按回车键即可进行缩放操作。若比例值大于1，图形为放大操作；若比例值小于1，图形为缩小操作。图4-36所示是缩小圆形效果。

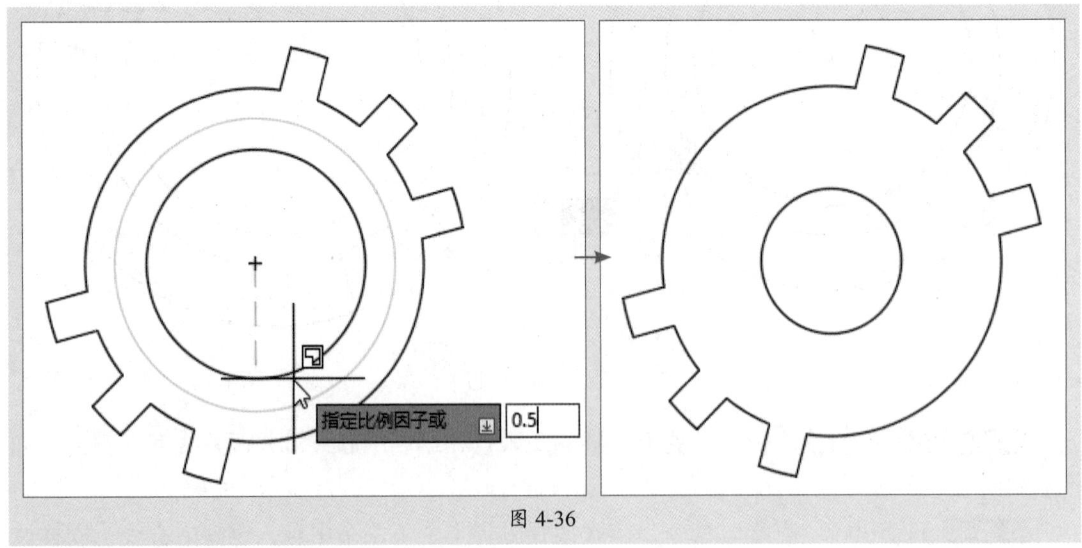

图 4-36

命令行提示如下：

```
命令: SCALE
选择对象: 指定对角点: 找到 1 个 (选中圆形，回车)
选择对象:
指定基点: (选择圆心)
指定比例因子或 [复制(C)/参照(R)]: 0.5 (输入比例值，回车)
```


4.3.3 拉伸图形

拉伸就是通过从右到左的框选方式来拉伸图形。该命令只对矩形或多边形有效，其他图形（例如圆、椭圆和块）则无法进行拉伸操作。通过以下方式可调用“拉伸”命令：

- 执行“修改”|“拉伸”命令。
- 在“默认”选项卡的“修改”面板中单击“拉伸”按钮。
- 在命令行输入STRETCH命令并按回车键。

执行以上一种操作后，从右往左框选图形，并指定拉伸的基点和目标点，如图4-37所示。

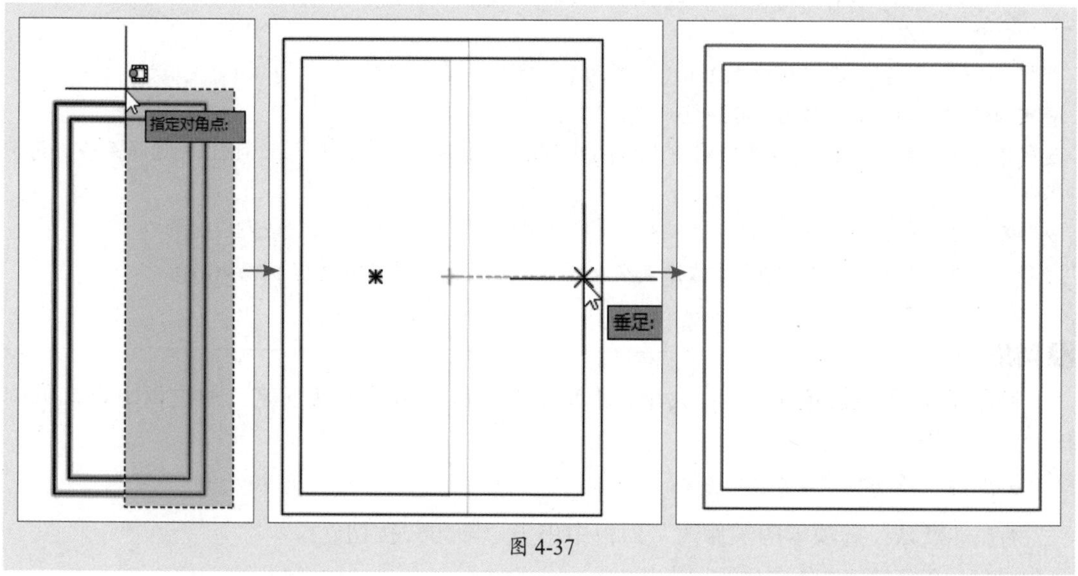

图 4-37

4.3.4 倒角和圆角

倒角和圆角可以修饰图形。对于两条相邻的边界多出的线段，利用倒角和圆角可以进行修剪。

1. 倒角

执行“倒角”命令可以将绘制的图形进行倒角。通过以下方式可调用“倒角”命令：

- 执行“修改”|“倒角”命令。
- 在“默认”选项卡的“修改”面板中单击“倒角”按钮。
- 在命令行输入CHA命令并按回车键。

执行“倒角”命令后，根据命令行的提示，先设置两个倒角距离，然后再选择两条倒角边即可完成倒角操作，如图4-38所示。

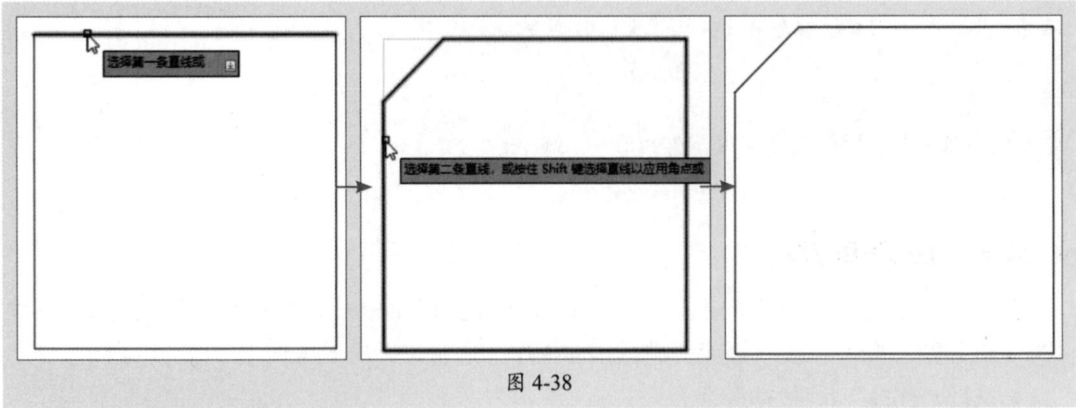

图 4-38

命令行提示如下：

```
命令: _chamfer
("修剪"模式) 当前倒角距离 1 = 0.0000，距离 2 = 0.0000
选择第一条直线或 [放弃(U)/多段线(P)/距离(D)/角度(A)/修剪(T)/方式(E)/多个(M)]: d（选择"距离"选项，回车）
指定 第一个 倒角距离 <0.0000>: 100（设置两个倒角距离值，回车）
指定 第二个 倒角距离 <100.0000>: 100
选择第一条直线或 [放弃(U)/多段线(P)/距离(D)/角度(A)/修剪(T)/方式(E)/多个(M)]:（选择两条倒角边）
选择第二条直线，或按住 Shift 键选择直线以应用角点或 [距离(D)/角度(A)/方法(M)]:
选择第二条直线，或按住 Shift 键选择直线以应用角点或 [距离(D)/角度(A)/方法(M)]:
```

2. 圆角

圆角是指通过指定圆弧半径大小将图形棱角部分平滑地连接起来。通过以下方式可调用"圆角"命令：

- 执行"修改"|"倒角"命令。
- 在"默认"选项卡的"修改"面板中单击"圆角"按钮□。
- 在命令行输入F命令并按回车键。

执行"圆角"命令后，根据命令行的提示，先设置圆角的半径值，然后再选择两个倒角边，如图4-39所示。

命令行提示如下：

```
命令: _fillet
当前设置: 模式 = 修剪，半径 = 0.0000
选择第一个对象或 [放弃(U)/多段线(P)/半径(R)/修剪(T)/多个(M)]: r（选择"半径"选项，回车）
指定圆角半径 <0.0000>: 100（设置半径值，回车）
选择第一个对象或 [放弃(U)/多段线(P)/半径(R)/修剪(T)/多个(M)]:（选择两个倒角边）
选择第二个对象，或按住 Shift 键选择对象以应用角点或 [半径(R)]:
```

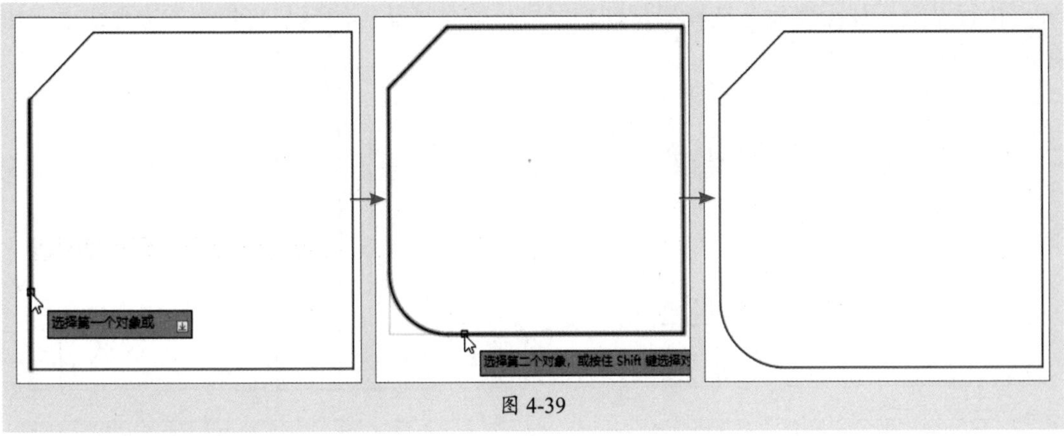

图 4-39

4.3.5　修剪图形

修剪是将图形中多余的线段进行删除，通过以下方式可调用“修剪”命令：

- 执行“修改”|“修剪”命令。
- 在“默认”选项卡中，单击“修改”面板的下拉菜单按钮，在弹出的下拉列表中选择“修剪”按钮。
- 在命令行输入TR命令并按回车键。

执行“修剪”命令后，选择所有要修剪掉的线段，如图4-40所示。

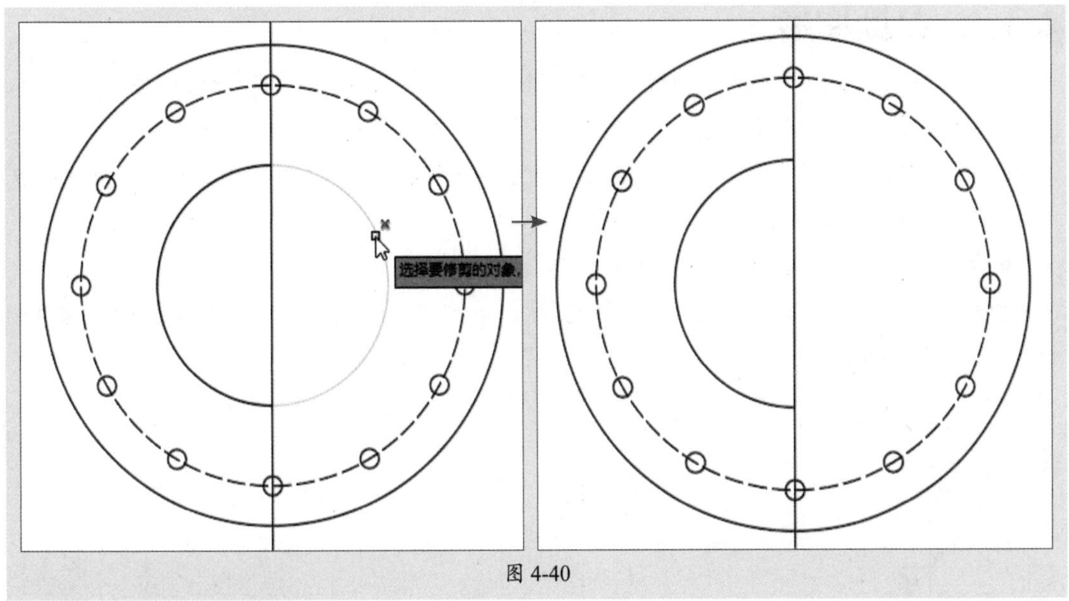

图 4-40

4.3.6　延伸图形

延伸是将指定的线段延长到边界线上。通过以下方式可调用“延伸”命令：

- 执行“修改”|“延伸”命令。
- 在“默认”选项卡的“修改”面板中单击“延伸”按钮。
- 在命令行输入EX命令并按回车键。

执行以上一种操作后，选择要延伸的线段，就可将其延伸至与它相交的边界线上，如图4-41所示。

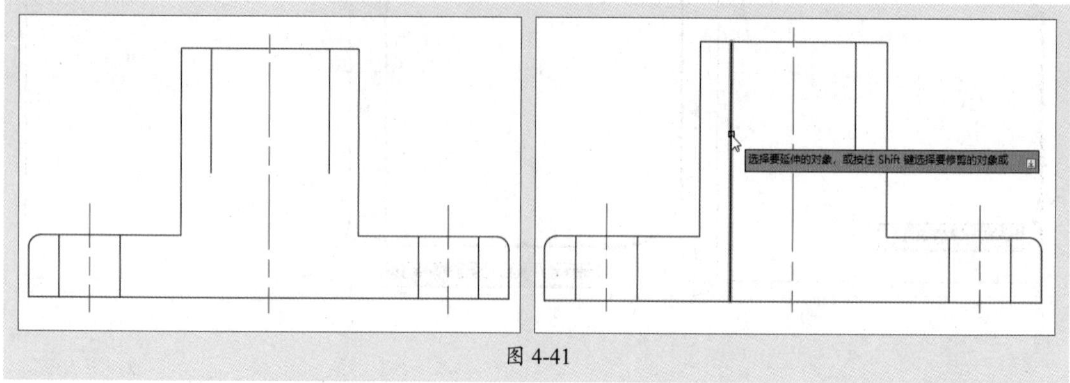

图 4-41

命令行提示如下：

```
命令: _extend
当前设置: 投影=UCS,边=无,模式=快速
选择要延伸的对象，或按住 Shift 键选择要修剪的对象或
[边界边(B)/窗交(C)/模式(O)/投影(P)]:（选择要延伸的线段）
选择要延伸的对象，或按住 Shift 键选择要修剪的对象或[投影(P)/边(E)/放弃(U)]
```

4.3.7 打断图形

打断是指将线段以指定的点为打断点进行断开操作。通过以下方式可调用“打断”命令：

- 执行“修改”|“打断”命令。
- 在“默认”选项卡中，单击“修改”面板的下拉菜单按钮，在弹出的下拉列表中选择“打断”按钮。
- 在命令行输入BREAK命令并按回车键。

执行以上一种操作后，根据命令行的提示，选中要打断的线段，并指定打断的起点和端点即可，如图4-42所示。

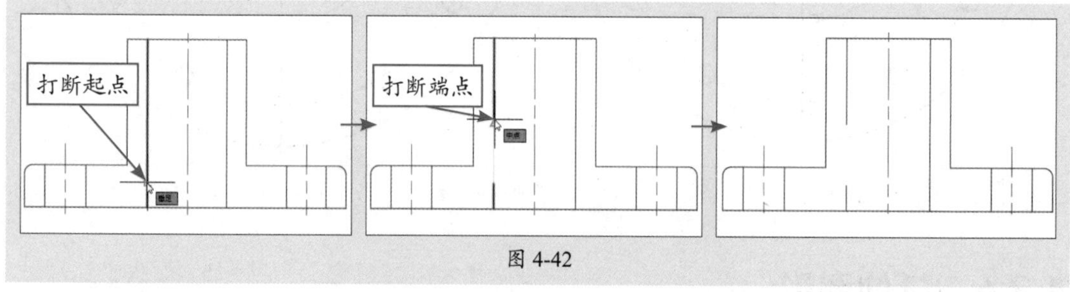

图 4-42

命令行提示如下：

```
命令: _break
选择对象:（选择线段，并指定打断的起点）
指定第二个打断点 或 [第一点(F)]:（指定打断端点）
```

4.3.8 分解图形

如果需要对一些组合图形中的某条线段进行单独编辑，此时需先将图形分解，然后进行编辑。通过以下方式可调用“分解”命令：

- 执行“修改”|“分解”命令。
- 在“默认”选项卡中，单击“修改”面板的菜单按钮，在弹出的下拉列表中选择“分解”按钮。
- 在命令行输入X命令并按回车键。

执行以上一种操作后，选中所需图形，按回车键即可将其分解，如图4-43所示。

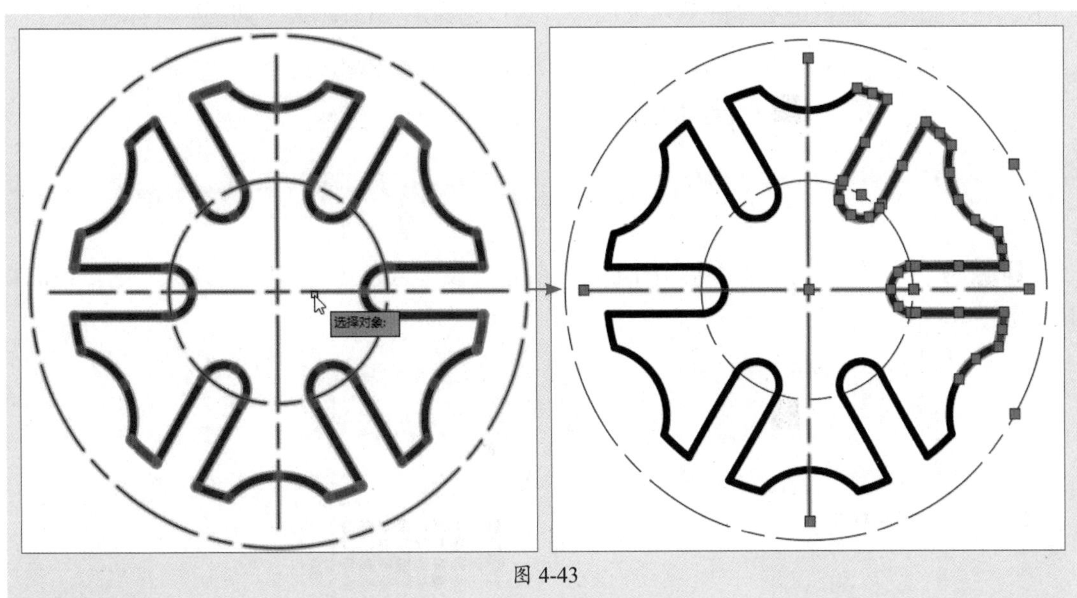

图 4-43

操作提示

“分解”命令不仅可以分解块实例，还可以分解尺寸标注、填充区域、多段线等复合图形对象。

4.4 图形图案的填充

图案填充功能经常会用到。例如，在绘制零件剖面图时，需要对剖切面进行图案填充，以表示零件被剖切的部分。

4.4.1 案例解析：填充零件剖面区域

下面将利用图案填充功能来对零件剖面区域进行填充。

步骤01 打开“零件图”素材文件。执行“图案填充”命令，打开“图案填充创建”选项卡，在“图案”面板中选择一款填充图案，这里选择ANSI31图案，如图4-44所示。

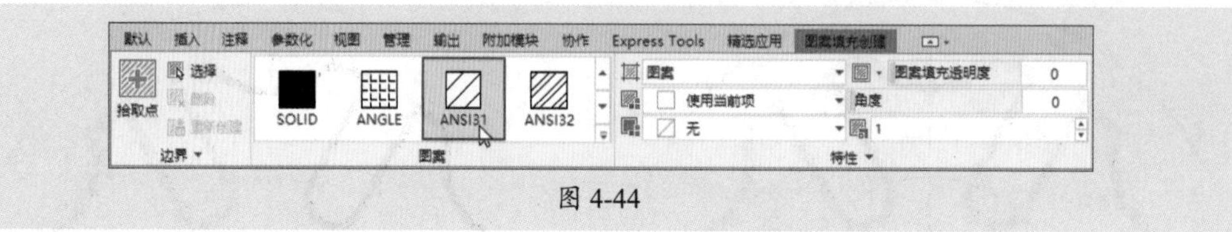

图 4-44

步骤02 在“特性”面板中将“图案填充颜色”设为灰色（147,149,152），其他保持默认，如图4-45所示。

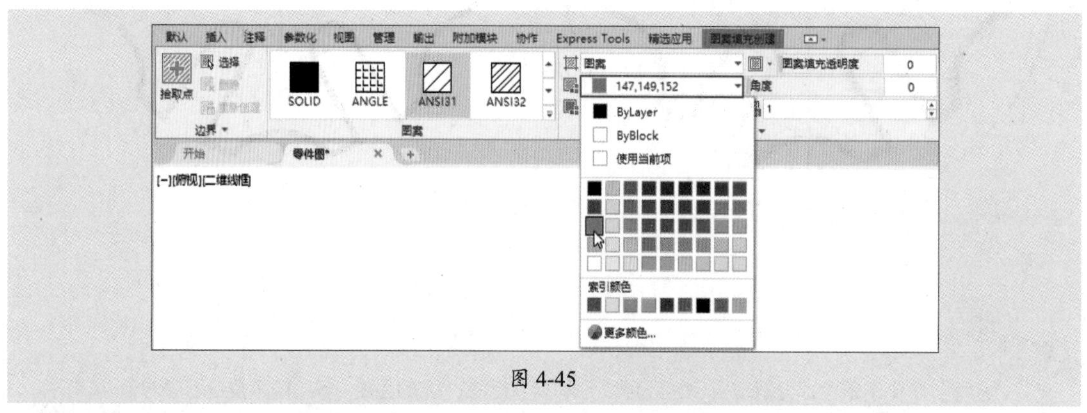

图 4-45

步骤03 设置好后，将光标移至零件剖面区域，单击即可填充，如图4-46所示。

步骤04 继续单击其他剖面区域，按回车键完成填充操作，如图4-47所示。

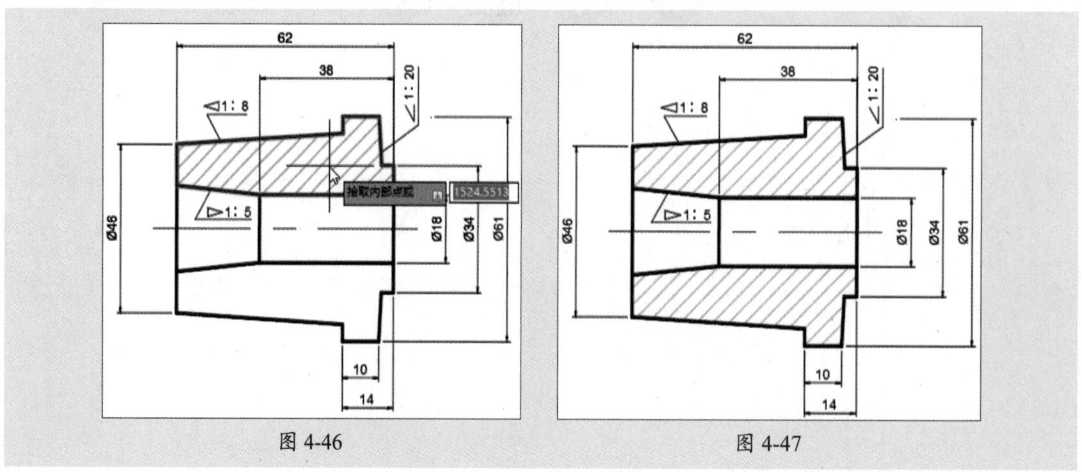

图 4-46　　图 4-47

4.4.2 图案填充

图案填充是一种使用图形图案对指定的图形区域进行填充操作。通过以下方式可调用“图案填充”命令：

- 执行“绘图”|“图案填充”命令。
- 在“默认”选项卡的“修改”面板中单击下拉菜单按钮，在弹出的下拉列表中选择“编辑图案填充”按钮。
- 在命令行输入H命令并按回车键。

执行以上一种操作后，系统会打开“图案填充创建”选项卡，在该选项卡中可对填充的图案、颜色、比例、角度等参数进行设置，如图4-48所示。

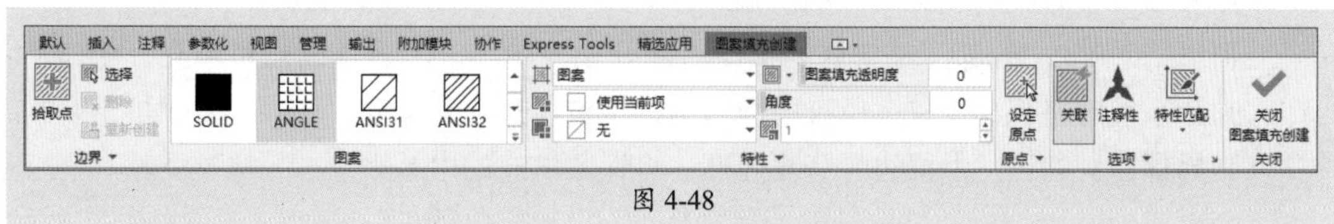

图 4-48

对于习惯使用旧版本的用户来说，可在“图案填充创建”选项卡中单击“选项”面板右侧的箭头，打开“图案填充和渐变色”对话框，如图4-49所示。

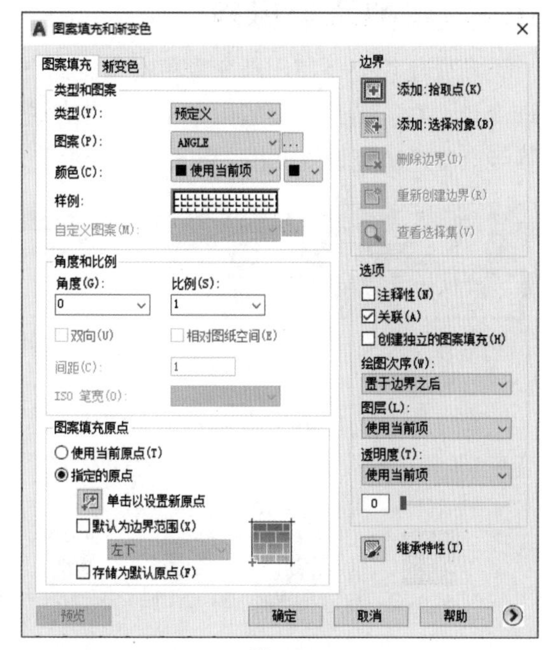

图 4-49

（1）类型和图案：用于设置图案类型、选择图案以及设置颜色等。

（2）角度和比例：用于设置图案的角度和比例，该选项组可以通过角度和比例，以及角度和间距这两个方面进行设置。

- **角度和比例**：当图案类型为预定义选项时，“角度”和“比例”是激活状态，“角度”是指填充图案的角度，“比例”是指填充图案的比例。在选项框中输入相应的数值，就可以设置线型的角度和比例。
- **角度和间距**：当图案类型为“用户定义”选项时，“角度”和“间距”列表框属于激活状态，用户可以设置角度和间距。当勾选“双向”复选框时，平行的填充图案就会更改为互相垂直的两组平行线填充图案。

（3）图案填充原点：许多图案填充需要对齐填充边界上的某一点。在“图案填充原点”选项组中可以设置图案填充原点的位置，包括“使用当前原点”和“指定的原点”两种选项。

（4）边界：用于选择填充图案的边界，也可以进行删除边界、重新创建边界等操作。

（5）选项：用于设置图案填充的一些附属功能，包括注释性、关联、创建独立的图案填充、绘图次序和继承特性等功能。

（6）孤岛：是指定义好的填充区域内的封闭区域。在“图案填充和渐变色”对话框中的右下角单击“更多选项”按钮◎，即可打开“更多选项”界面，如图4-50所示。在此可设置“孤岛显示样式”以及“边界保留选项”。

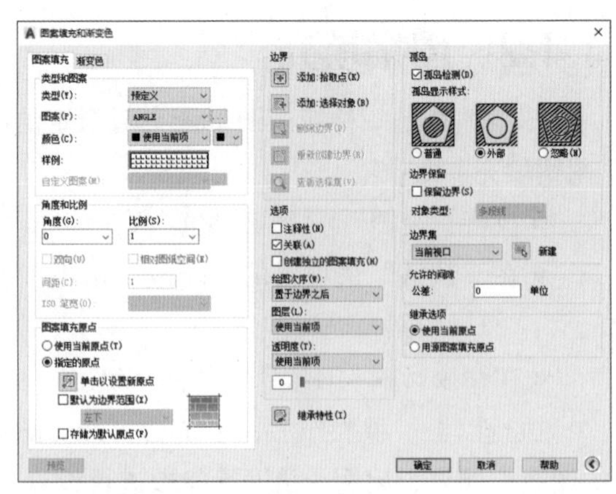

图 4-50

- **孤岛显示样式：**“普通”是指从外部向内部填充，如果遇到内部孤岛，就断开填充，直到遇到另一个孤岛后，再进行填充；“外部”是指遇到孤岛后断开填充图案，不再继续向里填充；“忽略”是指系统忽略孤岛对象，所有内部结构都将被填充图案覆盖。
- **边界保留：**勾选“保留边界”复选框，将保留填充的边界。

4.4.3 渐变色填充

渐变色填充是使用渐变颜色对指定的图形区域进行填充的操作，可创建单色或者双色渐变色。在“特性”面板中单击“图案填充类型”下拉按钮，选择“渐变色”选项即可切换到渐变色填充设置面板，如图4-51所示。

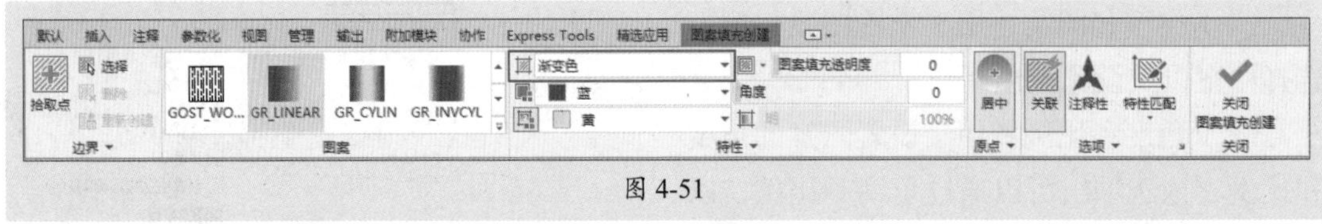

图 4-51

在“图案”面板中可设置渐变色的类型，如图4-52所示。在“特性”面板中单击“渐变色1”和“渐变色2”选项，可设置两种渐变的颜色，如图4-53所示。

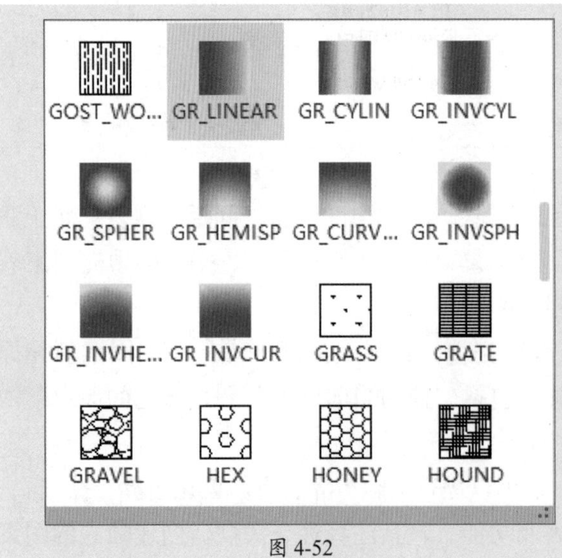

图 4-52

图 4-53

设置完成后，单击要填充的区域即可完成渐变色填充操作，如图4-54所示。

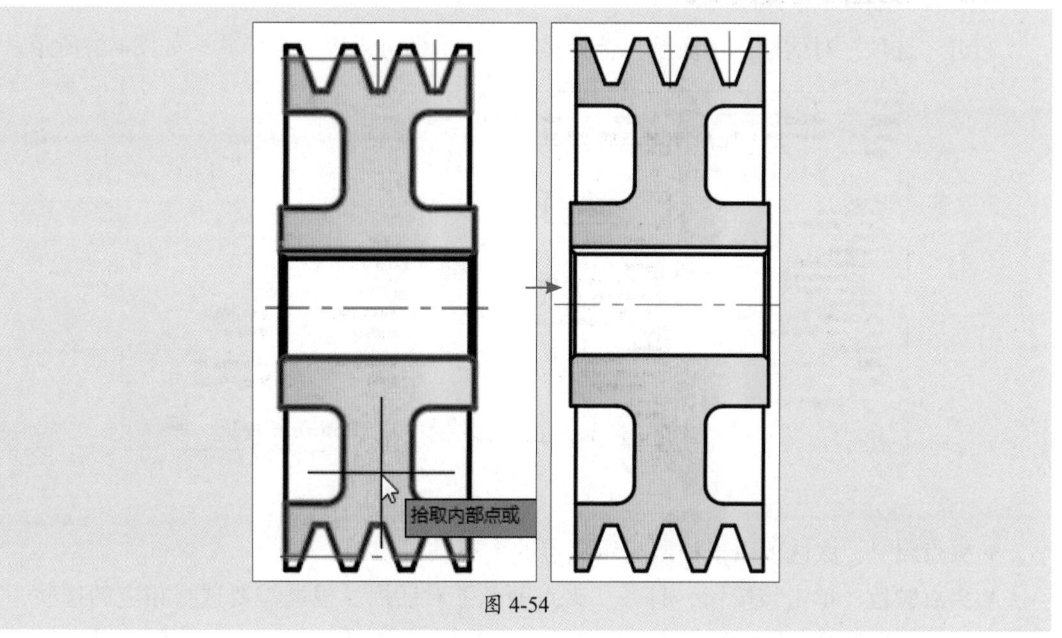

图 4-54

4.5 编辑图形的夹点

夹点是一种集成的编辑模式。在未进行任何操作时选取对象，对象的特征点上将会出现夹点。如果是选择时对象，则在该对象中显示夹点。该夹点默认情况下以蓝色小方块显示，个别也会以圆形显示，用户可以根据个人的喜好和需要改变夹点的大小和颜色。

4.5.1 案例解析：利用夹点移动图形

下面以完善垫片图形为例，介绍夹点的基本操作。

步骤 01 打开“垫片图形”素材文件。选中切角矩形，并单击矩形右侧边线中心夹点，当该夹点颜色呈红色时，右击鼠标，选中“移动”选项，如图4-55所示。

步骤 02 捕捉垫片图形中线的垂直交点，将其移至垫片图形中，如图4-56所示。

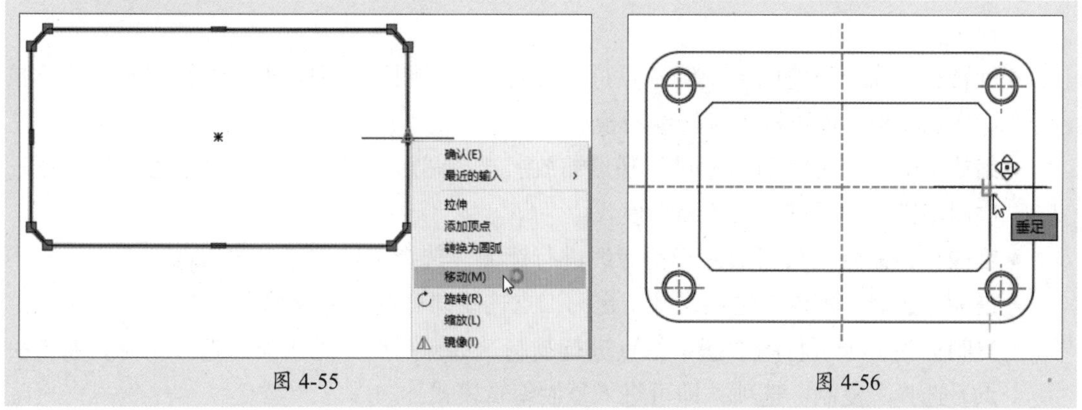

图 4-55　　图 4-56

4.5.2 设置夹点样式

打开“选项”对话框，切换至“选择集”选项卡即可设置夹点样式，如图4-57所示。

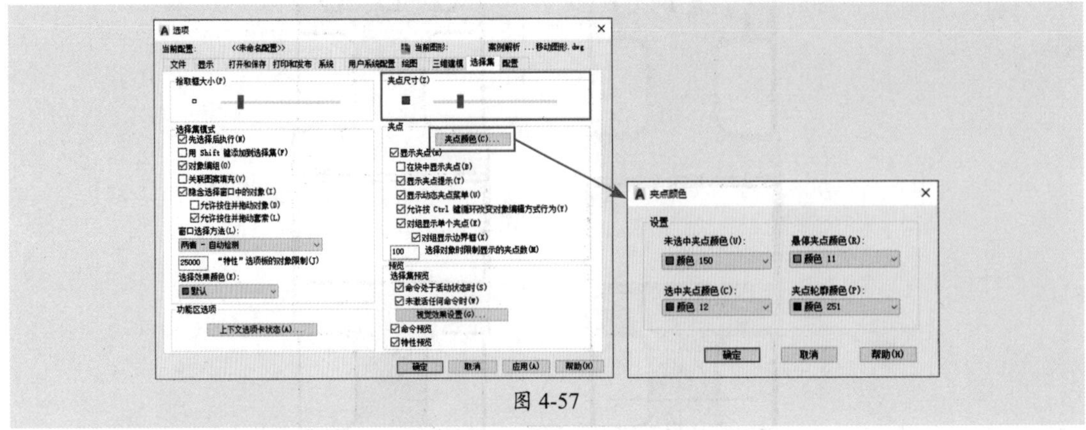

图 4-57

- **夹点尺寸：** 该选项用于控制显示夹点的大小。
- **夹点颜色：** 单击该按钮，打开“夹点颜色”对话框。根据需要选择相应的选项，其后在“选择颜色”对话框中选择所需颜色即可。
- **显示夹点：** 勾选该选项，用户在选择对象时显示夹点。
- **在块中显示夹点：** 勾选该选项，系统将会显示块中每个对象的所有夹点；若取消该选项的勾选，则在被选择的块中显示一个夹点。
- **显示夹点提示：** 勾选该选项，当光标悬停在自定义对象的夹点上时，显示夹点的特定提示。
- **选择对象时限制显示的夹点数：** 设定夹点显示数，默认为100。若被选对象上夹点数大于设定的数值，此时该对象的夹点将不显示。设置范围为1~32767。

4.5.3 用夹点编辑图形

选择要编辑的图形对象，此时该对象上会出现若干夹点。单击夹点。再右击鼠标，即可打开夹点编辑菜单，其中包括拉伸、移动、旋转、缩放、镜像、复制等命令。

- **拉伸：** 激活夹点后，单击夹点，即可对夹点进行拉伸。
- **移动：** 选择要移动的图形对象，进入夹点选择状态，按回车键即可进入移动编辑模式。
- **旋转：** 该命令可将图形围绕基点进行旋转。选择图形，进入夹点选择状态，连续按两次回车键，即可进入旋转编辑模式。
- **缩放：** 该命令可将图形相对于基点缩放。选择图形，进入夹点选择状态，连续按三次回车键，即可进入缩放编辑模式。
- **镜像：** 该命令可将图形基于镜像线进行镜像。选择图形，指定要镜像的夹点，右击鼠标，选择“镜像”选项，并指定第二点连线即可进行镜像编辑操作。
- **复制：** 该命令可将图形基于基点进行复制。选择图形，进入夹点选择状态，右击夹点，选择“复制”选项，即可进入复制编辑模式。

课堂实战　绘制链轮零件图

下面利用本章所学的知识来绘制链轮零件图形，其中涉及的操作命令包括“圆”“阵列”“偏移”“修剪”等。

步骤 01 执行“直线”命令，绘制一条长220mm的中心线，调整中心线的线型及颜色，如图4-58所示。

步骤 02 执行“旋转”命令，将这条中心线进行旋转复制，旋转角度为90度，如图4-59所示。

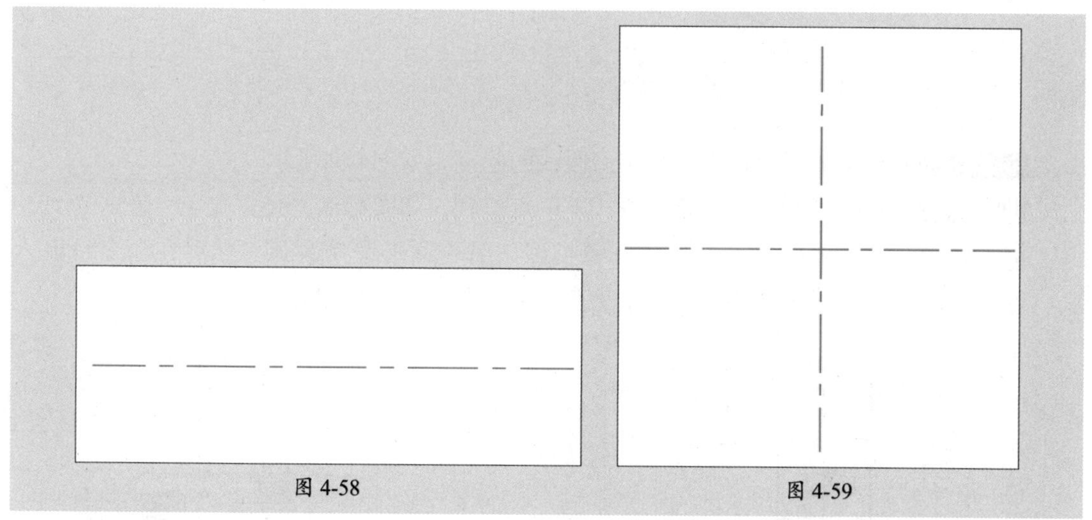

图 4-58　　图 4-59

步骤 03 执行“圆”命令，绘制半径为20mm、60mm、90mm和100mm的同心圆，如图4-60所示。

步骤 04 执行“圆”命令，捕捉同心圆的圆心，向上移动光标并在93mm处绘制一个半径为3mm的小圆，如图4-61所示。

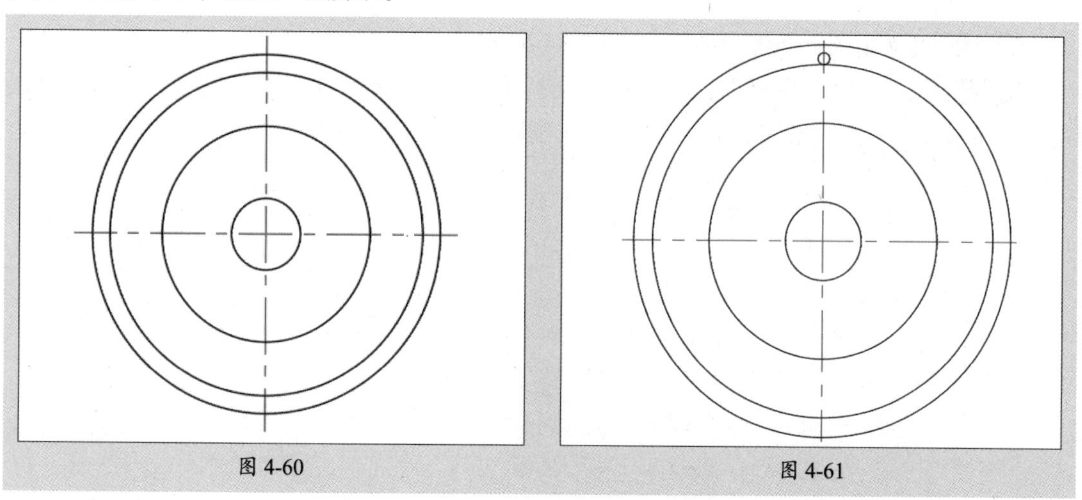

图 4-60　　图 4-61

步骤 05 执行“直线”命令，沿垂直中心线绘制一条长110mm的线段，如图4-62所示。

步骤 06 执行“偏移”命令，将该线段分别向左、右两边各偏移6mm，如图4-63所示。

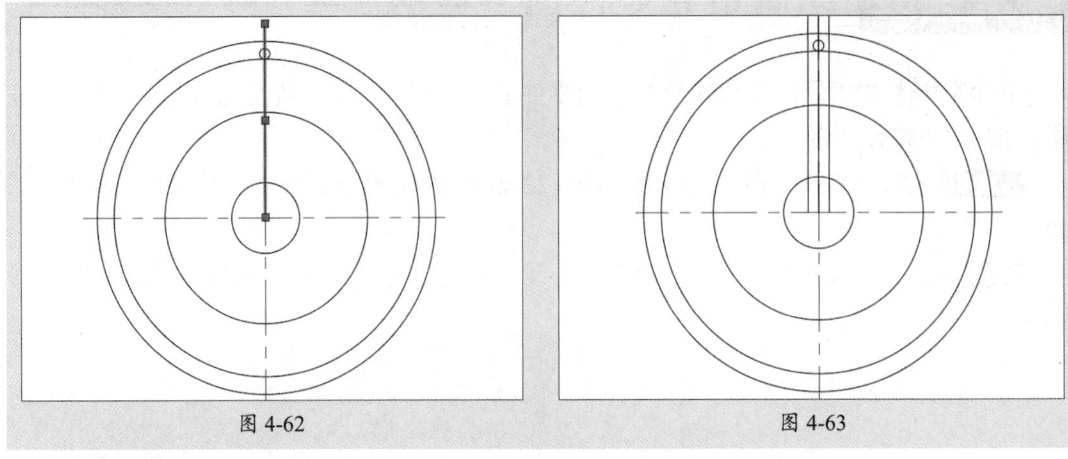

图 4-62　　图 4-63

步骤 07 执行“多段线”命令，指定多段线的起点，如图4-64所示。

步骤 08 捕捉小圆的切点，指定多段线下一点位置，如图4-65所示。

步骤 09 在命令行输入A，切换到圆弧类型，沿着圆形绘制圆弧。然后在命令行输入L，切换回直线，并捕捉如图4-66所示的交点，完成多段线的绘制。

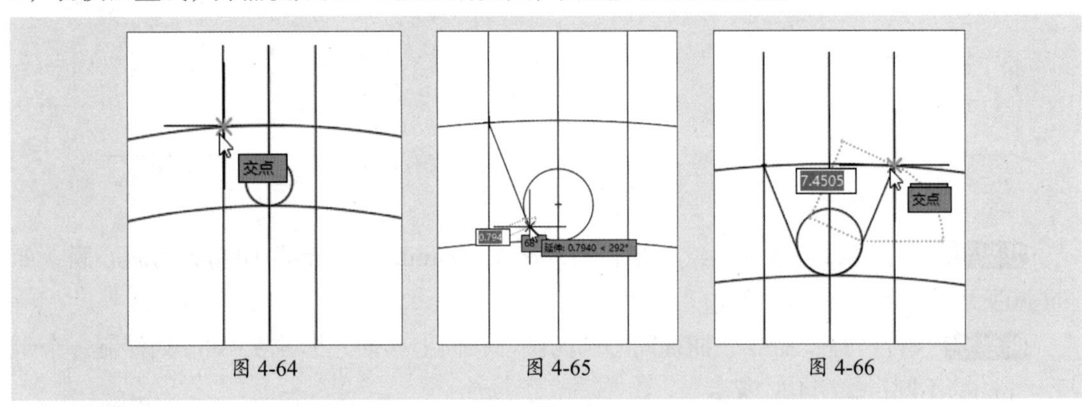

图 4-64　　图 4-65　　图 4-66

步骤 10 删除小圆形及多余的线段，如图4-67所示。

步骤 11 执行“环形阵列”命令，选择绘制的多段线，指定圆心为阵列中心，将该多段线进行环形阵列，阵列数目为40，如图4-68所示。

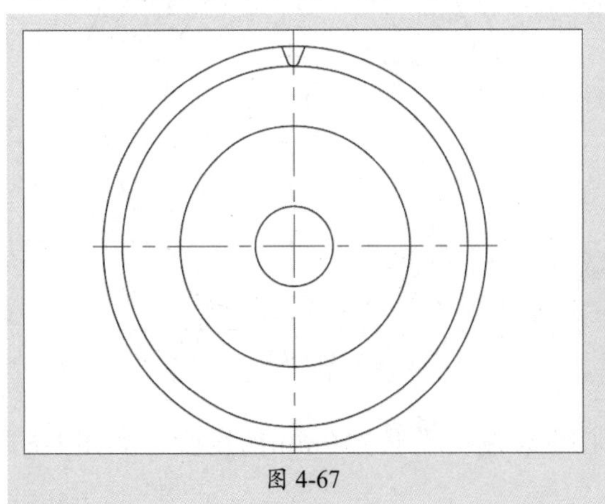

图 4-67

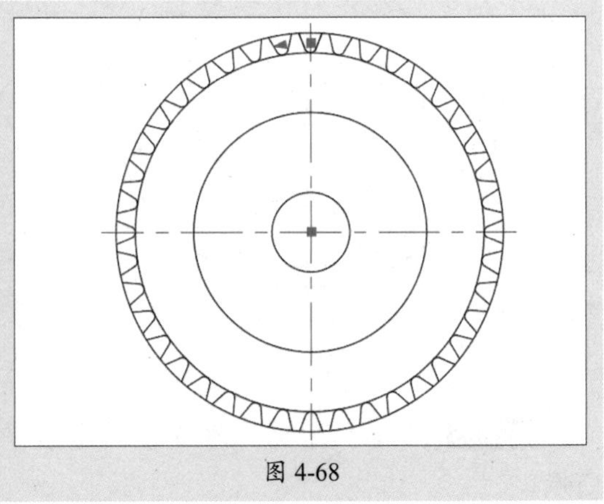

图 4-68

步骤 12 执行“修剪”命令，修剪掉多余的线段，如图4-69所示。

步骤 13 执行“圆”命令，绘制半径为19mm的圆形，如图4-70所示。

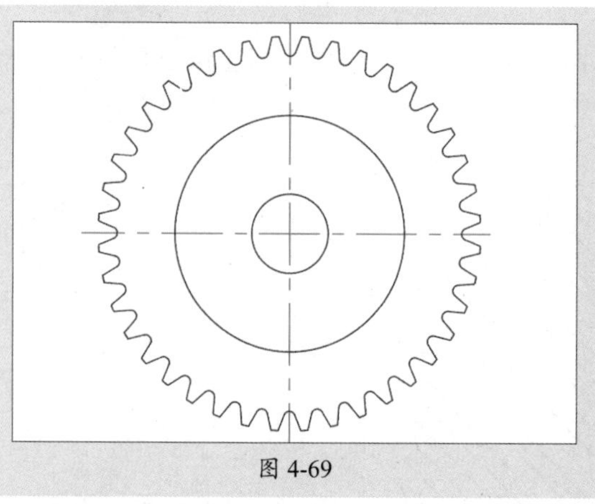

图 4-69

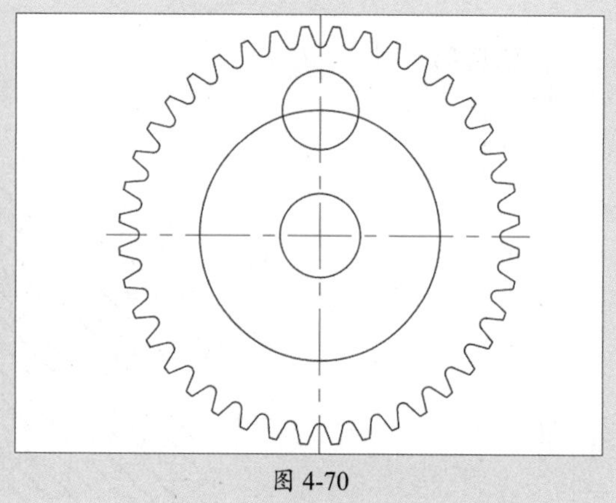

图 4-70

步骤 14 执行“环形阵列”命令，选择半径为19mm的圆形作为阵列对象，设置项目数6，以圆心为阵列中心，将圆进行环形阵列，如图4-71所示。

步骤 15 调整半径为60mm圆的线型及颜色，如图4-72所示。

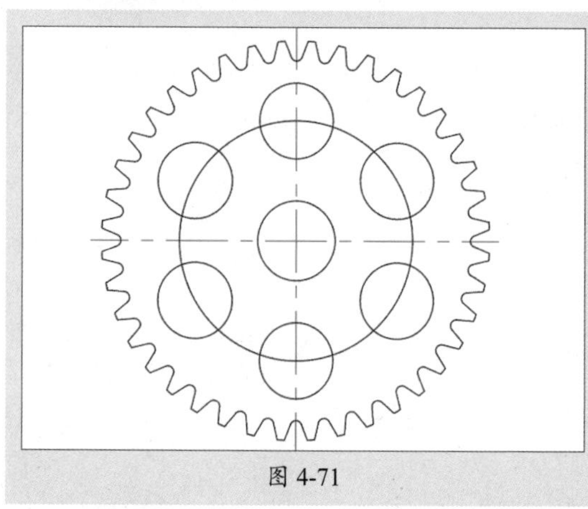

图 4-71

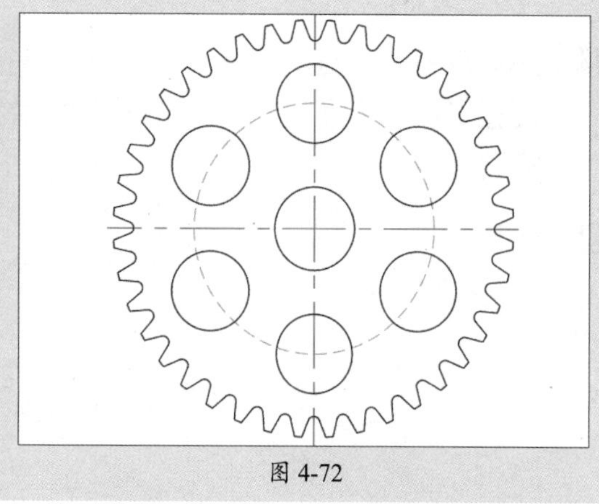

图 4-72

步骤 16 执行“矩形”命令，绘制长9mm、宽7mm的矩形，如图4-73所示。

步骤 17 执行“修剪”命令，修剪多余的线段，完成链轮图形的绘制，如图4-74所示。

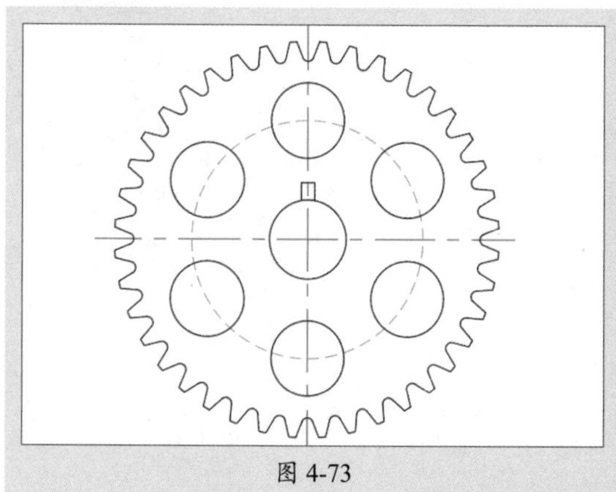

图 4-73

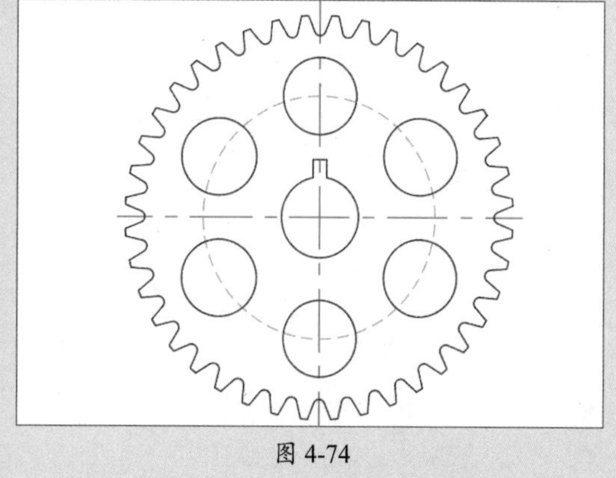

图 4-74

课后练习 绘制花键剖面图形

本实例将利用“偏移”“阵列”“旋转”“图案填充”等命令来绘制花键剖面图形，如图4-75所示。

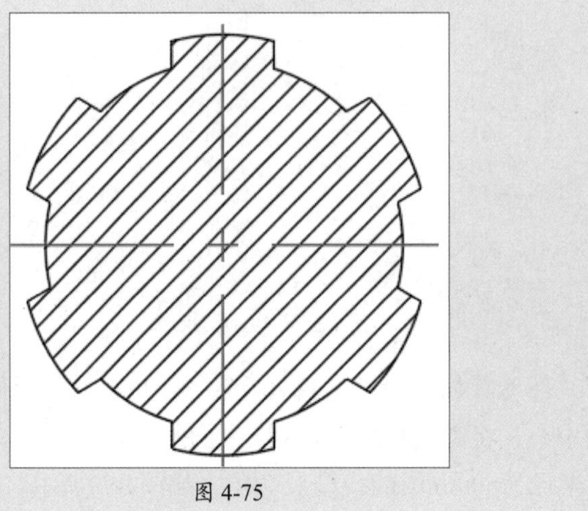

图 4-75

1. 技术要点

步骤 01 执行“圆”“直线”“偏移”“环形阵列”等命令绘制出花键轮廓。

步骤 02 执行“图案填充”命令，对花键图形进行填充。

2. 分步演示

如图4-76所示。

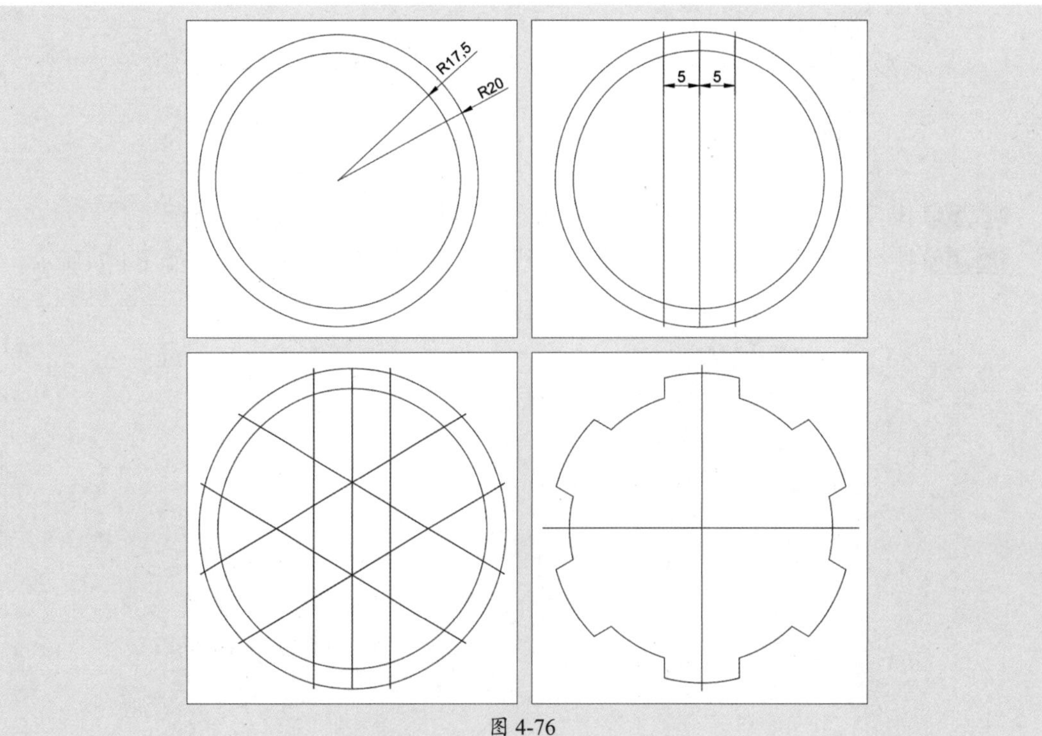

图 4-76

拓展赏析

神州第一挖：700吨液压挖掘机

思政课堂

挖掘机，相信大家都了解，在建筑、交通运输、水利施工、采矿工程、现代军事工程领域都能够见到它的身影，是土石方施工现场必不可少的机械设备。但机身总长23.5m，高9.44m，总质量达到700吨，动力超过两台99式坦克的挖掘机，这款“钢铁巨兽”，你们见过吗？它就是徐工集团生产的EX700E液压挖掘机，如图4-77所示。它的出现，打破了美、日、德的长期垄断，对我国工程机械行业的发展有着重要的意义。

图 4-77

这款挖掘机的铲斗宽5米，能装下34立方米的矿物，用它来挖煤，一铲斗能挖近60吨重的煤，8小时就能填满一列火车皮，完成3万多吨煤的装载任务。与其他普通挖掘机相比，这款“钢铁巨兽”的优势体现在以下几个方面：

- 使用两台1700马力的电动机作为动力来源，比起国内先进的主战坦克的动力还要强。
- 铲斗的最大推力高达243吨，斗杆力高达230吨。启动起来绝对是震天动地，排山倒海。
- 每小时可装载5000吨物料，每天可完成3～4万吨煤炭的转载量。

国产700吨液压挖掘机不仅是“中国最大吨位”那么简单，它还意味着我国在超大型挖掘机领域，从零部件到操作系统，第一次实现关键技术国产化，拥有自主专利52项。比如，它采用的自补油、自适应底盘调节系统，双动力组件耦合控制系统等技术都是我国独有的。

第5章

创建机械图层与图块

内容导读

图层是查看和管理图形强有力的工具，它可以对图形颜色、线型、线宽等特性进行统一管理。而图块是将各个独立的图形组合成一个整体，方便绘图者在多张图纸中调用该图形。熟练掌握这两个工具的使用，可节省大量重复操作的时间，提高绘图效率。

思维导图

创建机械图层与图块

- 设置与管理图层
  - 创建图层
  - 设置图层
  - 管理图层
- 应用设计中心
  - 了解设计中心
  - 用设计中心插入图块
- 图块的应用与编辑
  - 创建图块
  - 插入图块
  - 编辑图块属性

5.1 设置与管理图层

用图层可以方便地对图形进行统一管理。一个图层相当于一张透明纸，用户可在每张透明纸上绘制特定属性的图形，然后将这些透明纸一张张重叠起来，就能构成最终的图形。

5.1.1 案例解析：创建中心线图层

下面以创建中心线图层为例，介绍图层的基本操作。

步骤 01 在“默认”选项卡的“图层”面板中单击“图层特性”按钮，打开“图层特性管理器”对话框，如图5-1所示。

步骤 02 单击“新建”按钮，创建“图层1”，如图5-2所示。

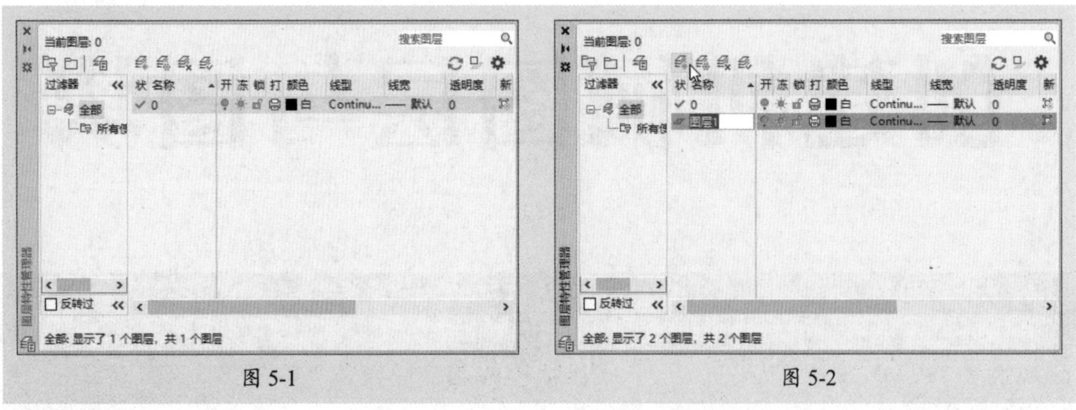

图 5-1　　图 5-2

步骤 03 单击“图层1”名称，进入编辑状态，在此输入“中心线”，为该图层进行重命名，如图5-3所示。

步骤 04 单击该图层中的“颜色”按钮，在“选择颜色”对话框中将该图层的颜色设为红色，如图5-4所示。

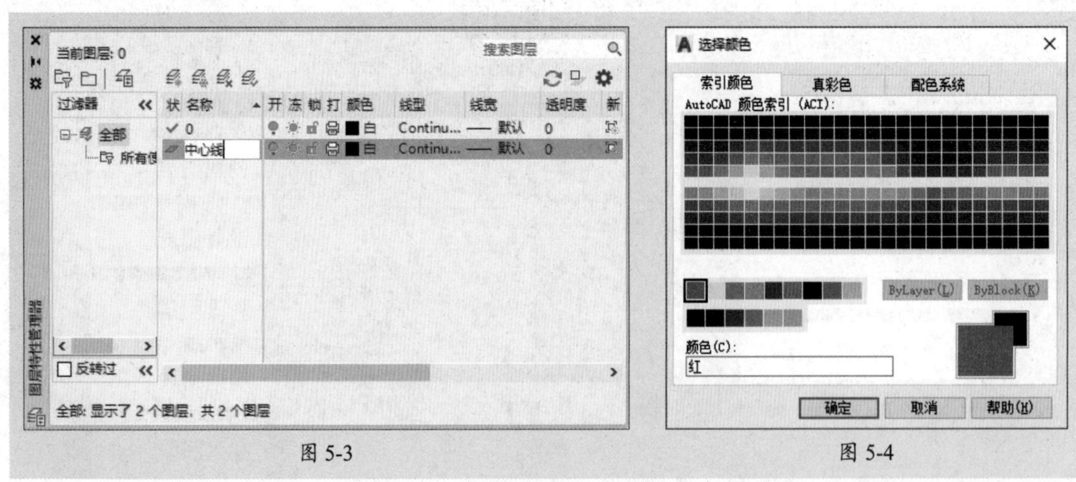

图 5-3　　图 5-4

步骤 05 单击该图层的“线型”按钮，打开“选择线型”对话框，如图5-5所示。

步骤 06 单击“加载”按钮，打开“加载或重载线型”对话框。选择CENTER线型，单击“确定”按钮，如图5-6所示。

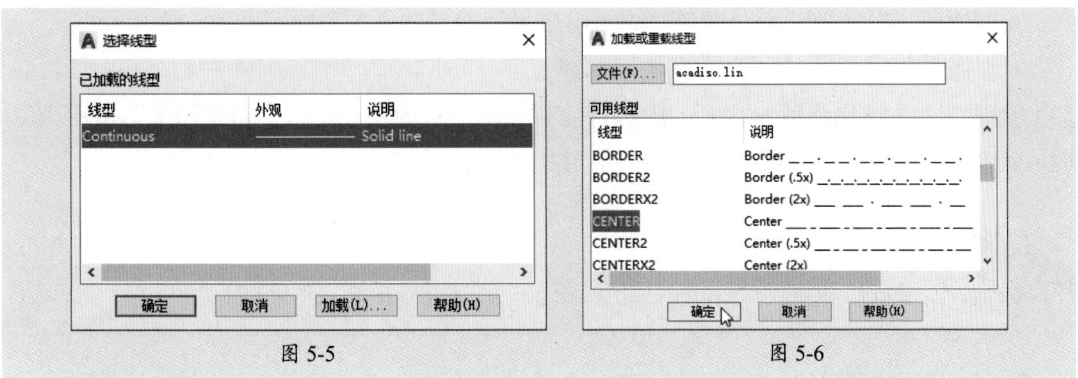

图 5-5　　　　图 5-6

步骤07 返回“选择线型”对话框，选择刚加载的线型，单击“确定”按钮，如图5-7所示。

步骤08 返回“图层特性管理器”对话框，可以看到创建的“中心线”图层的颜色以及线型都发生了相应的变化，如图5-8所示。

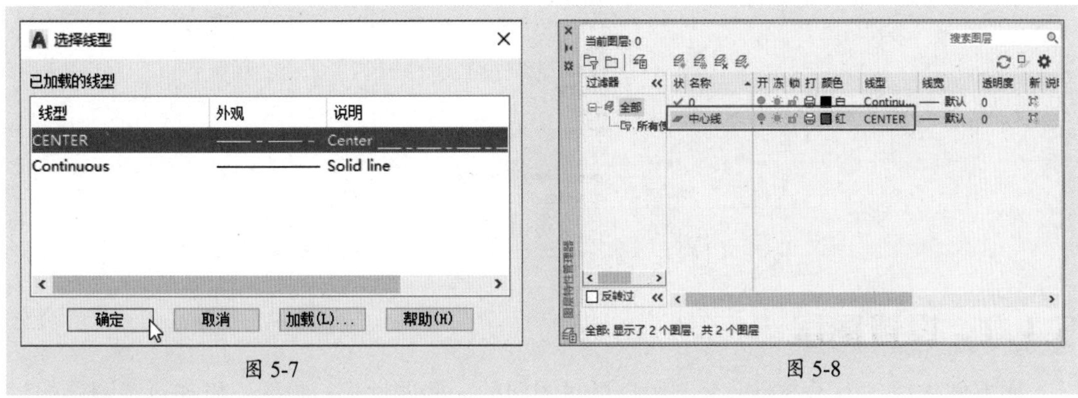

图 5-7　　　　图 5-8

步骤09 双击“中心线”图层，可将其设为当前层，如图5-9所示。

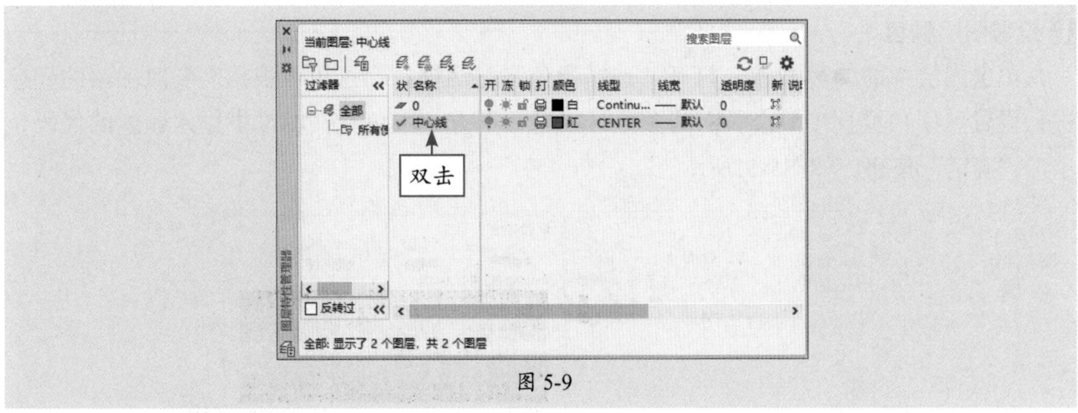

图 5-9

5.1.2 创建图层

新建的文件默认只包含一个图层0（零），如果都在0图层上绘制图形，那么会给后期查看图形带来极大的不便。用户可以按照以下方法来调用“图层”命令。

- 执行“格式”|“图层”命令。
- 在“默认”选项卡的“图层”面板中单击“图层特性”按钮。
- 在命令行输入LAYER命令并按回车键。

执行以上一种操作后，打开“图层特性管理器”对话框。单击“新建图层”按钮，即可新建“图层1”，双击该图层名称，可对其重命名。

操作提示

图层名称不能包含通配符（*和?）和空格，也不能与其他图层重名。

此外，在“图层特性管理器”对话框中右击空白处，在打开的快捷列表中选择“新建图层”选项，也可创建新图层，如图5-10所示。

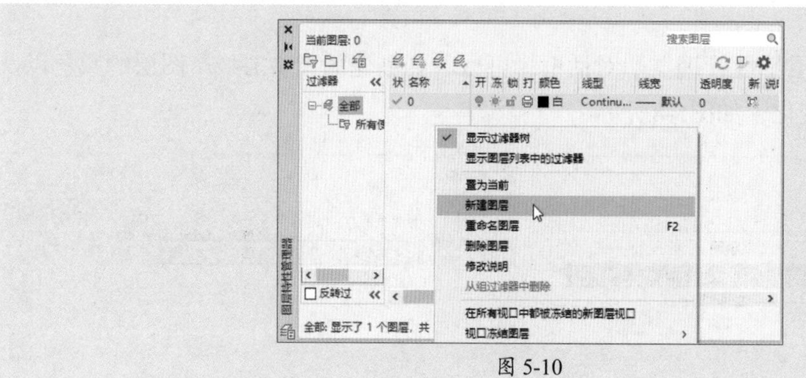

图 5-10

5.1.3 设置图层

图层创建后，为了方便区分，用户可对图层的一些属性进行设置。例如设置图层的颜色、线型、线宽等。

1. 设置图层颜色

单击图层中的■白按钮，打开“选择颜色”对话框。在这里可根据需要对图层的颜色进行设置。用户可直接单击所需的颜色，或者在下方“颜色”文本框中输入颜色的代码，单击“确定”按钮，如图5-11所示。

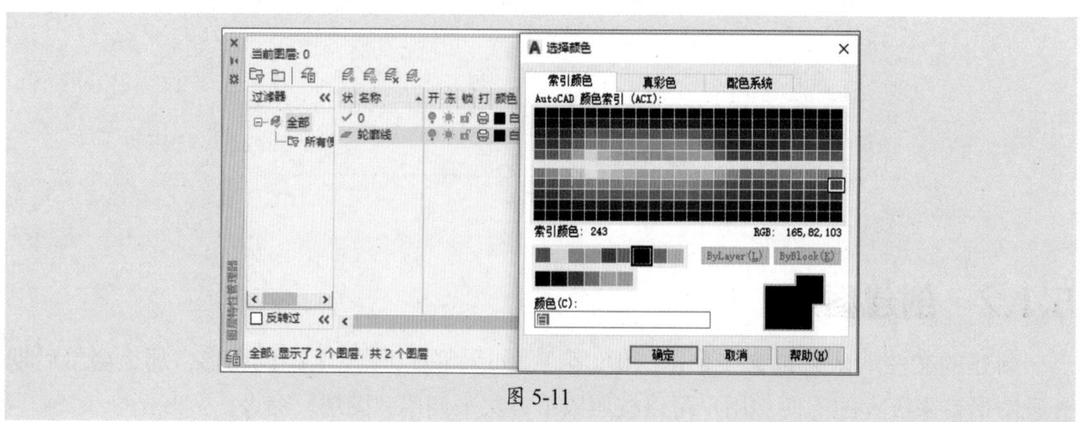

图 5-11

2. 设置图层线型

线型分为虚线和实线两种。在机械绘图中，中心线的是以虚线的形式表现，轮廓则以实线的形式表现。

在“图层特性管理器”对话框中单击“线型”按钮 Continu... ，打开“选择线型”对话框。单击“加载”按钮，打开“加载或重载线型”对话框。从中选择需要的线型，单击“确定”按钮即可将其加载至可选列表中，如图5-12所示。

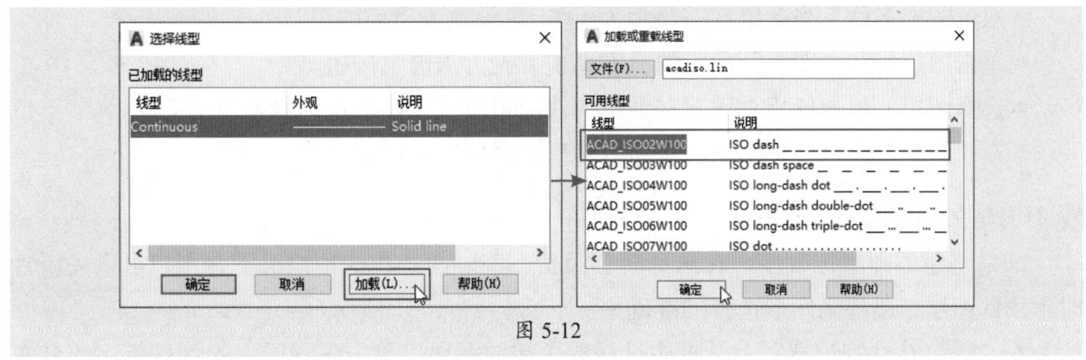

图 5-12

在“已加载的线型”列表中选择新加载的线型，单击“确定”按钮，完成图层线型的设置，如图5-13所示。

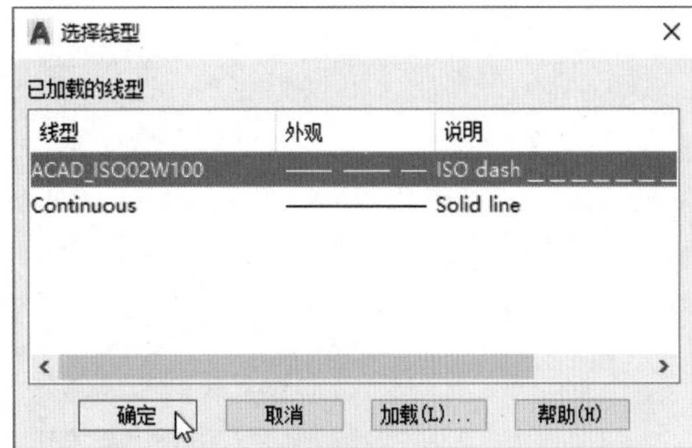

图 5-13

操作提示

线型设置完成后，其线型比例默认为1。有时在绘制线段时，线型需要变化。这时，可右击该线段，在快捷菜单中选择“特性”选项，打开“特性”对话框，设置“线型比例”参数。

3. 设置线宽

在机械图形中，通常要将外轮廓线加粗显示。用户可在“图层特性管理器”对话框中单击“线宽”按钮 —— 默认 ，然后在打开的“线宽”对话框中选择合适的线宽值，单击“确定”按钮，如图5-14所示。

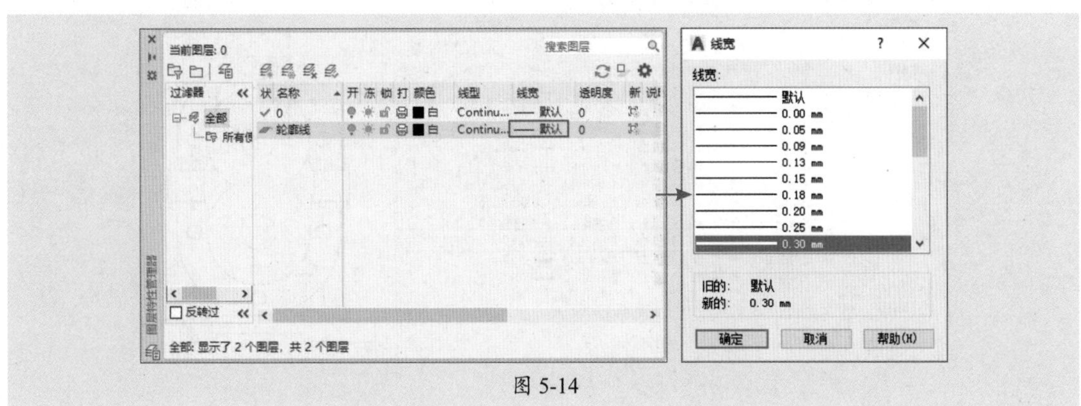

图 5-14

5.1.4 管理图层

在“图层特性管理器”对话框中，除了可以创建图层和设置图层外，还可对图层进行一系列管理操作。例如打开/关闭图层、冻结/解冻图层、图层隔离等。

1. 将图层设置为当前层

通常0图层为默认使用的图层，如果需要使用其他图层，可通过以下方式将其设为当前层：

- 双击图层名称，当图层状态显示为✔，则设置为当前图层。
- 单击图层，在“图层”面板的上方单击“置为当前”按钮。
- 选择图层，单击鼠标右键，在弹出的快捷菜单中选择“置为当前”选项。
- 在“图层”面板中单击下拉按钮，然后选择所需的图层名称。

2. 打开与关闭图层

如果创建的图层比较多，在选择时会浪费一些时间，在这种情况下，用户可以关闭暂时不用的图层，以提高图形选择的准确率。

在“图层特性管理器”对话框中选择要关闭的图层，单击该图层中的图标，使其变成状态，即可关闭该图层，如图5-15所示。反之，则为打开图层。

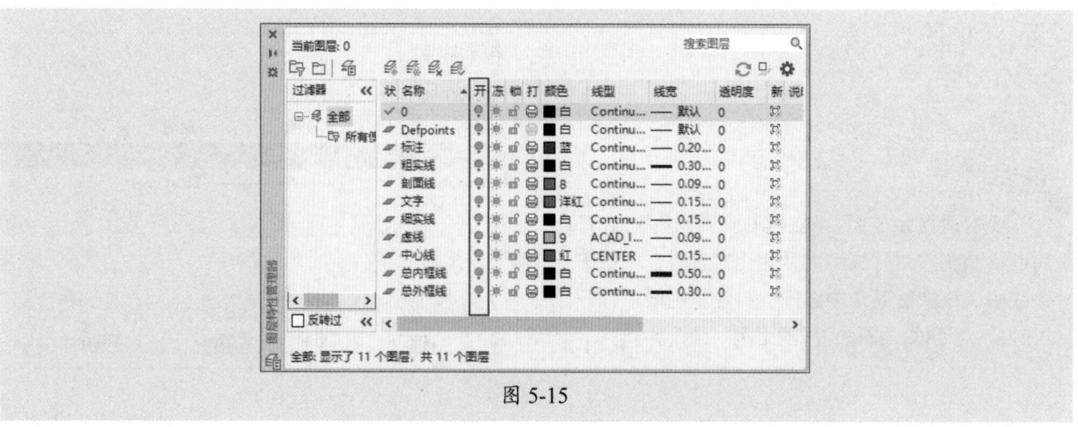

图 5-15

3. 锁定与解锁图层

当图层中的图标变成时，表示当前图层处于解锁状态；当图标变为时，表示当前图层已被锁定。锁定相应图层后，就不可以修改位于该图层上的图形了，如图5-16所示。

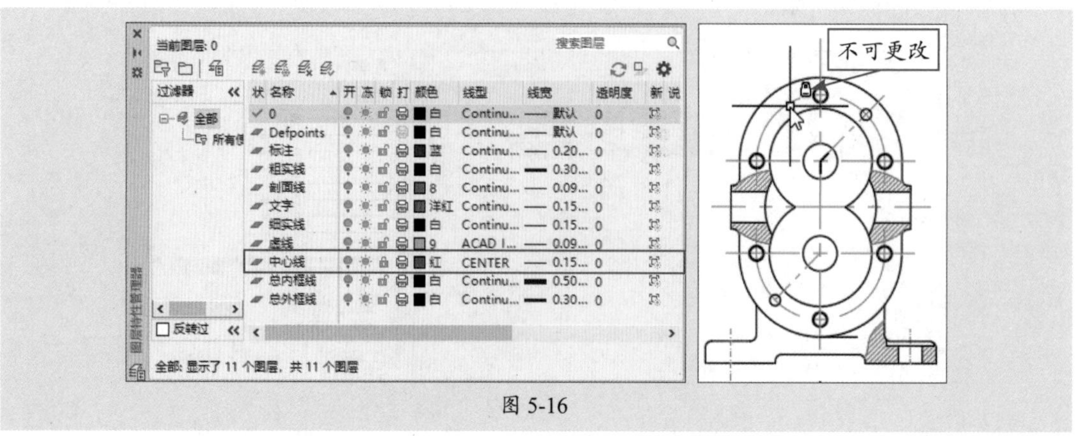

图 5-16

4. 隔离图层

隔离图层是指除隔离图层之外的所有图层都会被锁定，只能对当前隔离图层上的图形进行编辑操作。图5-17所示是标注层处于隔离状态，其他图层为锁定状态。

在“图层”面板中单击“隔离”按钮，然后选择要隔离图层上的图形，按回车键，如图5-18所示。单击“取消隔离”按钮，被隔离的图层将被取消隔离。

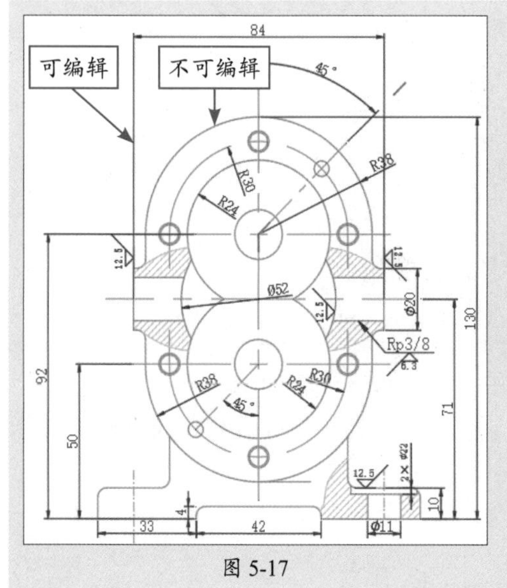

图 5-17

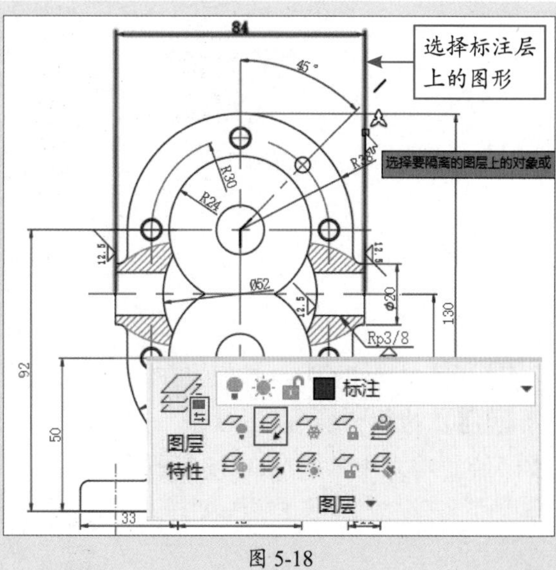

图 5-18

5.2 图块的应用与编辑

图块是由一个或多个对象形成的对象集合。在绘制图形时，如果图形中有大量相同或相似的图形，则可以把要重复绘制的图形创建成块，并根据需要创建属性，指定块的名称、用途及设计者等信息。在需要时可以直接插入图块，节省绘图时间，提高工作效率。

5.2.1 案例解析：为零件图添加粗糙符号

下面以创建粗糙度属性图块为例，介绍图块的创建与编辑操作。

步骤01 打开“轴承板零件图”素材文件。利用“直线”命令，绘制粗糙符号，如图5-19所示。

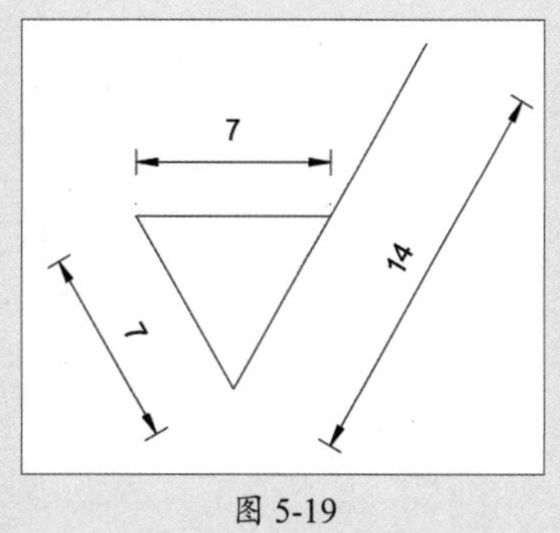

图 5-19

步骤 02 执行“绘图”|“块”|“定义属性”命令，打开“属性定义”对话框。在“属性”选项组里分别输入“标记”“提示”“默认”的内容，再设置“文字高度”为4，如图5-20所示。

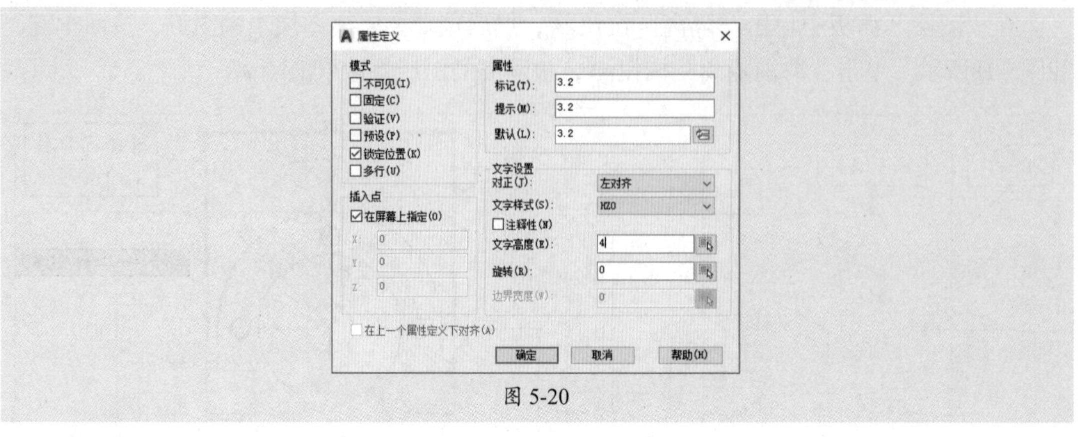

图 5-20

步骤 03 单击“确定”按钮，在绘图区指定属性位置，如图5-21所示。

步骤 04 执行“绘图”|“块”|“创建”命令，打开“块定义”对话框。选择对象并指定插入点，输入块名称，如图5-22所示。

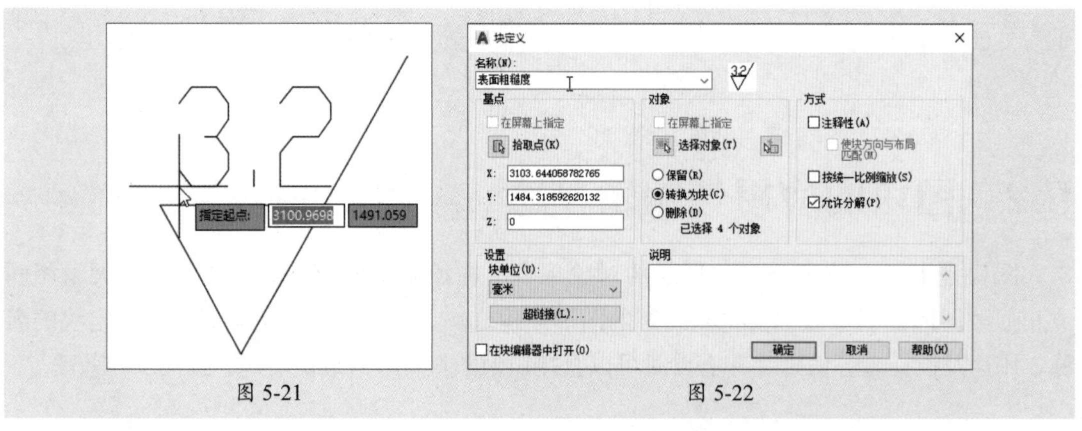

图 5-21　　图 5-22

步骤 05 单击“确定”按钮，此时会弹出“编辑属性”对话框。默认属性内容为3.2，单击“确定”按钮，如图5-23所示。

步骤 06 按照此方法，再创建反方向的图块，如图5-24所示。

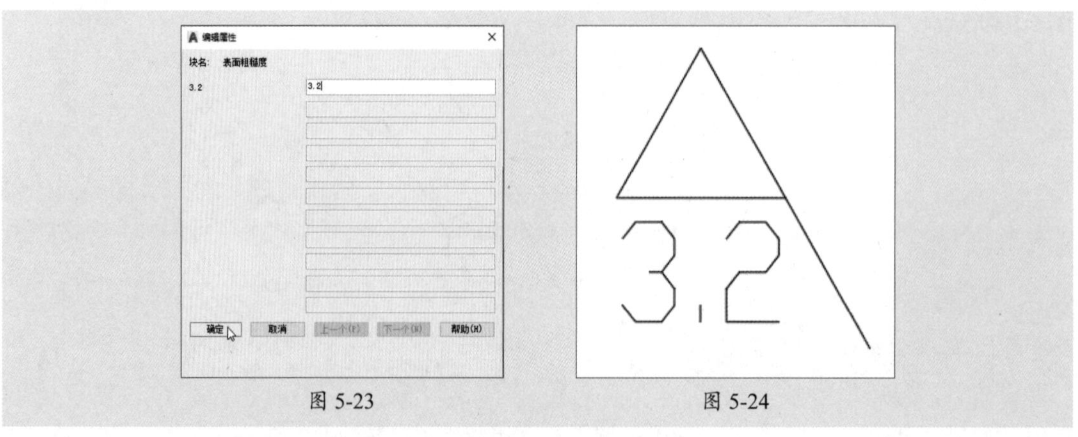

图 5-23　　图 5-24

步骤 07 复制并旋转图块，将其放置到需要的位置，如图5-25所示。

步骤 08 双击需要修改属性内容的图块，打开“增强属性编辑器”对话框。在“值”输入框中输入要修改的内容，如图5-26所示。单击“确定”按钮，即可完成修改操作。

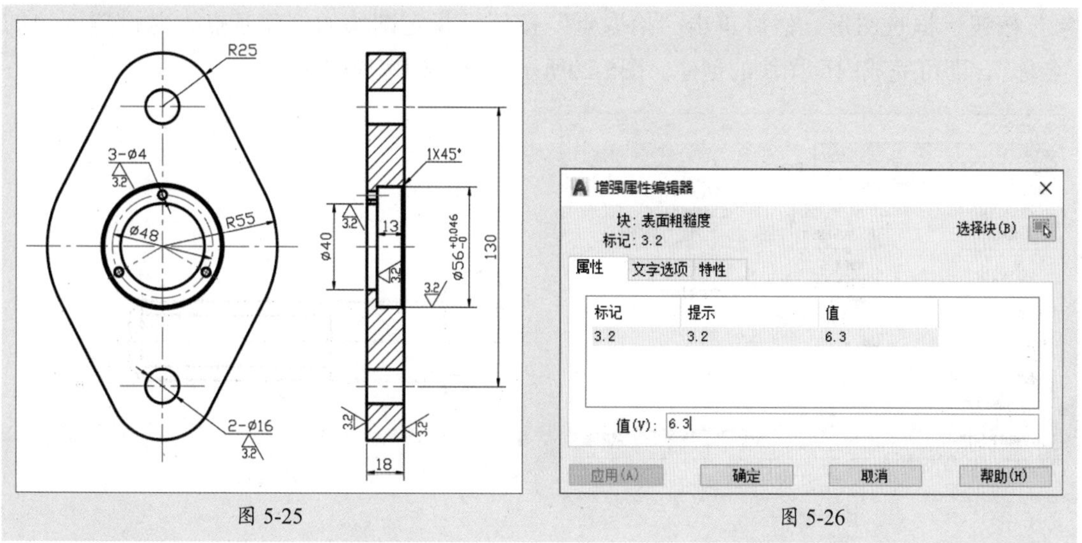

图 5-25

图 5-26

步骤 09 依次修改其他粗糙图块的文字内容，完成零件图粗糙符号的添加操作，如图5-27所示。

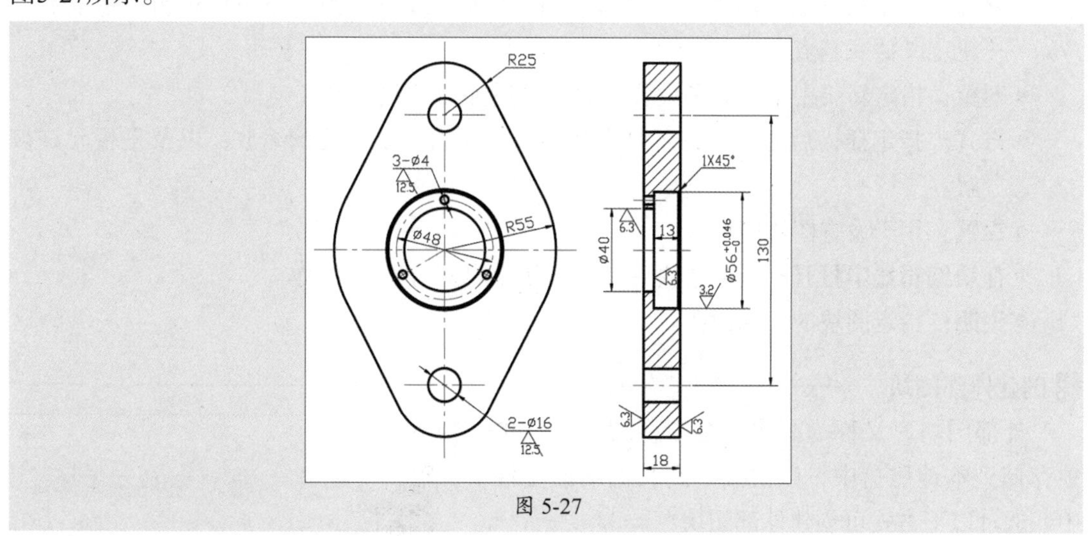

图 5-27

5.2.2 创建图块

创建块就是将已有的图形定义为图块。图块分为内部图块和外部图块两种，其中内部图块是跟随定义的文件一起保存的，存储在图形文件内部，只可以在存储的文件中使用，其他文件不能调用。

1. 创建内部图块

用户可通过以下方式来创建内部图块：

- 执行“绘图”|“块”|“创建”命令。

- 在“插入”选项卡的“块定义”面板中单击“创建块”按钮。
- 在命令行输入B命令并按回车键。

执行以上任意一种操作均可打开“块定义”对话框，如图5-28所示。单击“选择对象”按钮，框选图形，然后单击“拾取点”按钮，指定图块的创建基点，并设置图块的“名称”，即可完成内部图块的创建。图5-29所示是创建的螺栓图块。

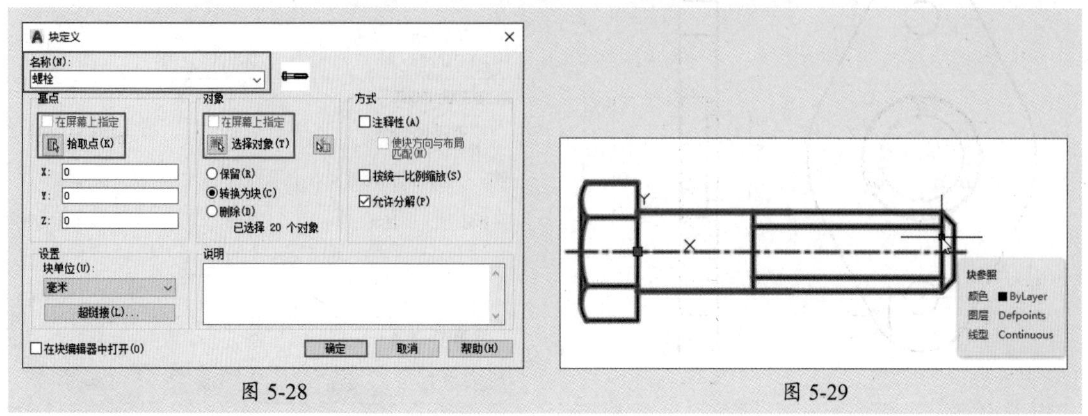

图 5-28　　图 5-29

“块定义”对话框中各选项的含义如下：

- **名称：**用于设置块的名称。
- **基点：**指定块的插入基点。用户可以输入坐标值定义基点，也可以单击“拾取点”按钮定义插入基点。
- **对象：**指定新块中的对象和设置创建块之后如何处理对象。
- **方式：**指定插入后的图块是否具有注释性，是否按统一比例缩放，以及是否允许被分解。
- **设置：**用于设置图块的单位。
- **在块编辑器中打开：**当创建块后，打开块编辑器可以编辑块。
- **说明：**指定图块的文字说明。

2. 创建外部图块

外部图块，又称为写块，是指将图形文件单独存储到本地磁盘中，以便插入到其他图形文件中。通过以下方式可创建外部图块：

- 在“默认”选项卡的“块定义”面板中单击“写块”按钮。
- 在命令行输入W命令并按回车键。

执行以上任意一种操作即可打开“写块”对话框，如图5-30所示。与创建内部图块类似，单击“选择对象”和“拾取点”按钮，进行图形的选取和基点的指定，然后设置图形的保存路径，单击“确定”按钮，即可完成外部图块的创建。

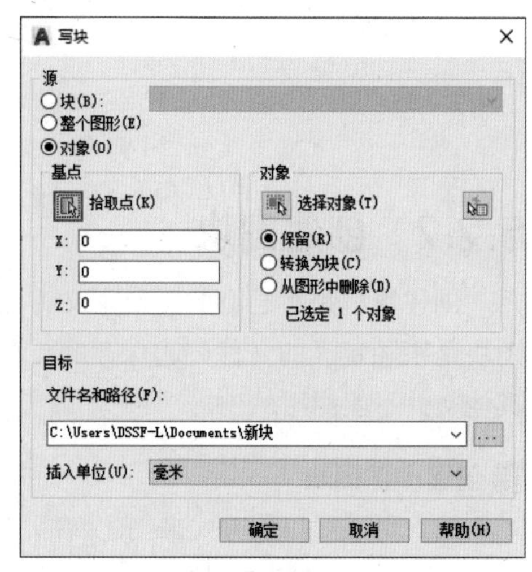

图 5-30

“写块”对话框中的主要选项如下：

- **块：**将创建好的块保存至本地磁盘。
- **整个图形：**将全部图形保存为块。
- **对象：**指定将需要的图形保存为磁盘的块对象。用户可以使用“基点”选项组指定块的基点位置，使用“对象”选项组设置插入后如何处理对象。
- **目标：**设置块的保存路径。
- **插入单位：**设置插入图块的单位。

5.2.3 插入图块

插入块是指将指定的内部或外部图块插入当前图形中。通过以下方式可插入块：

- 执行“插入”|“块”命令。
- 在“插入”选项卡的“块”面板中单击“插入”按钮。
- 在命令行输入I命令并按回车键。

执行以上任意一种操作即可打开“块”面板，通过“当前图形”“最近使用”“收藏夹”以及“库”四个选项卡可访问图块，如图5-31所示。将“块”面板中所需图块拖入绘图区的指定位置即可。

下面将对“块”面板中的主要选项卡进行说明。

- **当前图形：**显示当前图形中的所有图块。
- **最近使用：**显示所有最近插入的图块，也可清除这些图块。
- **收藏夹：**用于图块的云存储，方便在各个设备之间共享图块。
- **库：**用于为存储在单个图形文件中的图块定义集合。用户可以使用Autodesk或其他厂商提供的块库或自定义块库。

此外，在“当前图形”选项卡的“选项”列表中，用户还可以对图块的比例、图块的位置、图块的复制以及图块的分解进行设置。

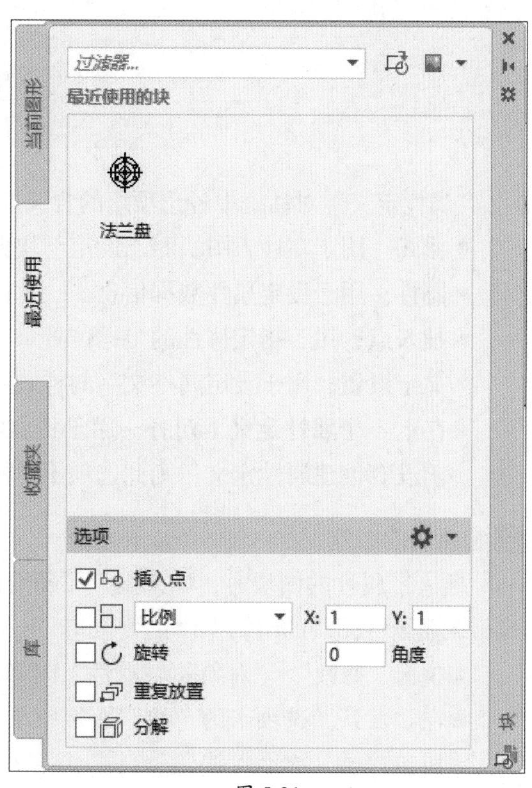

图 5-31

5.2.4 编辑图块属性

在AutoCAD中，除了可以创建普通的块，还可以创建带有附加信息的块，这些信息称为属性。属性既可以文本形式出现在屏幕上，也可以不可见的方式存储在图形中，与块相关联的属性可从图中提取出来并转换成数据资料的形式。

1. 创建与附着属性

用户可通过以下方式来创建属性图块：

- 执行“绘图”|“块”|“定义属性”命令。
- 在“插入”选项卡的“块定义”面板中单击“定义属性”按钮。
- 在命令行输入ATTDEF命令并按回车键。

执行以上任意一种操作均可打开“属性定义”对话框，如图5-32所示。在“属性”选项组中设置“标记”和“默认”信息，并设置“文字高度”参数即可。

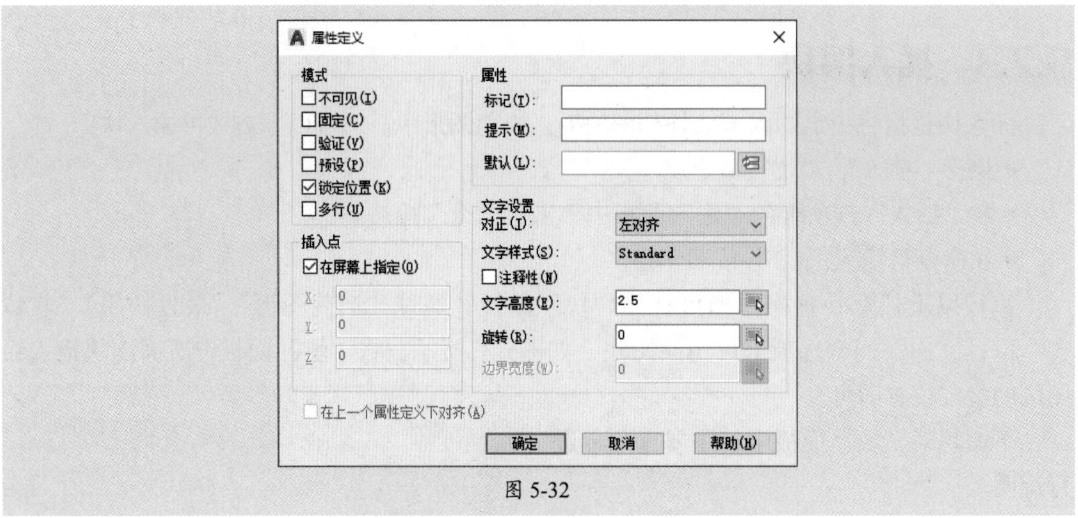

图 5-32

“属性定义”对话框中各选项组的含义如下：

- **模式：**用于在插入图块时，设定与块关联的属性值选项。
- **属性：**用于设定属性数据信息。
- **插入点：**用于指定属性的坐标位置。
- **文字设置：**用于设定属性文字的样式、对齐方式、高度和旋转方向等参数。
- **在上一个属性定义下对齐：**用于将属性标记直接置于之前定义的属性下方。如果之前没有创建属性定义，则此选项不可用。

2. 编辑块的属性

插入带属性的图块时，如果属性不符合要求，可对其属性进行编辑修改。通过以下方式可调用属性图块的编辑操作：

- 执行“修改”|“对象”|“属性”|“单个”或“多个”命令，根据提示选择块。
- 在“默认”选项卡的“块”面板中单击“编辑属性”下拉按钮，从中选择“单个”按钮或“多个”按钮。
- 在“插入”选项卡的“块”面板中单击“编辑属性”下拉按钮，从中选择“单个”按钮或“多个”按钮。
- 在命令行输入EATTEDIT命令并按回车键，根据提示选择块。

执行以上任意一种方法即可打开“增强属性编辑器”对话框，如图5-33所示。

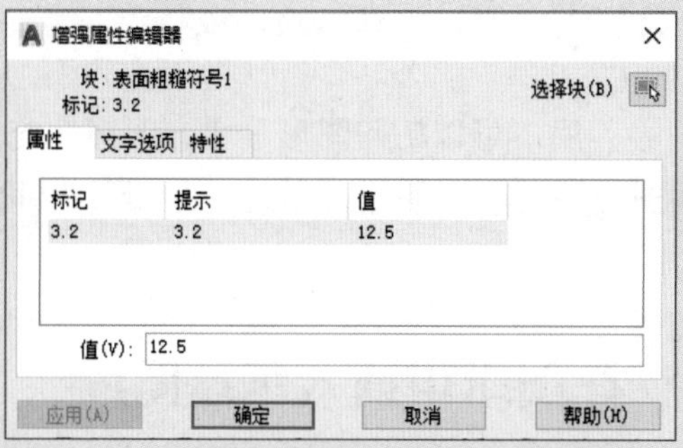

图 5-33

下面对“增强属性编辑器”对话框中各选项卡的含义进行介绍。

- **属性：** 显示块的标记、提示和值。选择属性，对话框下方的值选项框将会出现属性值，可以在该选项框中进行设置。
- **文字选项：** 该选项卡用来修改文字格式，包括文字样式、对正、高度、旋转、宽度因子、倾斜角度、反向和倒置等选项，如图5-34所示。

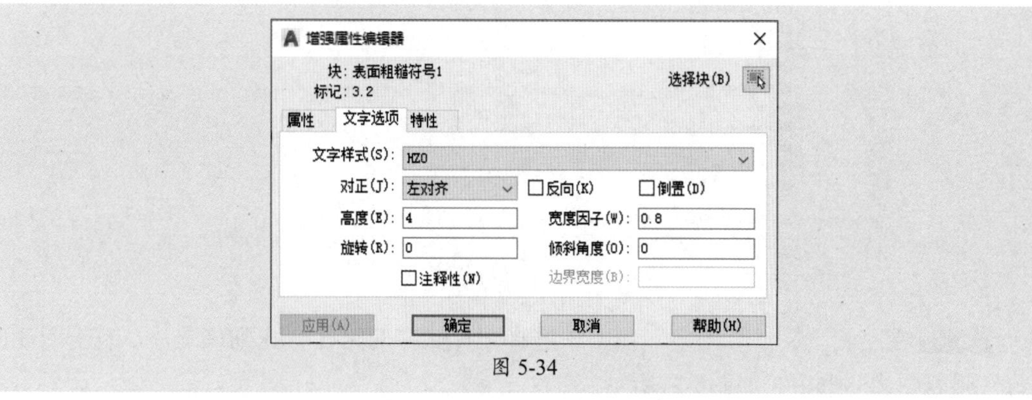

图 5-34

- **特性：** 可以设置图层、线型、颜色、线宽和打印样式等选项，如图5-35所示。

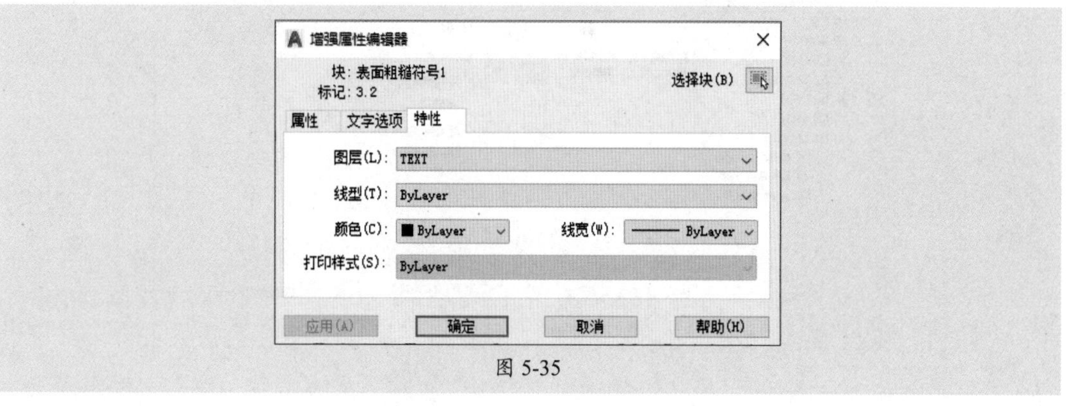

图 5-35

操作提示

双击创建好的属性图块，同样可以打开“增强属性编辑器”对话框。

5.3 应用设计中心

通过AutoCAD设计中心，用户可以访问图形、块、图案填充及其他图形内容，可以将原图形中的任何内容拖动到当前图形中使用，还可以在图形之间复制、粘贴对象属性，以避免重复操作。

5.3.1 案例解析：在图纸中插入示意图片

下面以插入球轴承示意图片为例，介绍设计中心功能的基本使用方法。

步骤 01 打开“球轴承”素材文件。在“视图”选项卡的“选项板”面板中单击“设计中心”按钮，打开DESIGNCENTER选项板，如图5-36所示。

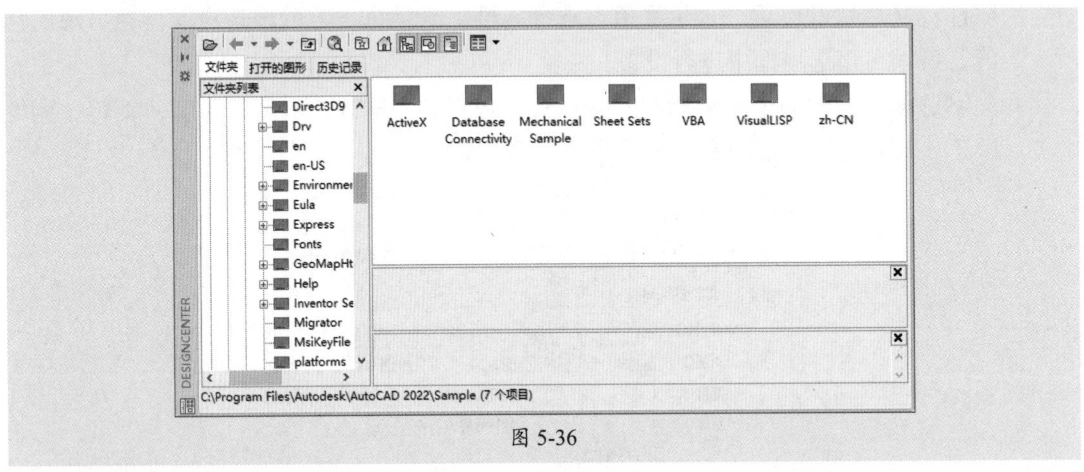

图 5-36

步骤 02 在左侧“文件夹列表”窗格中选择图片储存的路径，找到该图片。右击图片，选择“附着图像”选项，如图5-37所示。

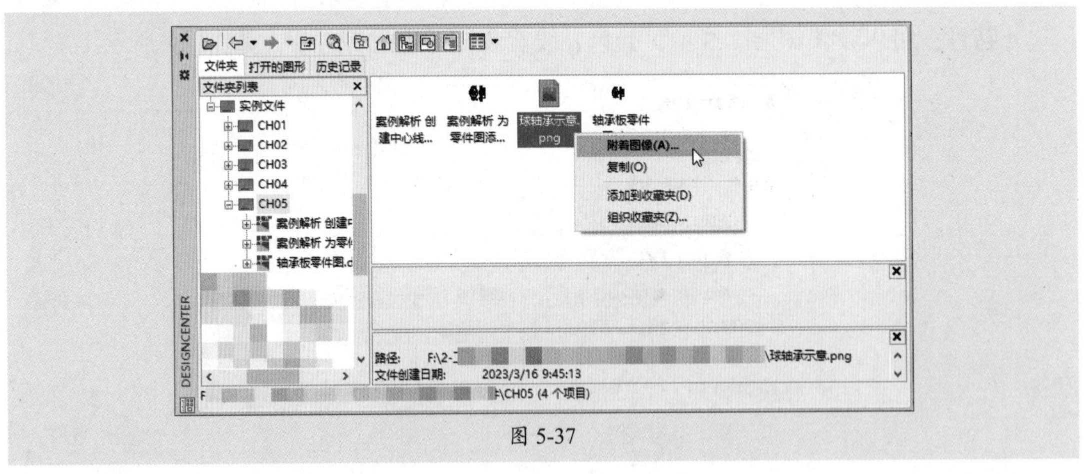

图 5-37

步骤 03 打开“附着图像”对话框。保持默认的设置参数，单击“确定”按钮，如图5-38所示。

步骤 04 在绘图区指定图片的插入点，并调整其大小，即可完成示意图片的插入操作，如图5-39所示。

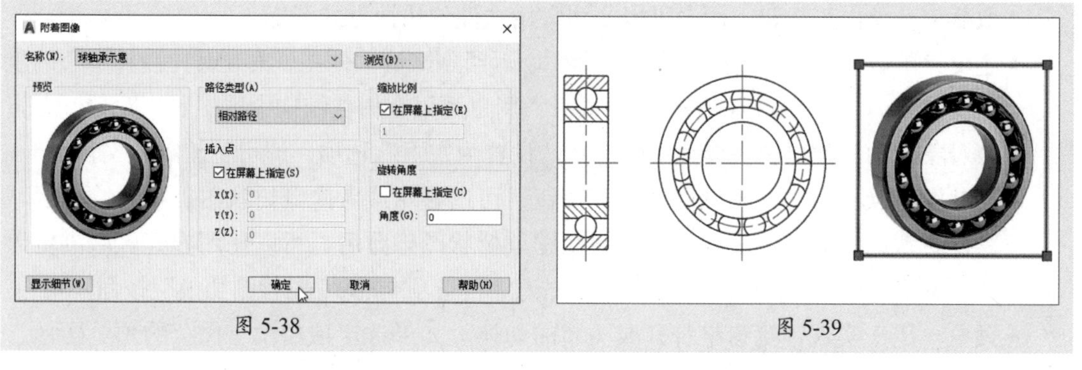

图 5-38　　　　图 5-39

5.3.2 了解设计中心

设计中心是一个高效且直观的工具，在设计中心（DESIGNCENTER）选项板中，可以浏览、查找、预览和管理AutoCAD图形。通过以下方法可打开如图5-40所示的选项板。

- 执行“工具”|“选项板”|“设计中心”命令。
- 在“视图”选项卡的“选项板”面板中单击“设计中心”按钮▦。
- 按Ctrl+2组合键。

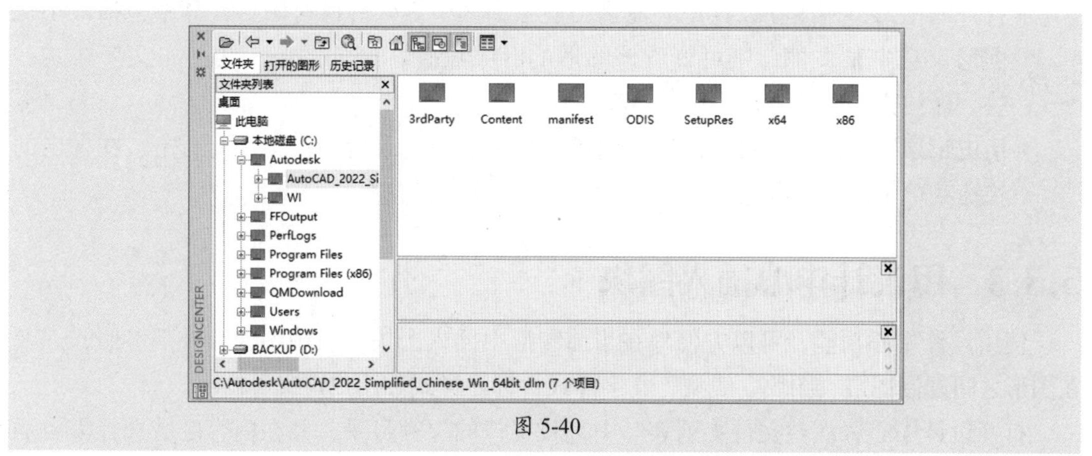

图 5-40

从选项板中可以看出，设计中心是由工具栏和选项卡组成。工具栏主要包括加载、上一级、搜索、主页、树状图切换、预览、说明、视图和内容窗口等工具，选项卡包括文件夹、打开的图形和历史记录。

- **加载：** 单击“加载”按钮，弹出“加载”对话框。通过该对话框可选择预加载的文件。
- **上一页：** 单击“上一页”按钮，可以返回到前一步操作。如果没有上一步操作，则该按钮呈未激活的灰色状态，表示该按钮无效。
- **下一页：** 单击“下一页”按钮，可以返回到下一步操作。如果没有下一步操作，则该按钮呈未激活的灰色状态，表示该按钮无效。
- **上一级：** 单击该按钮，将会在内容窗口或树状视图中显示上一级内容、内容类型、内容源、文件夹、驱动器等。
- **搜索：** 单击该按钮，提供类似于Windows的查找功能，使用该功能可以查找内容源、内容类型及内容等。

- **收藏夹：**单击该按钮，用户可以找到常用文件的快捷方式图标。
- **主页：**单击“主页”按钮，将使设计中心返回到默认文件夹。安装时，设计中心的默认文件夹为“…\Sample\DesignCenter”。用户可以在树状结构中选中一个对象，右击该对象后，在弹出的快捷菜单中选择“设置为主页”选项，即可更改默认文件夹。
- **树状图切换：**单击“树状图切换”按钮，可以显示或者隐藏树状图。如果绘图区域需要更多的空间，用户可以隐藏树状图。树状图隐藏后，可以使用内容区域浏览器加载图形文件。在树状图中使用“历史记录”选项卡时，“树状图切换”按钮不可用。
- **预览：**用于实现预览窗格打开或关闭的切换。如果选定项目没有保存的预览图像，则预览区域为空。
- **视图：**确定选项板所显示内容的格式，可以从视图列表中选择一种视图。

在设计中心，根据不同用途，有文件夹、打开的图形和历史记录三个选项卡。下面分别对其用途进行说明。

- **文件夹：**用于显示导航图标的层次结构。选择层次结构中的某一对象，在内容窗口、预览窗口和说明窗口中将会显示该对象的内容信息。利用该选项卡，还可以向当前文档中插入各种内容。
- **打开的图形：**用于在设计中心显示当前绘图区中打开的所有图形，其中包括最小化图形。选中某文件，则可查看该图形的有关设置，例如图层、线型、文字样式、块、标注样式等。
- **历史记录：**显示用户最近浏览的图形。显示历史记录后，在文件上右击，在弹出的快捷菜单中选择“浏览”选项，可以显示该文件的信息。

5.3.3 用设计中心插入图块

使用设计中心功能，可以方便地在当前图形中插入图块、引用图像和外部参照，以及在图形之间复制图层、图块、线型、文字样式、标注样式和用户定义等内容。

打开设计中心，在“文件夹列表”中查找文件的保存目录，并在内容区域选择需要插入为块的图形，右击鼠标，在打开的快捷菜单中选择“插入为块”选项，打开“插入”对话框，单击“确定”按钮，如图5-41所示。

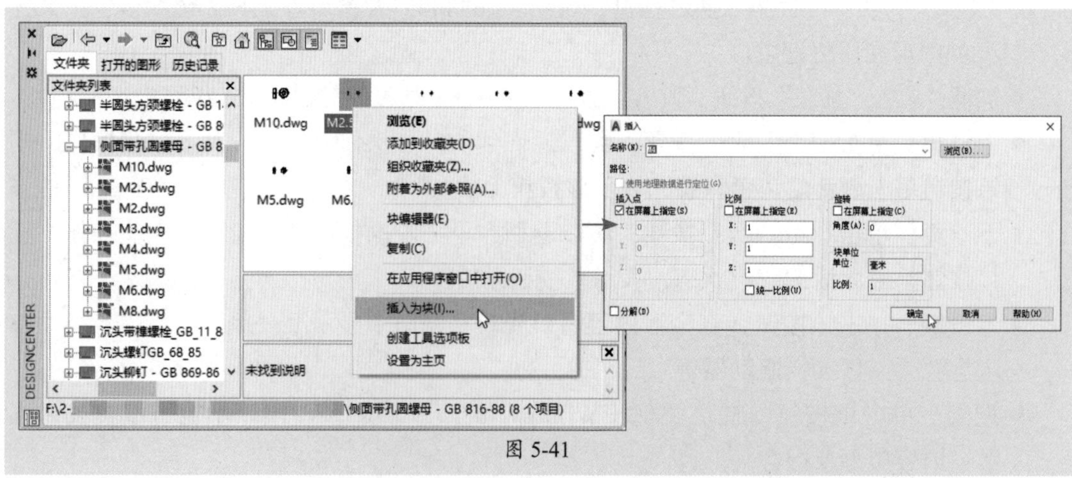

图 5-41

课堂实战 绘制垫片标准图块

下面将综合利用所学的绘图方法来绘制简单的垫片标准件图形，所涉及的主要命令有图层创建、二维绘图与编辑、图块的创建等。

步骤 01 执行“图层”命令，打开“图层特性管理器”对话框。单击“新建”按钮，创建新图层，包括“轮廓线”“中心线”“辅助线”等，如图5-42所示。

步骤 02 选择“中心线”图层，单击“颜色”图标，将其颜色设为红色，如图5-43所示。

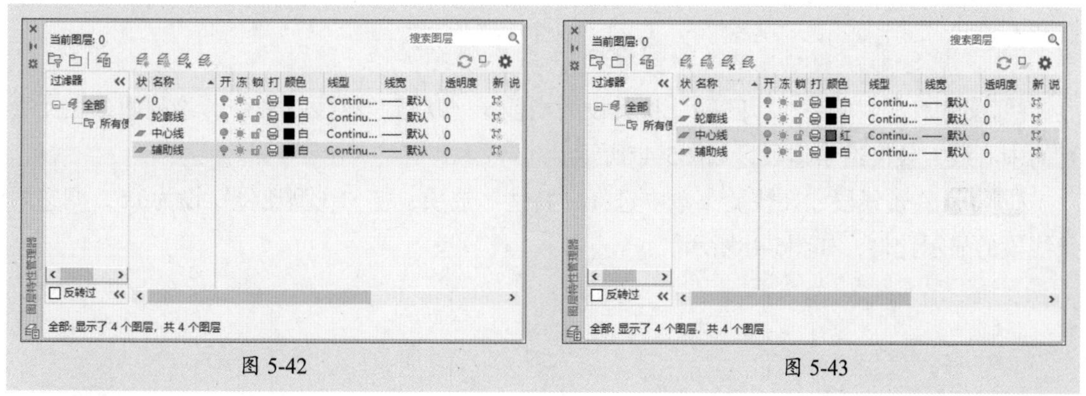

图 5-42　　图 5-43

步骤 03 单击“中心线”图层的“线型”图标，打开“选择线型”对话框。单击“加载”按钮，打开“加载或重载线型”对话框。选择合适的线型，这里选择CENTER线型作为中心线的线型，如图5-44所示。

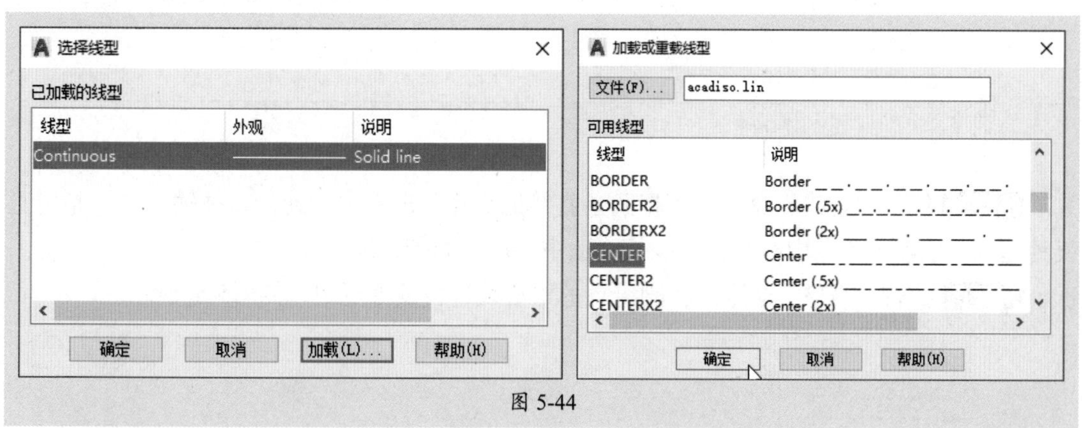

图 5-44

步骤 04 单击“确定”按钮返回上一层对话框。选择加载的线型，单击“确定”按钮，即可完成中心线线型的设置，如图5-45所示。

步骤 05 单击“轮廓线”图层的“线宽”图标，打开“线宽”对话框。选择0.30mm，单击“确定”按钮，完成“轮廓线”图层线宽的设置，如图5-46所示。

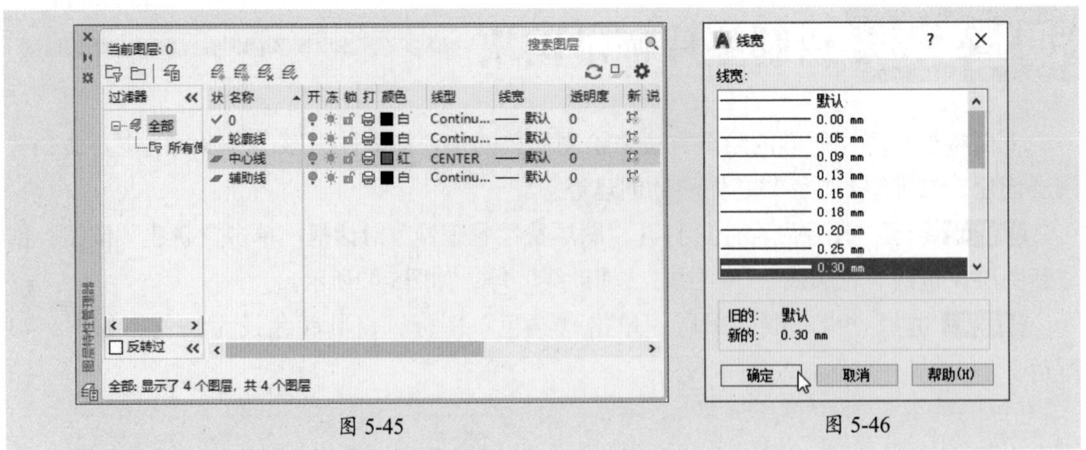

图 5-45

图 5-46

步骤 06 双击“中心线”图层，将其设为当前层。执行“直线”命令，绘制两条相互垂直的中心线，长度适中即可，如图5-47所示。

步骤 07 右击线段，在快捷菜单中选择“特性”选项，将“线型比例”设为0.5，调整两条线段的显示比例，如图5-48所示。

图 5-47

图 5-48

步骤 08 执行“直线”命令，捕捉两条直线的交点。向左移动光标，并输入12，指定直线的起点。绘制另一条中心线，线段长度适中即可，如图5-49所示。

步骤 09 执行“镜像”命令，将刚绘制的中心线进行镜像复制，如图5-50所示。

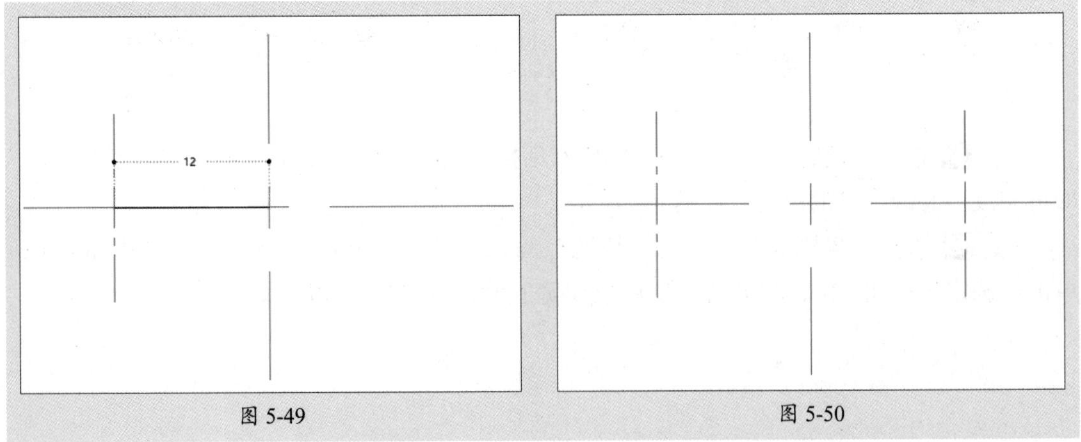

图 5-49

图 5-50

步骤10 打开“图层特性管理器”对话框，双击“轮廓线”图层，将其设为当前层。执行“圆”命令，捕捉中间垂直线的交点作为圆心，绘制半径为11.3mm的圆，如图5-51所示。

步骤11 执行“圆”命令，分别捕捉两边中线的交点，分别绘制半径为4mm的圆，如图5-52所示。

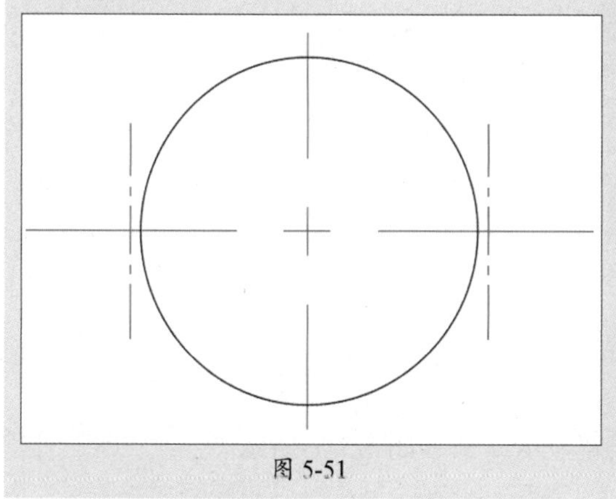

图 5-51

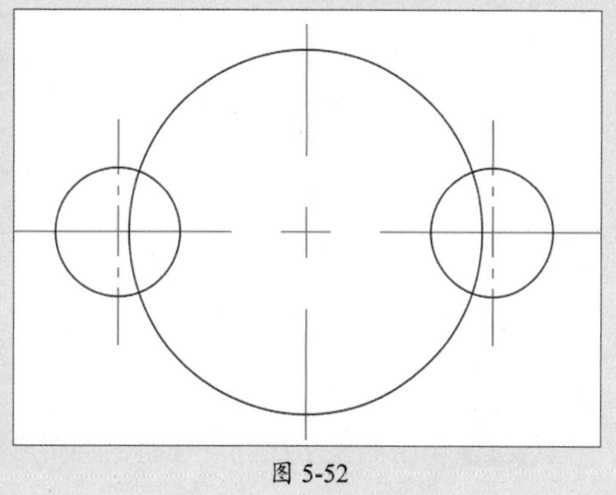

图 5-52

步骤12 继续执行“圆”命令，分别捕捉三个圆心，绘制一个半径为4.5mm、两个半径为2mm的圆形，如图5-53所示。

步骤13 执行“修剪”命令，对绘制好的图形进行修剪，结果如图5-54所示。

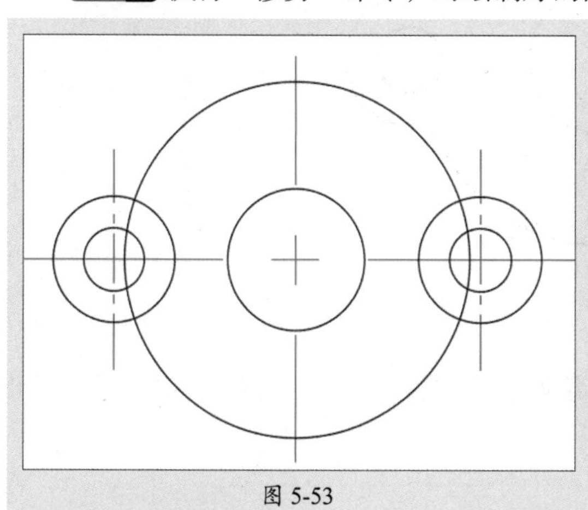

图 5-53

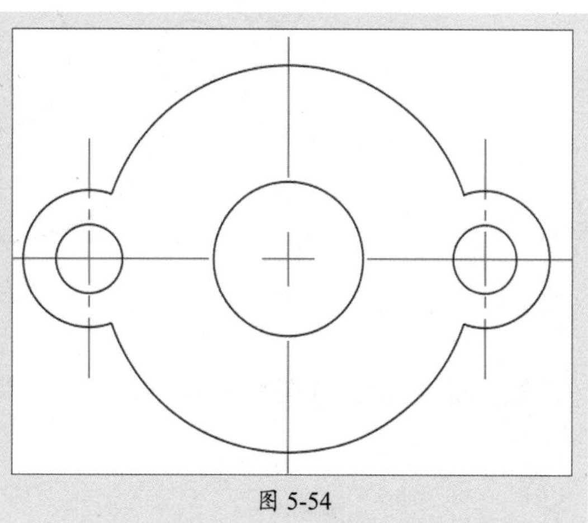

图 5-54

步骤14 执行“圆角”命令，将圆角半径设为2。选择半径为11.3mm和左侧半径为4mm的两个圆的边线进行圆角处理，如图5-55所示。

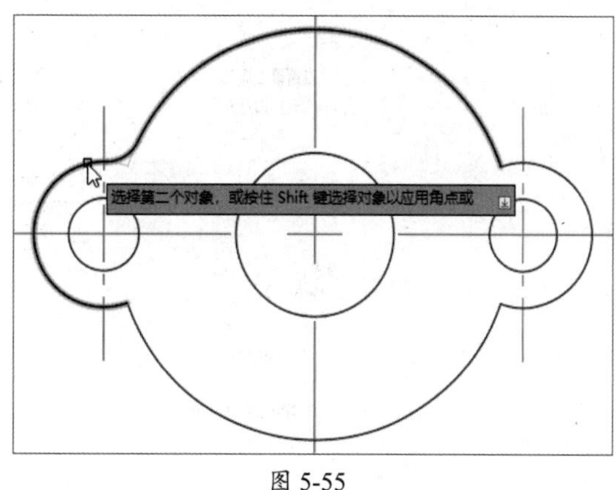

图 5-55

步骤 15 按照同样的方法，将其他三个交界部分也进行圆角处理，如图5-56所示。

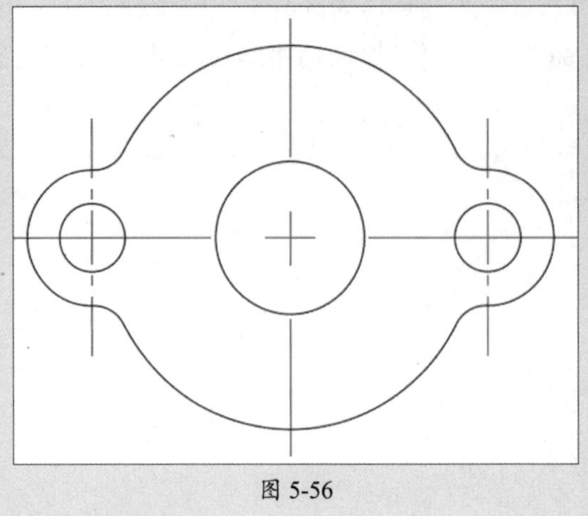

图 5-56

步骤 16 单击“显示线宽”按钮，将图形线宽显示出来，如图5-57所示。

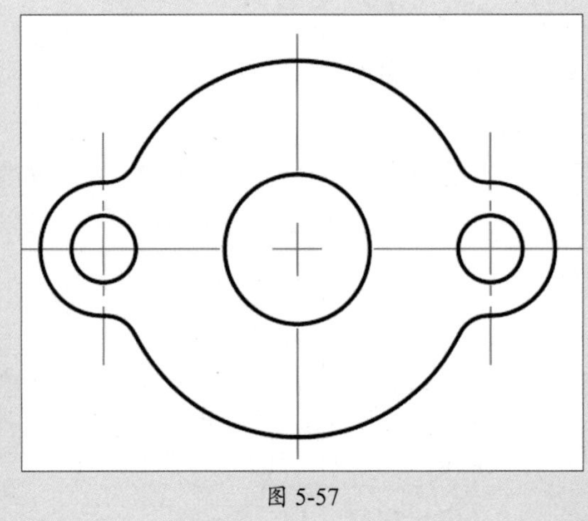

图 5-57

步骤 17 执行“创建块”命令，打开“块定义”对话框。单击“选择对象”按钮，如图5-58所示。

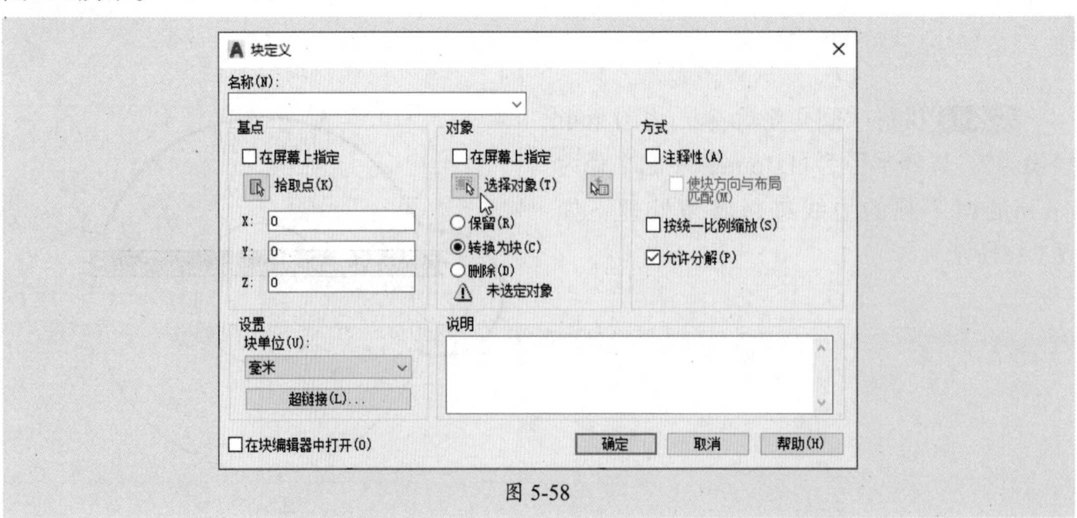

图 5-58

步骤18 返回到绘图区，框选整个图形，按回车键，如图5-59所示。

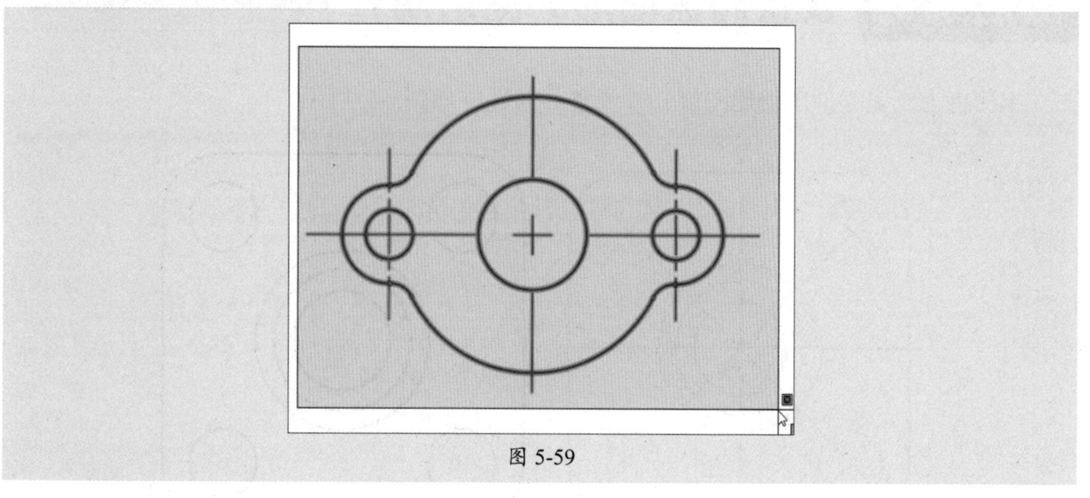

图 5-59

步骤19 在“块定义”对话框中单击“拾取点”按钮，捕捉图形的中点，如图5-60所示。

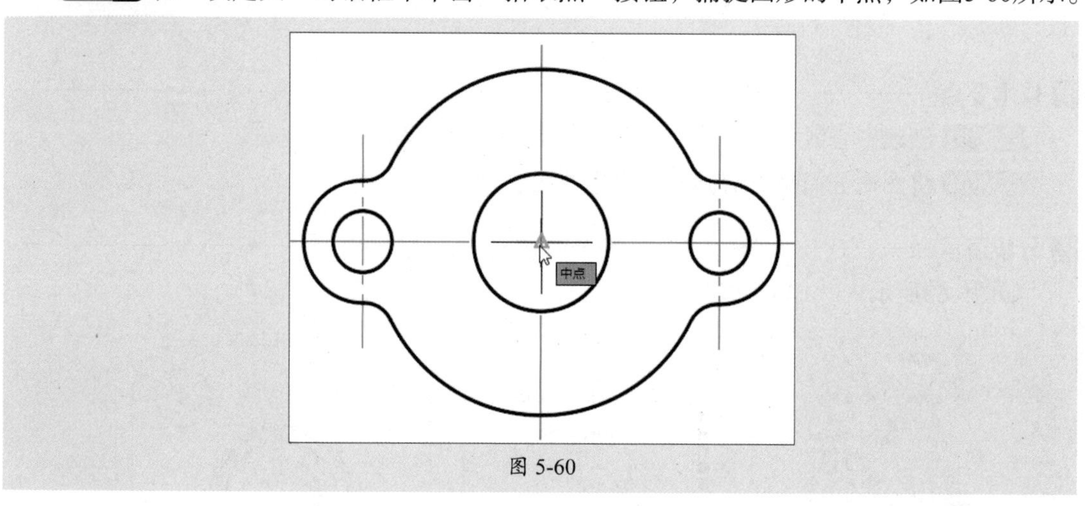

图 5-60

步骤20 返回到“块定义”对话框，设置图块的名称，单击“确定”按钮，将当前图形创建成图块，如图5-61所示。

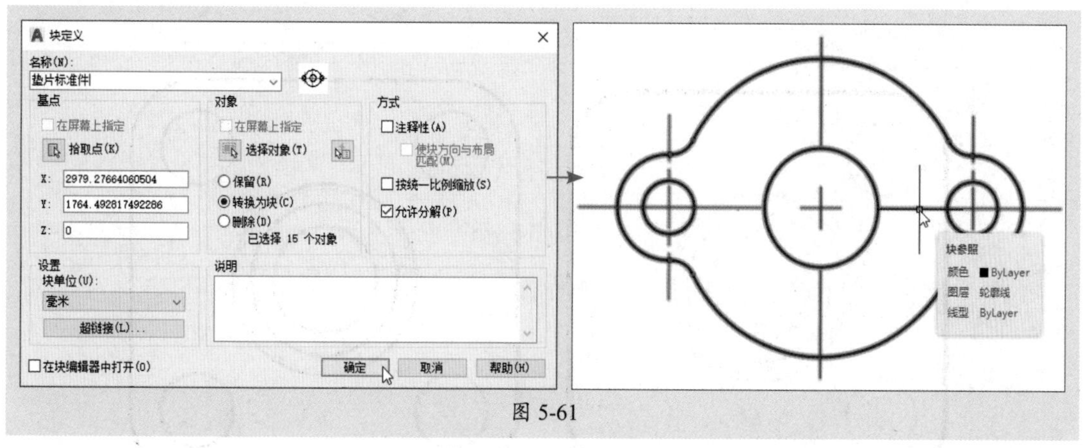

图 5-61

课后练习 设置阀盖图形的图层属性

本例将为阀盖零件图创建图层，并调整其属性，如图5-62所示。

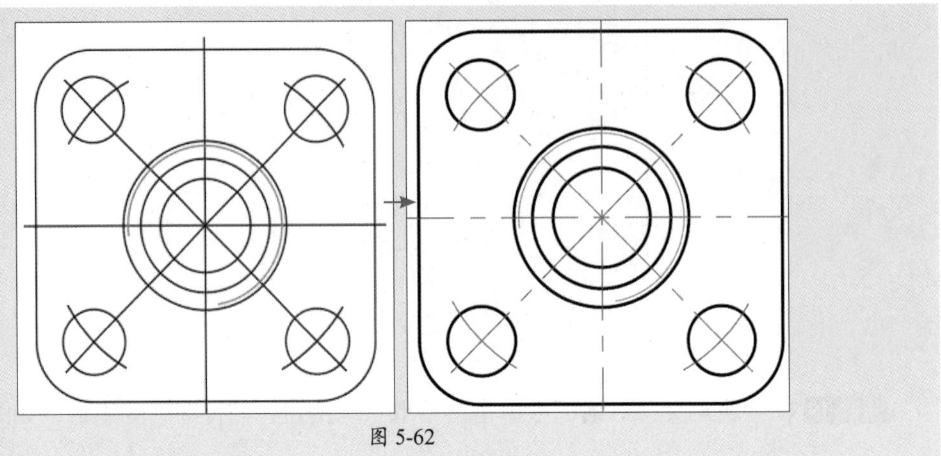

图 5-62

1. 技术要点

步骤 01 创建中心线、轮廓线和辅助线图层，并设置其属性。

步骤 02 将图形分门别类地调整到相应的图层中。

2. 分步演示

如图5-63所示。

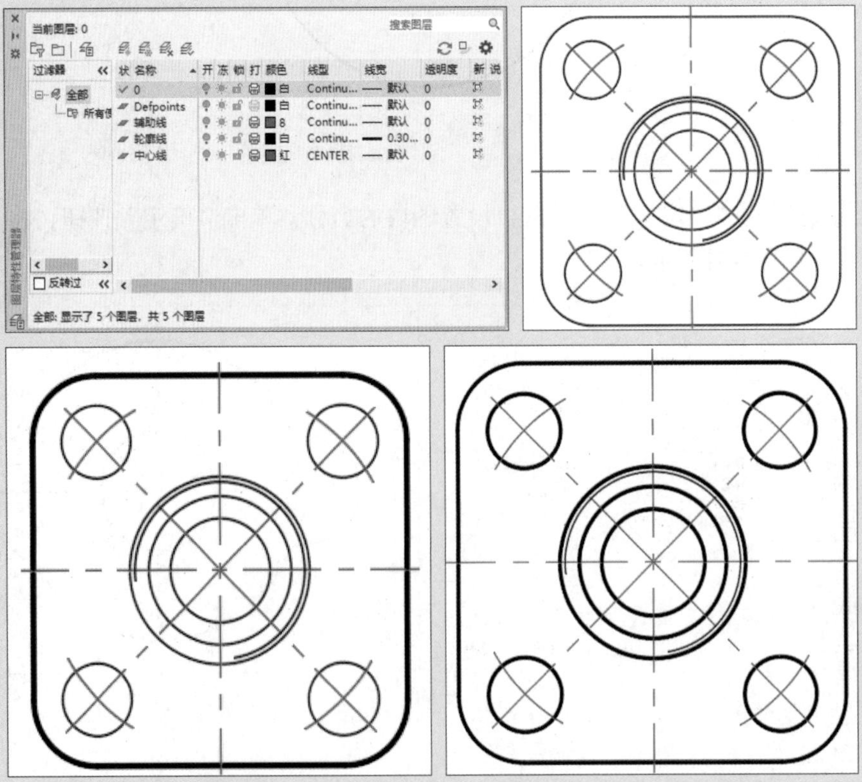

图 5-63

拓展赏析

亚洲第一深水导管架平台：海基一号

“海基一号”平台总高度达340.5米，总质量超过4万吨，是我国首次在300米级水深海域开发的石油钻采平台，如图5-64所示。它标志着我国成功开辟了深水固定式平台油气开发新模式，其深水超大型导管架平台的设计、建造和安装技术已达到世界一流水平。

图 5-64

我国海洋油气资源丰富，南海油气资源占比超3/4，仅200～400米深水海域探明石油地质存储量就超过3亿吨，所以300米深水海域将是我国海洋油气开发的重要场地。“海基一号”所处的中国南海是台风多发区域，海况恶劣、风浪和内波流巨大，且面临大型可移动沙波、沙脊等世界级海洋工程难题。在这种环境下，“海基一号”建造团队迎难而上，提出了300米级深水导管架设计建造方案，并攻克超大型导管架总体设计，大尺寸、大跨度、大吨位结构物多台吊机联合吊装，超大型结构物尺寸控制等一系列技术难题，填补了国内超大型深水导管架设计建造的多项技术空白，完善了导管架设计建造技术和管理体系，同时首次应用数字孪生健康管理技术，为导管架安全运作提供坚强保障。

“海基一号”把生产系统从水下搬到了平台上，具有开发投资低、生产成本低、国产化率高的显著优势，其成功应用为有效开发中深水海域油气资源开拓了一条新的道路。

第6章 机械图形的尺寸标注

内容导读

尺寸是机械图纸上不可或缺的一项重要内容，用来表达图形大小、前后位置的关系，是零部件加工生产的依据。本章将着重对尺寸标注功能进行详细介绍，使读者了解尺寸的重要性和规范性。

思维导图

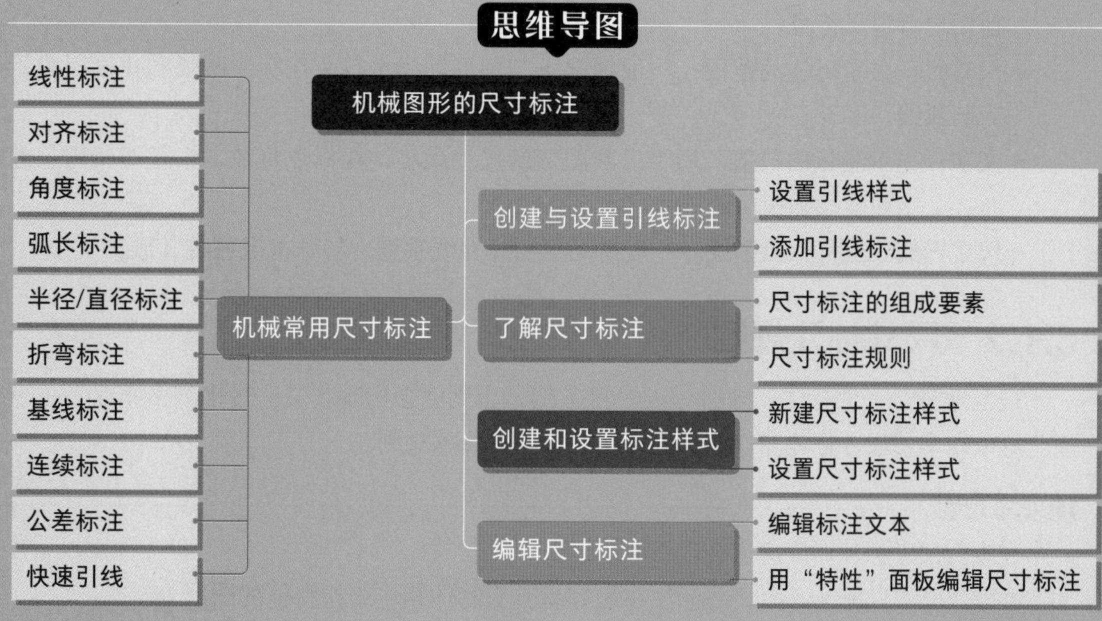

6.1 了解尺寸标注

标注尺寸用于描述图形的大小和相互位置，也是一项细致而繁重的任务，AutoCAD软件提供了完整的尺寸标注功能。本节将对尺寸标注的内容以及标注规范进行简单介绍。

6.1.1 尺寸标注的组成要素

一个完整的尺寸标注由尺寸界线、尺寸线、箭头和文字四个要素组成，如图6-1所示。

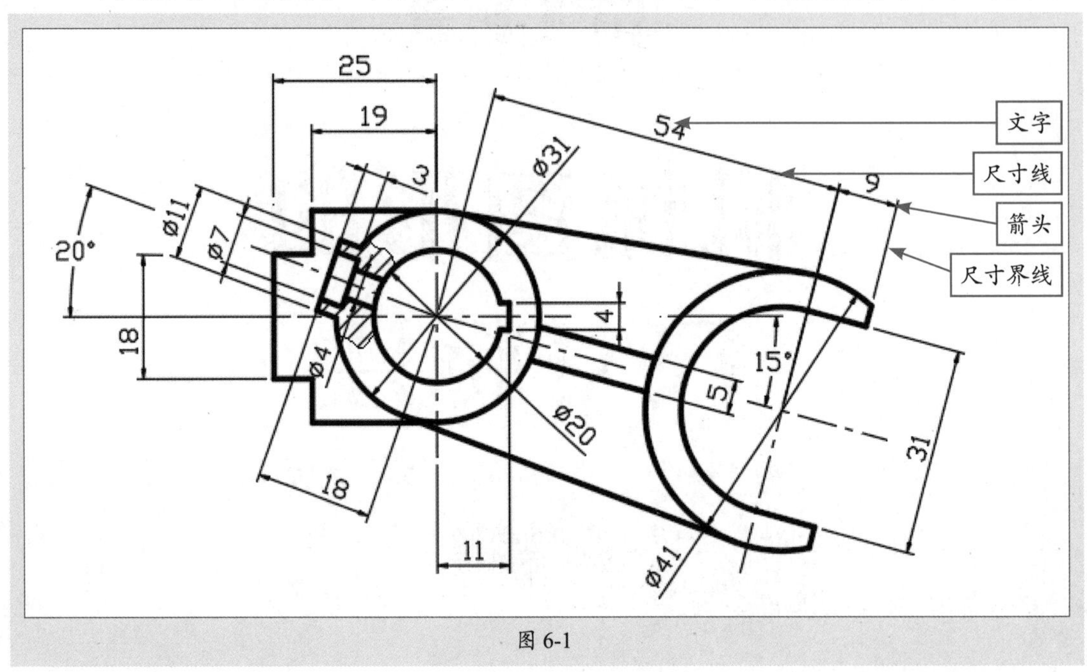

图 6-1

下面具体介绍尺寸标注中基本要素的作用与含义。

- **箭头：** 用于显示标注的起点和终点，箭头的表现方法有多种，可以是斜线、块和其他用户自定义符号。
- **尺寸线：** 显示标注的范围，一般情况下与图形轴线平行。在标注圆弧和角度时显示为圆弧线。
- **文字：** 显示测量的数值。用于反映图形的尺寸大小，在标注直径、半径等特殊尺寸时，文字前会添加相应的符号。
- **尺寸界线：** 也称为投影线。一般情况下与尺寸线垂直，特殊情况可将其倾斜。

6.1.2 尺寸标注规则

规范地进行尺寸标注，才会让人一目了然，否则就会出现歧义，带来很多不必要的麻烦。所以在学习尺寸标注操作前，先要明确一些标注的规则。

1. 基本规则

在进行尺寸标注时，应遵循以下4个规则：

- 每个尺寸只标注一次，并标注在最容易查看物体相应结构特征的图形上。

- 标注尺寸时，若使用的单位是mm，则不需要显示计算单位或名称。若使用其他单位，则需要注明相应的计量代号或名称。
- 尺寸的配置要合理，功能尺寸应该直接标注，尽量避免在不可见的轮廓线上标注尺寸。数字之间不允许有任何图线穿过，必要时可以将图线断开。
- 图形上所标注的尺寸文字应是图纸完工的实际尺寸，否则需要另外说明。

2. 尺寸线设置

- 尺寸线的终端可以使用箭头和圆点两种，可以设置它的大小，箭头适用于机械制图，斜线则适用于建筑制图。
- 当尺寸线与尺寸界线处于垂直状态时，可以采用一种尺寸线终端的方式。
- 在标注角度时，尺寸线会更改为圆弧，而圆心是该角的顶点。

3. 尺寸界线设置

- 标注角度的尺寸界线从两条线段的边缘处引出一条弧线，标注弧线的尺寸界线是平行于该弦的垂直平分线。
- 尺寸界线应与尺寸线垂直。标注尺寸时，拖动鼠标，将轮廓线延长，从它们的交点处引出尺寸界线。

4. 标注尺寸符号设置

- 标注角度的符号为“°”，标注半径的符号为“R”，标注直径的符号为“ϕ”，圆弧的符号为“⌒”。标注尺寸的符号受文字样式的影响。
- 当需要指明半径尺寸是由其他尺寸所确定时，应用尺寸线和符号“R”标出，但不要注写尺寸数。

5. 尺寸文字设置

- 文字在尺寸线的上方或尺寸线内。若将文字的对齐方式更改为水平，尺寸数字则显示在尺寸线中央。
- 在线性标注中，如果尺寸线是与*X*轴平行的线段，则文字在尺寸线的上方；如果尺寸线与*Y*轴平行，文字则在尺寸线的左侧。
- 尺寸文字不允许被任何图线经过，否则必须将该图线断开。

6.2 创建和设置标注样式

设置标注样式有利于控制标注的外观，通过使用创建和设置过的标注样式，可使标注更加整齐划一。

6.2.1 案例解析：创建标注样式

下面以创建机械标注样式为例，介绍标注样式的设置操作。

步骤 01 执行“格式”|“标注样式”命令，打开“标注样式管理器”对话框，如图6-2所示。

步骤02 单击“新建”按钮，打开“创建新标注样式”对话框，输入样式名“机械-01”，如图6-3所示。

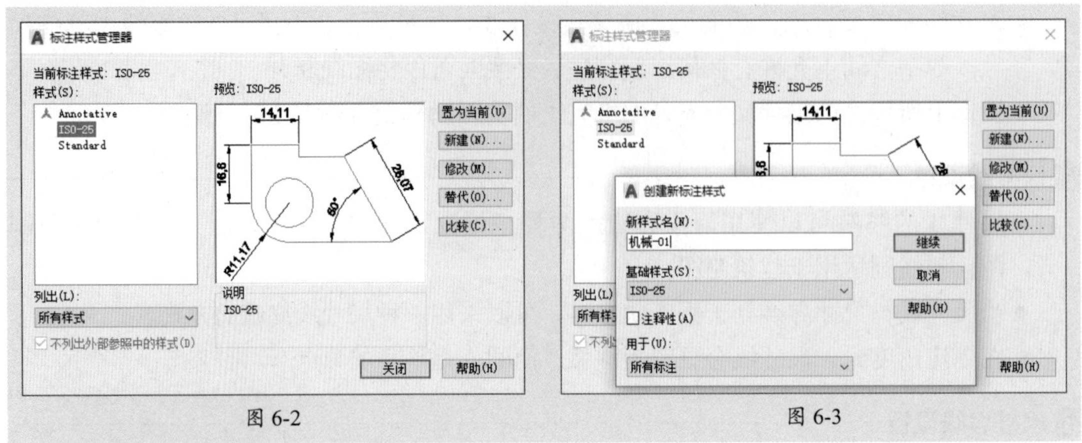

图 6-2　　　　图 6-3

步骤03 单击“继续”按钮，打开“新建标注样式”对话框。在“线”选项卡的“尺寸界线”选项组里设置“起点偏移量”为1.25，如图6-4所示。

步骤04 切换到“文字”选项卡，单击“文字样式”右侧的设置按钮，打开“文字样式”对话框。设置字体为仿宋，如图6-5所示。

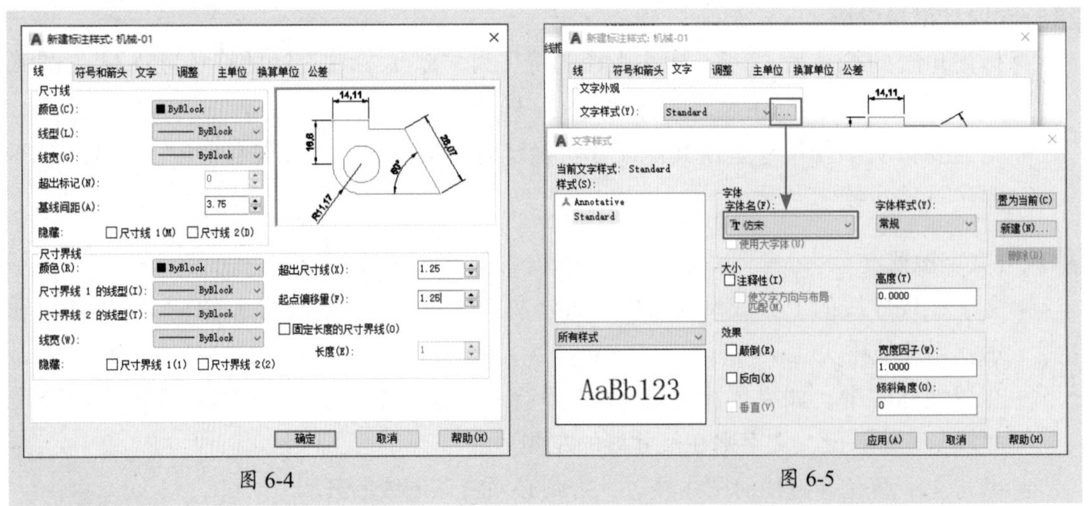

图 6-4　　　　图 6-5

步骤05 设置完毕，依次单击“应用”和“关闭”按钮，返回“新建标注样式”对话框。切换到“主单位”选项卡，将其“精度”设为0.0，如图6-6所示。

步骤06 单击“确定”按钮，返回“标注样式管理器”对话框。继续单击“新建”按钮，打开“创建新标注样式”对话框，选择用于“半径标注”，如图6-7所示。

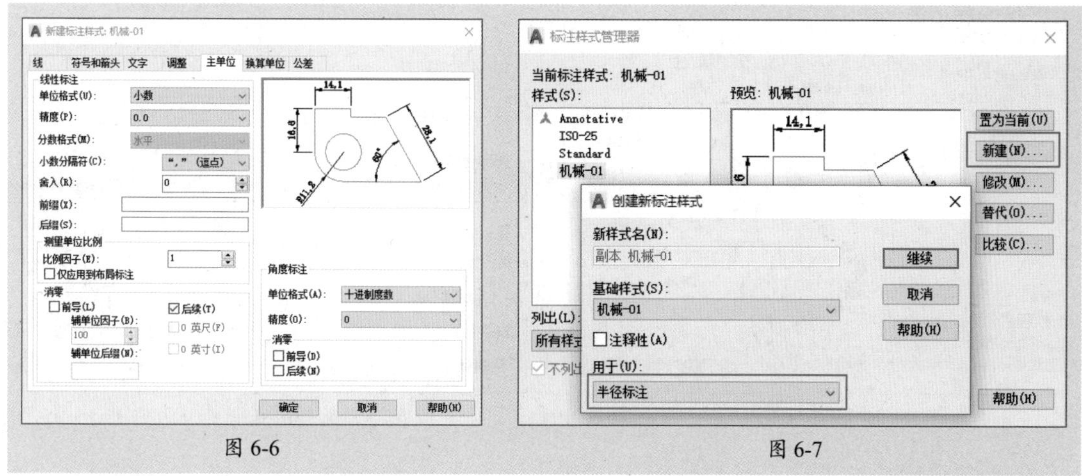

图 6-6　　　　图 6-7

步骤07 单击“继续”按钮，打开“新建标注样式”对话框。切换到“文字”选项卡，设置“文字对齐”方式为“水平”，在右侧可以预览文字对齐效果，如图6-8所示。

步骤08 单击“确定”按钮，返回“标注样式管理器”对话框。选择“机械-01”样式，此时，在右侧预览窗口中可以看到标注样式整体的效果，如图6-9所示。

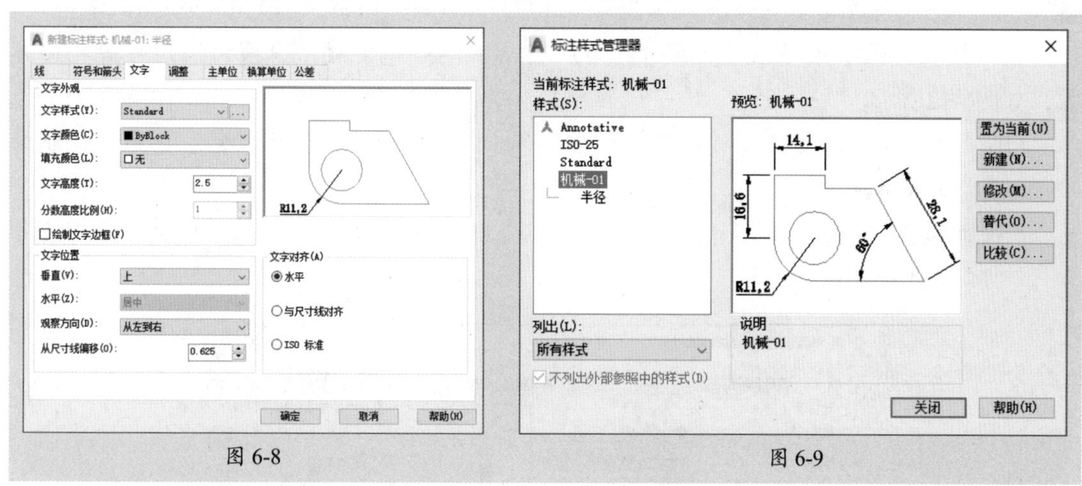

图 6-8　　　　图 6-9

6.2.2 新建尺寸标注样式

默认的标注样式中的文字很小，人们无法看清具体的尺寸值，所以在添加尺寸标注前，先要对其样式进行必要的设置，例如文字样式、箭头样式、尺寸线样式等。在设置时，可以利用“标注样式管理器”对话框进行操作。通过以下方式可打开“标注样式管理器”对话框，如图6-10所示。

- 执行“格式”|“标注样式”命令。
- 在“注释”选项卡的“标注”面板中单击右下角的箭头按钮。
- 在命令行输入D命令并按回车键。

如果标注样式中没有需要的样式类型，则可新建标注样式。在“标注样式管理器”对话框中，单击“新建”按钮，打开“创建新标注样式”对话框，如图6-11所示。在此输入新建样式名称。

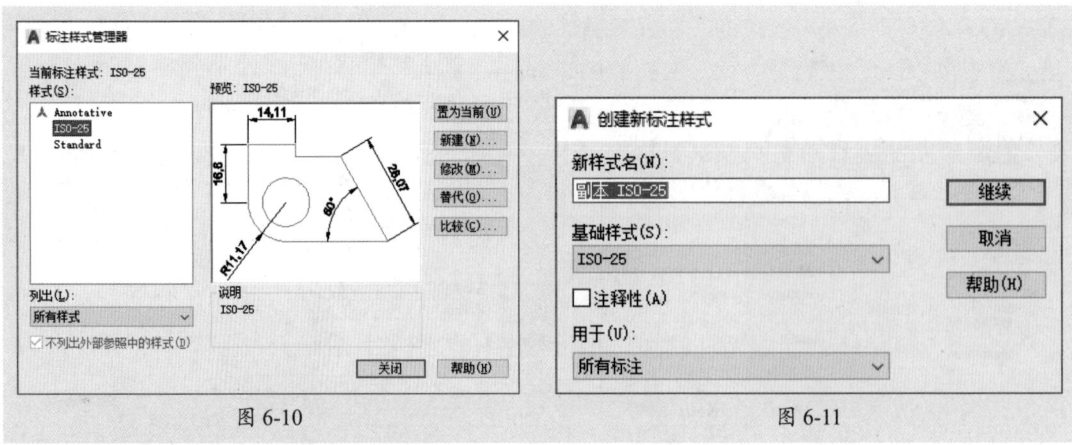

图 6-10　　图 6-11

6.2.3　设置尺寸标注样式

新建标注样式后，会打开“新建标注样式”对话框，从中可对尺寸线、尺寸界线、箭头符号、文字、单位、公差等参数进行设置，如图6-12所示。

1. 线

在“线”选项卡中可以设置尺寸线和尺寸界线的颜色、线型、线宽、尺寸等相关参数，如图6-12所示。

- **尺寸线：**用于设置尺寸线的特性，如颜色、线宽、基线间距等参数，还可以控制是否隐藏尺寸线。
- **尺寸界线：**用于控制尺寸界线的外观。可以设置尺寸界线的颜色、线宽、超出尺寸线、起点偏移量等参数。

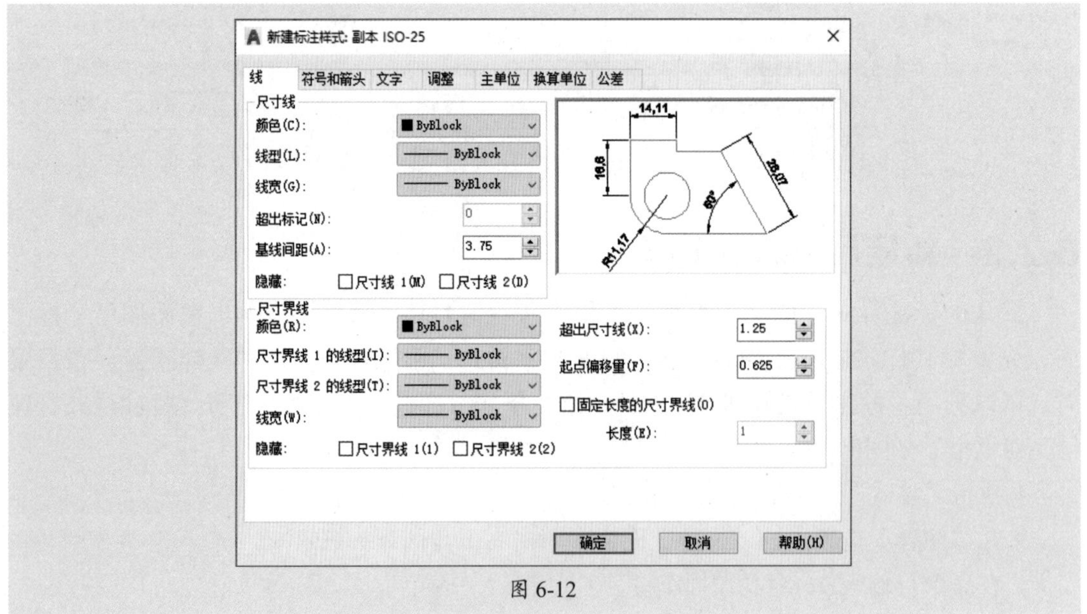

图 6-12

2. 符号和箭头

该选项卡可以设置箭头和符号的类型、大小、角度等参数，如图6-13所示。

- **箭头：** 用于设置尺寸线和引线标注的箭头样式及箭头大小。
- **圆心标记：** 用于控制直径标注和半径标注的圆心标记和中心线的外观。
- **折断标注：** 用于控制折断标注的大小。
- **弧长符号：** 用于控制弧长标注中圆弧符号和显示。
- **半径折弯标注：** 用于控制折弯（Z形）半径标注的显示。
- **线性折弯标注：** 设置折弯文字的高度大小。

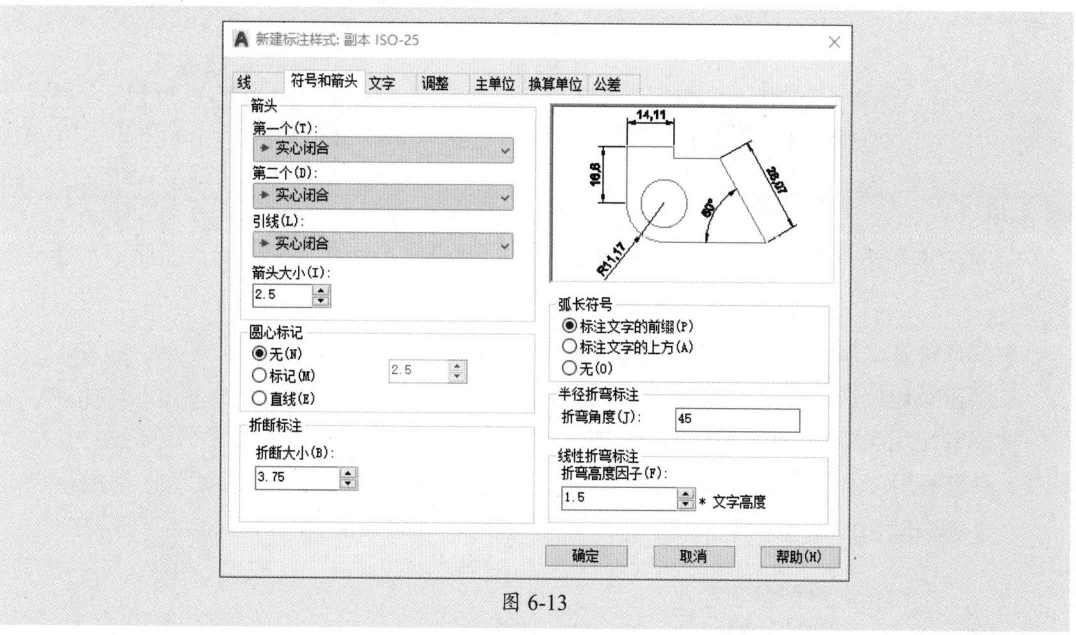

图 6-13

3. 文字

该选项卡用于设置标注文字的格式、放置位置以及对齐方式，如图6-14所示。

- **文字外观：** 用于控制标注文字的样式、颜色、高度等属性。
- **文字位置：** 用于设置文字的垂直、水平位置，观察方向以及文字从尺寸线偏移的距离。
- **文字对齐：** 用于控制标注文字放置在尺寸界线外侧或内侧时的方向是保持水平还是与尺寸界线平行。

4. 调整

该选项卡用于设置文字、箭头、尺寸线的标注方式、文字的位置和标注的特征比例等，如图6-15所示。

- **调整选项：** 用于控制基于尺寸界线之间可用空间的文字和箭头的位置。
- **文字位置：** 用于设定文字从默认位置（由标注样式定义的位置）移动时标注文字的位置。
- **标注特征比例：** 用于设定全局标注比例值或图纸空间比例。
- **优化：** 用于提供可手动放置文字以及在尺寸界限之间绘制尺寸线的选项。

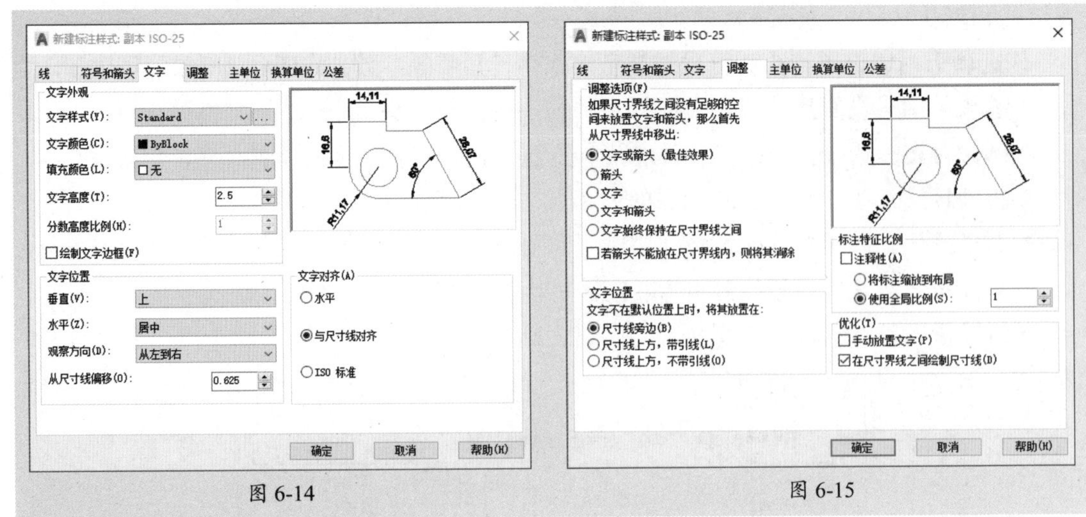

图 6-14　　　　图 6-15

5. 主单位

该选项卡用于设定主标注单位的格式和精度，并设定标注文字的前缀和后缀，如图6-16所示。

- **线性标注：** 用于设定线性标注的格式和精度。
- **测量单位比例：** 用于定义线性比例选项，并控制该比例因子是否仅应用到布局标注。
- **消零：** 用于控制是否禁止输出前导零、后续零以及零英尺和零英寸部分。
- **角度标注：** 用于显示和设定角度标注的当前角度格式。其中“消零”选项用于设置是否消除角度尺寸的前导和后续0。

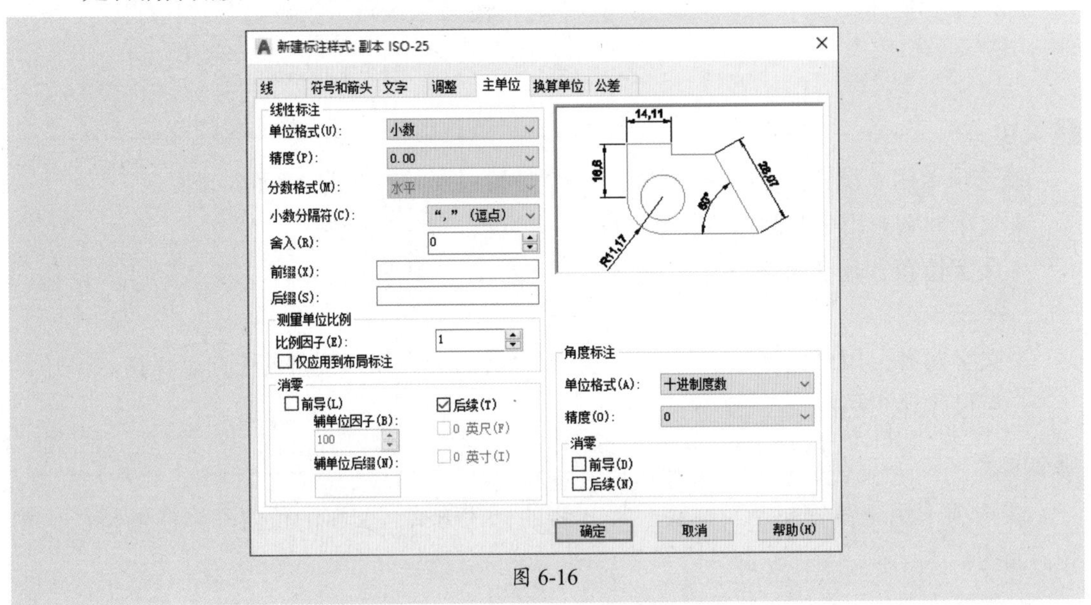

图 6-16

6. 换算单位

该选项卡用于设置换算单位的格式和精度，如图6-17所示。其中，设置换算单位的单元格式、精度、前缀、后缀和消零的方法，与设置主单位的方法相同。但该选项卡中有两个选项是独有的。

- **换算单位倍数：** 指定一个乘数，作为主单位和换算单位之间的转换因子。例如，要将英寸转换为毫米，请输入25.4。此值对角度标注没有影响，而且不会应用于舍入值或者正、负公差值。
- **位置：** 用于控制标注文字中换算单位的位置。其中，“主值后”选项用于将换算单位放在标注文字的主单位之后。“主值下”用于将换算单位放在标注文字的主单位下面。

7. 公差

该选项卡用于设置指定标注文字中公差的显示及格式，如图6-18所示。

- **公差格式：** 用于设置公差的方式、精度、公差值、公差文字的高度与对齐方式。
- **消零：** 用于控制是否显示公差文字的前导零和后续零。
- **换算单位公差：** 用于设置换算单位公差的精度和消零。

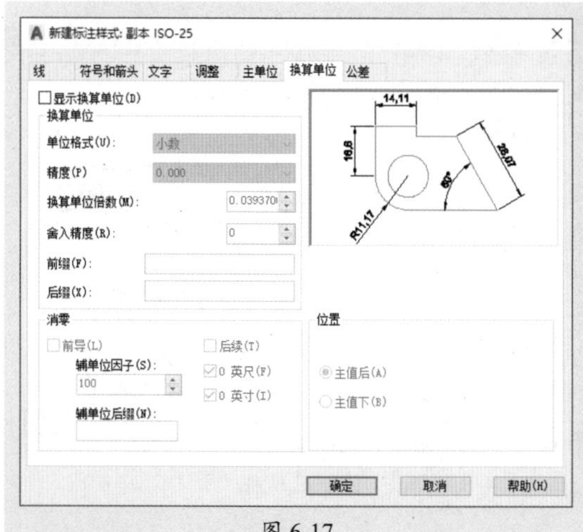

图 6-17

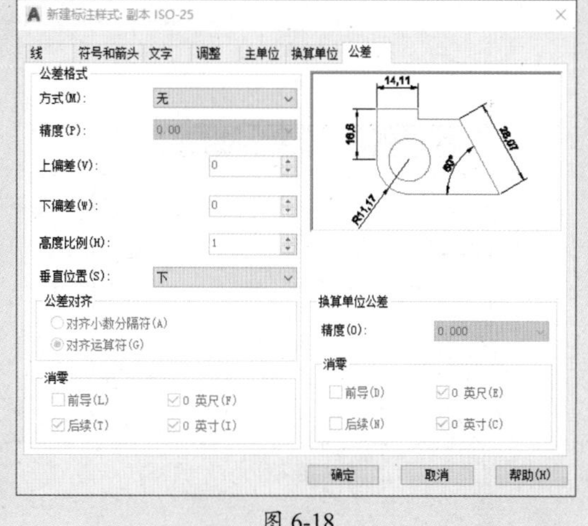

图 6-18

操作提示

如果需要对当前标注样式进行修改，只需在“标注样式管理器”对话框中单击“修改”按钮，然后在打开的“修改标注样式”对话框中进行相应的设置即可，如图6-19所示。

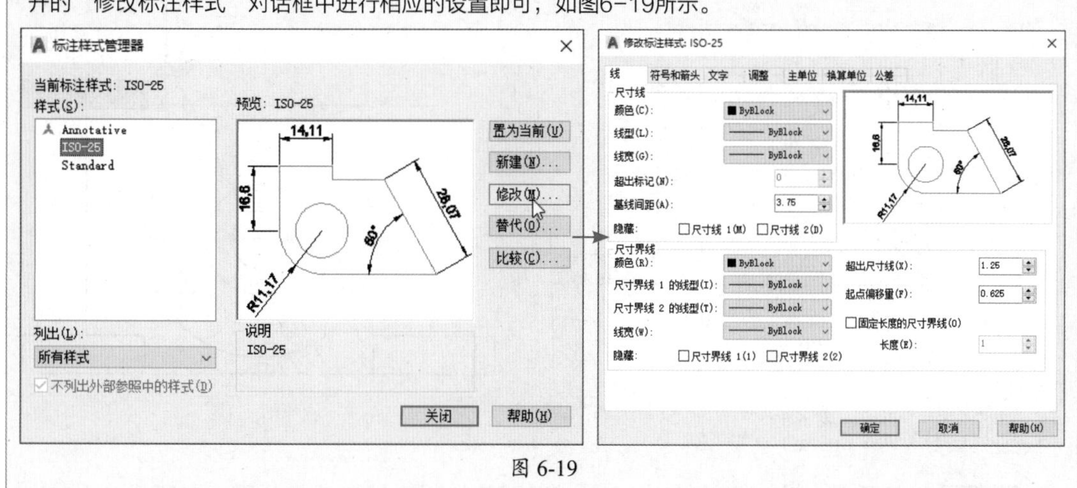

图 6-19

6.3 机械常用尺寸标注

图形不同，标注的方法也不同。对机械图纸来说，常用的尺寸标注有线性标注、对齐标注、角度标注、半径/直径标注、折弯标注、公差标注等。下面将对这些标注方法进行介绍。

6.3.1 案例解析：标注壳体零件图

下面为壳体零件图添加相应的尺寸标注。

步骤 01 打开“壳体零件图”素材文件。执行“线性”命令，指定图形两个测量点，并指定好尺寸线的位置，即可完成线性尺寸的标注操作，如图6-20所示。

步骤 02 执行“基线”命令，系统会自动捕捉上一条尺寸的起点界线，并指定第二个测量点，完成基线标注操作，如图6-21所示。

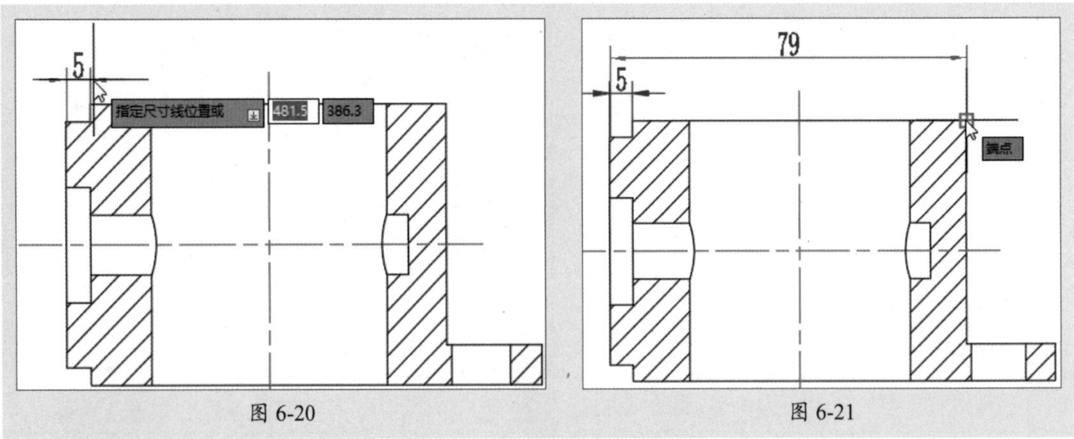

图 6-20　　图 6-21

步骤 03 执行“线性”命令，标注零件剖面图的其他尺寸，如图6-22所示。

步骤 04 执行“直径”命令，在零件左视图上选择大圆轮廓，并指定尺寸线的位置，标注该圆的直径尺寸，如图6-23所示。

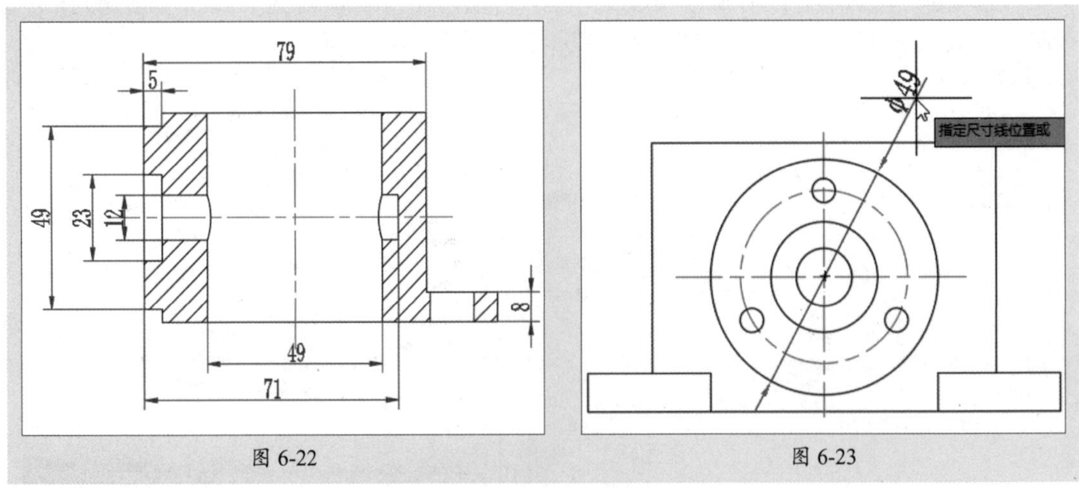

图 6-22　　图 6-23

步骤 05 继续执行“直径”命令，标注该视图其他圆形的尺寸，如图6-24所示。

步骤 06 执行“线性”和“直径”命令，完成零件俯视图的尺寸标注，如图6-25所示。

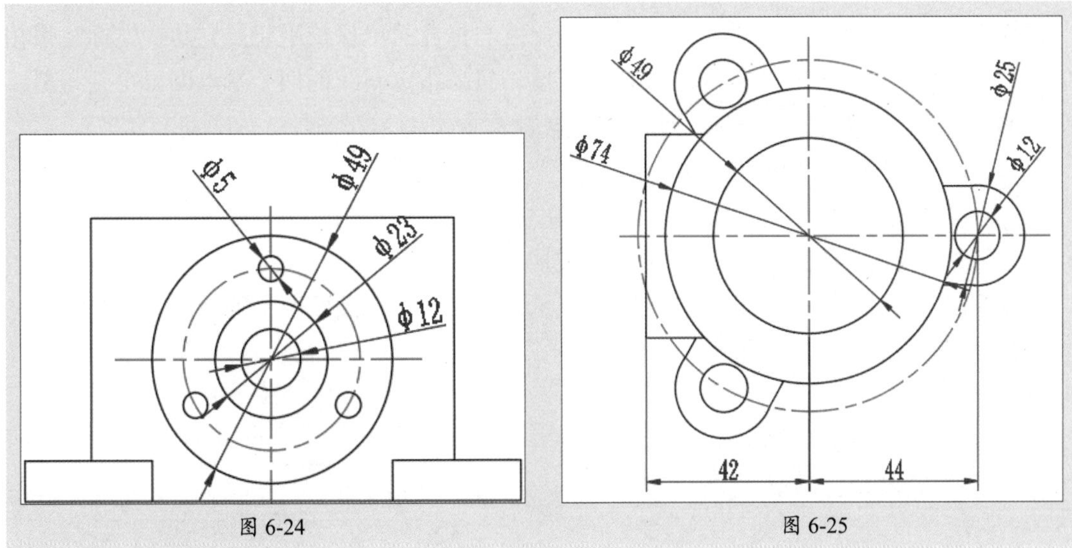

图 6-24

图 6-25

6.3.2 线性标注

线性标注是标注图形对象在水平方向、垂直方向和旋转方向的尺寸，包括垂直、水平和旋转三种类型。通过以下方式可调用线性标注命令：

- 执行“标注”|“线性”命令。
- 在“注释”选项卡的“标注”面板中单击“线性”按钮。
- 在命令行输入DIMLINEAR命令并按回车键。

使用以上任意方法，根据命令行提示的信息，先指定好线段的两个测量点，然后再指定尺寸线的位置即可完成线性标注，如图6-26所示。

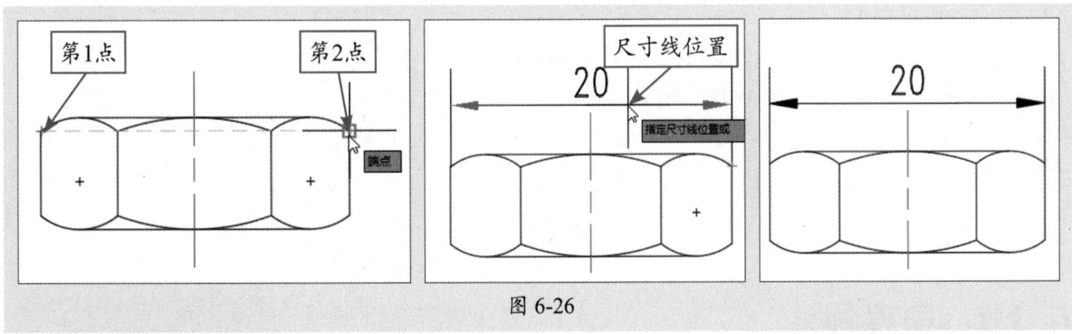

图 6-26

命令行提示如下：

```
命令: _dimlinear
指定第一个尺寸界线原点或 <选择对象>:（选择线段第1个测量点）
指定第二个尺寸界线原点:（选择线段第2个测量点）
指定尺寸线位置或
[多行文字(M)/文字(T)/角度(A)/水平(H)/垂直(V)/旋转(R)]:（指定尺寸线位置）
标注文字 = 20
```

6.3.3 对齐标注

对齐标注又称为平行标注，是指尺寸线始终与标注对象保持平行。它与线性标注很相似，但对齐标注在标注斜线时不需要输入角度，只需指定斜线的两个端点即可得到与斜线平行的尺寸标注。通过以下方法可调用对齐标注命令：

- 执行“标注”|“对齐”命令。
- 在“注释”选项卡的“标注”面板中单击“已对齐”按钮。
- 在命令行输入DIMALIGNED命令并按回车键。

使用以上任意方法后，根据命令行的提示，分别指定线段的两个测量点以及尺寸线位置进行对齐标注，如图6-27所示。

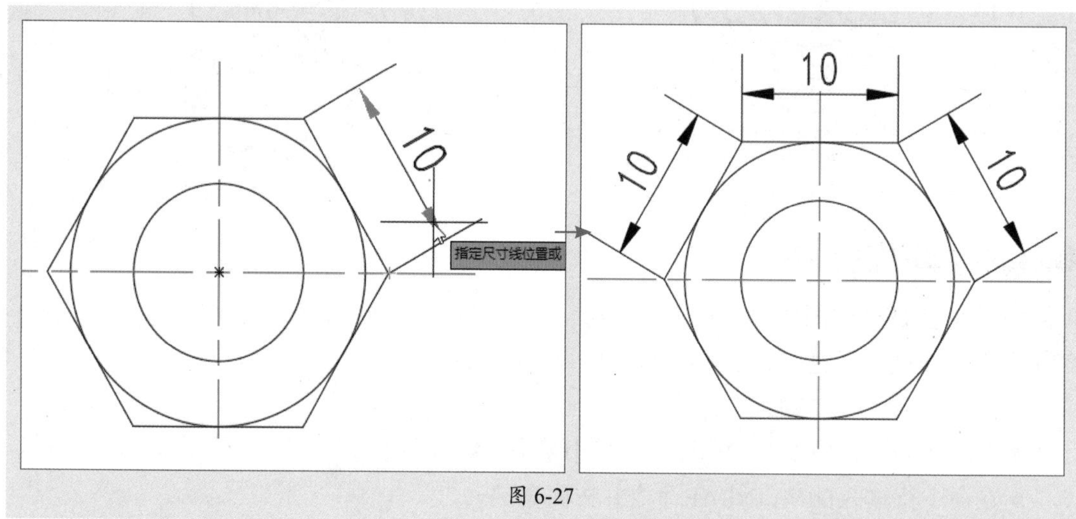

图 6-27

命令行提示如下：

```
命令: _dimaligned
指定第一个尺寸界线原点或 <选择对象>:（选择线段第1个测量点）
指定第二个尺寸界线原点:（选择线段第2个测量点）
指定尺寸线位置或
[多行文字(M)/文字(T)/角度(A)]:（指定尺寸线位置）
标注文字 = 10
```

6.3.4 角度标注

角度标注用来测量两条或三条直线之间的角度，也可以测量圆或圆弧的角度。通过以下方式可调用角度标注命令：

- 执行“标注”|“角度”命令。
- 在“注释”选项卡的“标注”面板中单击“角度”按钮。
- 在命令行输入DIMANGULAR命令并按回车键。

使用以上任意方法后，指定两条夹角边和尺寸线的位置即可完成角度标注操作，如图6-28所示。

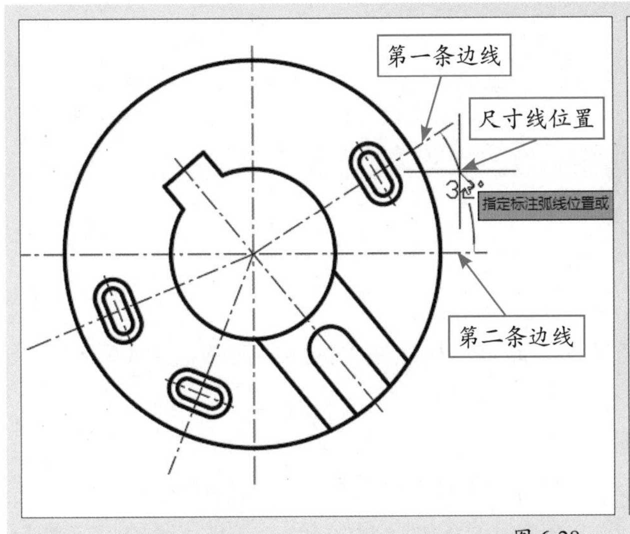

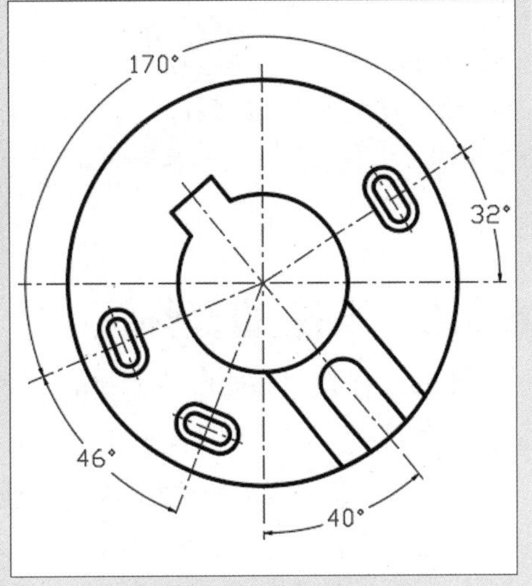

图 6-28

命令行提示如下：

命令: _dimangular
选择圆弧、圆、直线或 <指定顶点>:（选择第1条夹角边线）
选择第二条直线:（选择第2条夹角边线）
指定标注弧线位置或 [多行文字(M)/文字(T)/角度(A)/象限点(Q)]:（指定好尺寸线位置）
标注文字 = 32

6.3.5 弧长标注

弧长标注是对指定圆弧或多线段的距离进行测量，它可以标注圆弧和半圆的尺寸。通过以下方式可调用弧长标注命令：

- 执行"标注"|"弧长"命令。
- 在"注释"选项卡的"标注"面板中单击"弧长"按钮。
- 在命令行输入DIMARC命令并按回车键。

使用以上任意一种方法，并根据命令行的提示信息，指定要标注的圆弧以及尺寸线位置即可完成弧长标注，如图6-29所示。

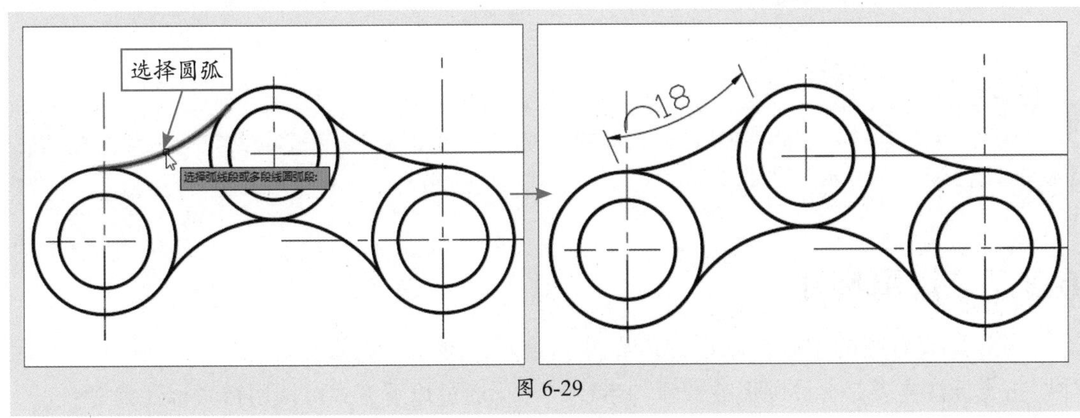

图 6-29

命令行提示如下：

```
命令: _dimarc
选择弧线段或多段线圆弧段:(选择圆弧)
指定弧长标注位置或 [多行文字(M)/文字(T)/角度(A)/部分(P)/]:(指定尺寸线位置)
标注文字 = 18
```

6.3.6 半径/直径标注

半径标注用于标注圆或圆弧的半径尺寸，而直径标注用于标注圆或圆弧的直径尺寸。通过以下方式可调用半径或直径标注命令：

- 执行“标注”|“半径”或“直径”命令。
- 在“注释”选项卡的“标注”面板中单击“半径”按钮或“直径”按钮。
- 在命令行输入DIMRADIUS（半径）命令或DIMDIAMETER（直径）命令，并按回车键。

使用以上任意方法后，选择所需标注的圆或圆弧，并指定好尺寸线位置即可完成半径或直径标注操作。默认情况下，半径值前会显示*R*标识，直径值前会显示ϕ标识，图6-30所示是半径标注，图6-31所示是直径标注。

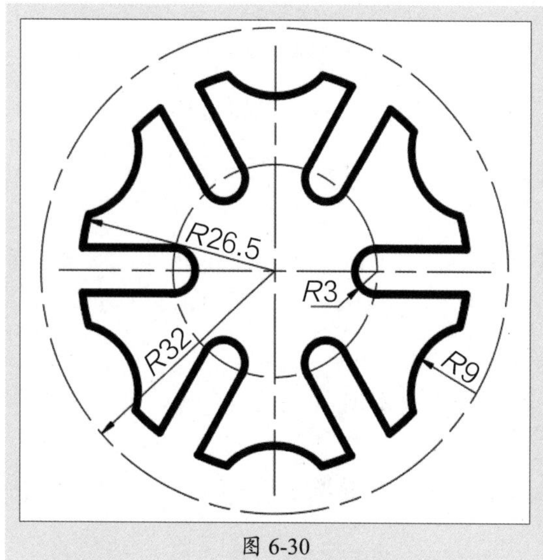

图 6-30

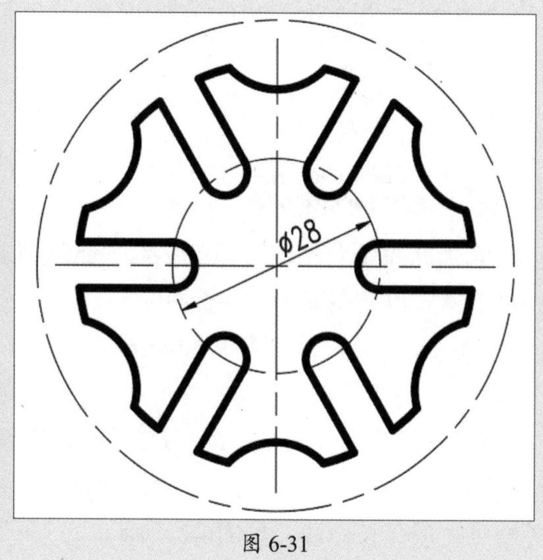

图 6-31

操作提示

通常，中文实体不支持ϕ标识的显示，所以在标注直径尺寸时，最好选用一种英文字体的文字样式，以便使该符号得以正确显示。

6.3.7 折弯标注

当圆弧或者圆的中心在图形的边界外，且无法显示在实际位置时，可以使用折弯标注。折弯标注主要是标注圆形或圆弧的半径尺寸。通过以下方式可调用折弯标注命令：

- 执行“标注”|“折弯”命令。
- 在“注释”选项卡的“标注”面板中单击“折弯”按钮。
- 在命令行输入DIMJOGGED命令并按回车键。

使用以上任意方法后，先选择所需的圆弧，然后指定折弯端点的位置，再指定尺寸标注的位置，最后指定折弯线的位置，如图6-32所示。

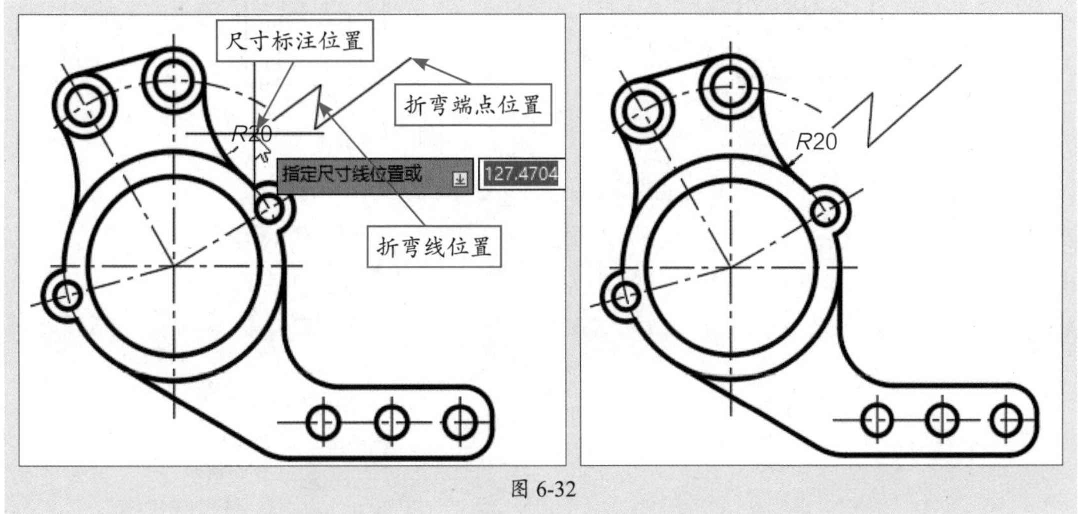

图 6-32

用户可在“标注样式”对话框的“符号和箭头”选项卡中设置折弯的默认角度，如图6-33所示。

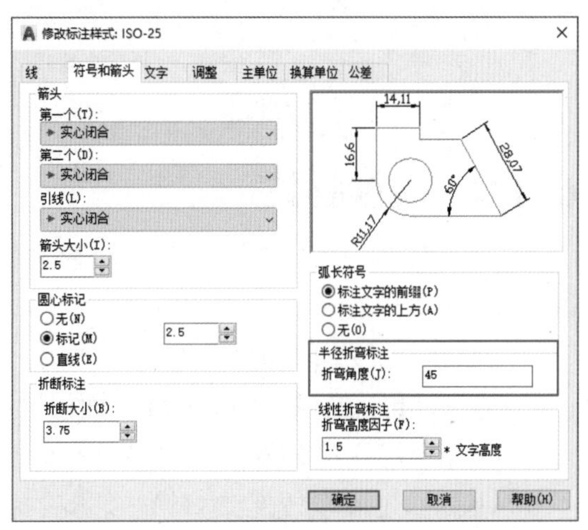

图 6-33

6.3.8 基线标注

基线标注又称平行尺寸标注，用于多个尺寸线以同一条尺寸界线为标注起点进行标注的情况。通过以下命令可调用基线标注命令：

- 执行“标注”|“基线”命令。
- 在“注释”选项卡的“标注”面板中单击“基线标注”按钮。
- 在命令行输入DIMBASELINE命令并按回车键。

先创建第一条尺寸标注，然后执行以上任意一种方法，系统会自动以第一条尺寸界线为标注起点进行标注，继续捕捉下一个测量点即可完成基线标注操作，如图6-34所示。

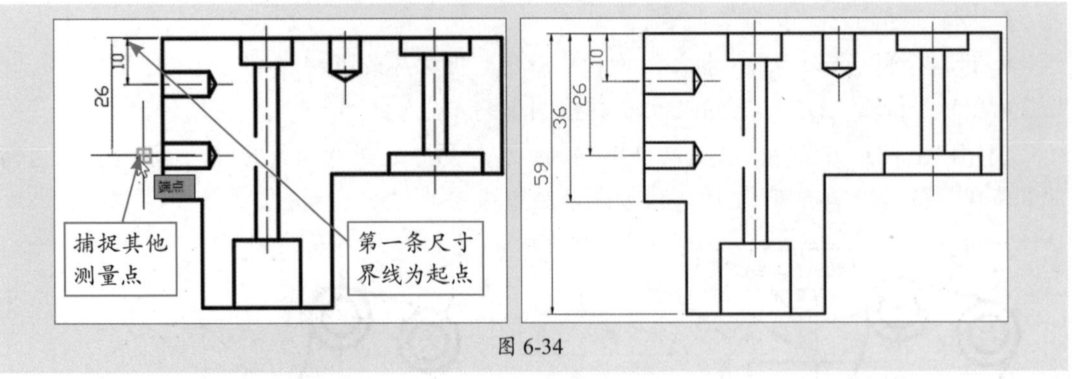

图 6-34

各条基线之间的距离是可以调整的。用户可对“标注样式”对话框的“线”选项卡的“基线间距”参数进行设置，默认为3.75mm，如图6-35所示。

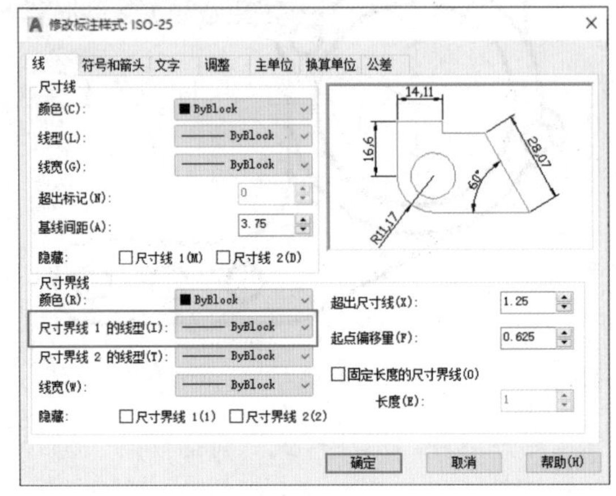

图 6-35

6.3.9 连续标注

连续标注是一系列首尾相连的标注形式，相邻的两个尺寸线共用一条尺寸界线。通过以下方式可调用连续标注的命令：

- 执行“标注”|“连续”命令。
- 在“注释”选项卡的“标注”面板中单击“连续”按钮。
- 在命令行输入DIMCONTINUE命令，然后按回车键。

与基线标注相同，先绘制好第一条尺寸标注，然后在该条标注的基础上，执行以上任意一种方法，依次指定其他的测量点即可完成连续标注，按Esc键可结束标注操作，如图6-36所示。

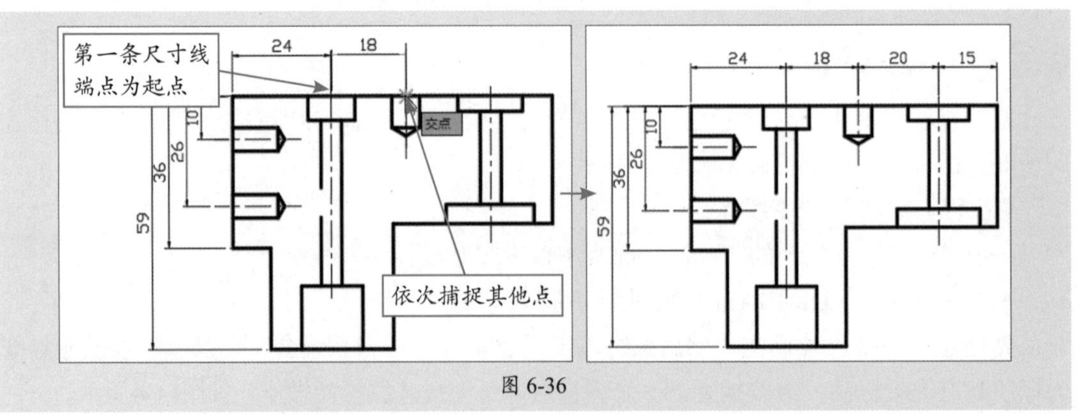

图 6-36

6.3.10 公差标注

公差标注在机械制图中经常用到。它是用来表示特殊的形状、轮廓、方向、位置及跳动的允许偏差范围。公差包含尺寸公差和形位公差两种类型。

1. 尺寸公差

尺寸公差是指零件在制造过程中出现的一些不可避免的误差。在基本尺寸相同的情况下，尺寸公差愈小，则尺寸精度愈高。

尺寸公差标注一般采用“标注替代”的方法来操作。在“标注样式管理器”对话框中单击“替代”按钮，在“替代当前样式”对话框的“公差”选项卡中设置公差值即可。由于替代样式只能使用一次，因此不会影响其他的尺寸标注。公差值设置完成后，可根据需要使用以上标注方式进行标注，如图6-37所示。

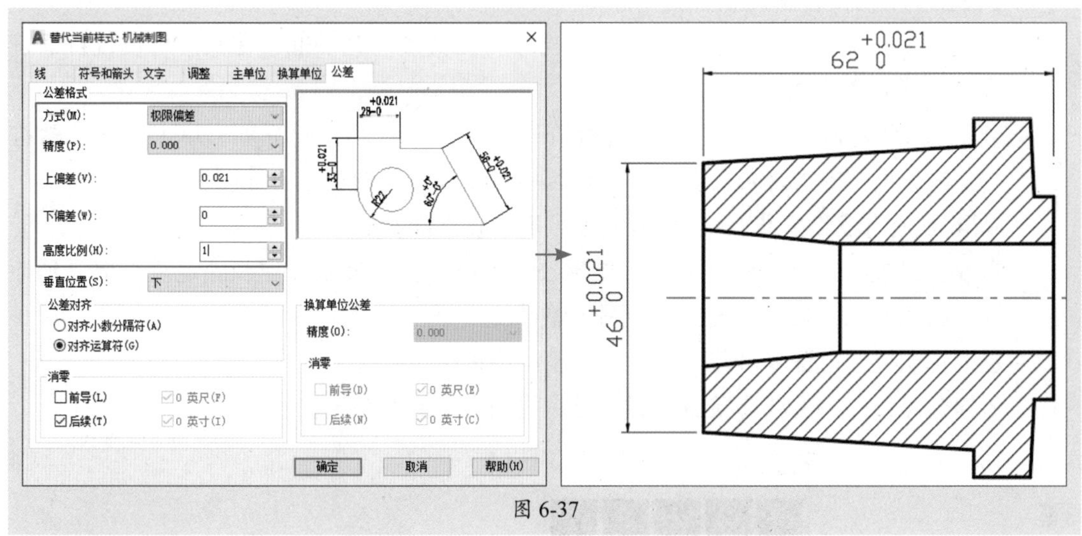

图 6-37

操作提示

用户还可通过“特性”选项板来设置公差值。右击尺寸标注，打开“特性”面板，在“公差”选项组中设置相关公差值即可，如图6-38所示。

图 6-38

2. 形位公差

形位公差用于控制机械零件的实际尺寸（如位置、形状、方向和定位尺寸等）与零件理想尺寸之间的允许差值。形位公差的大小直接关系零件的使用性能。在AutoCAD软件中，可通过以下方式打开“形位公差”对话框，如图6-39所示。

- 执行“标注”|“公差”命令。
- 在“注释”选项卡的“标注”面板中单击“公差”按钮⊕1。

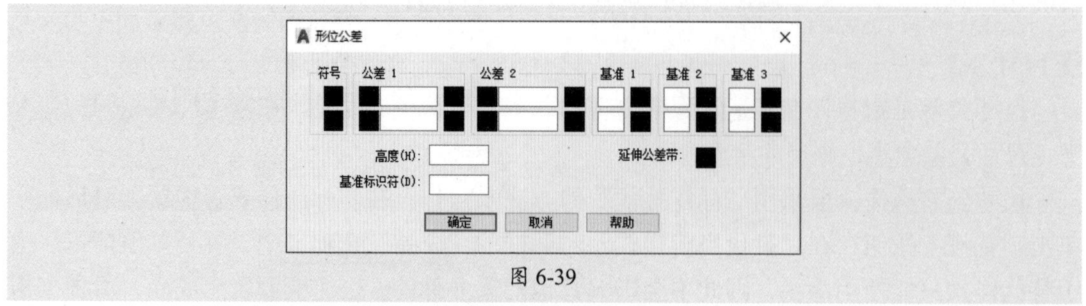

图 6-39

“形位公差”对话框中的相关选项如下。

- **符号：**单击符号下方的■符号，会弹出“特征符号”对话框，在其中可设置特征符号，如图6-40所示。
- **公差1和公差2：**单击该列表框的■符号，将插入一个直径符号。单击后面的■符号，将弹出“附加符号”对话框，在其中可以设置附加符号，如图6-41所示。
- **基准1、基准2和基准3：**在该列表框可以设置基准参照值。
- **高度：**设置投影特征控制框中的投影公差零值。投影公差带控制固定垂直部分延伸区的高度变化，并以位置公差控制公差精度。
- **基准标识符：**设置由参照字母组成的基准标识符。
- **延伸公差带：**单击该选项后的■符号，将插入延伸公差带符号。

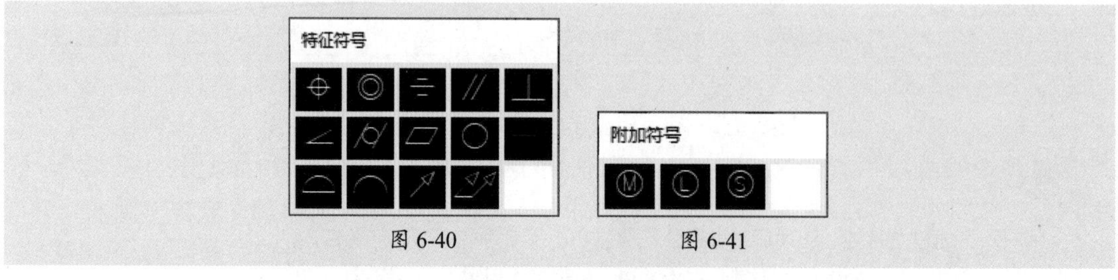

图 6-40　　图 6-41

下面介绍几种常用的公差符号，如表6-1所示。

表 6-1

符号	含义	符号	含义	符号	含义
Ⓟ	投影公差	⌓	面轮廓度	—	直线度
⌒	线轮廓度	⌯	对称度	Ⓜ	最大包容条件
◎	同心/同轴度	↗	圆跳动	Ⓛ	最小包容条件
○	圆或圆弧	⌰	全跳动	Ⓢ	不考虑特征尺寸
⌖	位置度	▱	平面度	⌭	圆柱度
∠	倾斜度	⊥	垂直度	//	平行度

打开“形位公差”对话框后，单击第一个“符号”按钮，打开“特征符号”对话框。选择所需符号，例如选择“柱面性”符号，返回到“形位公差”对话框。输入对应的公差值，单击“确定”按钮，如图6-42所示。

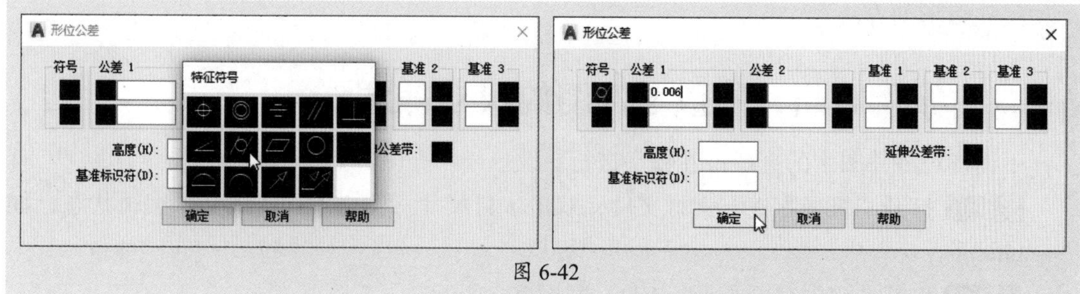

图 6-42

将设置的形位公差值移动到所需位置，如图6-43所示。

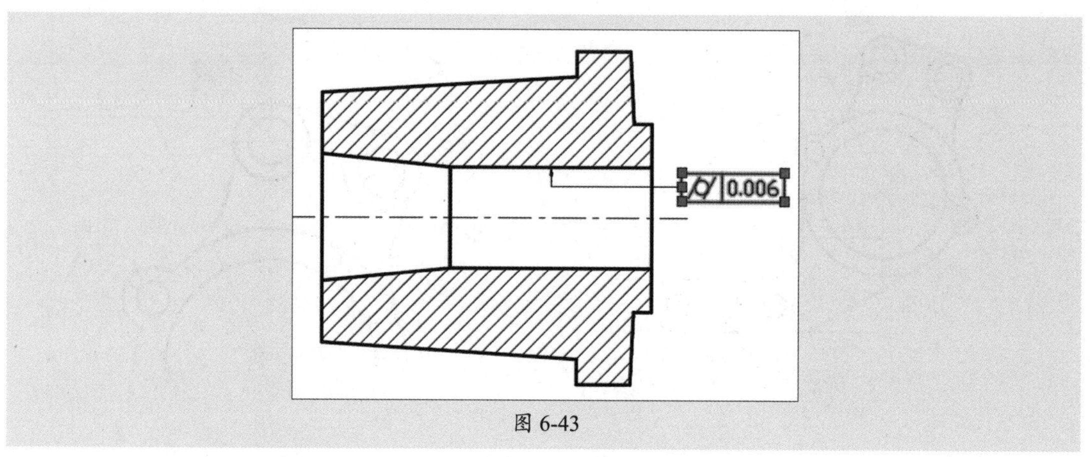

图 6-43

6.3.11 快速引线

快速引线主要用于创建一端带有箭头，另一端带有文字注释的引线标注。其中，引线可以是直线段，也可以是平滑的样条曲线。快速引线命令为隐藏命令，它不会显示在菜单栏或功能面板中，而在命令行中输入LE或QL命令便可执行这项命令。

执行快速引线命令后，在绘图区指定一点作为引线起点，然后移动光标指定下一点，按回车键三次，输入说明文字即可完成引线标注。

快速引线的样式随当前尺寸标注的样式来显示。用户可通过“引线设置”对话框来设置其引线样式。在执行快速引线命令后，根据提示信息输入S，按回车键即可打开“引线设置”对话框。在此可根据需要设置相应的参数选项，如图6-44所示。

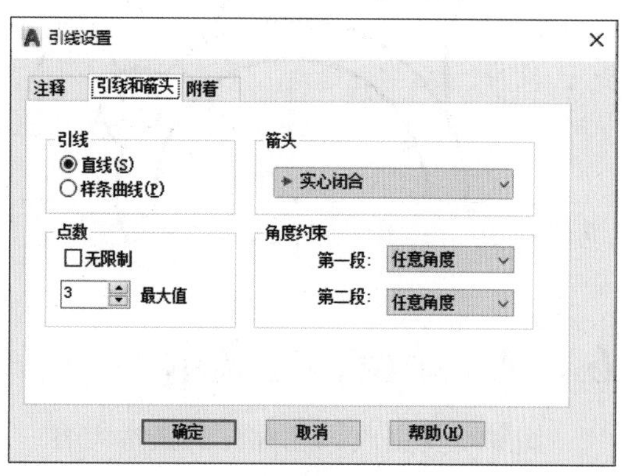

图 6-44

6.4 编辑尺寸标注

如果创建的尺寸标注没有达到要求，用户可对其文本进行二次编辑加工。下面介绍两种尺寸编辑的方法。

6.4.1 案例解析：修改零件图的尺寸标注

下面将对零件图中的直径尺寸数字进行更改。

步骤01 打开“机械零件”素材文件，双击ϕ11尺寸标注文本，进入文本编辑状态，如图6-45所示。

步骤02 将其文字内容更改为2-ϕ11，如图6-46所示。

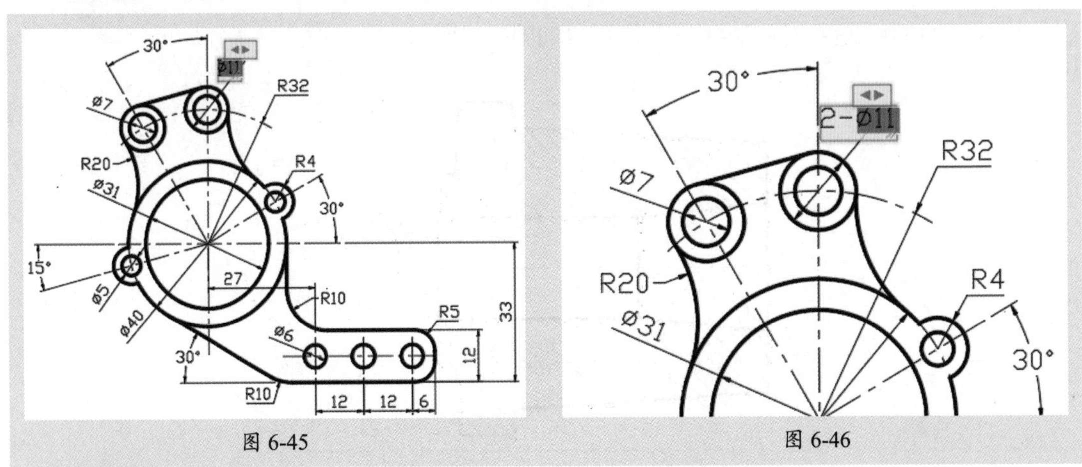

图 6-45

图 6-46

步骤03 单击空白处即可完成更改操作，如图6-47所示。

步骤04 按照同样的方法，修改其他直径文字内容，如图6-48所示。

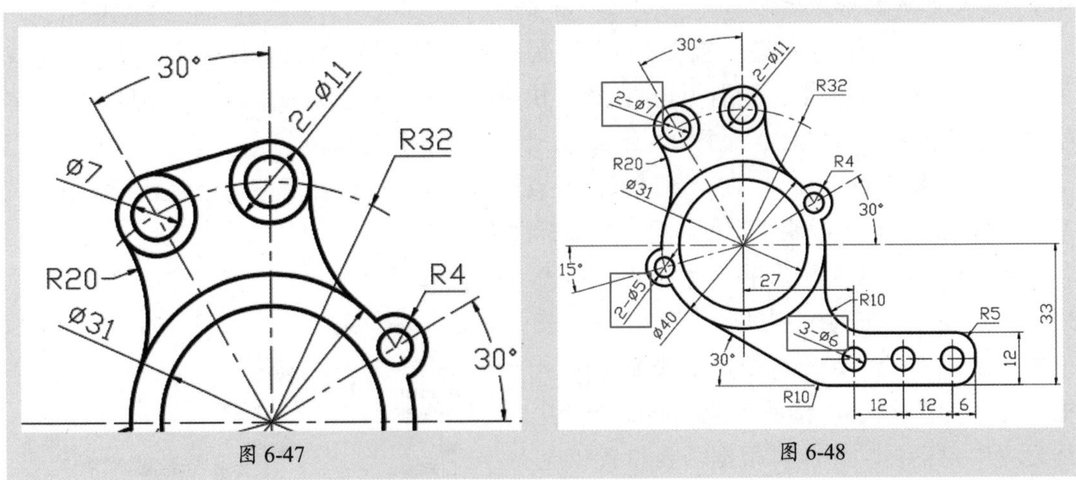

图 6-47

图 6-48

6.4.2 编辑标注文本

如果需要更改尺寸标注的文本内容，只需双击需标注的文本，进入编辑状态，输入新文本内容，单击空白处即可完成文本内容的更改操作，如图6-49所示。

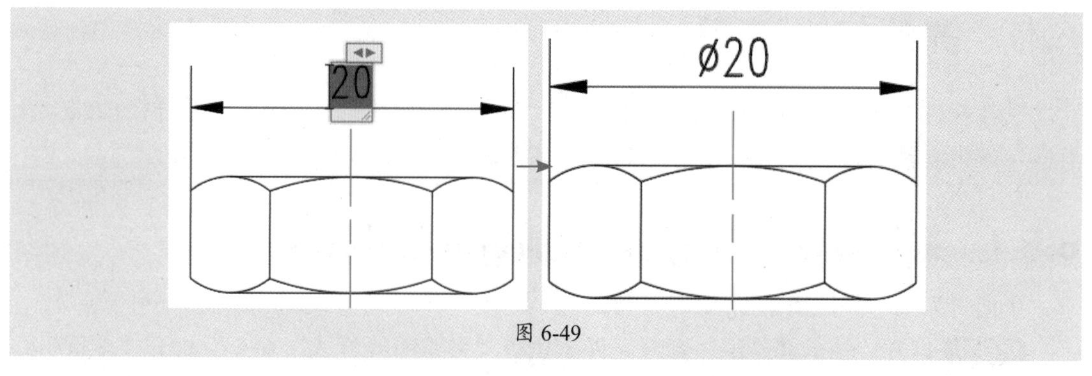

图 6-49

如果需要调整文本在尺寸线上的位置，可通过以下方式进行设置，如图6-50所示。

- 执行“标注”|“对齐文字”命令的子菜单命令，其中包括默认、角度、左、居中、右5个选项。
- 选择标注，将光标移动到文本位置的夹点上，在快捷菜单中可进行相关操作。
- 在命令行输入DIMTEDIT命令，然后按回车键。

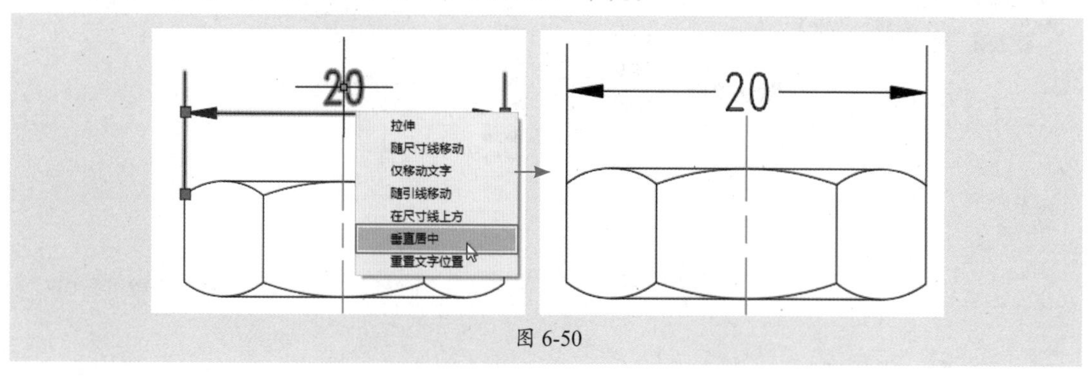

图 6-50

操作提示

当标注样式修改后，用户可使用“更新”命令来对当前尺寸的样式进行更新。在“注释”选项卡的“标注”面板中单击“更新”按钮，选择所需尺寸线，按回车键即可更新。

6.4.3 用“特性”面板编辑尺寸标注

除了使用以上方法编辑尺寸外，用户还可以使用“特性”面板进行编辑。选择需要编辑的尺寸标注，单击鼠标右键，在打开的快捷菜单中单击“特性”选项，打开“特性”面板，如图6-51所示。

编辑尺寸标注的“特性”面板有常规、其他、直线和线头、文字、调整、主单位、换算单位和公差8个卷轴栏。这些选项和“修改标注样式”对话框中的内容基本一致。

图 6-51

6.5 创建与设置引线标注

引线标注主要用于对图形进行注释说明。引线可以是直线，也可以是样条曲线。引线的一端带有箭头标识，另一端带有多行文字或块。其形式与快速引线的相似。

6.5.1 案例解析：为零件图添加切角尺寸标注

下面将为轴承零件图添加切角尺寸标注。

步骤 01 打开“轴承零件图”素材文件。执行“多重引线样式”命令，打开“多重引线标注管理器”对话框。单击“修改”按钮，打开“修改多重引线样式”对话框。在“引线格式”对话框中，将“箭头”大小设为1.5，如图6-52所示。

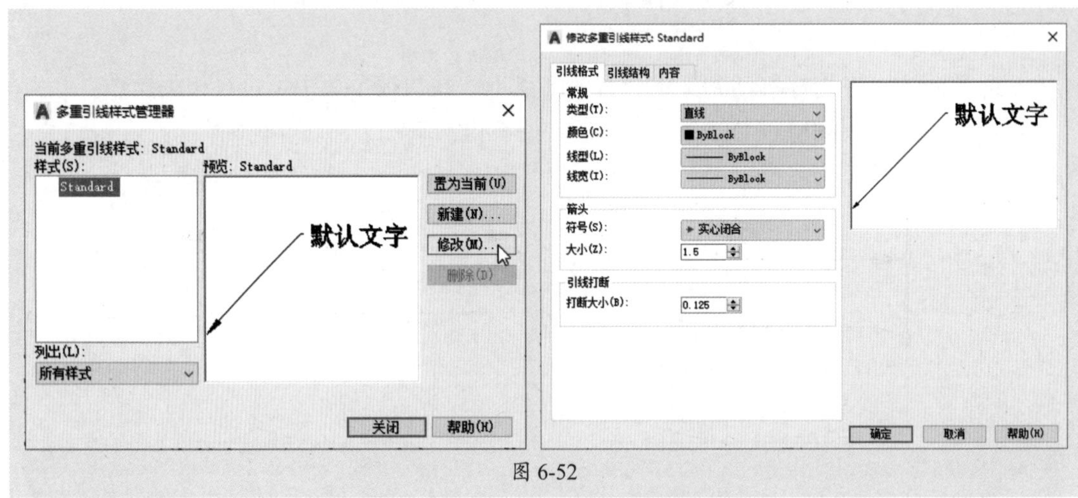

图 6-52

步骤 02 切换到“引线结构”选项卡，将“设置基线距离”设为6，如图6-53所示。

步骤 03 切换到“内容”选项卡，将“文字高度”设为2.5，同时将“连接位置-左”设为“最后一行加下画线”，如图6-54所示。

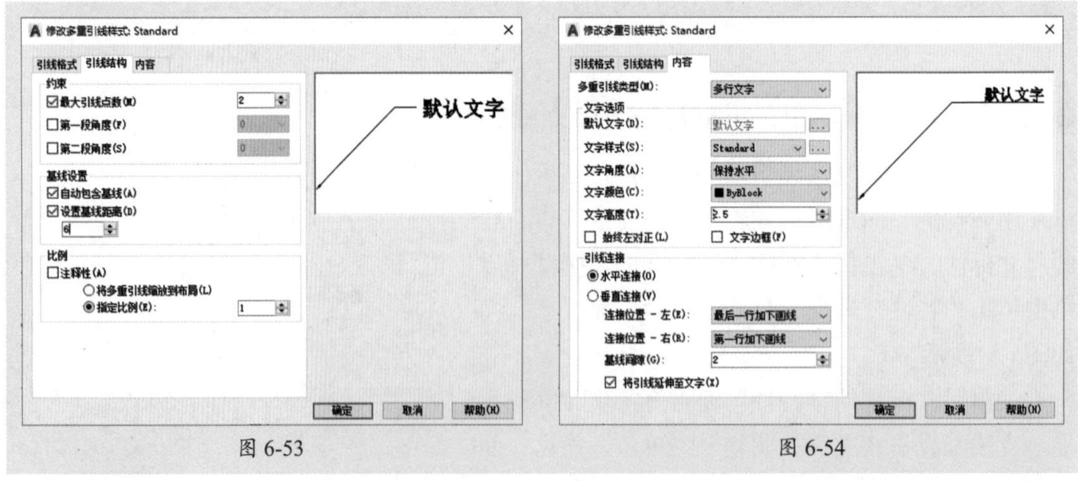

图 6-53　　图 6-54

步骤 04 单击“确定”按钮，返回上一层对话框。单击“置为当前”按钮，将其样式设为当前使用的样式，如图6-55所示。

步骤 05 执行“多重引线”命令，指定好引线基线的位置，如图6-56所示。

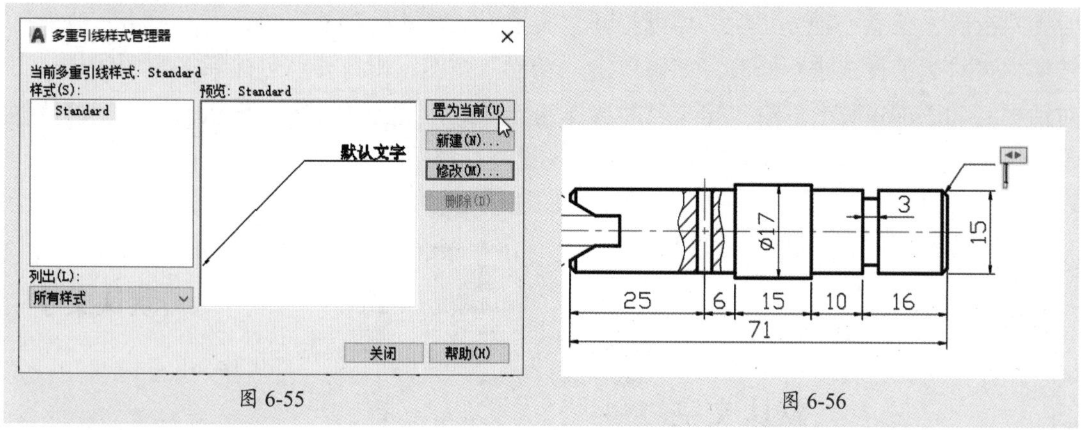

图 6-55　　图 6-56

步骤 06 在文本输入框中输入标注内容，如图6-57所示。

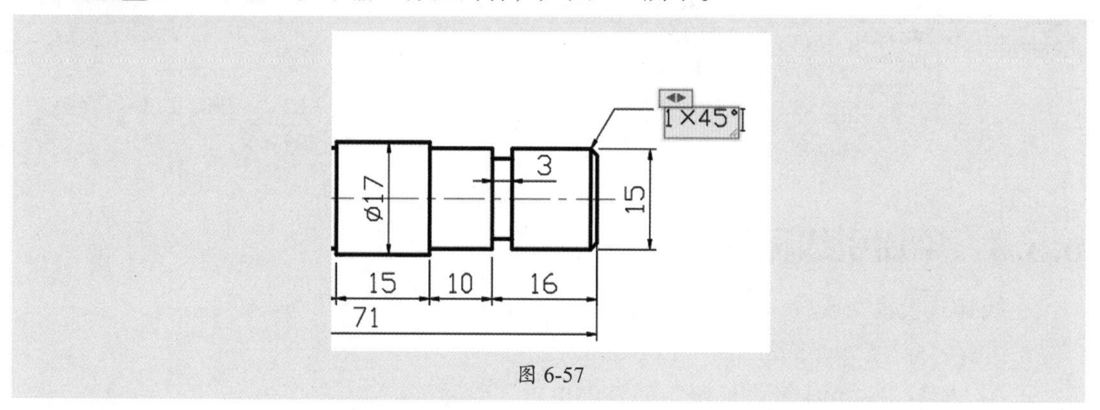

图 6-57

步骤 07 输入后，单击绘图区空白处即可完成引线标注操作，如图6-58所示。

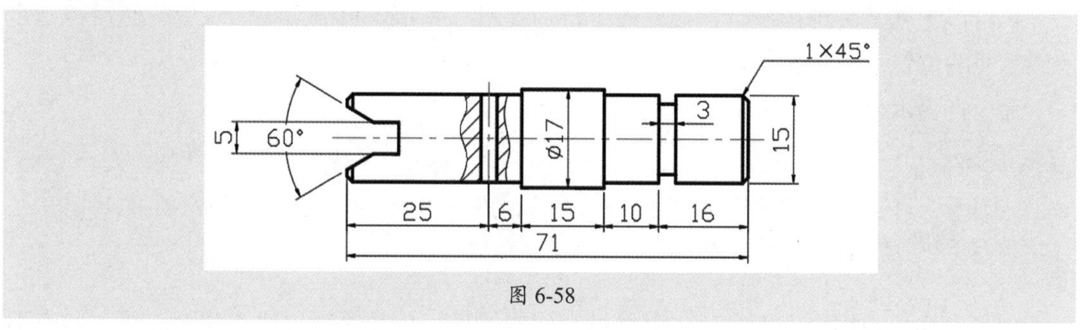

图 6-58

6.5.2 设置引线样式

在添加引线时，单一的引线样式往往不能满足设计的要求，这就需要预先定义新的引线样式，即指定基线、引线、箭头和注释内容的格式。通过“多重引线样式管理器”对话框可对这些样式进行设置。

用户可通过以下方法调出该对话框。

- 执行“格式”|“多重引线样式”命令。
- 在“默认”选项卡的“注释”面板中单击“多重引线样式”按钮。

- 在“注释”选项卡的“引线”面板中单击右下角箭头按钮↘。

执行以上任意一种方法后，均可打开“多重引线样式管理器”对话框。单击“修改”按钮，可对当前样式进行修改。如果单击“新建”按钮，则打开“创建新多重引线样式”对话框，如图6-59所示。输入样式名并选择基础样式，单击“继续”按钮，打开“修改多重引线样式”对话框。对各选项卡进行详细的设置，如图6-60所示。

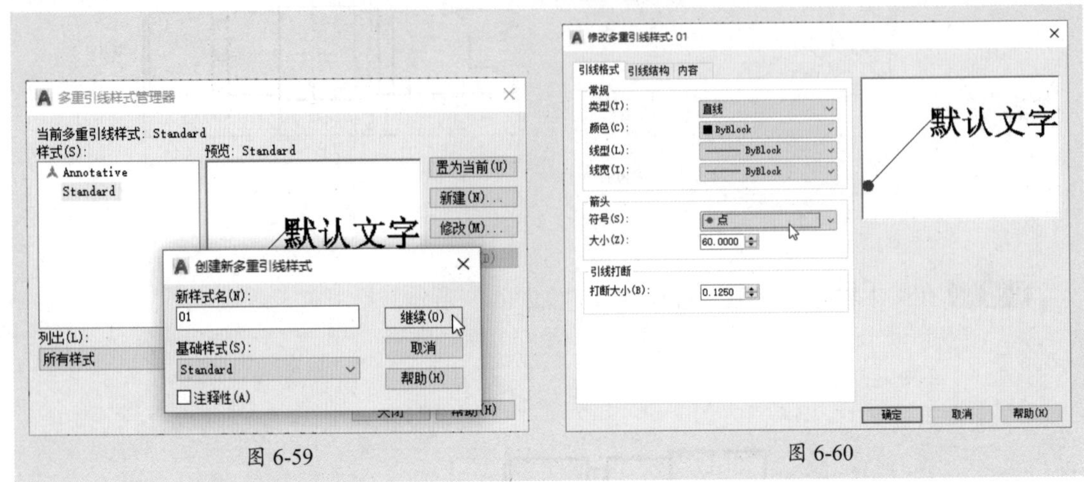

图 6-59　　图 6-60

6.5.3　添加引线标注

引线样式设置完成后，用户就可用以下方式调用“多重引线”命令：

- 执行“标注”|“多重引线”命令。
- 在“默认”选项卡的“注释”面板中单击“引线”按钮。
- 在“注释”选项卡的“引线”面板中单击“多重引线”按钮。

执行以上任意一种操作后，根据命令行的提示，先指定引线箭头的位置，然后再指定引线基线的位置，最后输入文本内容。

命令行提示如下：

```
命令: _mleader
指定引线箭头的位置或 [引线基线优先(L)/内容优先(C)/选项(O)] <选项>: （指定箭头位置）
指定引线基线的位置: （指定基线端点）
```

创建引线后，用户还可对这些引线进行编辑操作，例如添加引线、删除引线、对齐引线、合并引线等。在“注释”选项卡的“引线”面板中执行相应的命令，如图6-61所示。

- **添加引线：** 在一条引线的基础上添加另一条引线。
- **删除引线：** 将选定的引线删除。
- **对齐：** 将选定的引线以其中一条引线为对齐基线进行对齐操作。
- **合并：** 将多条引线合并，使用一条引线来显示注释内容。

图 6-61

课堂实战 为底座图形添加尺寸标注

下面将利用本章所学的知识点来为底座零件图添加尺寸标注。操作过程中所涉及的主要命令有设置标注样式、线性、角度、直径、形位公差等。

步骤 01 打开“底座零件图”素材文件，执行“标注样式”命令，新建“标注1”样式，如图6-62所示。

步骤 02 单击“继续”按钮，打开“新建标注样式”对话框。在“文字”选项卡中设置文字字体为txt.shx，如图6-63所示。

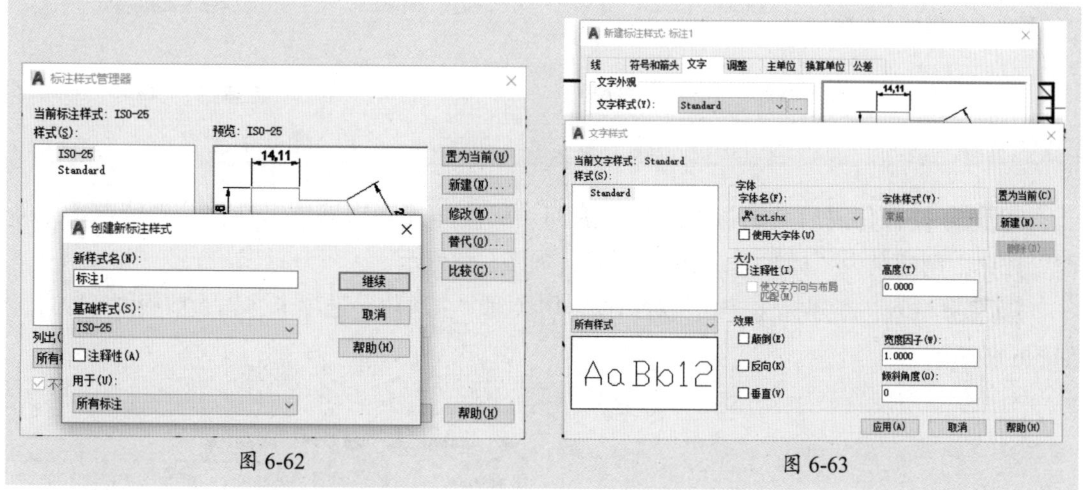

图 6-62　　图 6-63

步骤 03 将“文字高度”设为4，将“从尺寸线偏移”设为1.5，如图6-64所示。

步骤 04 切换到“符号和箭头”选项卡，设置箭头大小为4，如图6-65所示。

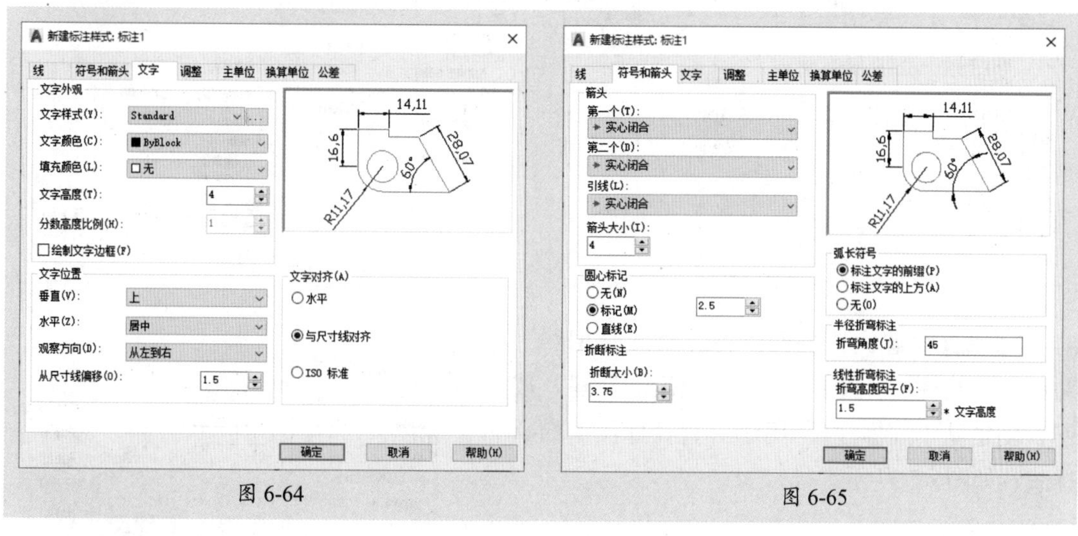

图 6-64　　图 6-65

步骤 05 切换到“线”选项卡，将“超出尺寸线”设为2，将“起点偏移量”也设为2，如图6-66所示。

步骤 06 切换到“调整”选项卡，将“调整选项”设为“文字始终保持在尺寸界线之间”，如图6-67所示。

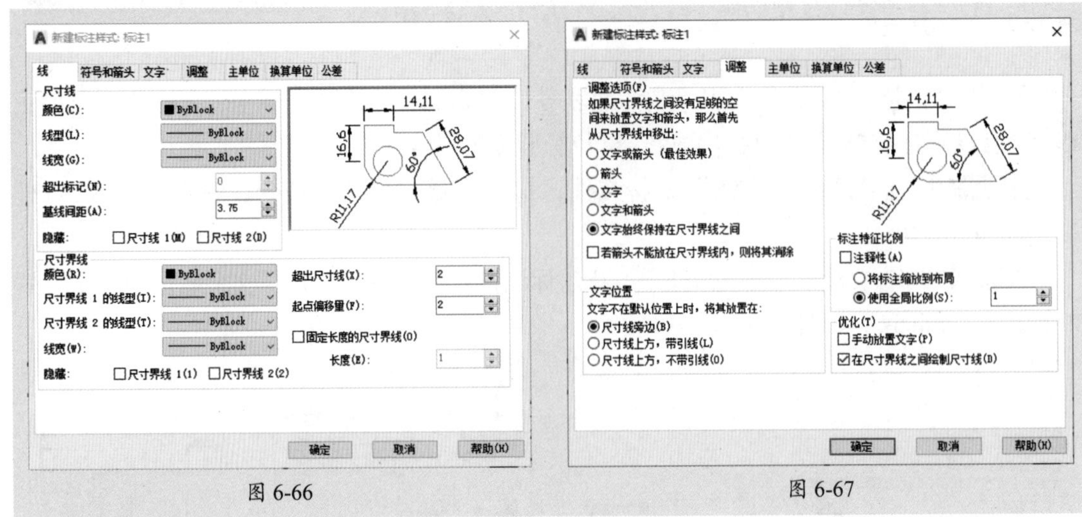

图 6-66　　　　图 6-67

步骤 07 设置完成后关闭该对话框，返回“标注样式管理器”对话框。继续单击“新建”按钮，创建名为“标注2”的标注样式，如图6-68所示。

步骤 08 进入“新建标注样式”对话框，切换到“主单位”选项卡，输入前缀“%%C”，如图6-69所示。

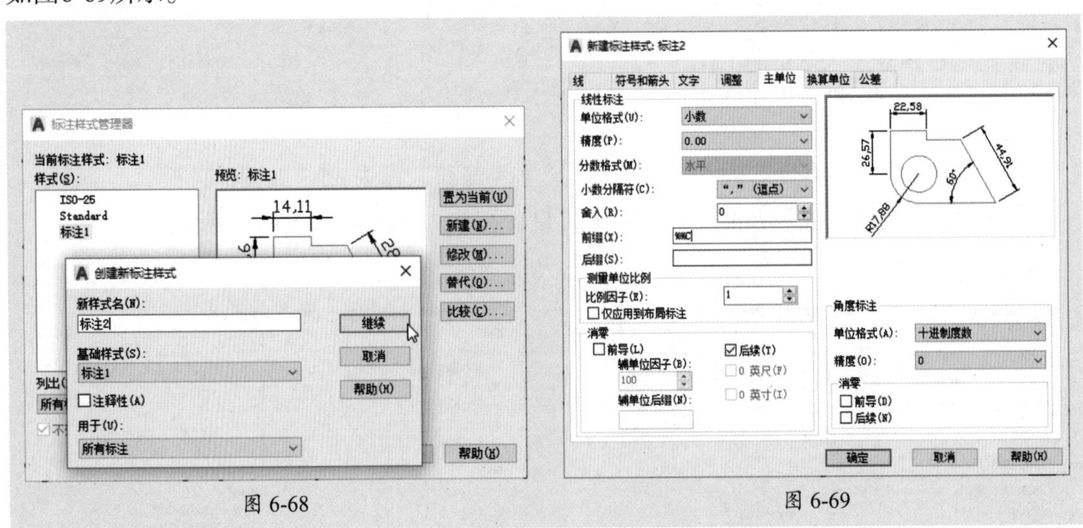

图 6-68　　　　图 6-69

步骤 09 设置完毕返回“标注样式管理器”对话框。选择“标注1”样式后单击“新建”按钮，创建基于“标注1”用于“直径标注”的新样式，如图6-70所示。

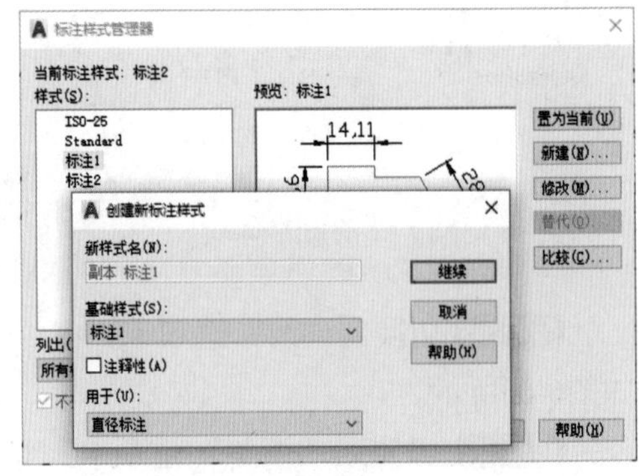

图 6-70

步骤10 单击“继续”按钮，打开“新建标注样式”对话框。切换到“文字”选项，设置文字对齐方式为“水平”，如图6-71所示。

步骤11 关闭该对话框返回“标注样式管理器”对话框。可以看到新创建的三个样式名，如图6-72所示。

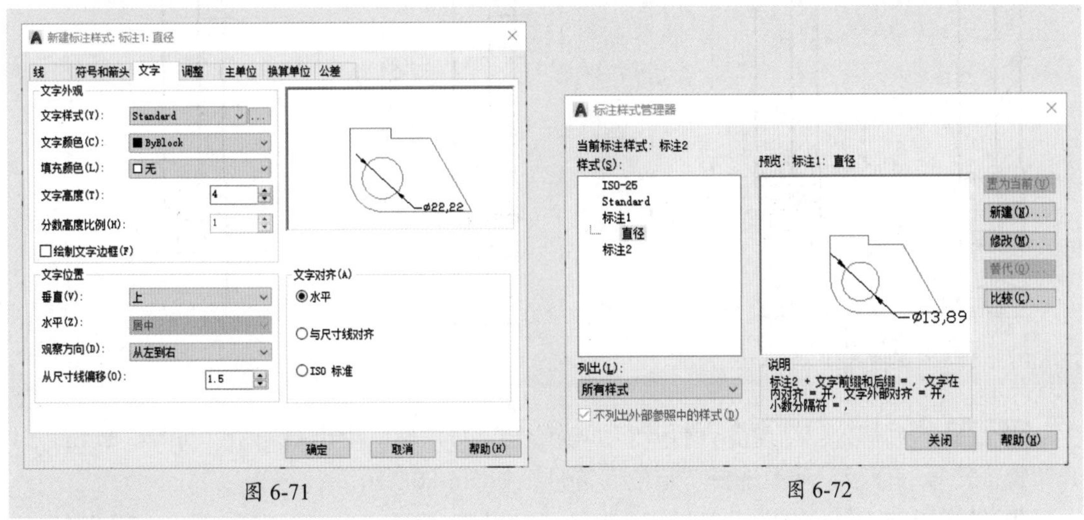

图 6-71　　　　图 6-72

步骤12 将“标注1”置为当前。执行“线性”命令，为底座俯视图添加线性标注，如图6-73所示。

步骤13 执行“直径”和“角度”命令，为图形添加直径标注和角度标注，如图6-74所示。

步骤14 在命令行输入命令ed，按回车键确定后选择直径标注，修改标注内容，如图6-75所示。

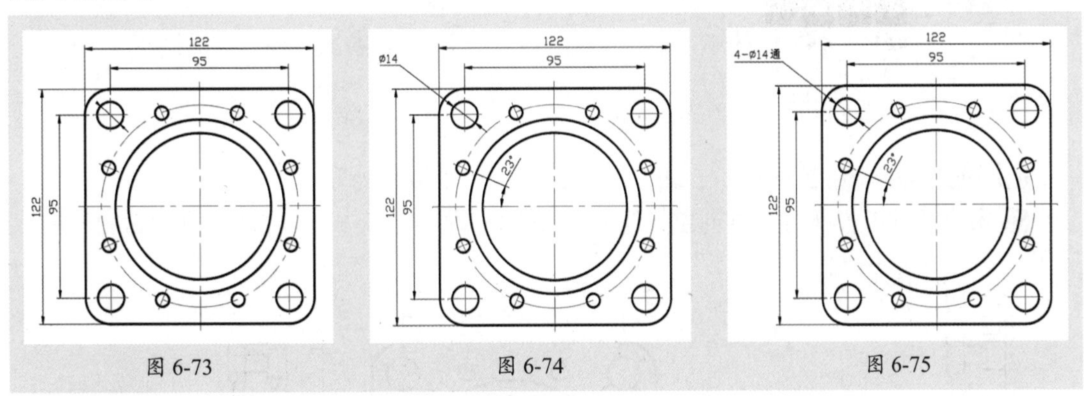

图 6-73　　　　图 6-74　　　　图 6-75

步骤15 执行“线性”命令，为剖面图创建线性标注，如图6-76所示。

步骤16 将“标注2”样式置为当前。继续执行“线性”命令，为剖面图创建线性标注，如图6-77所示。

步骤17 在命令行输入命令ed，修改标注内容，如图6-78所示。

步骤18 执行“多重引线”命令，在剖面图上创建多个不带标注文字的箭头引线，如图6-79所示。

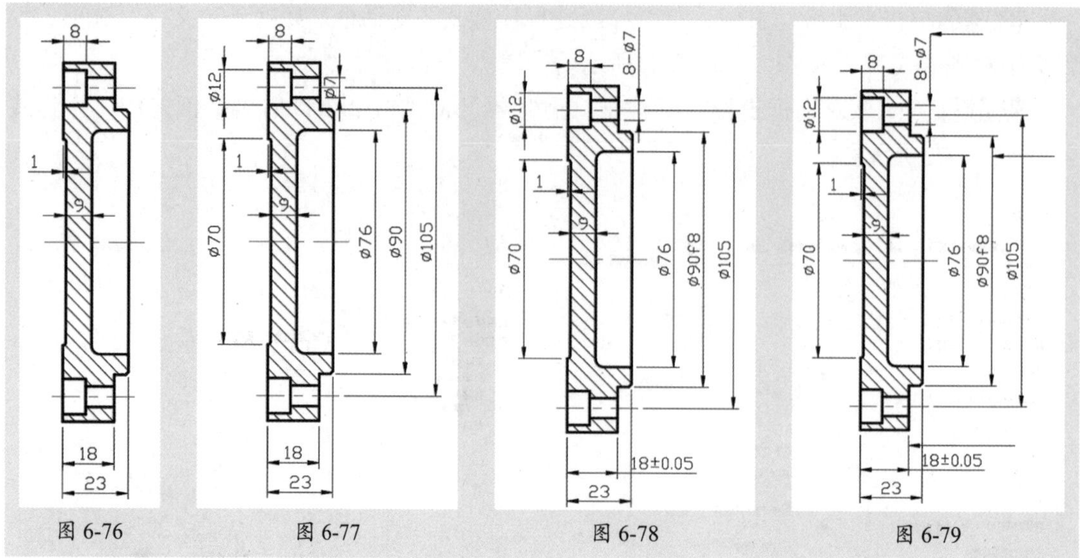

图 6-76　图 6-77　图 6-78　图 6-79

步骤 19 执行“公差”命令，打开“形位公差”对话框。单击第一个“符号”按钮，打开“特征符号”面板，从中选择“定位”符号，如图6-80所示。

步骤 20 返回“形位公差”对话框，输入“公差1”值为“%%c0.25”，输入“公差2”为B，如图6-81所示。

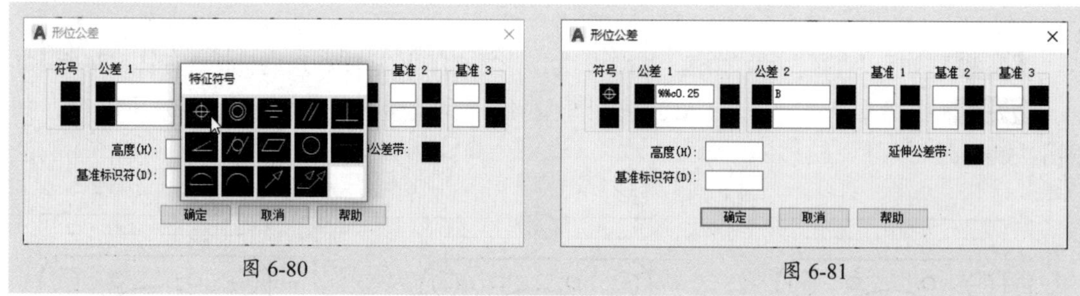

图 6-80　图 6-81

步骤 21 单击“确定”按钮，为公差指定位置，如图6-82所示。

步骤 22 依照此操作方法再创建其他两个形位公差标注，完成本次操作，如图6-83所示。

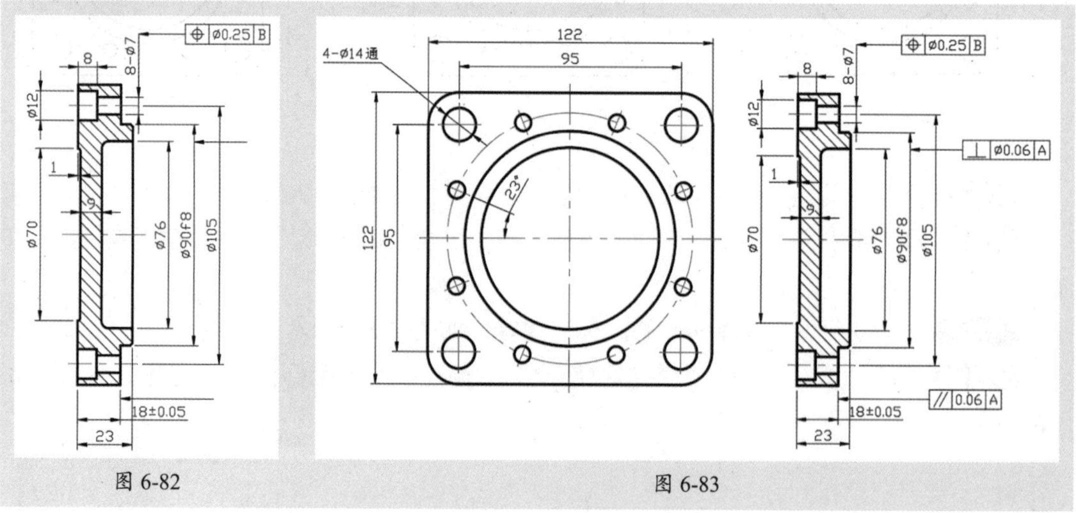

图 6-82　图 6-83

课后练习 为套圈零件图添加尺寸标注

本例将利用线性、引线标注、公差等标注命令，为套圈零件图添加尺寸标注，如图6-84所示。

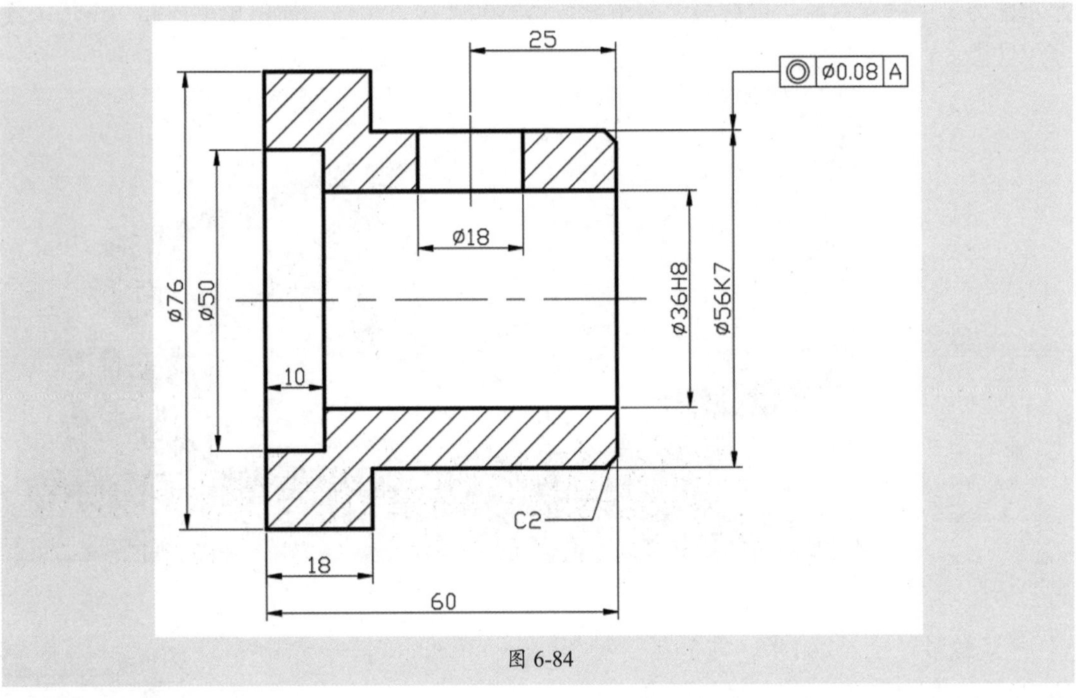

图 6-84

1. 技术要点

步骤 01 执行“线性”命令，为图形创建线性标注，并对相关标注文字进行修改。

步骤 02 执行“多重引线样式”命令，添加一段带箭头的引线。

步骤 03 执行“公差”命令，打开“形位公差”对话框。设置公差值，在引线处添加公差值。

2. 分步演示

如图6-85所示。

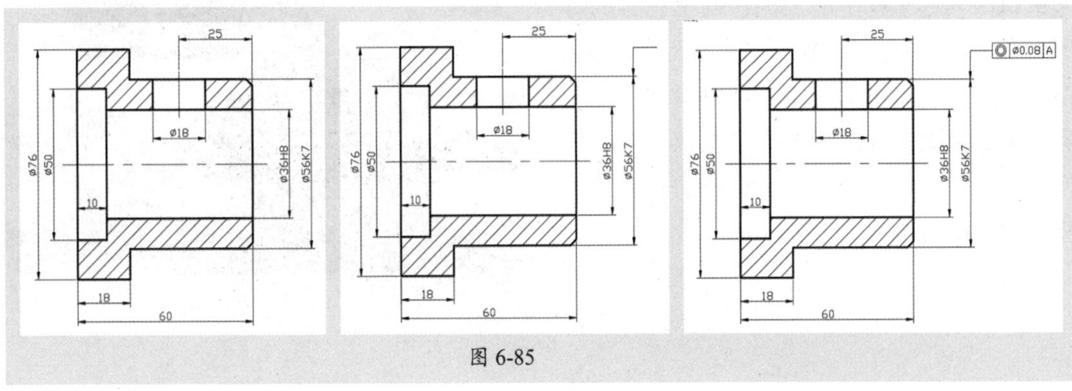

图 6-85

拓展赏析

世界第一单吊：蓝鲸号起重船

“蓝鲸号”是一艘由中国制造的专业海洋工程海上安装作业船舶，也是目前世界上单臂起重能力最大的起重船，单臂最大起重能力达7500吨级，相当于能够单手抓起一个法国埃菲尔铁塔，它是深海建筑领域名副其实的“大国重器”，如图6-86所示。

图 6-86

“蓝鲸号”全长241米，宽50米，型深20.4米。总质量64110吨，起重吊梁高98.1米，它既可将吊具深入水下150米，又可以将重物提升到水上125米，最高点130米，相当于40多层楼高度，最高起重高度可达110米。整个浮吊船可同时容纳300人食宿作业，并设有直升机停机坪，自航速度达到11个节级。它的一大特点就是起重臂可以放倒或旋转。海上的环境瞬息即变，普通的固定臂式起重机因其起重臂不能放倒，遇上恶劣的海况，起重臂常会变形损坏或折断。而这款7500吨全回转浮吊的诞生，可以自如对付恶劣环境，大大扩展了我国海事工程和求助打捞事业可涉猎的海域，图6-87所示是“蓝鲸号”正在吊装作业。

图 6-87

第7章 机械图形的文字注释

内容导读

机械图纸中除了标注详细的尺寸信息外，还需要对一些特殊的零部件图形添加文字注释。例如加工工艺、技术要求等。本章将对AutoCAD的文本及表格功能进行介绍，其中内容包含文本样式、文字的添加、表格的应用等。

思维导图

- 机械图形的文字注释
  - 创建并管理文字样式
    - 设置文字样式
    - 管理文字样式
  - 创建与编辑表格
    - 设置表格样式
    - 创建表格
    - 编辑表格
  - 添加与编辑文字内容
    - 创建单行文字
    - 创建多行文字
    - 插入特殊符号
    - 使用字段

7.1 创建并管理文字样式

机械图形中的文字统称为技术注释，它也是机械图样中不可缺少的一部分。通常用户在创建文字前，需要先对文字的基本样式进行一番设置。

7.1.1 案例解析：修改当前文字样式

下面将对当前默认的文字样式进行修改操作。

步骤 01 新建空白文件，执行“文字样式”命令，打开“文字样式”对话框。单击“字体名”下拉按钮，选择“仿宋”字体，如图7-1所示。

步骤 02 将“高度”设为4，单击“置为当前”按钮，如图7-2所示。

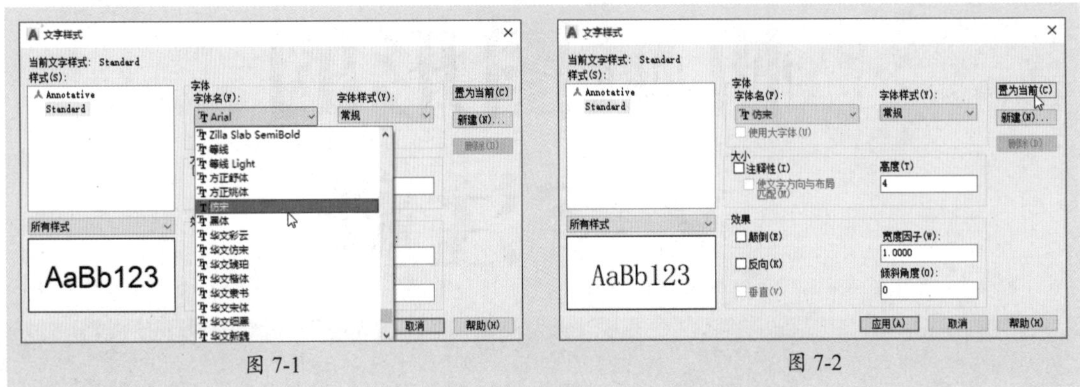

图 7-1　　图 7-2

步骤 03 弹出提示对话框，单击“是”按钮，关闭该对话框，完成默认文字样式的修改操作，如图7-3所示。

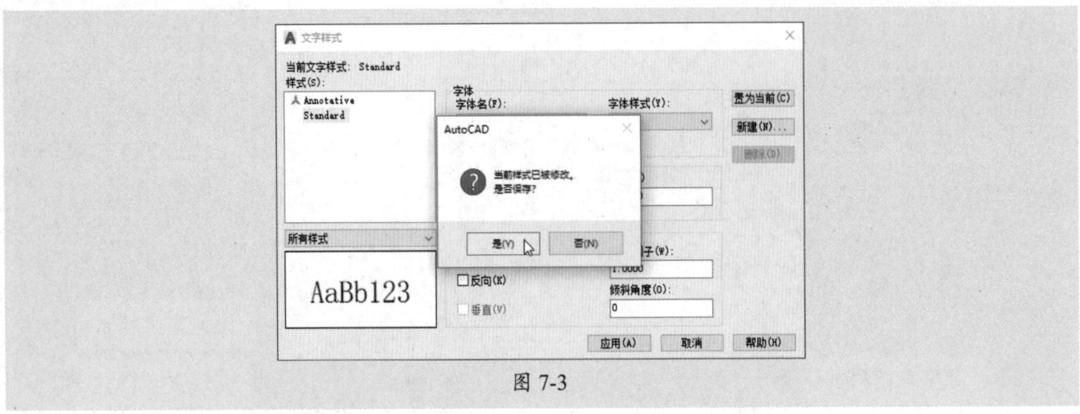

图 7-3

7.1.2 设置文字样式

文字样式是对同一类文字的格式进行设置，包括字体、字高、显示效果等。在插入文字前，应首先定义文字样式，以指定字体、高度等参数，然后用定义好的文字样式进行标注。用户可通过以下方式来设置文字样式。

- 执行“格式”|“文字样式”命令。
- 在“默认”选项卡的“注释”面板中单击“文字注释”按钮。

- 在“注释”选项卡的“文字”面板中单击右下角的箭头按钮↘。
- 在命令行输入ST命令并按回车键。

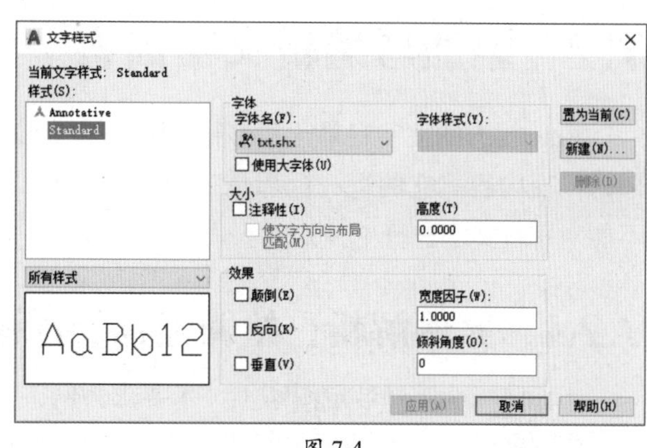

图 7-4

使用以上任意方法，打开“文字样式”对话框。在此根据需要进行样式的新建或修改操作，如图7-4所示。

“文字样式”对话框中各选项的含义如下。

- **样式**：显示已有的文字样式。单击“所有样式”列表框右侧的三角符号，在弹出的列表中可以设置“样式”列表框是显示所有样式还是正在使用的样式。
- **字体**：包含“字体名”和“字体样式”选项。“字体名”用于设置文字注释的字体，“字体样式”用于设置字体格式，例如斜体、粗体或者常规字体。
- **大小**：包含“注释性”“使文字方向与布局匹配”和“高度”选项，其中“注释性”用于指定文字为注释性，“高度”用于设置字体的高度。
- **效果**：修改字体的特性，如高度、宽度因子、倾斜角以及是否颠覆显示。
- **置为当前**：将选定的样式置为当前使用样式。
- **新建**：创建新的文字样式。
- **删除**：单击“样式”列表框中的样式名，则激活“删除”按钮，单击该按钮即可删除样式。

操作提示

在操作过程中，系统无法删除已经被使用的文字样式、默认的Standard样式及当前文字样式。

7.1.3 管理文字样式

在绘制图形时，如果创建的文字样式太多，这时可通过“重命名”和“删除”来管理文字样式。在“文字样式”对话框中，右击所需的文字样式，在快捷菜单中选择“重命名”选项，输入新名称，按回车键即可重命名。单击“置为当前”按钮，即可将该样式置为当前，如图7-5所示。

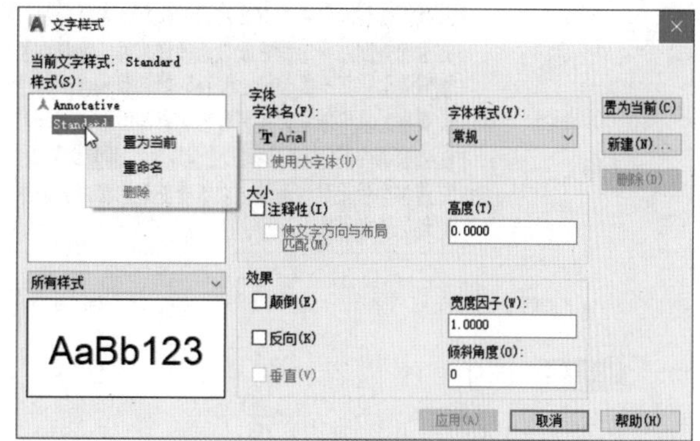

图 7-5

7.2 添加与编辑文字内容

AutoCAD的文字有单行和多行之分。“单行文字”命令主要用于创建不需要使用多种字体的简短内容，它的每一行都是一个文字对象。而“多行文字”命令输入的是一个整体，不能对每行文字进行单独处理。

7.2.1 案例解析：给减速器装配图添加技术要求

下面将以为零件装配图添加技术要求为例，介绍多行文字的创建及编辑操作。

步骤 01 打开“减速器装配图”素材文件。执行“多行文字”命令，在绘图区指定文字起点和终点，选择好文字的范围，如图7-6所示。

步骤 02 在创建的文本框中根据需要输入技术要求内容，如图7-7所示。

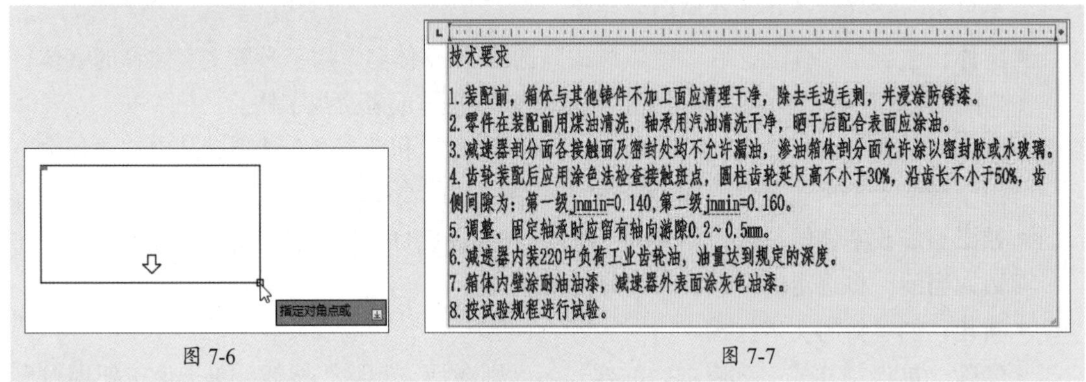

图 7-6　　　　图 7-7

步骤 03 选中文本标题，在“文字编辑器”选项卡的“格式”面板中单击“（加粗）”按钮B，将文字加粗显示。在“样式”面板中设置“文字高度”为6，如图7-8所示。

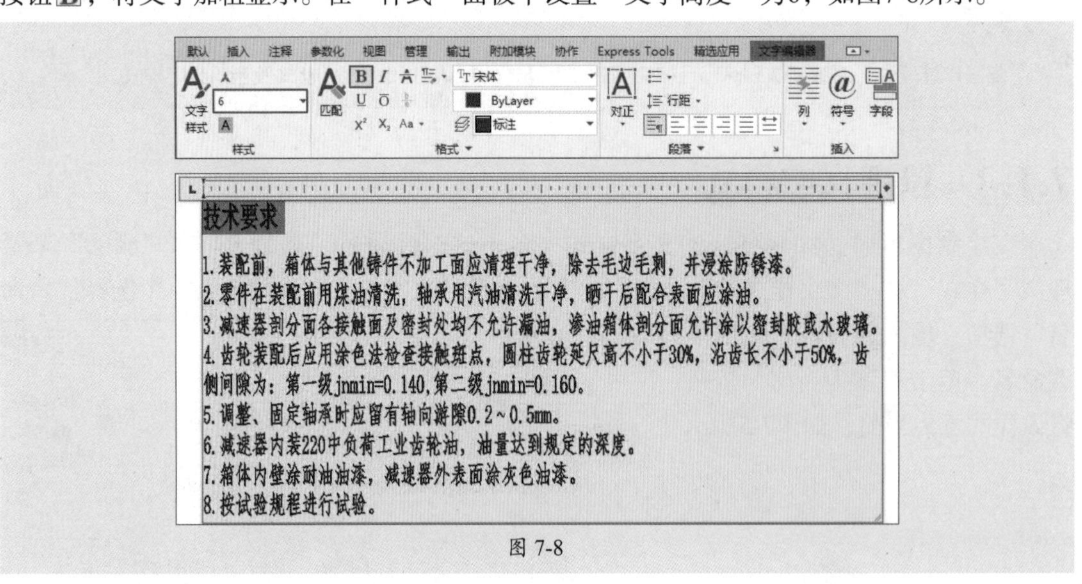

图 7-8

步骤 04 选中正文内容，在“文字编辑器”选项卡的“格式”面板中单击“字体”按钮，选择“仿宋”，如图7-9所示。

默认 插入 注释 参数化 视图 管理 输出 附加模块 协作 Express Tools 精选应用 文字编辑器
文字样式
2.5
匹配
仿宋
ByLayer
标注
对正
行距
列
样式
格式
段落
技术要求
1.装配前，箱体与其他铸件不加工面应清理干净，除去毛边毛刺，并浸涂防锈漆。
2.零件在装配前用煤油清洗，轴承用汽油清洗干净，晒干后配合表面应涂油。
3.减速器剖分面各接触面及密封处均不允许漏油，渗油箱体剖分面允许涂以密封胶或水玻璃。
4.齿轮装配后应用涂色法检查接触斑点，圆柱齿轮延尺高不小于30%，沿齿长不小于50%，齿侧间隙为：第一级jnmin=0.140,第二级jnmin=0.160。
5.调整、固定轴承时应留有轴向游隙0.2~0.5mm。
6.减速器内装220中负荷工业齿轮油，油量达到规定的深度。
7.箱体内壁涂耐油油漆，减速器外表面涂灰色油漆。
8.按试验规程进行试验。

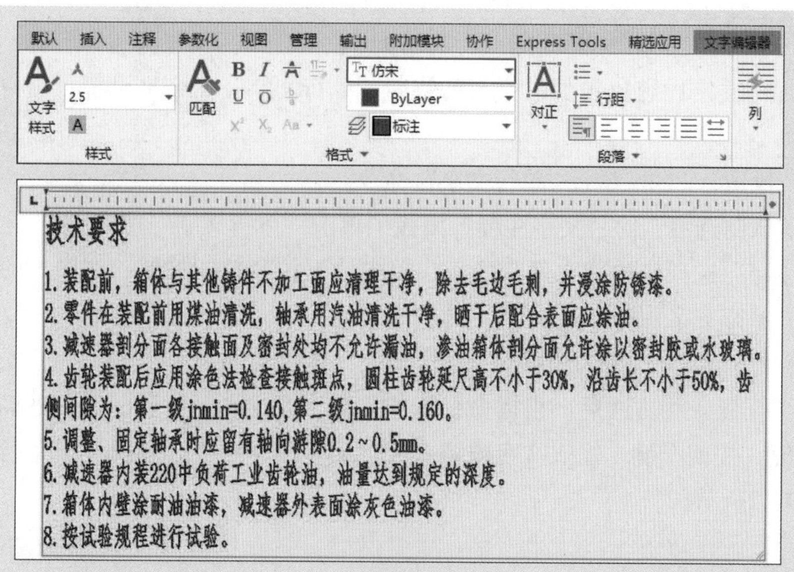

图 7-9

步骤05 将正文字体高度设为5。拖动文本框标尺栏右侧的◆按钮，将文本框调整为合适的宽度，如图7-10所示。

技术要求
1.装配前，箱体与其他铸件不加工面应清理干净，除去毛边毛刺，并浸涂防锈漆。
2.零件在装配前用煤油清洗，轴承用汽油清洗干净，晒干后配合表面应涂油。
3.减速器剖分面各接触面及密封处均不允许漏油，渗油箱体剖分面允许涂以密封胶或水玻璃。
4.齿轮装配后应用涂色法检查接触斑点，圆柱齿轮延尺高不小于30%，沿齿长不小于50%，齿侧间隙为：第一级jnmin=0.140,第二级jnmin=0.160。
5.调整、固定轴承时应留有轴向游隙0.2~0.5mm。
6.减速器内装220中负荷工业齿轮油，油量达到规定的深度。
7.箱体内壁涂耐油油漆，减速器外表面涂灰色油漆。
8.按试验规程进行试验。

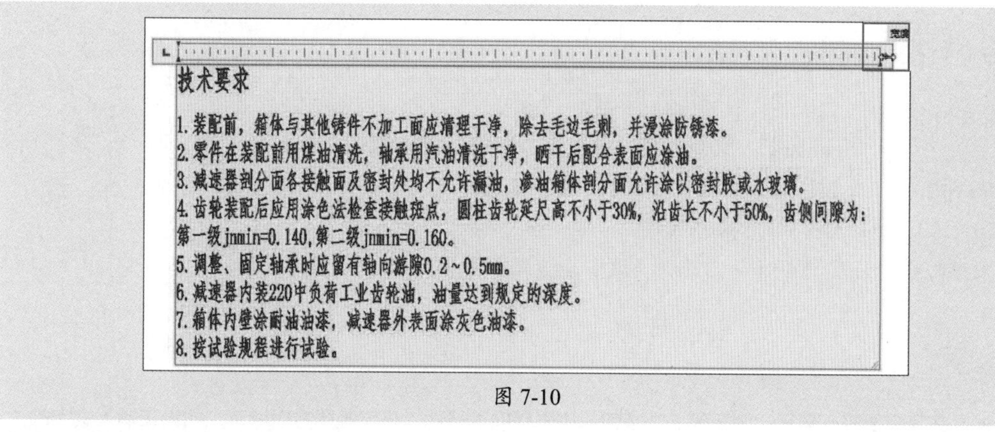

图 7-10

步骤06 调整完成后，单击文本框外侧空白处即可完成技术要求内容的添加操作，如图7-11所示。

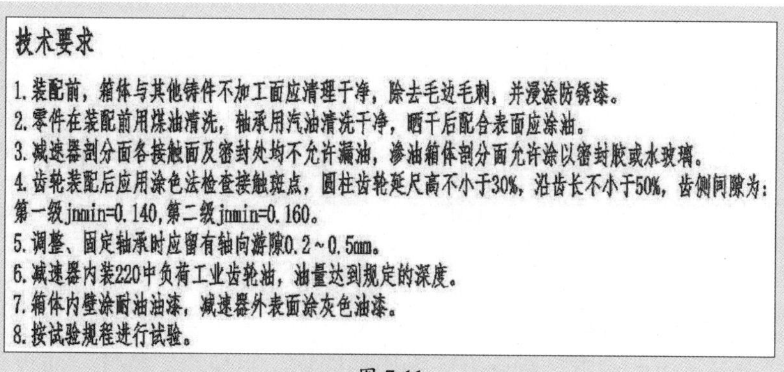

技术要求
1.装配前，箱体与其他铸件不加工面应清理干净，除去毛边毛刺，并浸涂防锈漆。
2.零件在装配前用煤油清洗，轴承用汽油清洗干净，晒干后配合表面应涂油。
3.减速器剖分面各接触面及密封处均不允许漏油，渗油箱体剖分面允许涂以密封胶或水玻璃。
4.齿轮装配后应用涂色法检查接触斑点，圆柱齿轮延尺高不小于30%，沿齿长不小于50%，齿侧间隙为：第一级jnmin=0.140,第二级jnmin=0.160。
5.调整、固定轴承时应留有轴向游隙0.2~0.5mm。
6.减速器内装220中负荷工业齿轮油，油量达到规定的深度。
7.箱体内壁涂耐油油漆，减速器外表面涂灰色油漆。
8.按试验规程进行试验。

图 7-11

7.2.2 创建单行文字

如果添加的文字内容比较少，那么可使用“单行文字”命令来设置。用户可通过以下方式调用该命令。

- 执行“绘图”|“文字”|“单行文字”命令。
- 在“默认”选项卡的“文字注释”面板中单击“单行文字”按钮A。
- 在“注释”选项卡的“文字”面板中单击“下拉菜单”按钮，在弹出的下拉列表中选择“单行文字”命令A。
- 在命令行输入TEXT命令并按回车键。

使用以上任意一种方法后，根据命令行的需求，在绘图区指定一点，并输入文字高度和旋转角度值，按回车键，输入文字内容。完成后单击空白处，即可完成单行文字的创建操作，如图7-12所示。

图 7-12

命令行提示如下：

```
命令: _text
当前文字样式: "Standard"  文字高度: 2.5000  注释性: 否  对正: 左
指定文字的起点 或 [对正(J)/样式(S)]:（指定文字起点）
指定高度 <2.5000>: 10（输入文字高度）
指定文字的旋转角度 <0>:（输入选择角度，如未默认角度，可按回车键）
```

操作提示

如果文字需要竖排显示，则在输入文字前，将光标向下移动，确定竖排方向即可。如果在输入文字的过程中想改变后面输入的文字位置，可指定新位置，并输入文本内容。

添加单行文字后，如果需要对其内容进行修改，那么只需双击该文字，当文字呈可编辑状态时即可修改内容，如图7-13所示。

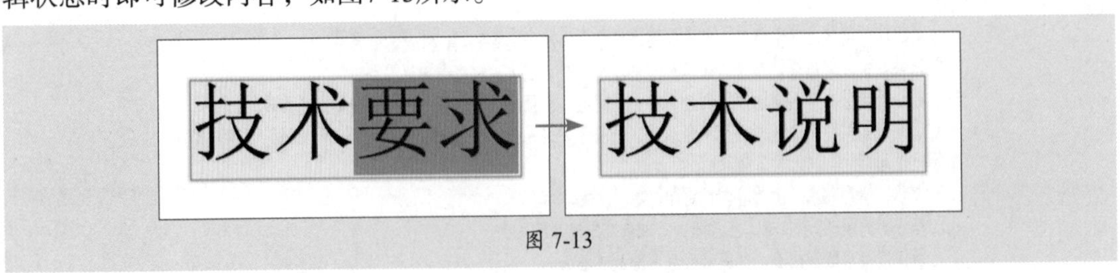

图 7-13

如果需要调整文字的高度、对齐方式等属性的话，可使用“特性”面板来设置。右击文字，在快捷菜单中选择“特性”选项，打开“特性”面板。在“文字”选项组中根据需求修改相应的属性参数即可，如图7-14所示。

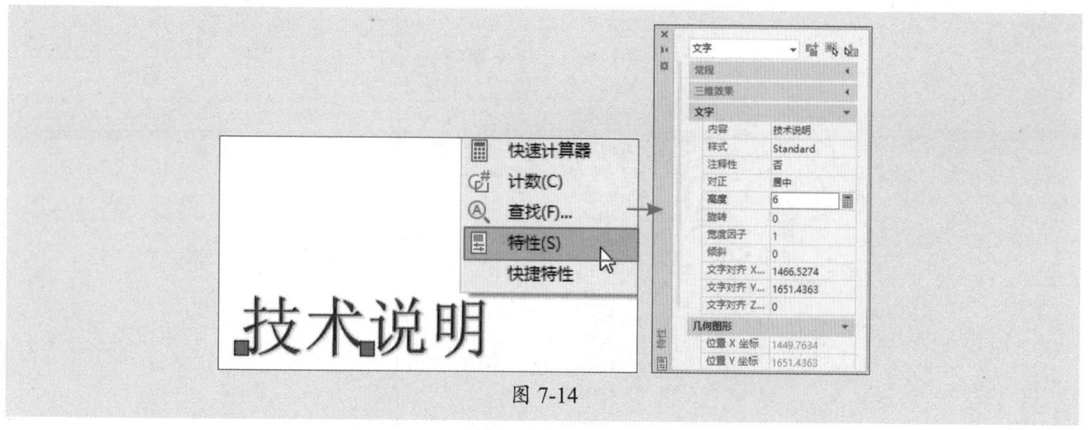

图 7-14

7.2.3 创建多行文字

如果输入的文字内容比较多，那么建议使用“多行文字”命令来创建。该命令的优点是有更丰富的段落和格式编辑工具，方便用户对段落文字进行统一设置管理。用户可通过以下方式调用“多行文字”命令：

- 执行“绘图”|“文字”|“多行文字”命令。
- 在“默认”选项卡的“文字注释”面板中单击“多行文字”按钮A。
- 在“注释”选项卡的“文字”面板中单击菜单按钮，在弹出的下拉列表中选择“多行文字”命令 。
- 在命令行输入MTEXT命令并按回车键。

使用以上任意一种方法后，在绘图区指定对角点，框选出文字区域即可输入文字内容，输入完成后单击功能区右侧的“关闭文字编辑器”按钮，即可创建多行文本，如图7-15所示。

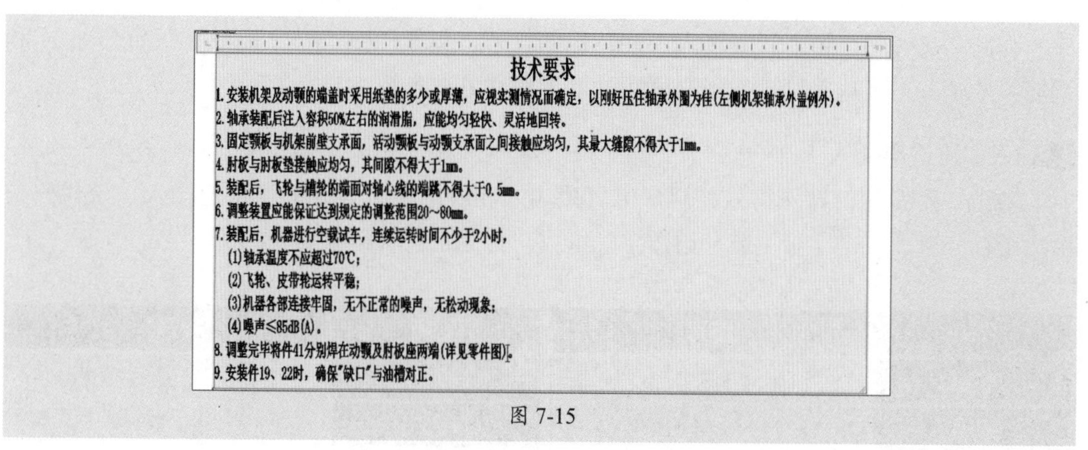

技术要求

1. 安装机架及动颚的端盖时采用纸垫的多少或厚薄，应视实测情况而确定，以刚好压住轴承外圈为佳(左侧机架轴承外盖例外)。
2. 轴承装配后注入容积50%左右的润滑脂，应能均匀轻快、灵活地回转。
3. 固定颚板与机架前壁支承面，活动颚板与动颚支承面之间接触应均匀，其最大缝隙不得大于1mm。
4. 肘板与肘板垫接触应均匀，其间隙不得大于1mm。
5. 装配后，飞轮与槽轮的端面对轴心线的端跳不得大于0.5mm。
6. 调整装置应能保证达到规定的调整范围20~80mm。
7. 装配后，机器进行空载试车，连续运转时间不少于2小时，
  (1)轴承温度不应超过70℃；
  (2)飞轮、皮带轮运转平稳；
  (3)机器各部连接牢固，无不正常的噪声，无松动现象；
  (4)噪声≤85dB(A)。
8. 调整完毕将件41分别焊在动颚及肘板座两端(详见零件图)。
9. 安装件19、22时，确保"缺口"与油槽对正。

图 7-15

编辑多行文本和单行文本的方法基本一致，用户可以执行TEXTEDIT命令进行编辑多行文本内容，还可以通过“特性”选项板修改文本对正方式和缩放比例等。

编辑多行文本的特性面板的“文字”卷展栏内增加了“行距比例”“行间距”“行距样式”和“背景遮罩”等选项，但缺少“倾斜”和“宽度”选项，相应的“其他”选项组也

消失了，如图7-16所示。

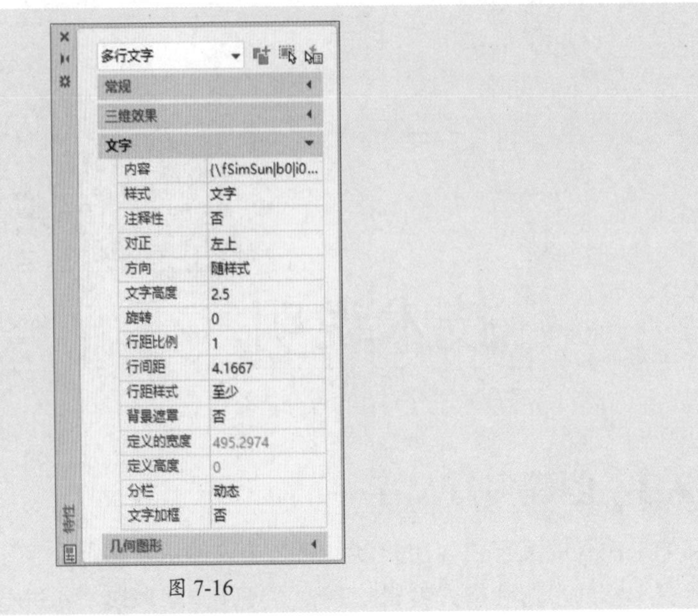

图 7-16

除了上述方法，用户还可以通过文字编辑器编辑文字。双击文字，即可打开文字编辑器，如图7-17所示，从中可对文本进行编辑。

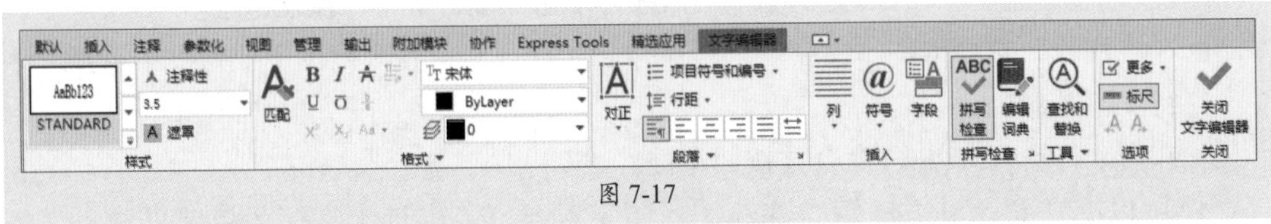

图 7-17

7.2.4 插入特殊符号

在制图过程中，经常需要输入一些特殊的符号，例如“∠(角度)”“±（正负公差）”和钢筋符号等。对于这些符号，用户可通过以下两种方法来解决。

1. 输入字符代码插入

对于一些常用的特殊符号，用户可直接输入相应的字符代码即可快速插入。该代码是由两个百分号和一个字母（或一组数字）组成。常见字符代码如表7-1所示。

表 7-1

代码	符号	代码	符号
%%O	上划线（成对出现）	\U+2220	角度∠
%%U	下划线（成对出现）	\U+2248	几乎等于≈
%%D	度数（°）	\U+2260	不相等≠
%%P	正负公差（±）	\U+0394	差值Δ
%%C	直径（∅）	\U+00B2	上标2
%%%	百分号（%）	\U+2082	下标2

2. 用"符号"功能插入

输入多行文字时，可在"文字编辑器"选项卡中单击"符号"下拉按钮，在下拉列表中选择所需的符号，如图7-18所示。或者在"符号"列表中选择"其他"选项，通过"字符映射表"对话框来插入，如图7-19所示。当然，用户也可直接通过输入符号代码来操作。

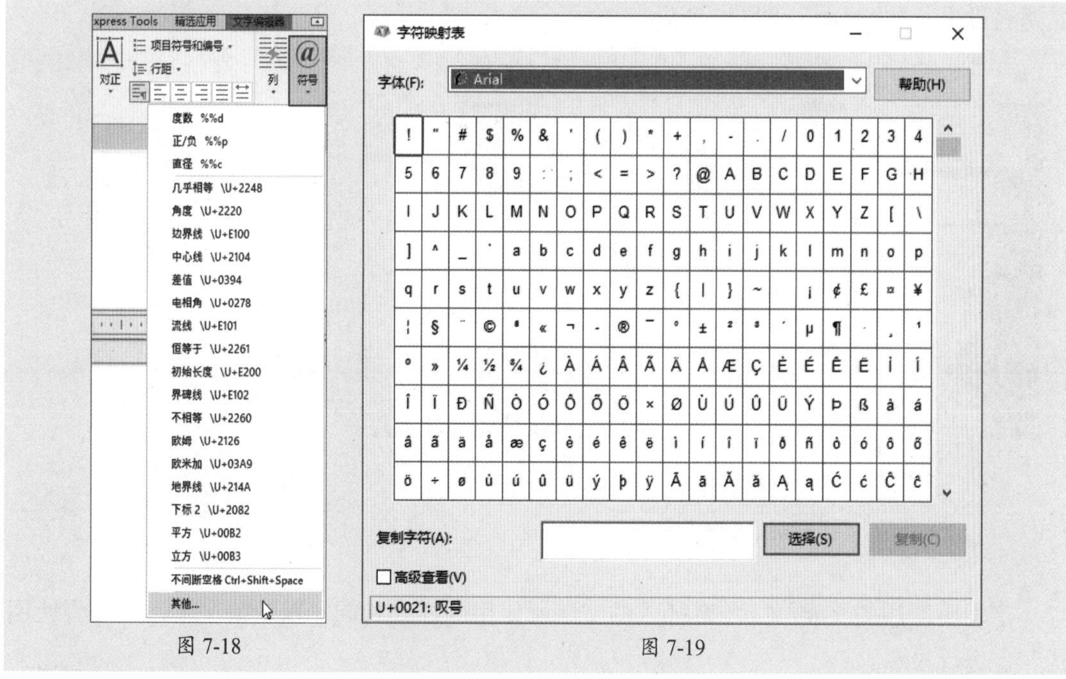

图 7-18　　　　图 7-19

操作提示

输入钢筋符号A、B、C和D时，需要安装字体SJQY并将其添加到C:\Windows\Fonts路径下。在不改变该多行文字"样式"的前提下，仅单击"文字"栏选择字体SJQY，再分别输入大写字母A、B、C或D，即可得到相应的钢筋符号A、B、C或D。用户也可以先输入大写字母A、B、C或D，再选中相应字母后修改其为字体SJQY。

7.2.5 使用字段

字段也是文字的一种，它是自动更新的智能文字。在施工图中经常会用到一些随设计内容不同而变化的文字或数据，例如引用的视图方向、修改设计中的建筑面积、重新编号后的图纸等。像这些文字或数据，可以采用字段的方式引用。当字段所代表的文字或数据发生变化时，字段会自动更新，不需要手动修改。

1. 插入字段

用户可通过以下方法来插入所需的字段内容：

- 执行"插入" | "字段"命令。
- 在"插入"选项卡的"数据"面板中单击"字段"按钮。
- 在命令行输入FIELD命令，然后按回车键。
- 在文字输入框中单击鼠标右键，在弹出的快捷菜单中选择"插入字段"选项。

● 在“文字编辑器”选项卡的“插入”面板单击“字段”按钮。

使用以上任意一种方法都可打开“字段”对话框。单击“字段类别”下拉按钮，在打开的下拉列表中选择字段的类别，其中包括打印、对象、其他、全部、日期和时间、图纸集、文档和已链接8个类别，选择其中任意一个选项，则会打开与之相应的样例列表，再对其进行设置，如图7-20、图7-21所示。

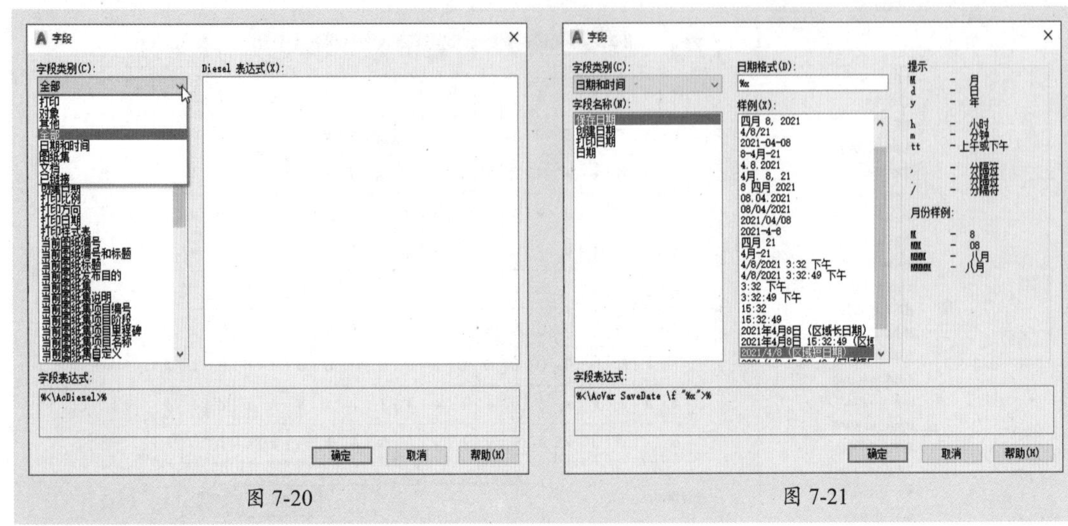

图 7-20　　图 7-21

字段所使用的文字样式与其插入的文字所使用的样式相同。默认情况下，字段将使用浅灰色进行显示。

2. 更新字段

字段更新时，将显示最新的值。在此可单独更新字段，也可在一个或多个选定文字中更新所需字段。通过以下方式可进行更新字段的操作：

● 选择文本，单击鼠标右键，在快捷菜单中选择“更新字段”选项。

● 在命令行输入UPD命令并按回车键。

● 在命令行输入FIELDEVAL命令并按回车键，根据提示输入合适的位码即可。该位码是常用标注控制符中任意值的和。如仅在打开、保存文件时更新字段，可输入数值3。

常用标注控制符说明如下。

● **0值：**不更新。

● **1值：**打开时更新。

● **2值：**保存时更新。

● **4值：**打印时更新。

● **8值：**使用ETRANSMIT时更新。

● **16值：**重生成时更新。

如果想要对插入的字段进行编辑，选中该字段，单击鼠标右键，选择“编辑字段”选项，即可在“字段”对话框中进行设置。如果想将字段转换成文字，需要右键单击所需字段，在弹出的快捷菜单中选择“将字段转换为文字”选项。

7.3 创建与编辑表格

表格是一种以行和列形式提供信息的工具，常见的表格是型号表和其他一些关于材料、规格的表格。使用表格可以帮助用户清晰地表达一些统计数据。

7.3.1 案例解析：调入材料表格

下面以调用破碎机材料表为例，介绍如何在AutoCAD中插入外部表格的操作。

步骤 01 执行“表格”|“表格样式”命令，打开“插入表格”对话框，如图7-22所示。

步骤 02 在“插入选项”项目组中单击“自数据链接”单选按钮，然后单击右侧的启动按钮，如图7-23所示。

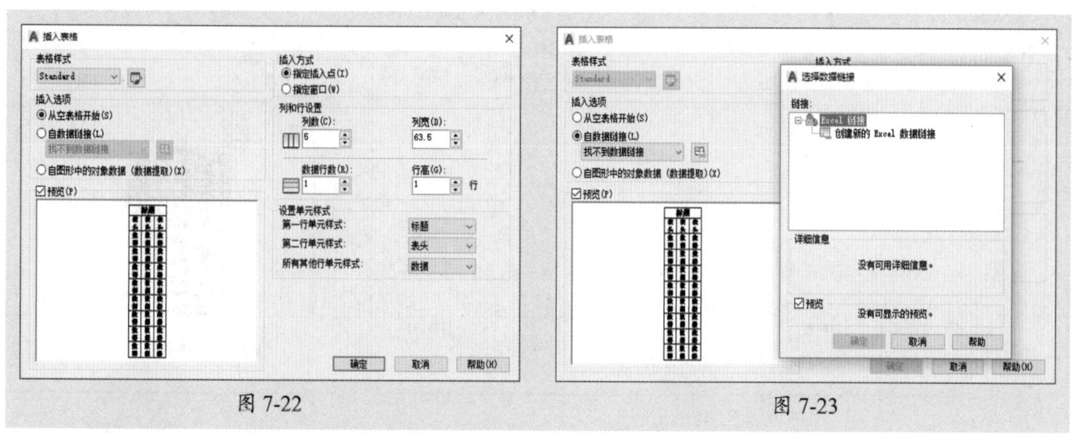

图 7-22　　　　图 7-23

步骤 03 打开“选择数据链接”对话框。单击“创建新的Excel数据链接”选项，打开“输入数据链接名称”对话框，输入名称，如图7-24所示。

步骤 04 单击“确定”按钮，打开“新建Excel数据链接：材料表”对话框，单击“浏览文件”按钮[...]，如图7-25所示。

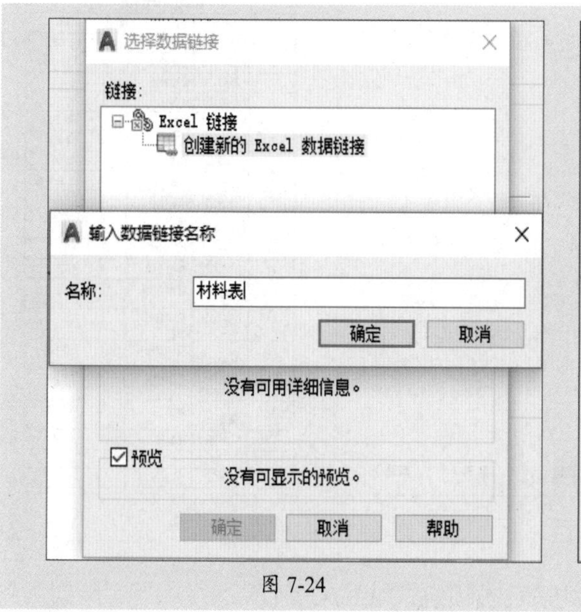

图 7-24

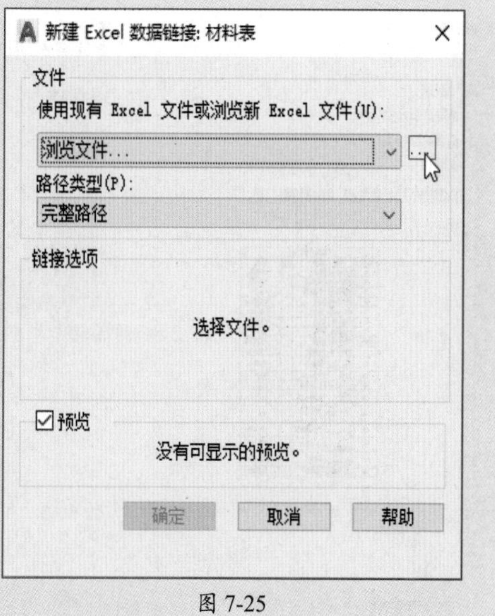

图 7-25

步骤 05 打开“另存为”对话框。在该对话框中选择文件，单击“打开”按钮，如图7-26所示。

步骤 06 返回“新建Excel数据链接：材料表”对话框，这里可以预览表格效果，如图7-27所示。

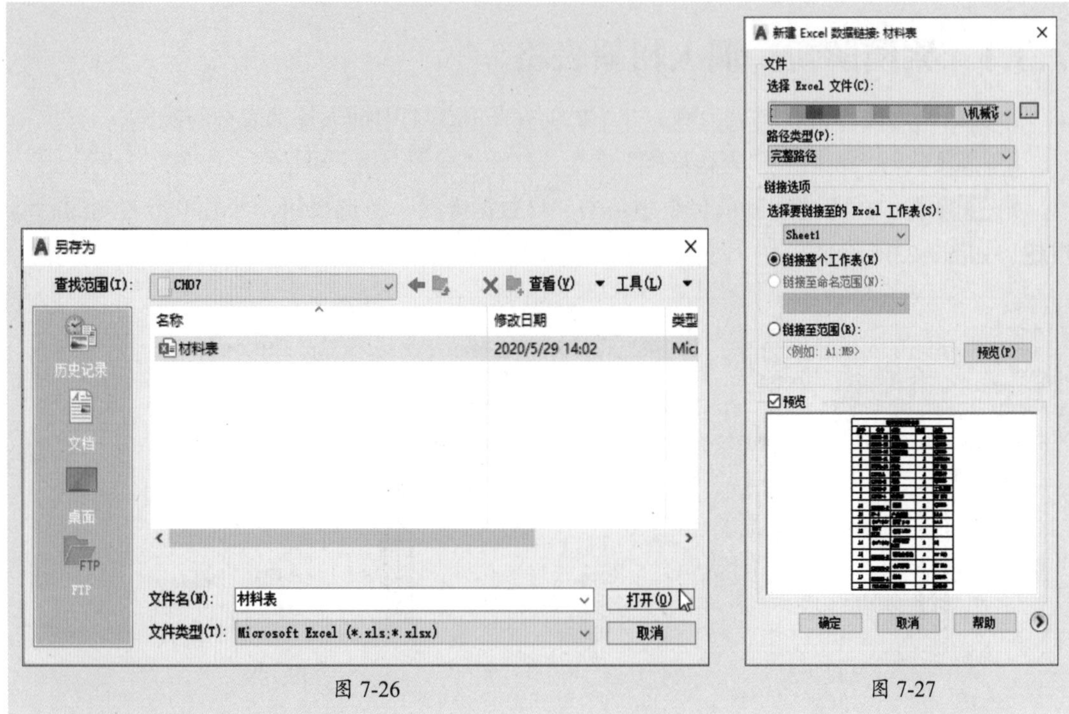

图 7-26　　图 7-27

步骤 07 依次单击“确定”按钮，返回到“插入表格”对话框。单击“确定”按钮，关闭表格，如图7-28所示。

步骤 08 在绘图区指定表格的插入点即可插入该表格，如图7-29所示。

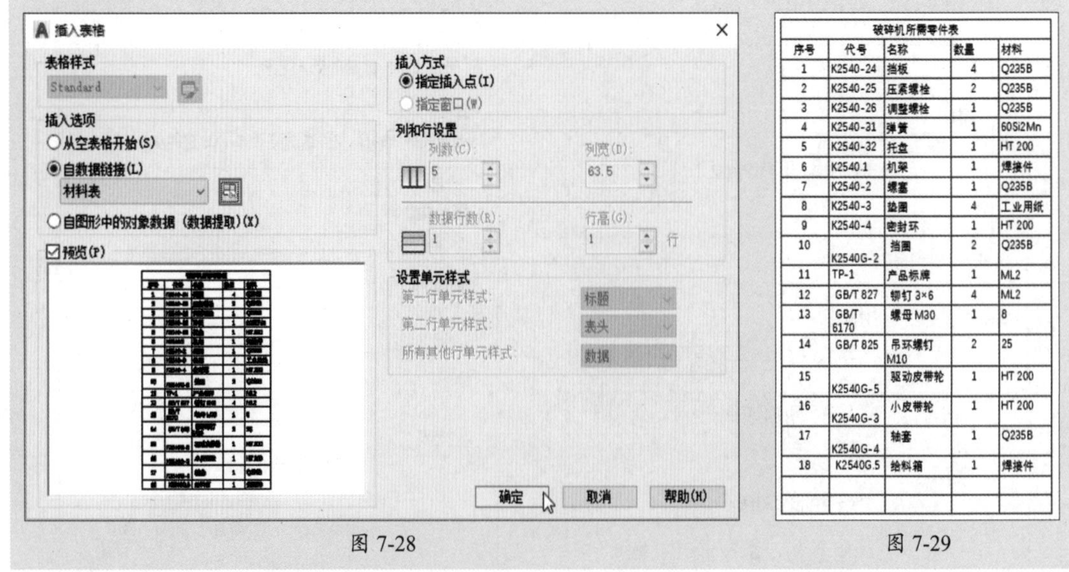

破碎机所需零件表				
序号	代号	名称	数量	材料
1	K2540-24	挡板	4	Q235B
2	K2540-25	压紧螺栓	2	Q235B
3	K2540-26	调整螺栓	1	Q235B
4	K2540-31	弹簧	1	60Si2Mn
5	K2540-32	托盘	1	HT 200
6	K2540.1	机架	1	焊接件
7	K2540-2	螺塞	1	Q235B
8	K2540-3	垫圈	4	工业用纸
9	K2540-4	密封环	1	HT 200
10	K2540G-2	挡圈	2	Q235B
11	TP-1	产品标牌	1	ML2
12	GB/T 827	铆钉 3×6	4	ML2
13	GB/T 6170	螺母 M30	1	8
14	GB/T 825	吊环螺钉 M10	2	25
15	K2540G-5	驱动皮带轮	1	HT 200
16	K2540G-3	小皮带轮	1	HT 200
17	K2540G-4	轴套	1	Q235B
18	K2540G.5	给料箱	1	焊接件

图 7-28　　图 7-29

步骤 09 选择表格，可以看到当前表格内容已被锁定，如图7-30所示。

步骤10 在“表格单元”选项卡的“单元格式”面板中，单击“解锁”按钮，调整表格，完成本次操作，如图7-31所示。

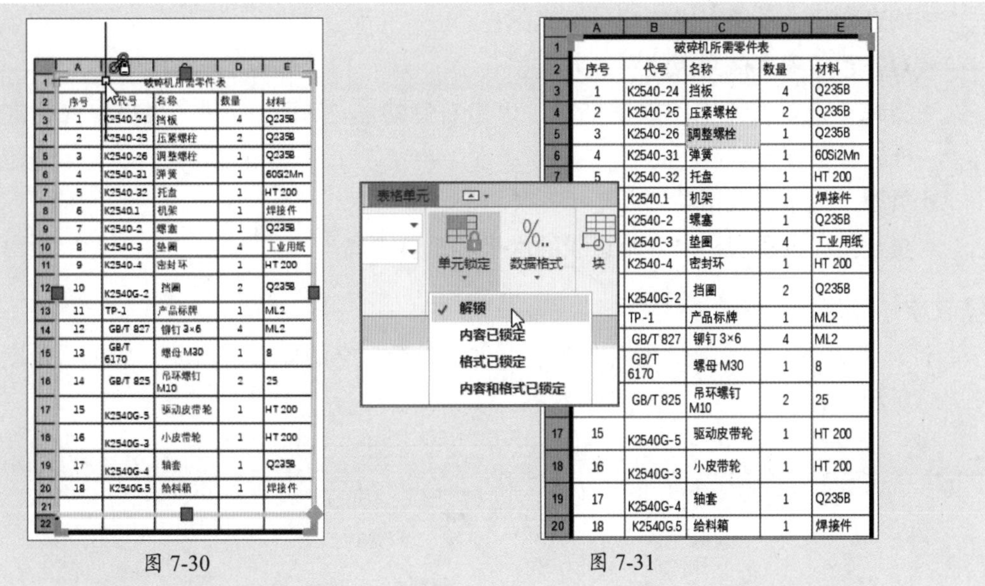

	A	B	C	D	E
1	破碎机所需零件表				
2	序号	代号	名称	数量	材料
3	1	K2540-24	挡板	4	Q235B
4	2	K2540-25	压紧螺栓	2	Q235B
5	3	K2540-26	调整螺栓	1	Q235B
6	4	K2540-31	弹簧	1	60Si2Mn
7	5	K2540-32	托盘	1	HT 200
		K2540.1	机架	1	焊接件
		K2540-2	螺塞	1	Q235B
		K2540-3	垫圈	4	工业用纸
		K2540-4	密封环	1	HT 200
		K2540G-2	挡圈	2	Q235B
		TP-1	产品标牌	1	ML2
		GB/T 827	铆钉3×6	4	ML2
		GB/T 6170	螺母M30	1	8
		GB/T 825	吊环螺钉M10	2	25
17	15	K2540G-5	驱动皮带轮	1	HT 200
18	16	K2540G-3	小皮带轮	1	HT 200
19	17	K2540G-4	轴套	1	Q235B
20	18	K2540G.5	给料箱	1	焊接件

图 7-30　　　图 7-31

7.3.2　设置表格样式

与设置文字相似，在创建表格前也需要对表格的样式进行相关设置。在“表格样式”对话框中，可以选择设置表格样式的方式。通过以下方式可打开“表格样式”对话框。

- 执行“格式”|“表格样式”命令。
- 在“注释”选项卡中单击“表格”面板右下角的箭头按钮。
- 在命令行输入TABLESTYLE命令并按回车键。

打开“表格样式”对话框后，单击“新建”按钮，输入表格名称，单击“继续”按钮，打开“新建表格样式：材料表”对话框，如图7-32所示。

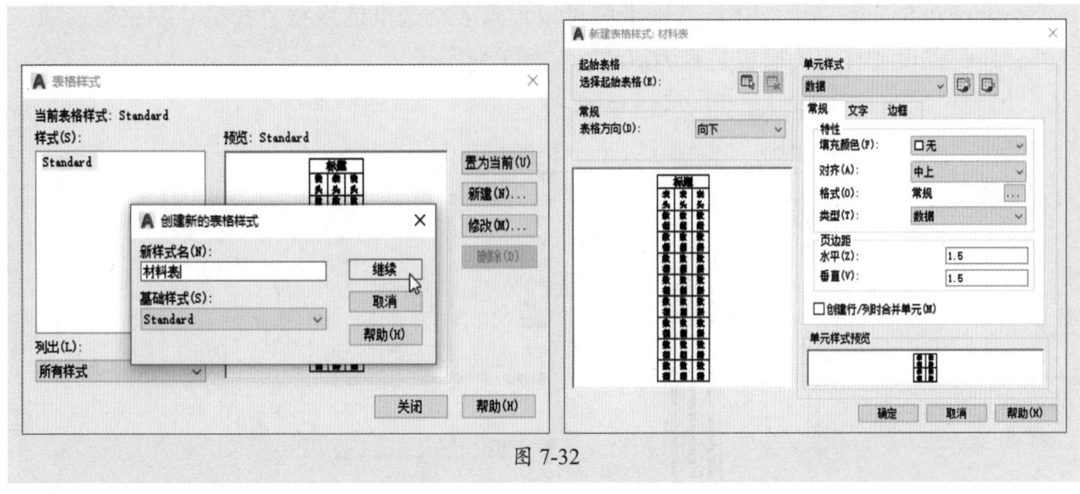

图 7-32

在“新建表格样式”对话框的“单元样式”选项组中包含“数据”“标题”和“表头”三个选项，用户可通过对这些选项来设置表格样式。

1. 常规

在“常规”选项卡中，可以设置表格的颜色、对齐方式、格式、类型和页边距等特性。

- **填充颜色：** 设置表格的背景填充颜色。
- **对齐：** 设置表格文字的对齐方式。
- **格式：** 设置表格中的数据格式，单击右侧的[...]按钮，打开“表格单元格式”对话框，设置即可。
- **类型：** 设置是数据类型还是标签类型。
- **页边距：** 设置表格内容距边线的水平和垂直距离。

2. 文字

打开“文字”选项卡，在该选项卡中主要设置文字的样式、高度、颜色、角度等，如图7-33所示。

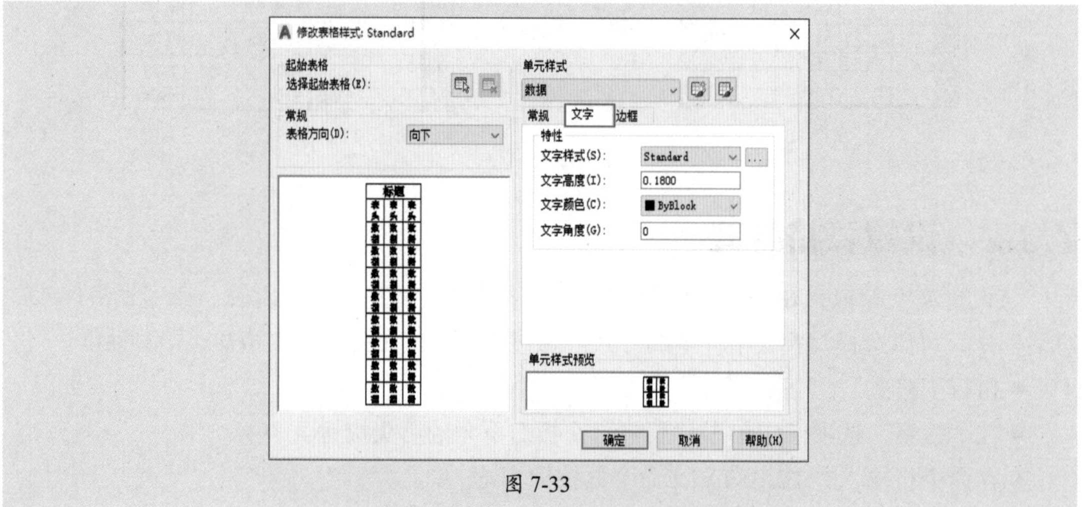

图 7-33

3. 边框

打开“边框”选项卡，在该选项卡中可以设置表格边框的线宽、线型、颜色等选项。此外，还可以设置有无边框或是否为双线，如图7-34所示。

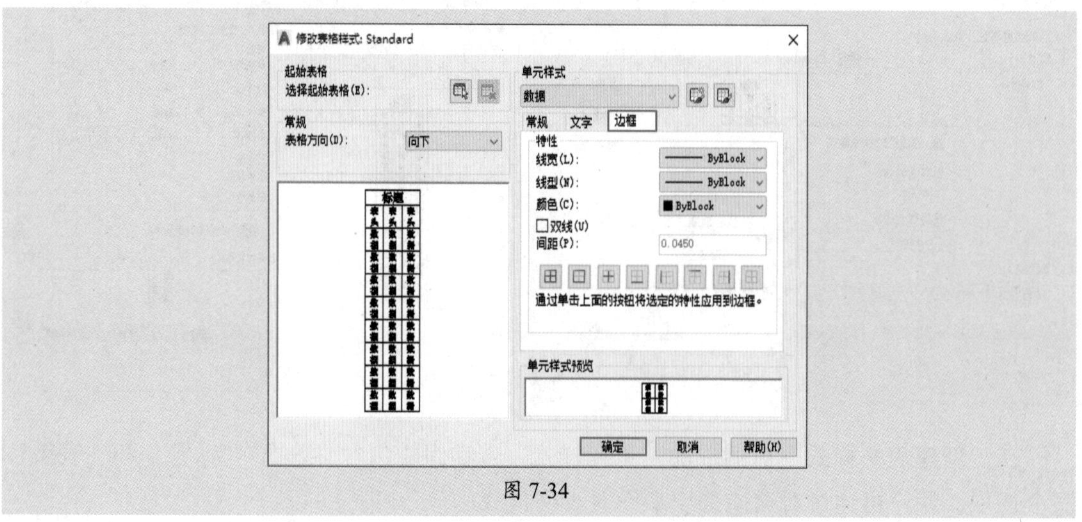

图 7-34

7.3.3 创建表格

表格样式设置好后，用户可通过以下方式来创建表格。

- 执行“绘图”|“表格”命令。
- 在“注释”选项卡的“表格”面板中单击“表格”按钮。
- 在命令行输入TABLE命令并按回车键。

执行以上任意方法后，打开“插入表格”对话框。从中设置列和行的相应参数，单击“确定”按钮，在绘图区指定插入点即可创建表格，如图7-35所示。

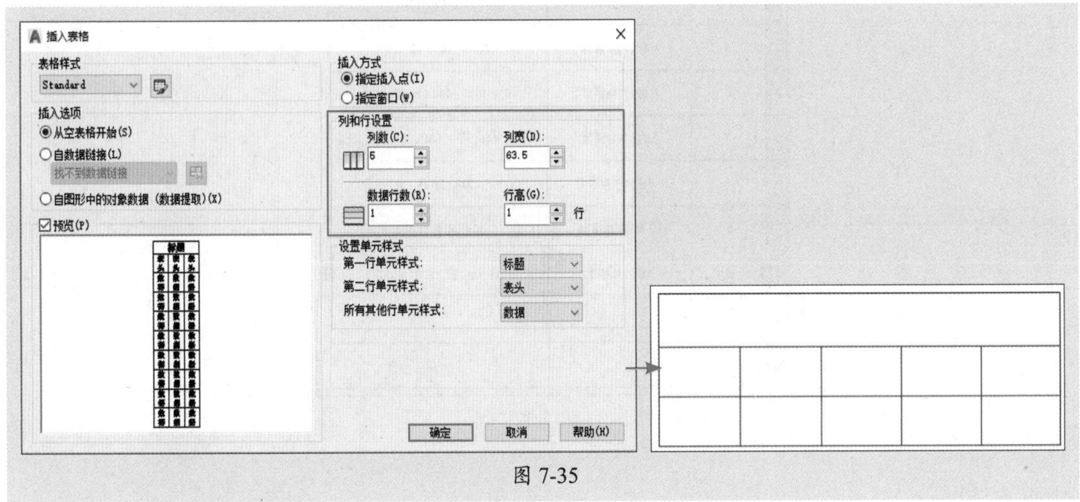

图 7-35

7.3.4 编辑表格

如果对创建的表格不满意，可以对表格进行编辑。选中表格后，单击并拖动所需夹点，可以调整表格的宽度、高度、列宽和行高，如图7-36所示。

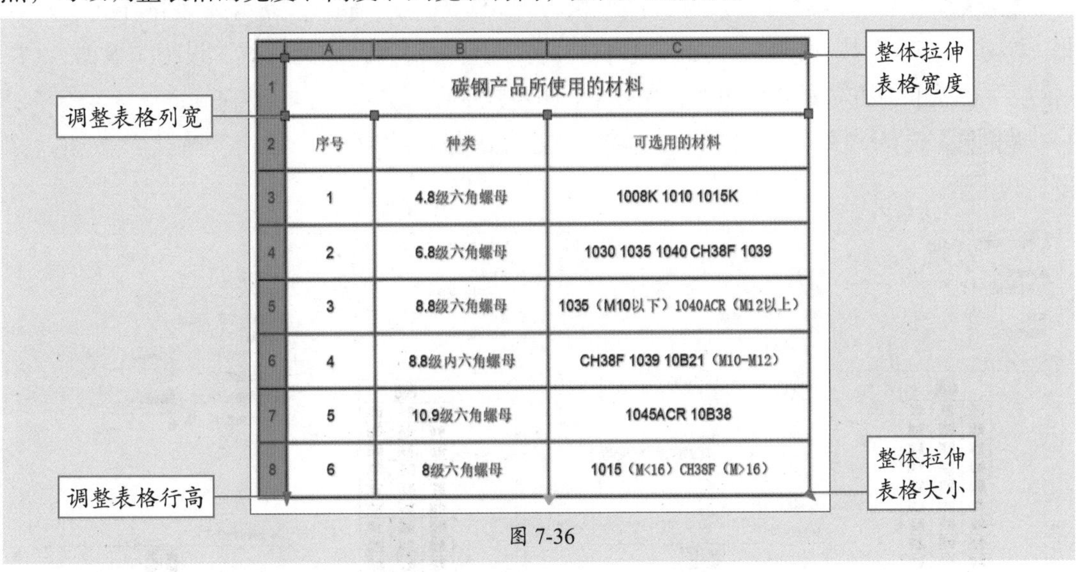

碳钢产品所使用的材料		
序号	种类	可选用的材料
1	4.8级六角螺母	1008K 1010 1015K
2	6.8级六角螺母	1030 1035 1040 CH38F 1039
3	8.8级六角螺母	1035（M10以下）1040ACR（M12以上）
4	8.8级内六角螺母	CH38F 1039 10B21（M10-M12）
5	10.9级六角螺母	1045ACR 10B38
6	8级六角螺母	1015（M<16）CH3SF（M>16）

图 7-36

如果需要修改某个单元格内容，只需双击单元格，进入文字编辑状态即可修改其内容。此外，在“表格单元”选项卡中，还可以进行插入行、插入列、合并单元格、单元格样式与格式的设置等操作，图7-37所示为插入空白行的操作。

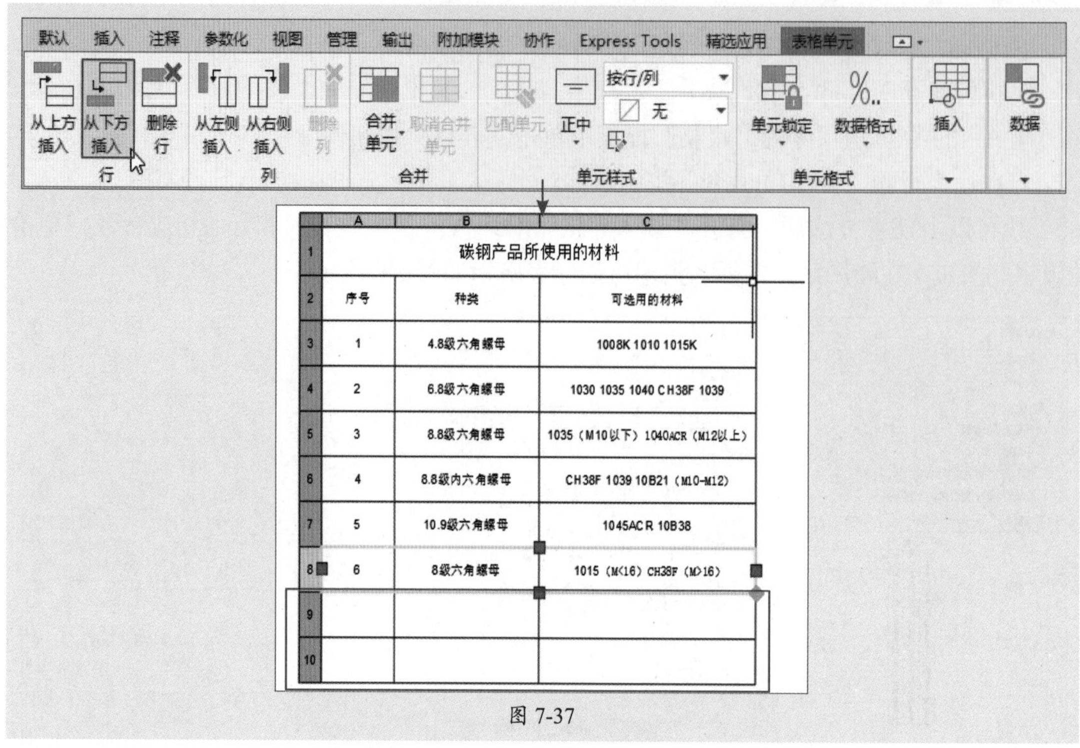

	A	B	C
1	碳钢产品所使用的材料		
2	序号	种类	可选用的材料
3	1	4.8级六角螺母	1008K 1010 1015K
4	2	6.8级六角螺母	1030 1035 1040 CH38F 1039
5	3	8.8级六角螺母	1035（M10以下）1040ACR（M12以上）
6	4	8.8级内六角螺母	CH38F 1039 10B21（M10-M12）
7	5	10.9级六角螺母	1045ACR 10B38
8	6	8级六角螺母	1015（M<16）CH38F（M>16）
9			
10			

图 7-37

课堂实战 为破碎机添加技术规格表

下面将利用表格功能为破碎机安装图添加技术规格表。

步骤 01 打开“破碎机”素材文件。执行“表格样式”命令，打开“表格样式”对话框。单击“修改”按钮，打开“修改表格样式”对话框。将“单元样式”设为“数据”，在“常规”选项卡中将“对齐”设为“正中”，如图7-38所示。

步骤 02 选择“文字”选项卡，将其“文字高度”设为3.5，单击“确定”按钮，如图7-39所示。

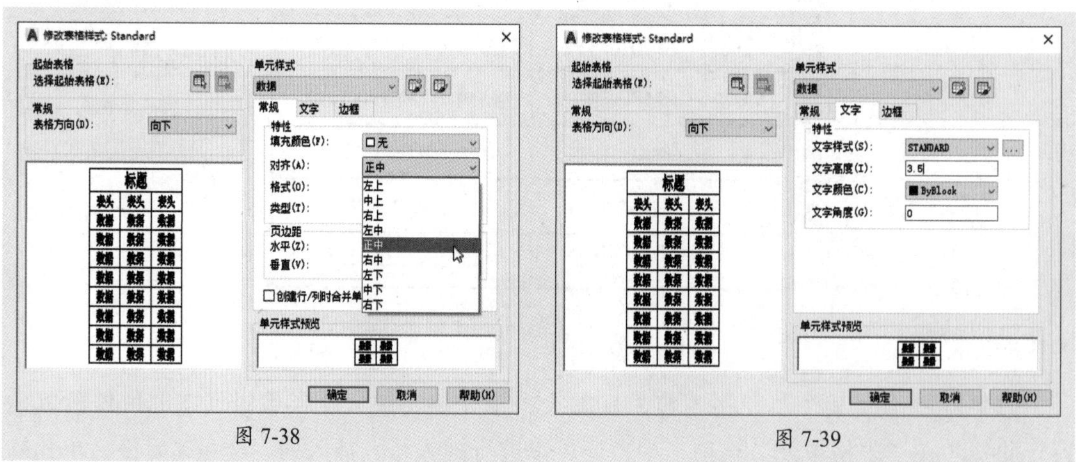

图 7-38　　图 7-39

步骤 03 返回上一层对话框，单击“置为当前”按钮，关闭对话框，如图7-40所示。

步骤 04 执行“表格”命令，打开“插入表格”对话框。按照如图7-41所示的参数，设置列数、行数和单元格样式。

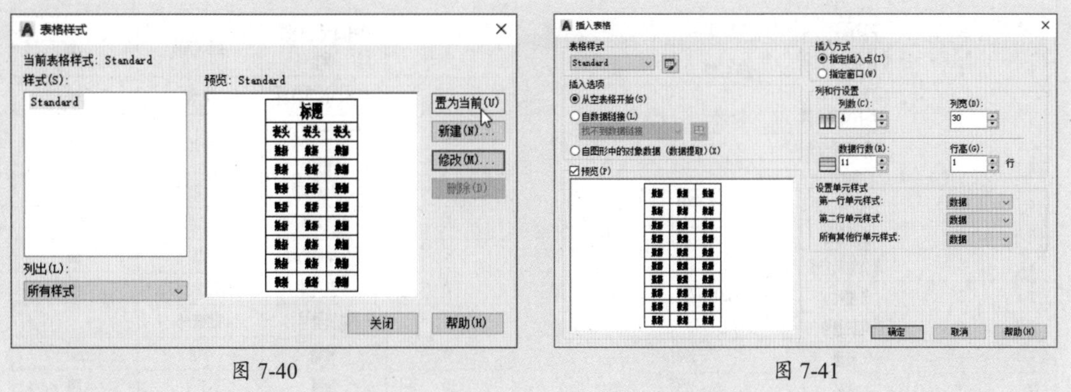

图 7-40　　　　图 7-41

步骤 05 单击“确定”按钮，返回到绘图区，指定好表格的插入点，插入空白表格，如图7-42所示。

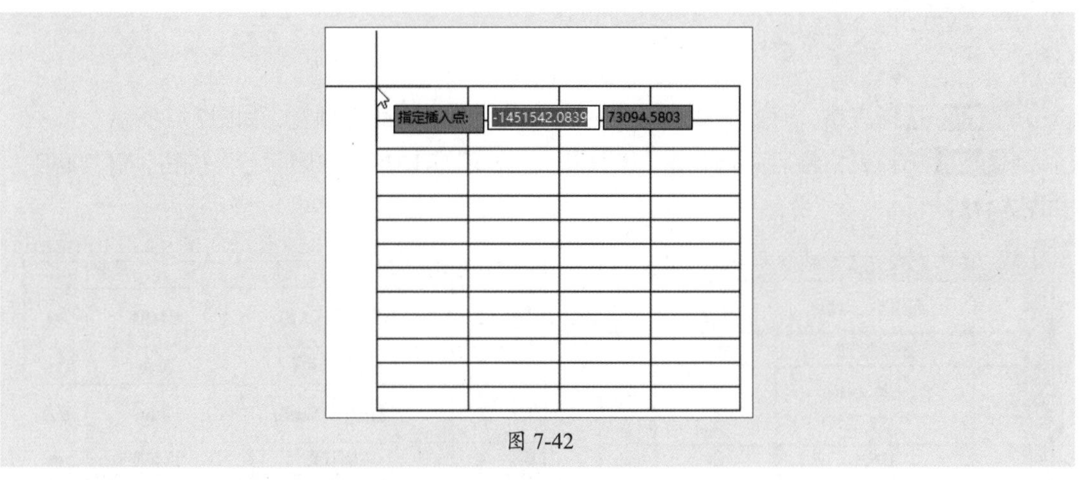

图 7-42

步骤 06 在表格中输入内容，如图7-43所示。

序号	项目	数值	单位
1	给料口尺寸(长×宽)	450×200	m
2	出料口调节范围	20-80	m
3	产量(出料口为50mm时)	8-10	m³/h
4	主轴偏心距	12.5000	m
5	主轴转速	310	r/min
6	最大给料力度	210	m
7	外型尺寸	1180×1090×1245	m
8	电机型号	Y180L-6	
9	转速	970	r/min
10	功率	15	KN
11	重量（不包括电机、附件及备件）	≈2455	Kg
12			
13			

图 7-43

步骤 07 选中表格的第一列，在“表格单元”选项卡的“单元样式”面板中将对正设为正中，如图7-44所示。

步骤 08 按照同样方法，将其他数字单元格的对正也设为正中，如图7-45所示。

	A	B	C	D
1	1	给料口尺寸(长×宽)	450×200	㎜
2	2	出料口调节范围	20-80	㎜
3	3	产量(出料口为50㎜时)	8-10	m^3/h
4	4	主轴偏心距	12.5000	㎜
5	5	主轴转速	310	r/min
6	6	最大给料力度	210	㎜
7	7	外型尺寸	1180×1090×1245	㎜
8	8	电机型号	Y180L-6	
9	9	转速	970	r/min
10	10	功率	15	KN
11	11	重量（不包括电机、附件及备件）		
12	12			
13	13			

图 7-44

1	给料口尺寸(长×宽)	450×200	㎜
2	出料口调节范围	20-80	㎜
3	产量(出料口为50㎜时)	8-10	m^3/h
4	主轴偏心距	12.5000	㎜
5	主轴转速	310	r/min
6	最大给料力度	210	㎜
7	外型尺寸	1180×1090×1245	㎜
8	电机型号	Y180L-6	
9	转速	970	r/min
10	功率	15	KN
11	重量（不包括电机、附件及备件）	≈2455	Kg
12			
13			

图 7-45

步骤 09 选择表格，通过拖动表格的夹点，调整表格的所有列宽，如图7-46所示。

步骤 10 选择表格最后两行，在“表格单元”选项卡中单击“删除行”按钮，将其删除，如图7-47所示。

	A	B	C	D
1	1	给料口尺寸(长×宽)	450×200	㎜
2	2	出料口调节范围	20-80	㎜
3	3	产量(出料口为50㎜时)	8-10	m^3/h
4	4	主轴偏心距	12.5000	㎜
5	5	主轴转速	310	r/min
6	6	最大给料力度	210	㎜
7	7	外型尺寸	1180×1090×1245	㎜
8	8	电机型号	Y180L-6	
9	9	转速	970	r/min
10	10	功率	15	KN
11	11	重量（不包括电机、附件及备件）	≈2455	Kg
12	12			
13	13			

图 7-46

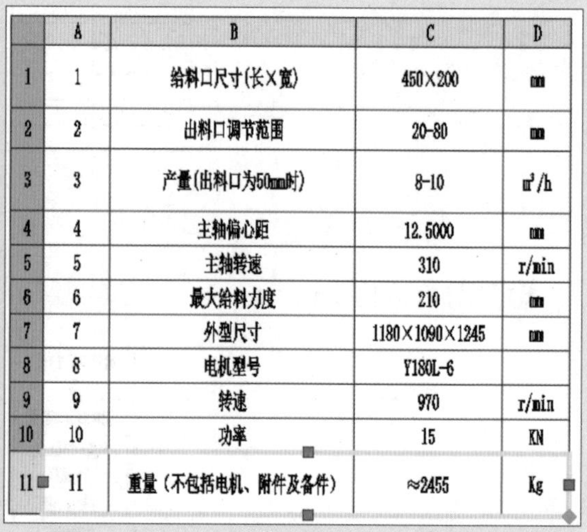

	A	B	C	D
1	1	给料口尺寸(长×宽)	450×200	㎜
2	2	出料口调节范围	20-80	㎜
3	3	产量(出料口为50㎜时)	8-10	m^3/h
4	4	主轴偏心距	12.5000	㎜
5	5	主轴转速	310	r/min
6	6	最大给料力度	210	㎜
7	7	外型尺寸	1180×1090×1245	㎜
8	8	电机型号	Y180L-6	
9	9	转速	970	r/min
10	10	功率	15	KN
11	11	重量（不包括电机、附件及备件）	≈2455	Kg

图 7-47

步骤 11 选中“8”“9”“10”单元格，在“表格单元”选项卡中单击“合并单元”按钮，选择“合并全部”选项，合并这三个单元格，如图7-48所示。

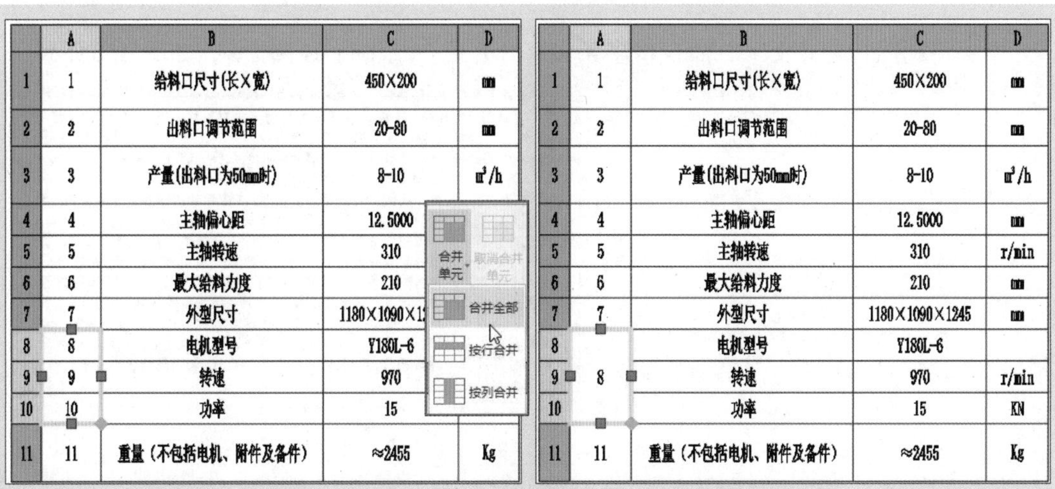

	A	B	C	D
1	1	给料口尺寸(长×宽)	450×200	mm
2	2	出料口调节范围	20-80	mm
3	3	产量(出料口为50mm时)	8-10	m^3/h
4	4	主轴偏心距	12.5000	
5	5	主轴转速	310	
6	6	最大给料力度	210	
7	7	外型尺寸	1180×1090×1	
8	8	电机型号	Y180L-6	
9	9	转速	970	
10	10	功率	15	
11	11	重量（不包括电机、附件及备件）	≈2455	Kg

合并单元
取消合并单元
合并全部
按行合并
按列合并

	A	B	C	D
1	1	给料口尺寸(长×宽)	450×200	mm
2	2	出料口调节范围	20-80	mm
3	3	产量(出料口为50mm时)	8-10	m^3/h
4	4	主轴偏心距	12.5000	mm
5	5	主轴转速	310	r/min
6	6	最大给料力度	210	mm
7	7	外型尺寸	1180×1090×1245	mm
8	8	电机型号	Y180L-6	
9		转速	970	r/min
10		功率	15	KN
11	11	重量（不包括电机、附件及备件）	≈2455	Kg

图 7-48

步骤 12 修改一下第一列的序号，技术规格表内容制作完毕。执行“单行文字”命令，将文字高度设为5，输入该表格标题。调整好其位置即可，如图7-49所示。

技术规格表

1	给料口尺寸(长×宽)	450×200	mm
2	出料口调节范围	20-80	mm
3	产量(出料口为50mm时)	8-10	m^3/h
4	主轴偏心距	12.5000	mm
5	主轴转速	310	r/min
6	最大给料力度	210	mm
7	外型尺寸	1180×1090×1245	mm
8	电机型号	Y180L-6	
	转速	970	r/min
	功率	15	KN
9	重量（不包括电机、附件及备件）	≈2455	Kg

图 7-49

课后练习 合并文字内容

本例将利用“合并文字”命令将多条文字合并成一个多行文字段落，如图7-50所示。

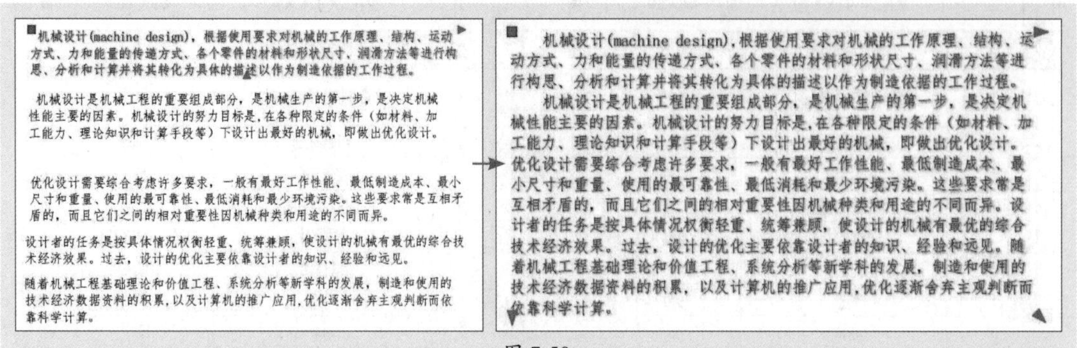
机械设计(machine design),根据使用要求对机械的工作原理、结构、运动方式、力和能量的传递方式、各个零件的材料和形状尺寸、润滑方法等进行构思、分析和计算并将其转化为具体的描述以作为制造依据的工作过程。
机械设计是机械工程的重要组成部分，是机械生产的第一步，是决定机械性能主要的因素。机械设计的努力目标是,在各种限定的条件（如材料、加工能力、理论知识和计算手段等）下设计出最好的机械，即做出优化设计。优化设计需要综合考虑许多要求，一般有最好工作性能、最低制造成本、最小尺寸和重量、使用的最可靠性、最低消耗和最少环境污染。这些要求常是互相矛盾的，而且它们之间的相对重要性因机械种类和用途的不同而异。设计者的任务是按具体情况权衡轻重、统筹兼顾，使设计的机械有最优的综合技术经济效果。过去，设计的优化主要依靠设计者的知识、经验和远见。随着机械工程基础理论和价值工程、系统分析等新学科的发展，制造和使用的技术经济数据资料的积累，以及计算机的推广应用,优化逐渐舍弃主观判断而依靠科学计算。

图 7-50

1. 技术要点

步骤 01 执行“合并文字”命令，选择所有要合并的文字内容，按回车键合并。

步骤 02 调整合并后的段落格式。

2. 分步演示

如图7-51所示。

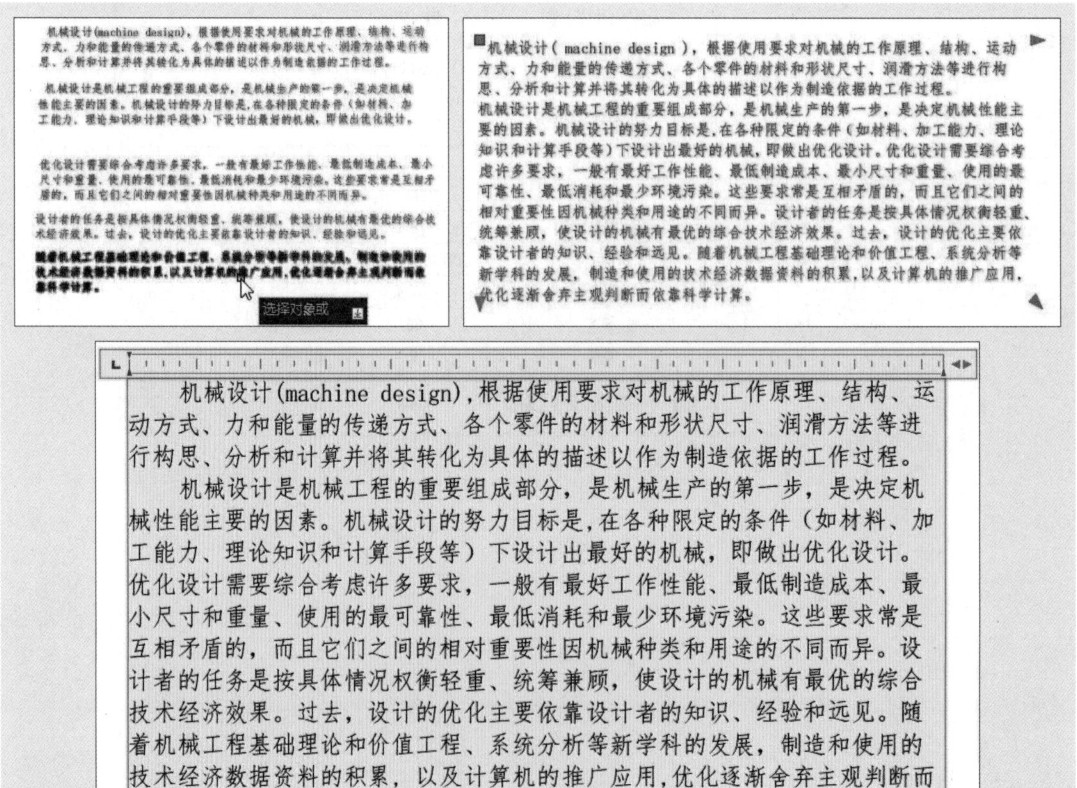
选择对象或
机械设计(machine design),根据使用要求对机械的工作原理、结构、运动方式、力和能量的传递方式、各个零件的材料和形状尺寸、润滑方法等进行构思、分析和计算并将其转化为具体的描述以作为制造依据的工作过程。
机械设计是机械工程的重要组成部分，是机械生产的第一步，是决定机械性能主要的因素。机械设计的努力目标是,在各种限定的条件（如材料、加工能力、理论知识和计算手段等）下设计出最好的机械，即做出优化设计。优化设计需要综合考虑许多要求，一般有最好工作性能、最低制造成本、最小尺寸和重量、使用的最可靠性、最低消耗和最少环境污染。这些要求常是互相矛盾的，而且它们之间的相对重要性因机械种类和用途的不同而异。设计者的任务是按具体情况权衡轻重、统筹兼顾，使设计的机械有最优的综合技术经济效果。过去，设计的优化主要依靠设计者的知识、经验和远见。随着机械工程基础理论和价值工程、系统分析等新学科的发展，制造和使用的技术经济数据资料的积累，以及计算机的推广应用,优化逐渐舍弃主观判断而依靠科学计算。

图 7-51

拓展赏析

工匠精神：“锻造者”刘伯鸣

有人说，工匠精神是指在制作或工作中追求精益求精的态度与品质，是职业道德、职业能力、职业品质的体现，是从业者的一种职业价值取向和行为表现。对中国一重集团有限公司铸锻钢事业部水压机锻造厂副厂长——刘伯鸣来说，工匠精神还体现在忠诚与担当、坚守与希望。

作为一名重型装备制造业的锻造工人和基层管理者，刘伯鸣凭借过硬的本领和追求卓越的工匠精神完成多项关键技术攻关，参与和推动了我国核电、石化等产业的国产化进程，他本人和他所在的团队，也从“一代匠人”跃进为“一代匠神”，如图7-52所示是刘伯鸣在厂房指挥作业现场。

图 7-52

三十多年来，他独创40种锻造方法，开发31项锻造技术，先后攻克核电、石化等产品锻造工艺难关90余项，填补国内行业空白40多项，出色完成三代核电锥形筒体、水室封头、主管道、世界最大715吨核电常规岛转子等超大、超难核电锻件和超大筒节的锻造任务20余项，为促进核电、石化、专项产品国产化和替代进口，提升我国超大型铸锻件极端制造整体技术水平和国际竞争力做出了突出贡献。

第8章

创建机械三维模型

内容导读

利用AutoCAD软件不仅可以准确地绘制出各类二维图形，还可以在该图形的基础上创建三维实体效果。本章将对软件的三维建模功能进行介绍，其中包括基本几何体的创建、利用二维轮廓生成三维实体的方法等。

思维导图

创建机械三维模型
- 设置三维绘图环境
  - 切换绘图空间
  - 设置三维视图
  - 调整三维视觉样式
- 创建基本几何体
  - 创建长方体
  - 创建圆柱体
  - 创建楔体
  - 创建球体
  - 创建圆环体
  - 创建棱锥体
- 二维图形生成三维实体
  - 拉伸实体
  - 放样实体
  - 旋转实体
  - 扫掠实体
  - 按住并拖动
  - 创建面域

8.1 设置三维绘图环境

AutoCAD绘图环境可分为两大类，一类是二维环境，另一类则是三维环境。显然，要创建三维模型，那就必须在三维绘图环境中才可创建。所以在学习三维建模前，首先要熟悉三维绘图的环境，以便日后能够顺利地进行三维建模。

8.1.1 案例解析：调整阀体模型的三维视角

下面将以调整阀体模型视图为例，介绍三维视图功能的应用操作。

步骤 01 打开“阀体”素材文件。可以看出当前视图为左视图，如图8-1所示。

步骤 02 在快速访问工具栏中单击“工作空间”下拉按钮，选择“三维建模”空间，可将二维空间切换到三维空间，如图8-2所示。

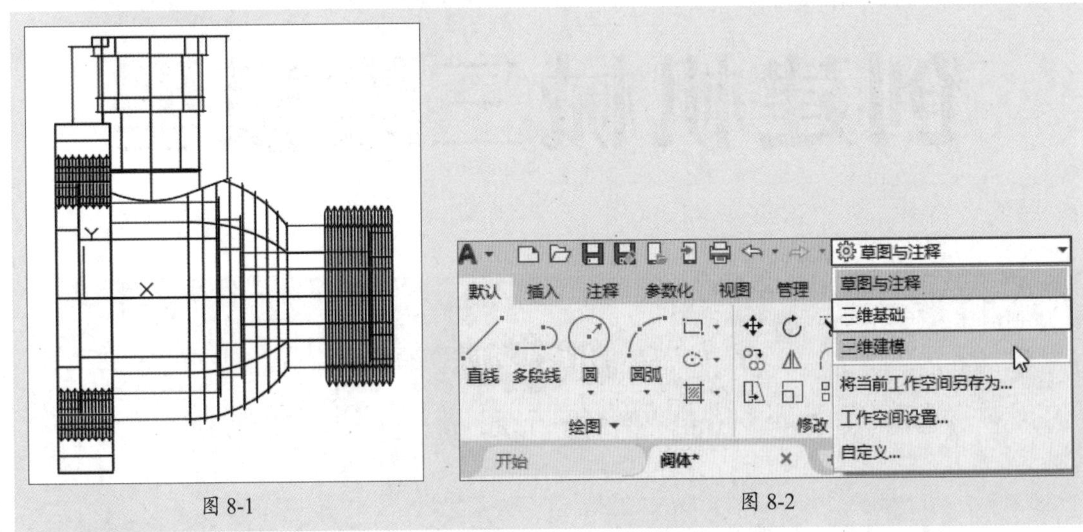

图 8-1

图 8-2

步骤 03 单击绘图区左上角的“视图控件”按钮，在打开的下拉列表中选择“西南等轴测”选项，将当前二维视角切换到三维视角，如图8-3所示。

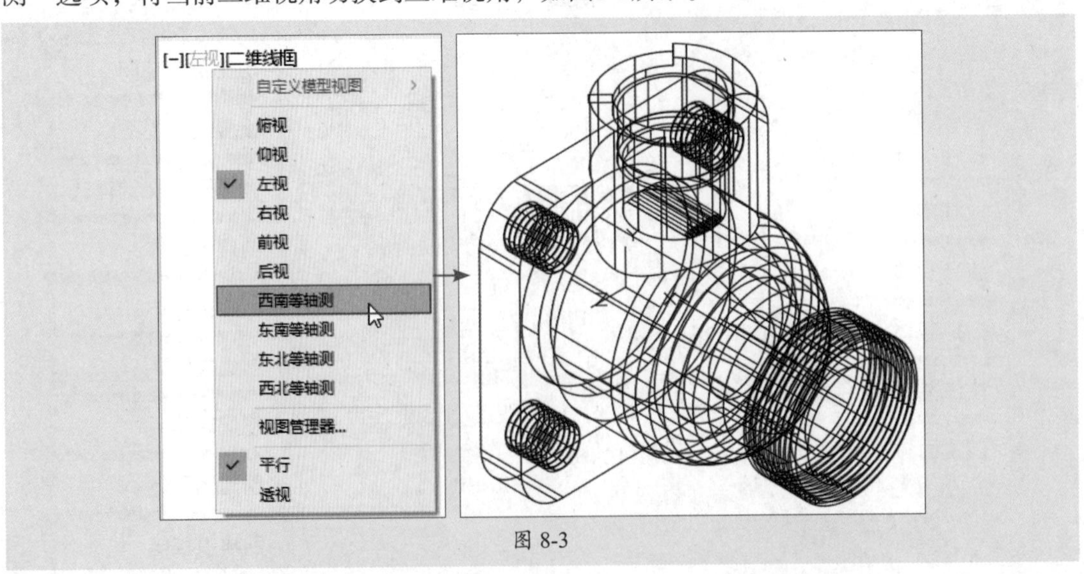

图 8-3

步骤 04 单击“视觉样式控件”按钮，在打开的下拉列表中选择“灰度”选项，可调整当前模式显示的样式，以便更清楚地查看该模型，如图8-4所示。

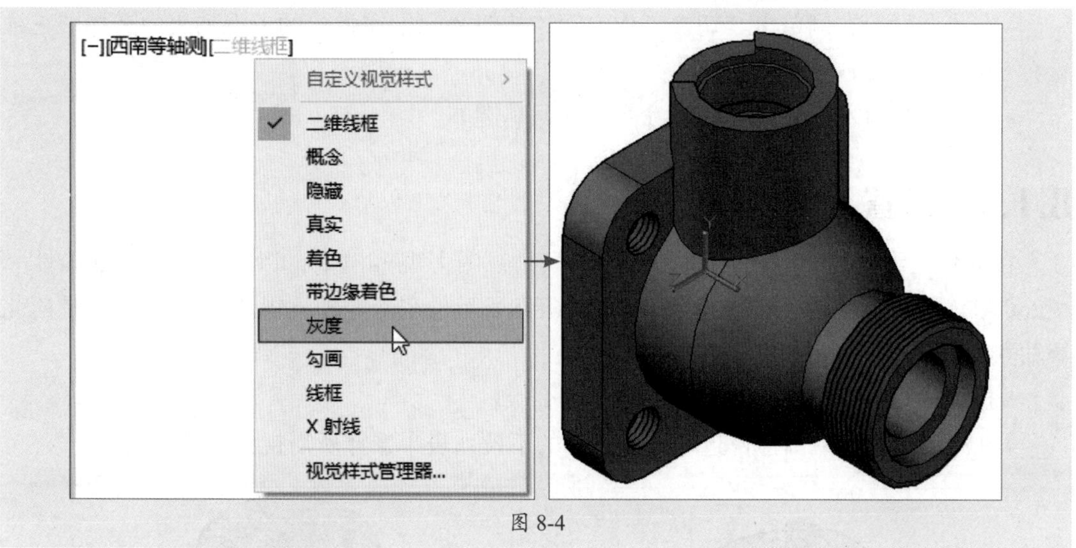

图 8-4

8.1.2 切换绘图空间

AutoCAD软件提供了三种绘图空间，分别为“草图与注释”“三维基础”“三维建模”。其中，“草图与注释”空间主要用于二维图形的绘制与编辑，如图8-5所示，“三维基础”与“三维建模”两个空间则是用于三维模型的创建与编辑，如图8-6、图8-7所示。

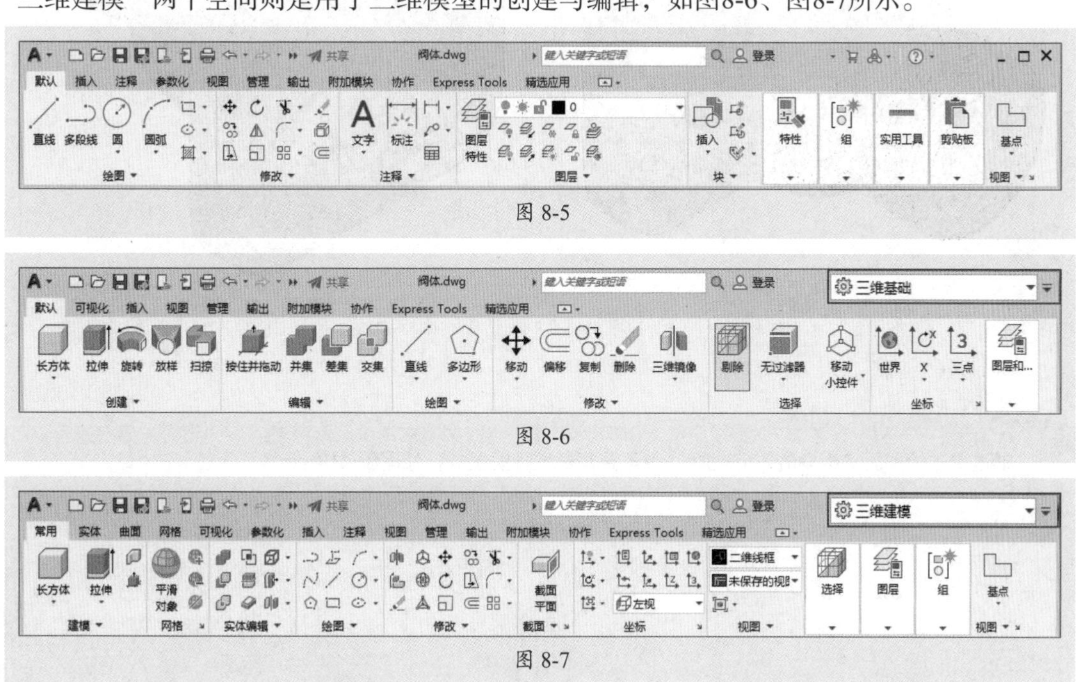

图 8-5

图 8-6

图 8-7

三维基础空间与三维建模空间相比，后者在前者的基础上添加了多种建模方式，应用面更广泛。在进行三维建模时，通常会选择在“三维建模”空间中操作。通过以下方式可切换到三维建模空间：

- 执行“工具”|“工作空间”|“三维建模”命令。
- 在快速访问工具栏上单击“工作空间”下拉按钮，选择“三维建模”选项。
- 在状态栏的右侧单击“切换工作空间”按钮⚙▾，在弹出的上滑列表中选择“三维建模”选项。
- 在命令行输入WSCURRENT命令并按回车键。

8.1.3 设置三维视图

在创建三维模型时，需要通过各种不同的视图去观察模型，以保证模型的准确性。AutoCAD软件提供了多种三维视图模式，图8-8所示是东南等轴测视图，图8-9所示是西北等轴测视图。通过以下方式来选择三维视图。

- 执行“视图”|“三维视图”命令的子命令。
- 在绘图区选择视图控件选项，在打开的下拉列表中选择所需视图模式。

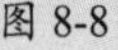

图 8-8

图 8-9

操作提示

通过单击绘图区右上角的方向坐标，也可调整三维视图模式，如图8-10所示。

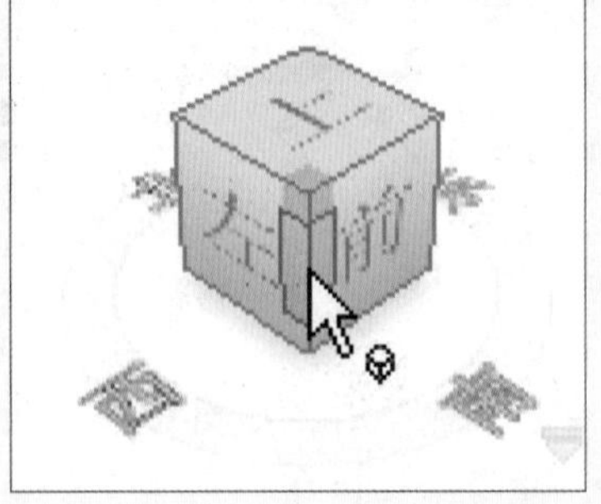

图 8-10

8.1.4 调整三维视觉样式

在三维建模空间，视觉样式包含很多种，常用的样式有二维线框样式、概念样式、隐藏样式、真实样式、着色和灰度样式等。

- **二维线框：** 默认的视觉样式。在该模式中光栅和嵌入对象、线型及线宽均为可见，如图8-11所示。
- **概念：** 显示三维模型着色后的效果，该模式使模型的边进行平滑处理，如图8-12所示。

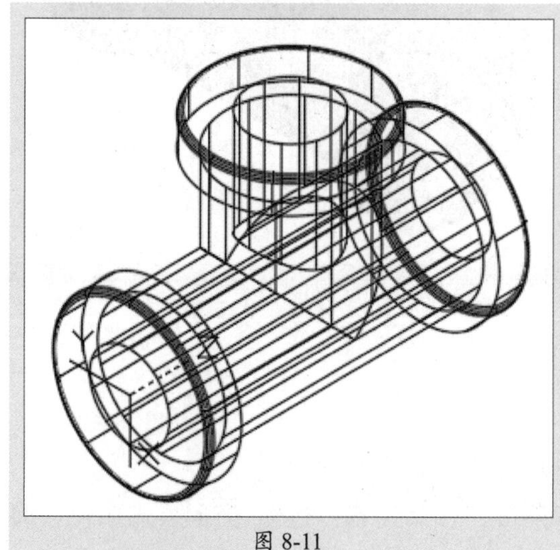

图 8-11

图 8-12

- **隐藏：** 隐藏实体后面的图形，方便绘制和修改图形，如图8-13所示。
- **真实：** 真实样式和概念样式相同，均显示三维模型着色后的效果，并添加平滑的颜色过渡效果，且显示模型的材质效果，如图8-14所示。

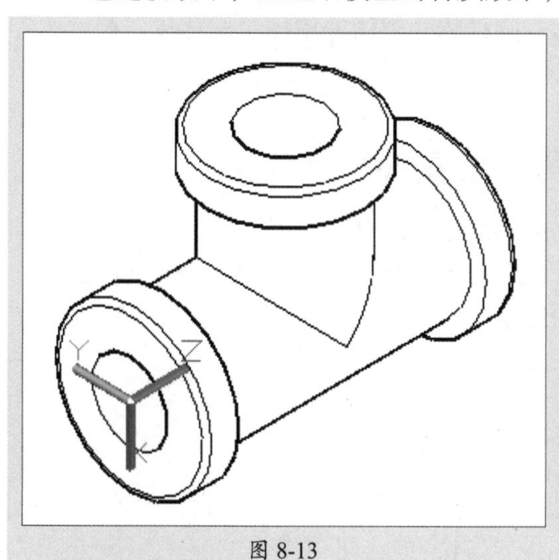

图 8-13

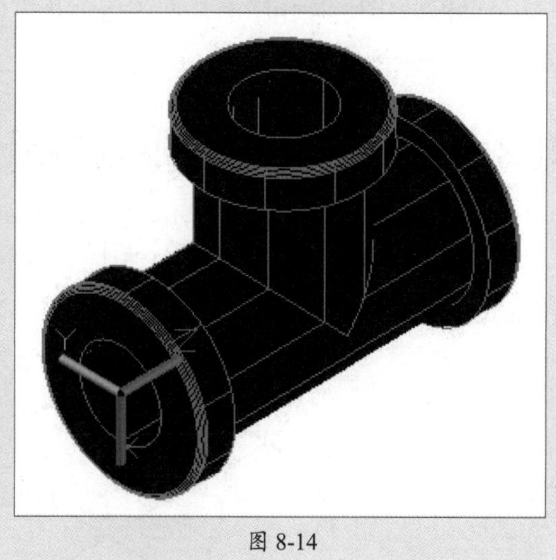

图 8-14

- **着色：** 将模型进行平滑着色，隐藏了模型边线，如图8-15所示。
- **灰度：** 与概念样式类似，在概念样式的基础上添加了一些光效，与概念相比，更为真实，如图8-16所示。

图 8-15

图 8-16

用户可以通过以下方式设置视觉样式：

- 执行“视图”|“视觉样式”命令。
- 在“常用”选项卡的“视图”面板中单击“视觉样式”列表框。
- 在“视图”选项卡的“选项板”面板中单击“视觉样式”按钮 视觉样式，在弹出的“视觉样式管理器”面板中设置视觉样式。

8.2 创建基本几何体

AutoCAD图形操作中的几何体包括长方体、圆柱体、球体、楔体、圆环体、棱锥体等命令。它们是创建三维模型的基础元素。

8.2.1 案例解析：绘制简单组合三维实体

下面将利用圆锥体和圆柱体命令来绘制圆锥和圆柱穿插体模型。

步骤 01 将视图设为“西南等轴测”视图。执行“圆锥体”命令，根据命令行的提示，指定底面圆的圆心以及半径值10mm，如图8-17所示。

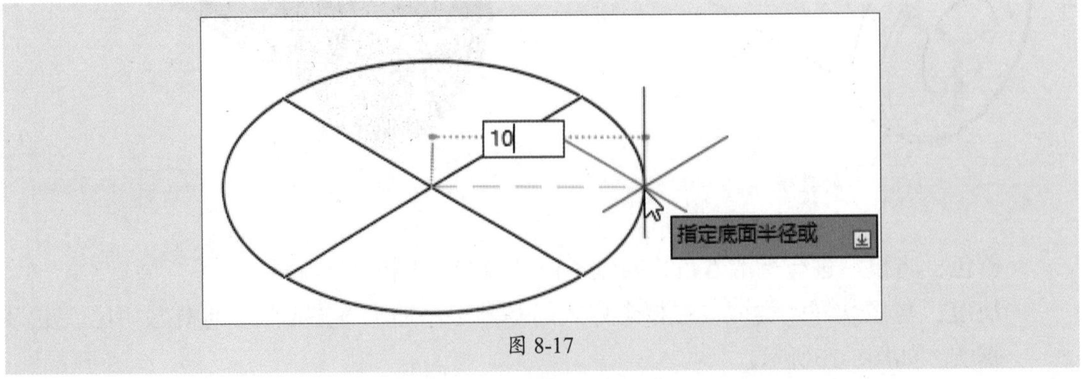

图 8-17

步骤02 按回车键，将光标向上移动，设定圆锥的高为25mm，如图8-18所示。按回车键，完成圆锥体的绘制。

步骤03 在命令行输入UCS，按回车键。指定任意一点为坐标原点，开启正交模式，向上移动光标，指定X轴的方向，如图8-19所示。

步骤04 将光标向右下角移动，指定Y轴的方向，如图8-20所示。按回车键，完成三维坐标的定位设置。

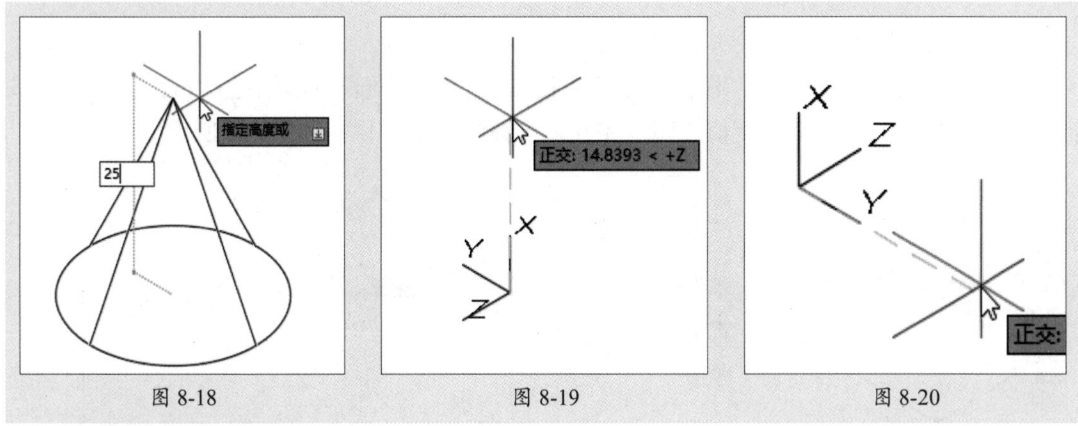

图 8-18　　图 8-19　　图 8-20

步骤05 执行“圆柱体”命令，指定圆柱体底面圆心，以及底面半径为3mm，如图8-21所示。

步骤06 指定圆柱体高度20mm，按回车键，完成圆柱体的绘制，如图8-22所示。

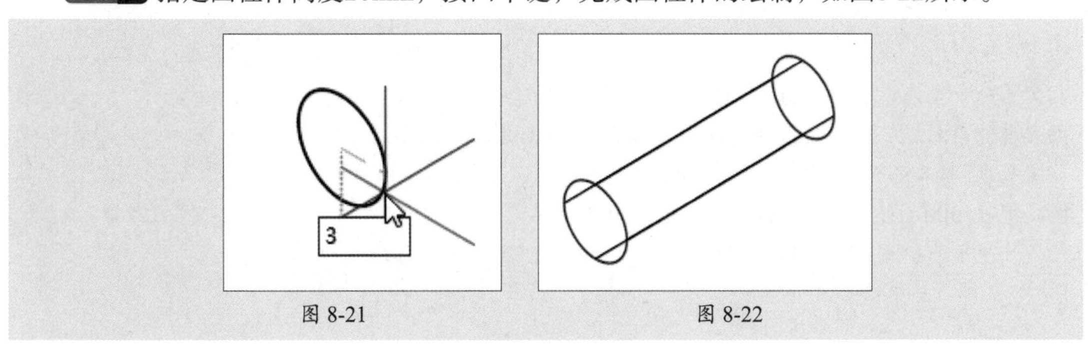

图 8-21　　图 8-22

步骤07 执行“移动”命令，将圆柱体移至圆锥体中。用户可通过切换三维视图模式来调整圆柱体的位置。将视觉样式设为“灰度”来查看模型，如图8-23所示。

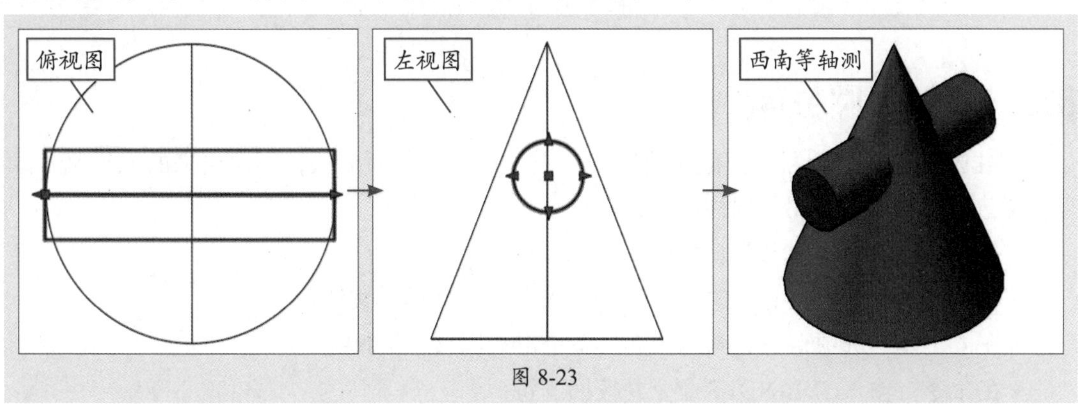

图 8-23

8.2.2 创建长方体

长方体在三维建模中应用较为广泛，创建长方体时底面长方形与XY面始终平行。通过以下方式可调用创建长方体的命令：

- 执行“绘图”|“建模”|“长方体”命令。
- 在“常用”选项卡的“建模”面板中单击“长方体”按钮。
- 在“实体”选项卡的“图元”面板中单击“长方体”按钮。
- 在命令行输入BOX命令并按回车键。

执行“长方体”命令后，根据命令行的提示，指定底面长方形的起点和长、宽值，按回车键，再指定长方体的高度值，即可完成长方体的创建操作，如图8-24所示。

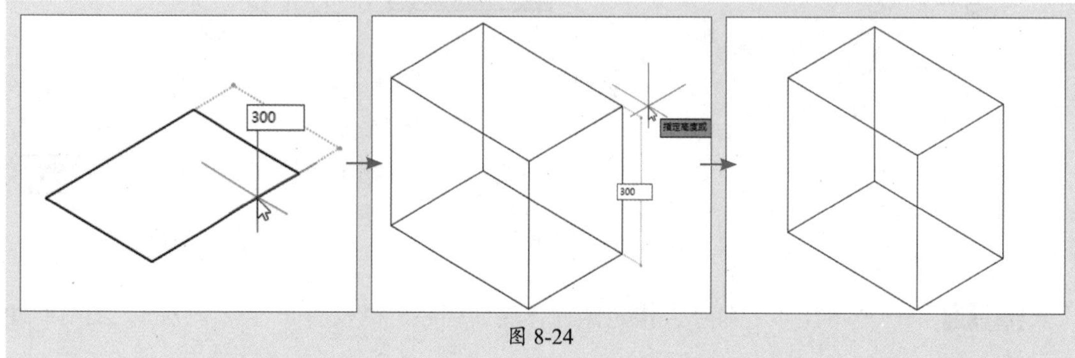

图 8-24

命令行提示如下：

```
命令: _box
指定第一个角点或 [中心(C)]:（指定底面长方形起点）
指定其他角点或 [立方体(C)/长度(L)]: <正交 开>l（选择“长度”，回车）
指定长度: <正交 开>200（输入长度值，回车）
指定宽度: 300（移动光标，输入宽度值，回车）
指定高度或 [两点(2P)] <20.0000>: 300（向上移动光标，输入高度值，回车）
```

操作提示

如果需要创建立方体，可在命令行输入C，切换到立方体模式，然后设定长方形一条边的长度，按回车键即可完成创建。

8.2.3 创建圆柱体

圆柱体是以圆或椭圆为横截面的形状，通过拉伸横截面形状，创建出来的三维基本模型。通过以下方式可调用“圆柱体”命令：

- 执行“绘图”|“建模”|“圆柱体”命令。
- 在“常用”选项卡的“建模”面板中单击“圆柱体”按钮。
- 在“实体”选项卡的“图元”面板中单击“圆柱体”按钮。
- 在命令行输入CYLINDER命令并按回车键。

执行“圆柱体”命令后，根据命令行的提示，指定好底面圆心和半径，按回车键，再指定圆柱体的高度即可，如图8-25所示。

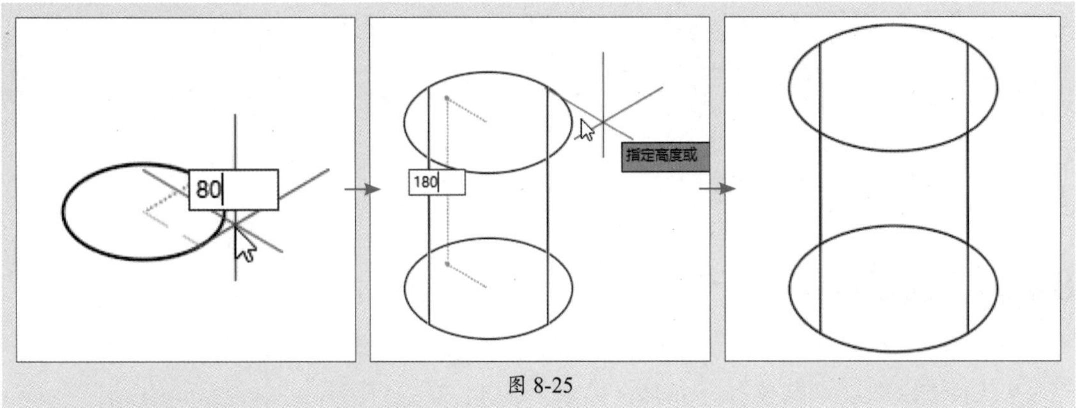

图 8-25

命令行提示如下：

```
命令: _cylinder
指定底面的中心点或 [三点(3P)/两点(2P)/切点、切点、半径(T)/椭圆(E)]:（指定底面圆心点）
指定底面半径或 [直径(D)] <80.0000>: 80（设置底面圆半径值，回车）
指定高度或 [两点(2P)/轴端点(A)] <200.0000>: 180（移动光标，设置圆柱体高度，回车）
```

8.2.4 创建楔体

楔体是一个三角形的实体模型，其绘制方法与长方形相似。通过以下方式可调用“楔体”命令：

- 执行“绘图”|“建模”|“楔体”命令。
- 在“常用”选项卡的“建模”面板中单击“楔体”按钮。
- 在“实体”选项卡的“图元”面板中单击“楔体”按钮。
- 在命令行输入WEDGE命令并按回车键。

执行“楔体”命令后，创建楔体后，根据命令行提示，指定楔体底面方形起点，指定方形长、宽值，其后指定楔体高度值即可完成绘制，如图8-26所示。

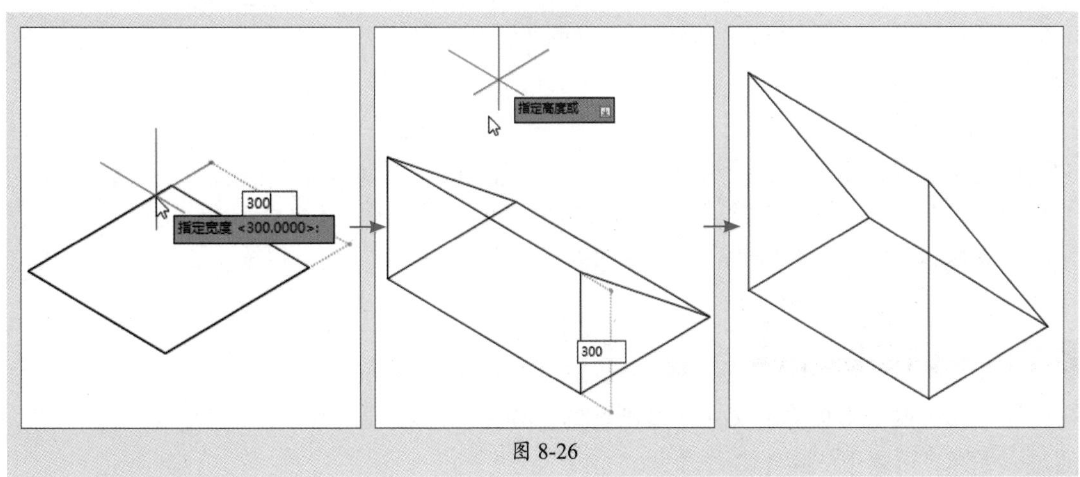

图 8-26

命令行提示如下：

命令: _wedge
指定第一个角点或 [中心(C)]:（指定底面方形起点）
指定其他角点或 [立方体(C)/长度(L)]: l（选择“长度”，回车）
指定长度 <300.0000>: 200（设定底面长方形的长度和宽度，回车）
指定宽度 <300.0000>: 300
指定高度或 [两点(2P)] <180.0000>: 300（移动光标，设定楔体高度，回车）

8.2.5 创建球体

球体是通过半径或直径以及球心来定义的。通过以下方式可调用“球体”命令：

- 执行“绘图”|“建模”|“球体”命令。
- 在“常用”选项卡的“建模”面板中单击“球体”按钮。
- 在“实体”选项卡的“图元”面板中单击“球体”按钮。
- 在命令行输入SPHERE命令并按回车键。

执行“球体”命令后，根据命令行的提示，指定好球体的中心点以及球体半径值即可完成球体的创建，如图8-27所示。

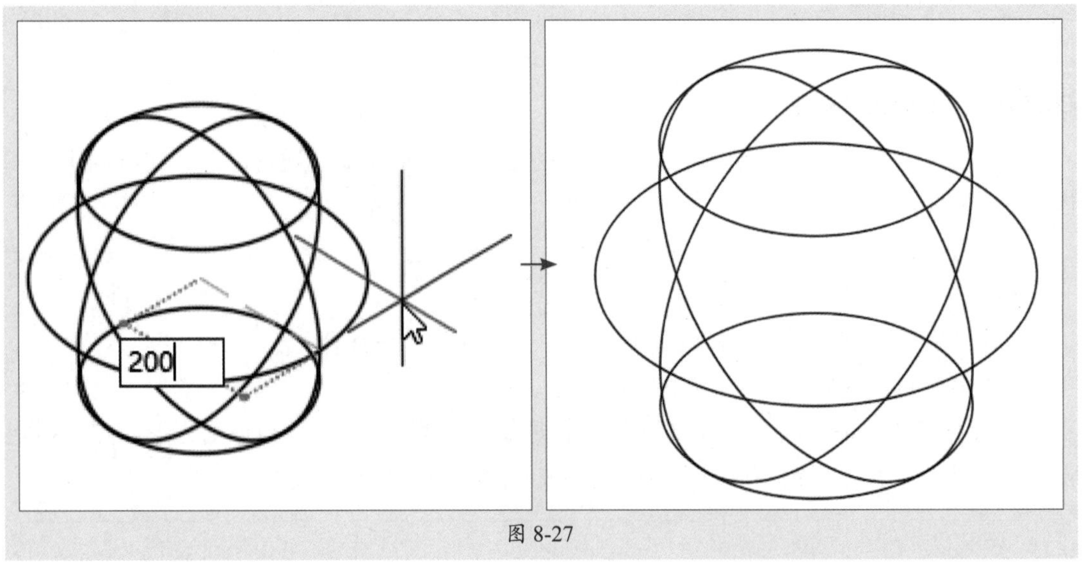

图 8-27

命令行提示如下：

命令: _sphere
指定中心点或 [三点(3P)/两点(2P)/切点、切点、半径(T):（指定好球体中心点）
指定半径或 [直径(D)] <200.0000>:（设定球体的半径值，回车）

8.2.6 创建圆环体

圆环体由两个半径值定义，一是圆环的半径，二是从圆环体中心到圆管中心的距离。通过以下方式可调用“圆环体”命令：

- 执行“绘图”|“建模”|“圆环”命令。
- 在“常用”选项卡的“建模”面板中单击“圆环”按钮。
- 在命令行输入TOR命令并按回车键。

执行“圆环体”命令后，根据命令行的提示，指定圆环的中心点，再指定圆环的半径，然后指定圆管的半径值即可，如图8-28所示。

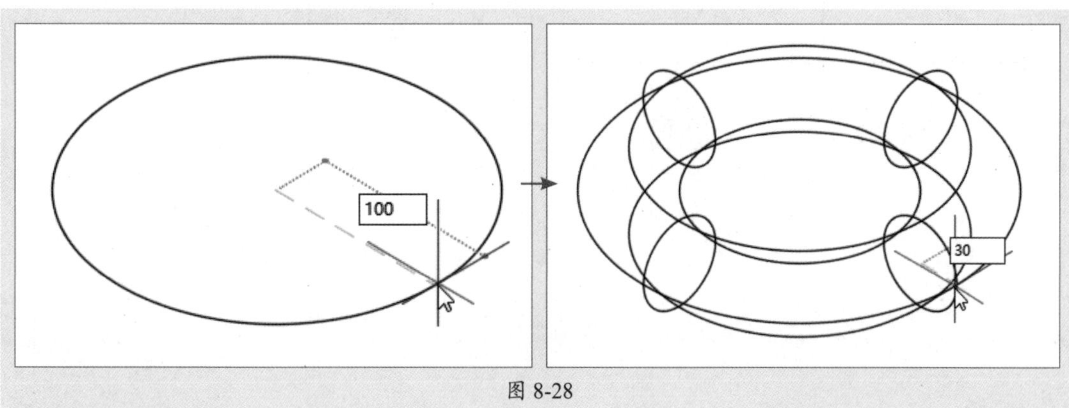

图 8-28

命令行提示如下：

```
命令: _torus
指定中心点或 [三点(3P)/两点(2P)/切点、切点、半径(T)]:（指定圆环体中心点）
指定半径或 [直径(D)] <30.0000>: 100（设定圆环的半径值，回车）
指定圆管半径或 [两点(2P)/直径(D)] <10.0000>: 30（设定圆管半径，回车）
```

8.2.7 创建棱锥体

棱锥体的底面为多边形，由底面多边形拉伸出的图形为三角形，它们的顶点为共同点。通过以下方式可调用“棱锥体”命令：

- 执行“绘图”|“建模”|“棱锥体”命令。
- 在“常用”选项卡的“建模”面板中单击“棱锥体”按钮。
- 在“实体”选项卡的“图元”面板中单击“多段体”下拉按钮，在弹出的下拉列表中单击“棱锥体”按钮。
- 在命令行输入PYRAMID/PYR命令并按回车键。

执行“棱锥体”命令后，根据命令行的提示，指定椎体底面中心点以及半径值，按回车键。向上移动光标，设置棱锥高度值，按回车键即可完成棱锥体的创建，如图8-29所示。

命令行提示如下：

```
命令: PYRAMID
4 个侧面  外切
指定底面的中心点或 [边(E)/侧面(S)]:（指定底面方形中心）
指定底面半径或 [内接(I)] <353.5534>:100（设定底面方形-内接圆半径值，回车）
指定高度或 [两点(2P)/轴端点(A)/顶面半径(T)] <550.0000>:300（设定棱锥高度，回车）
```

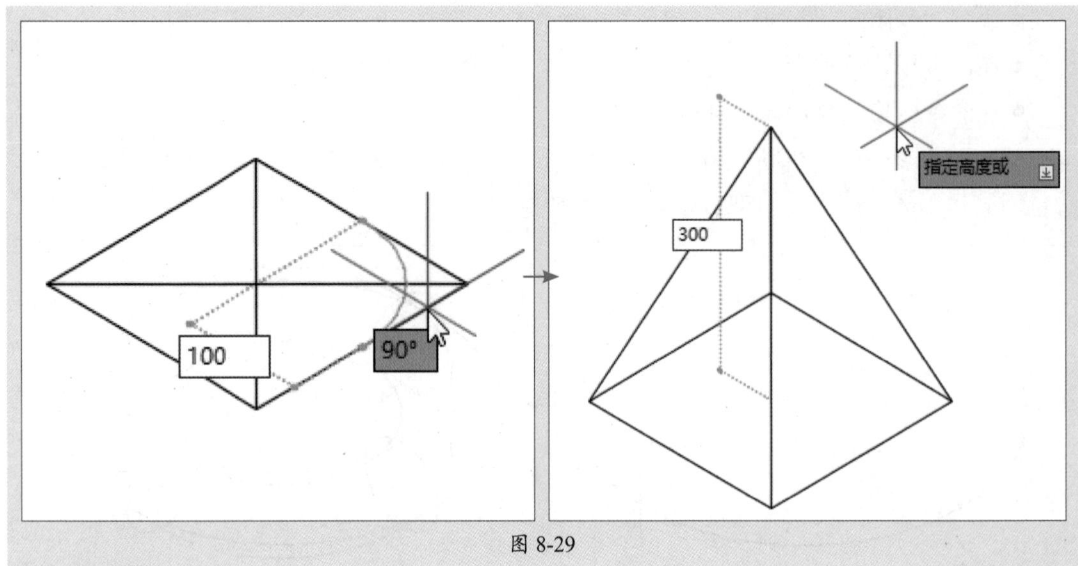

图 8-29

操作提示

如果底面图形为多边形，可在命令行先输入S，按回车键，设定好“侧面”参数，然后再指定底面中心、底面半径以及棱锥高度。

设置多面棱锥命令行提示如下：

```
命令: _pyramid
 4 个侧面 外切
指定底面的中心点或 [边(E)/侧面(S)]: s（选择“侧面”，回车）
输入侧面数 <4>: 6（设定侧面数，回车）
指定底面的中心点或 [边(E)/侧面(S)]:（指定底面中心）
指定底面半径或 [内接(I)] <141.4214>: 100（指定底面半径，回车）
指定高度或 [两点(2P)/轴端点(A)/顶面半径(T)] <300.0000>: 300（输入棱锥高度，回车）
```

8.3 二维图形生成三维实体

在三维建模工作空间，用户可以通过拉伸、放样、旋转、扫掠和按住并拖动等命令和操作来创建三维模型。

8.3.1 案例解析：创建油标模型

下面将利用二维绘图命令，并结合“旋转”拉伸出油标模型。

步骤 01 打开“油标”素材文件，执行二维“多段线”命令，沿着油标轮廓，绘制其半个外轮廓线，如图8-30所示。

步骤 02 切换到西南等轴测视图，删除油标图形，保留多段线绘制的图形，如图8-31所示。

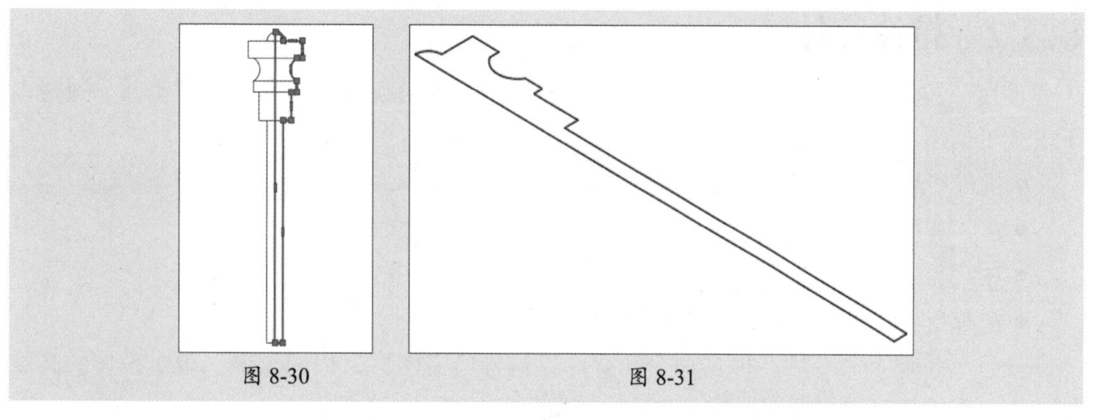
图 8-30　　图 8-31

步骤03 执行“旋转”拉伸命令，选中多段线图形，如图8-32所示。

步骤04 按回车键，指定旋转轴的起点和端点位置，如图8-33所示。

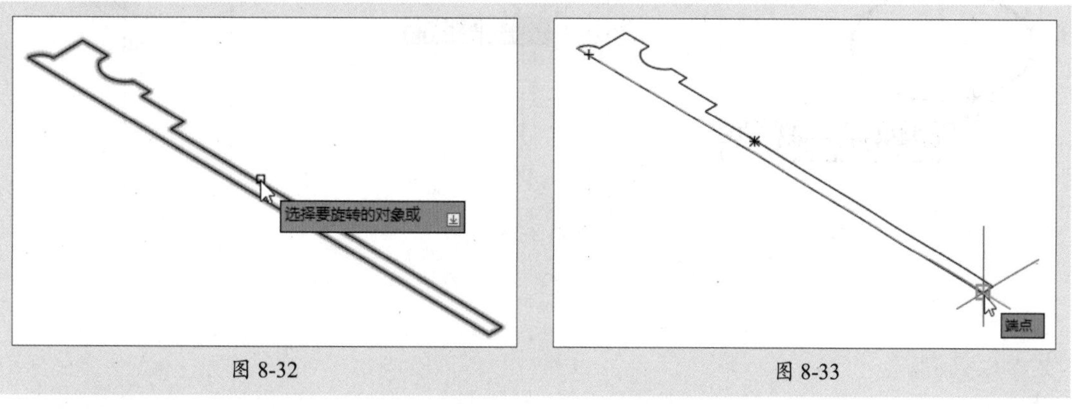

图 8-32　　图 8-33

步骤05 指定好旋转角度，这里直接输入360，如图8-34所示。

步骤06 按回车键，即可完成油标模型的创建。将视觉样式设为“灰度”样式，可查看创建的模型效果，如图8-35所示。

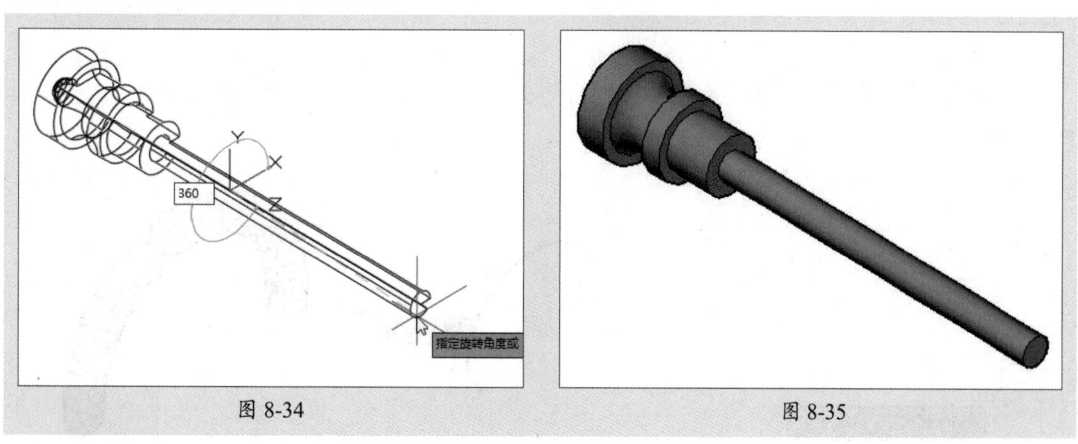

图 8-34　　图 8-35

操作提示

左手按住Shift键的同时，右手按住鼠标中键，并移动鼠标，可从任意三维视角查看模型。

8.3.2 拉伸实体

使用“拉伸”命令可将二维闭合图形沿指定的高度值或路径拉伸出三维实体。通过以下方式可调用“拉伸”命令：

- 执行“绘图”|“建模”|“拉伸”命令。
- 在“常用”选项卡的“建模”面板中单击“拉伸”按钮。
- 在“实体”选项卡的“实体”面板中单击“拉伸”按钮。
- 在命令行输入EXTRUDE命令并按回车键。

执行“拉伸”命令后，根据命令行提示，选择所需图形，按回车键。设定拉伸的高度值，按回车键即可完成拉伸操作，如图8-36所示。

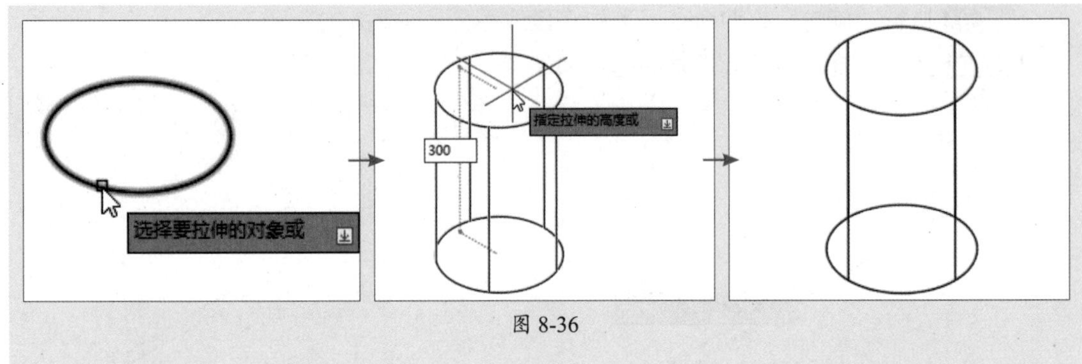

图 8-36

命令行提示如下：

```
命令: _extrude
当前线框密度: ISOLINES=4，闭合轮廓创建模式 = 实体
选择要拉伸的对象或 [模式(MO)]: _MO 闭合轮廓创建模式 [实体(SO)/曲面(SU)] <实体>: _SO
选择要拉伸的对象或 [模式(MO)]: 找到 1 个（选择图形，回车）
选择要拉伸的对象或 [模式(MO)]:
指定拉伸的高度或 [方向(D)/路径(P)/倾斜角(T)/表达式(E)] <300.0000>: 300（设定拉伸高度，回车）
```

如果需要将图形按照指定的路径拉伸，可先选中图形，然后在命令行输入P，选择拉伸路径即可，如图8-37所示。

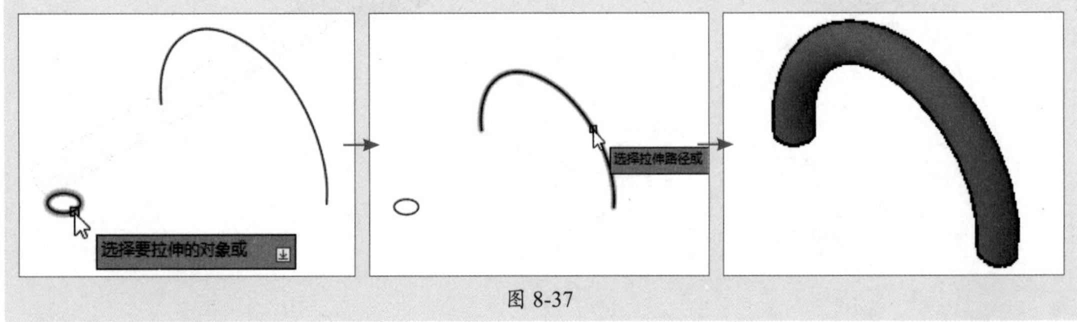

图 8-37

命令行提示如下：

```
命令: _extrude
```

当前线框密度: ISOLINES=4，闭合轮廓创建模式 = 实体
选择要拉伸的对象或 [模式(MO)]: _MO 闭合轮廓创建模式 [实体(SO)/曲面(SU)] <实体>: _SO
选择要拉伸的对象或 [模式(MO)]: 找到 1 个（选择图形，回车）
选择要拉伸的对象或 [模式(MO)]:
指定拉伸的高度或 [方向(D)/路径(P)/倾斜角(T)/表达式(E)] <-27.6485>: p（选择“路径”选项，回车）
选择拉伸路径或 [倾斜角(T)]:（选择所需路径）

8.3.3 放样实体

放样是通过指定两条或两条以上的横截面曲线生成三维实体。放样的横截曲面需要和第一个横截曲面在同一平面上，通过以下方式可调用“放样”命令：

- 执行“绘图”|“建模”|“放样”命令。
- 在“常用”选项卡的“建模”面板中单击“放样”按钮。
- 在“实体”选项卡的“实体”面板中单击“放样”按钮。

执行“放样”命令后，根据命令行提示，依次选择所需横截面圆形作为横截面，即可创建出实体模型，如图8-38所示。

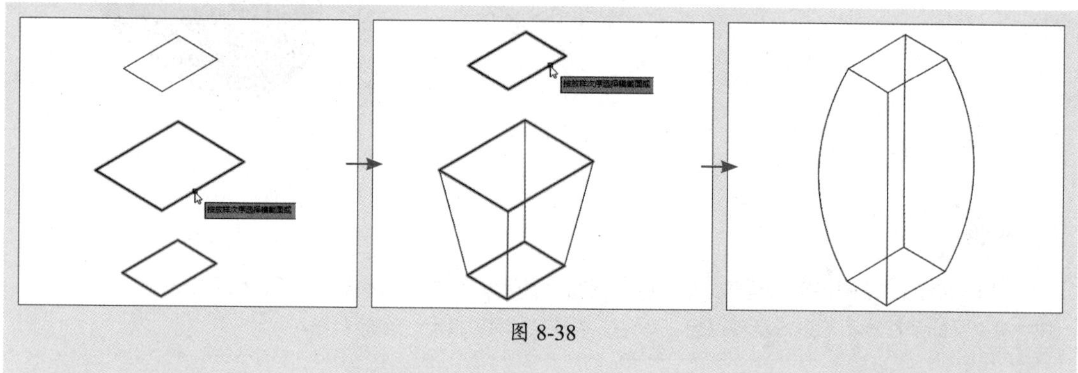

图 8-38

命令行提示如下：

命令: _loft
当前线框密度: ISOLINES=4，闭合轮廓创建模式 = 实体
按放样次序选择横截面或 [点(PO)/合并多条边(J)/模式(MO)]: _MO 闭合轮廓创建模式 [实体(SO)/曲面(SU)] <实体>: _SO
按放样次序选择横截面或 [点(PO)/合并多条边(J)/模式(MO)]: 找到 1 个（依次选择横截面图形）
按放样次序选择横截面或 [点(PO)/合并多条边(J)/模式(MO)]: 找到 1 个，总计 2 个
按放样次序选择横截面或 [点(PO)/合并多条边(J)/模式(MO)]: 找到 1 个，总计 3 个
按放样次序选择横截面或 [点(PO)/合并多条边(J)/模式(MO)]:
选中了 3 个横截面
输入选项 [导向(G)/路径(P)/仅横截面(C)/设置(S)] <仅横截面>:

操作提示

放样时使用的图形必须全部开放或全部闭合，不能使用既包含开放又包含闭合线的一组截面。

8.3.4 旋转实体

旋转是指将创建的二维闭合图形通过指定的旋转轴以及旋转角度旋转拉伸为三维实体模型。通过以下方式可调用“旋转”命令：

- 执行“绘图”|“建模”|“旋转”命令。
- 在“常用”选项卡的“建模”面板中单击“旋转”按钮。
- 在“实体”选项卡的“实体”面板中单击“旋转”按钮。
- 在命令行输入REVOLVE命令并按回车键。

执行“旋转”命令后，根据命令行的提示，先选择图形，然后指定旋转轴的起点和端点，最后输入旋转角度，按回车键即可创建出三维实体模型，如图8-39所示。

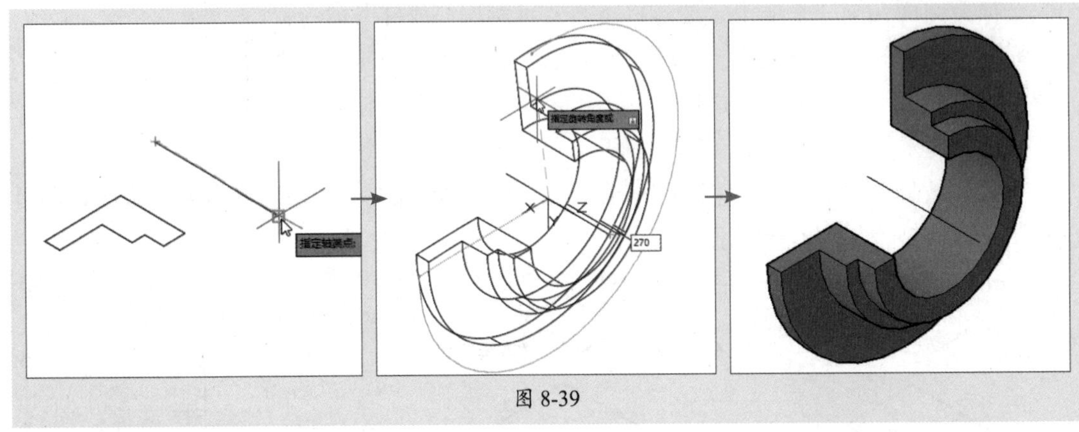

图 8-39

操作提示

用于旋转的二维图形可以是多边形、圆、椭圆、封闭多段线、封闭样条曲线、圆环以及封闭区域。图块、有交叉的多段线不能进行旋转拉伸。旋转拉伸每次只能拉伸一个图形对象。

命令行提示如下：

```
命令: _revolve
当前线框密度: ISOLINES=4，闭合轮廓创建模式 = 实体
选择要旋转的对象或 [模式(MO)]: _MO 闭合轮廓创建模式 [实体(SO)/曲面(SU)] <实体>: _SO
选择要旋转的对象或 [模式(MO)]: 找到 1 个（选择图形，回车）
选择要旋转的对象或 [模式(MO)]:
指定轴起点或根据以下选项之一定义轴 [对象(O)/X/Y/Z] <对象>:（选择旋转轴起点和端点，回车）
指定轴端点:
指定旋转角度或 [起点角度(ST)/反转(R)/表达式(EX)] <360>: 270（设定旋转角度，回车）
```

8.3.5 扫掠实体

扫掠是指将需要的图形轮廓按指定路径进行实体或曲面拉伸。扫掠图形性质取决于路径是封闭或是开放的，若路径处于开放，则扫掠的图形是曲线；若是封闭，则扫掠的图形为实体。通过以下方式可调用“扫掠”命令：

- 执行“绘图”|“建模”|“扫掠”命令。
- 在“常用”选项卡的“建模”面板中单击“扫掠”按钮。
- 在“实体”选项卡的“实体”面板中单击“扫掠”按钮。
- 在命令行输入SWEEP命令并按回车键。

执行“扫掠”命令后，根据命令行的提示，先选择指定的横截面图形，按回车键，然后再选择扫掠路径即可生成三维实体模型，如图8-40所示。

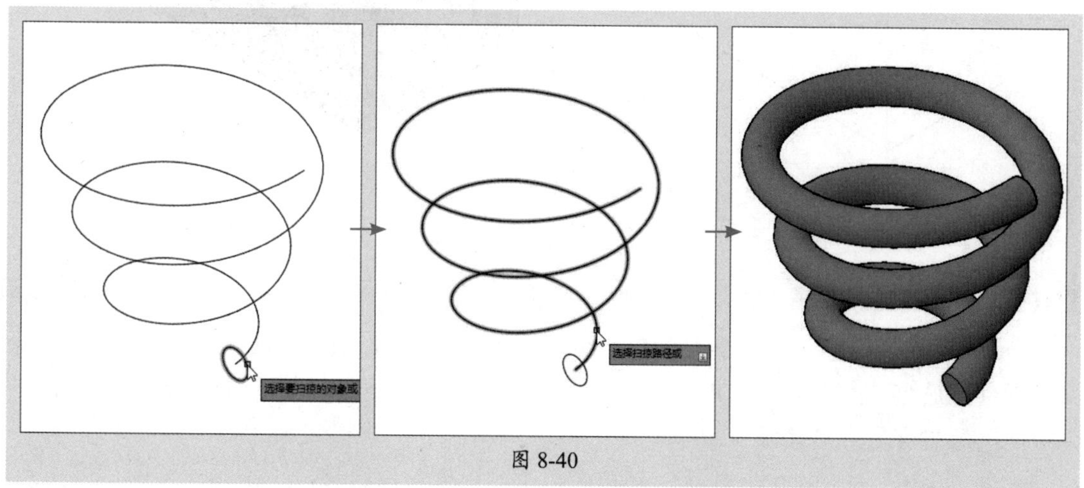

图 8-40

命令行提示如下：

```
命令: _sweep
当前线框密度: ISOLINES=4，闭合轮廓创建模式 = 实体
选择要扫掠的对象或 [模式(MO)]: _MO 闭合轮廓创建模式 [实体(SO)/曲面(SU)] <实体>: _SO
选择要扫掠的对象或 [模式(MO)]: 找到 1 个（选择图形横截面，回车）
选择要扫掠的对象或 [模式(MO)]:
选择扫掠路径或 [对齐(A)/基点(B)/比例(S)/扭曲(T)]:（选择所需路径）
```

8.3.6 按住并拖动

按住并拖动也是拉伸实体的一种方法，通过指定闭合的二维图形或三维实体面进行拉伸操作。用户可以按照以下方式调用“按住并拖动”命令：

- 在“常用”选项卡的“建模”面板中单击“按住并拖动”按钮。
- 在“实体”选项卡的“实体”面板中单击“按住并拖动”按钮。
- 在命令行输入SWEEP命令并按回车键。

执行“按住并拖动”命令后，选择要拉伸的实体面，移动鼠标，并输入拉伸高度，按回车键即可将该实体面进行拉伸，如图8-41所示。

操作提示

该命令与拉伸操作相似。但“拉伸”命令只能限制在二维图形上操作，而“按住并拖动”命令无论是在二维或三维图形上都可进行拉伸。需要注意的是，“按住并拖动”命令操作的对象是一个封闭的面域。

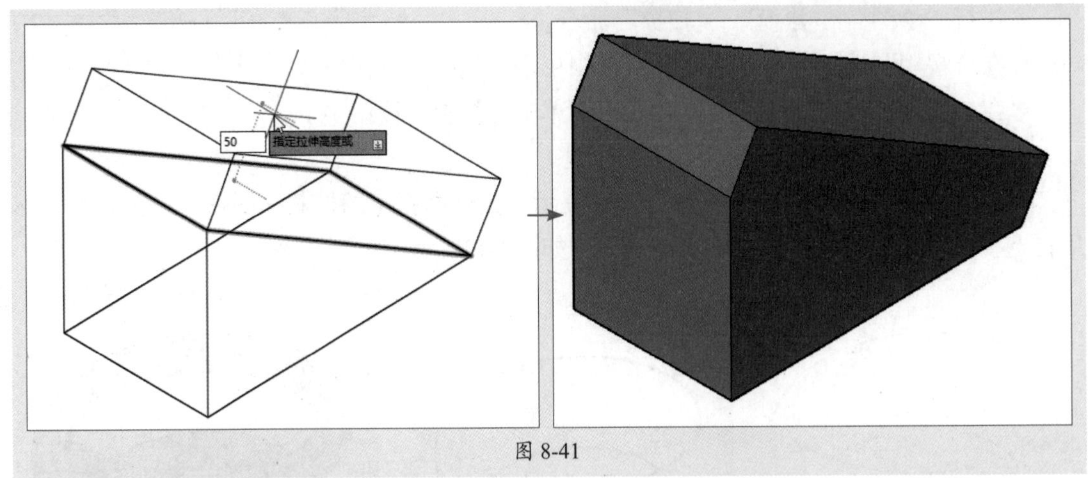

图 8-41

8.3.7 创建面域

面域是使用曲线或直线对象创建的二维闭合区域，从而形成一个面。用户可利用以上介绍的拉伸等命令，将该面拉伸成三维实体。用户可以通过以下几种方式调用“面域”命令：

- 执行“绘图”|“面域”命令。
- 在“常用”选项卡的“绘图”面板中单击“面域”按钮。
- 在命令行输入REGION命令，然后按回车键。

执行“面域”命令后，根据命令行的提示，选择所有封闭的二维线段，按回车键即可，如图8-42所示。

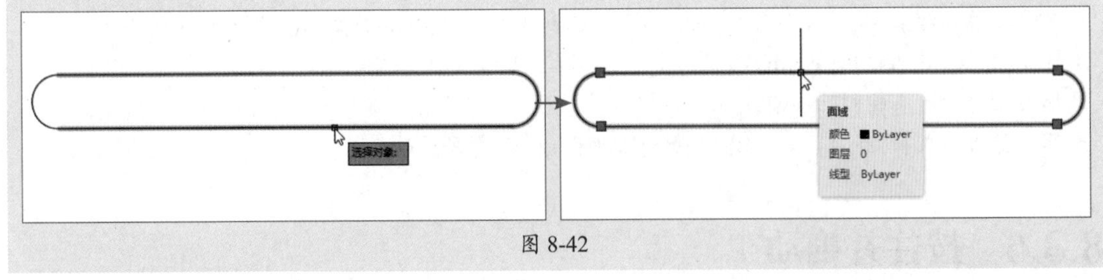

图 8-42

命令行提示如下：

```
命令: _region
选择对象: 找到 1 个
选择对象: 找到 1 个, 总计 2 个
选择对象: 找到 1 个, 总计 3 个
选择对象: 找到 1 个, 总计 4 个
选择对象: (选择图形轮廓线, 回车)
已提取 1 个环。
已创建 1 个面域。
```

在创建面域的时候，选择的对象可以是直线、多段线、圆、圆弧、椭圆、椭圆弧和样条曲线的组合，但所选的线段必须构成一个封闭的区域，否则不能创建出面域。

课堂实战 创建支架模型

本案例将利用二位绘图命令并结合三维拉伸、布尔运算等命令，创建支架三维模型。其中“布尔运算”命令操作会在第9章进行详细介绍。

步骤 01 新建空白文件，将绘图环境设为三维建模环境，并将视图切换到俯视图。执行二维“矩形”命令，绘制一个长100mm，宽63mm的长方形，如图8-43所示。

步骤 02 执行二维“圆角”命令，将矩形左侧两个角进行倒圆角处理，圆角半径为25mm，如图8-44所示。

步骤 03 执行“直线”命令，按照如图8-45所示的尺寸绘制辅助线。

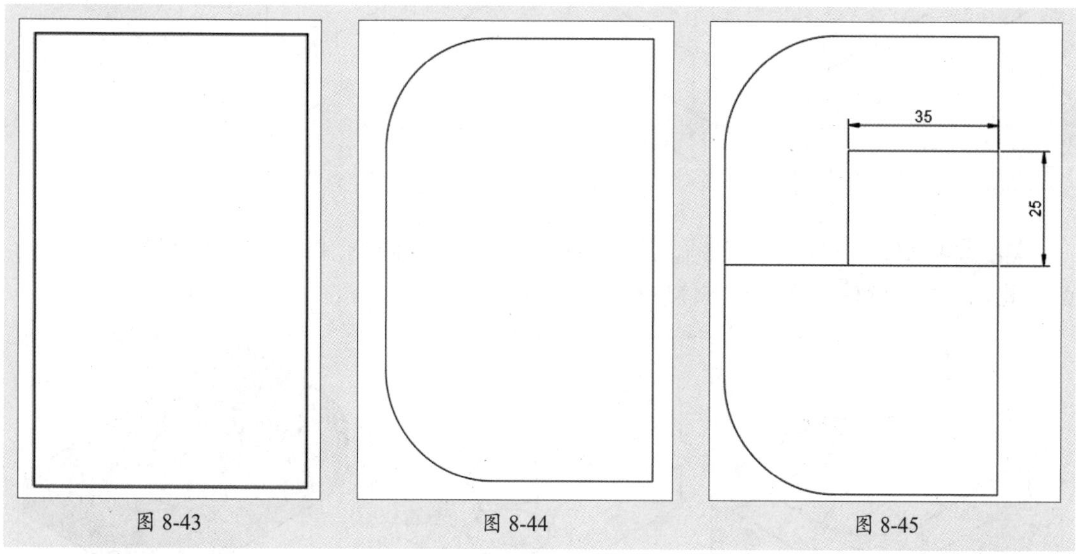

图 8-43　图 8-44　图 8-45

步骤 04 执行“圆”命令，捕捉辅助线的角点为圆心，绘制半径为13mm的圆形，如图8-46所示。

步骤 05 执行二维“镜像”命令，将绘制的圆形以中心线为镜像线进行镜像复制，如图8-47所示。

步骤 06 删除辅助线。将视图设为西南等轴测视图，如图8-48所示。

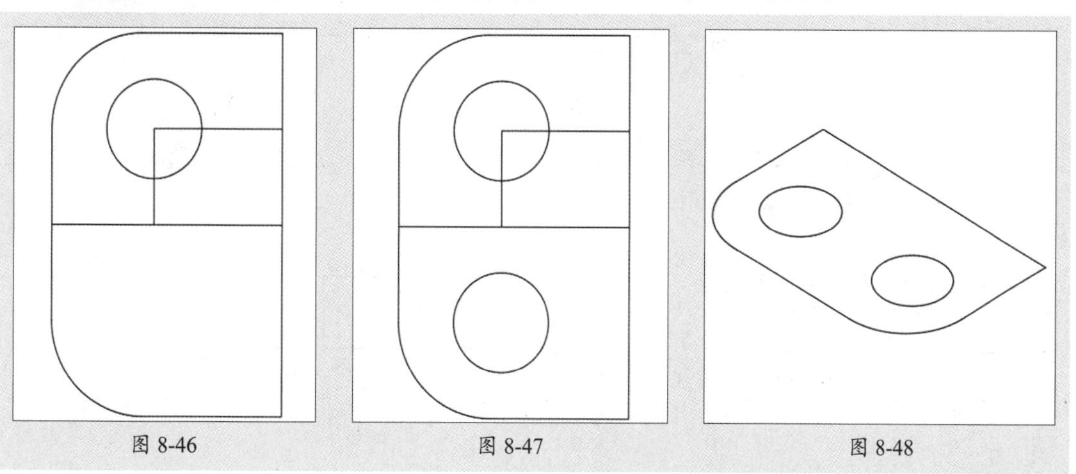

图 8-46　图 8-47　图 8-48

步骤 07 执行三维“拉伸”命令，选中矩形，将其向上拉伸15mm，生成长方体，如图8-49所示。

步骤 08 照此方法，执行“拉伸”命令，将两个圆形向上拉伸20mm，生成圆柱体，如图8-50所示。

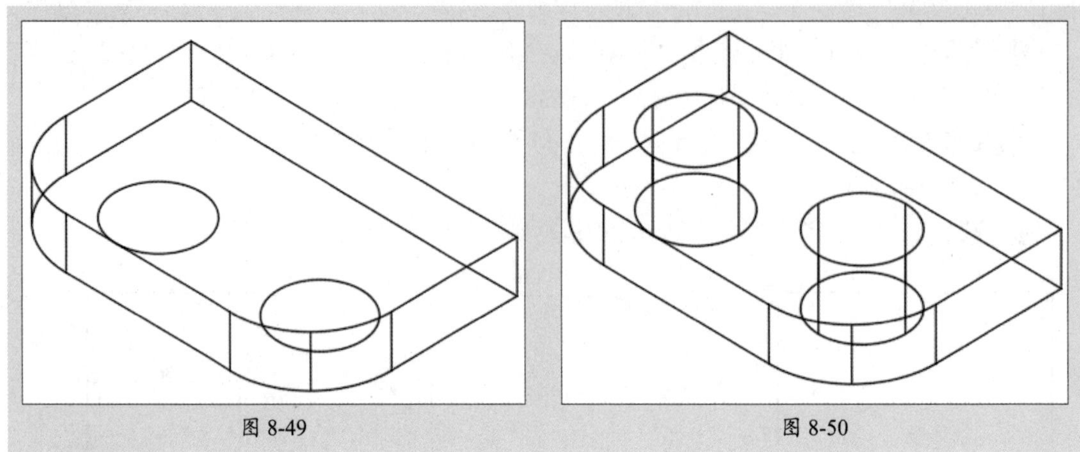

图 8-49　　　　图 8-50

步骤 09 执行“差集”命令，先选择长方体，按回车键，再选择两个圆柱体，按回车键。此时，两个圆柱体已从长方体中减去，如图8-51所示。

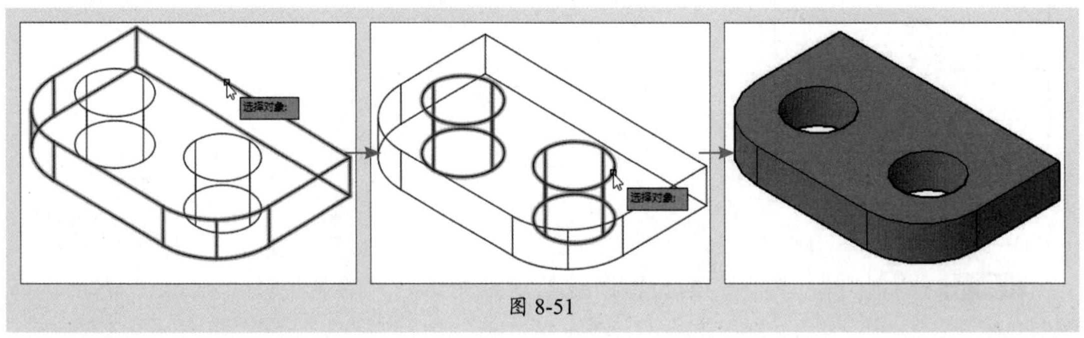

图 8-51

步骤 10 将视图设为前视图。执行二维“多段线”命令，绘制尺寸如图8-52所示的图形。

步骤 11 执行二维“圆角”命令，将多段线进行倒圆角处理，两个圆角半径尺寸如图8-53所示。

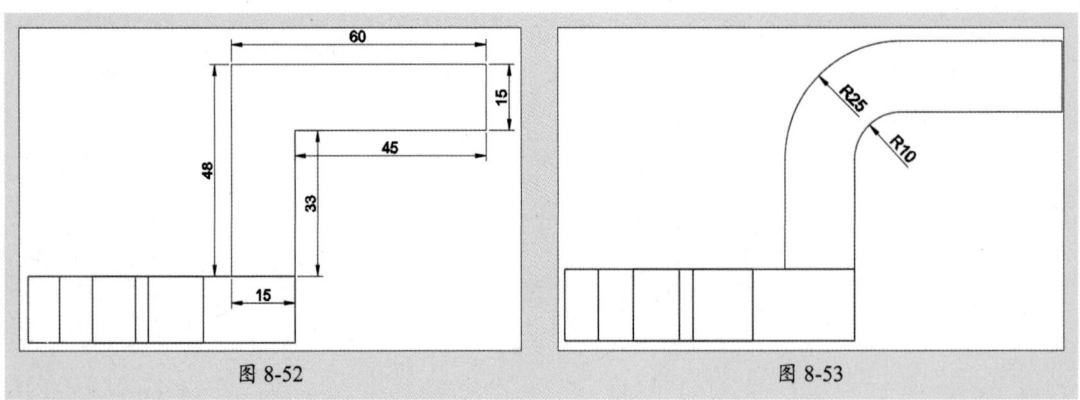

图 8-52　　　　图 8-53

步骤 12 将视图切换到西南等轴测视图。在命令行输入UCS命令，按两次回车键，将坐标设置默认显示。执行“拉伸”命令，将绘制的多段线拉伸成三维实体，拉伸距离为50mm，并将拉伸的实体放置在长方体中间位置，如图8-54所示。

步骤 13 执行“圆柱体”命令，分别绘制半径为25mm和12.5mm，高均为34mm的两个圆柱体，如图8-55所示。

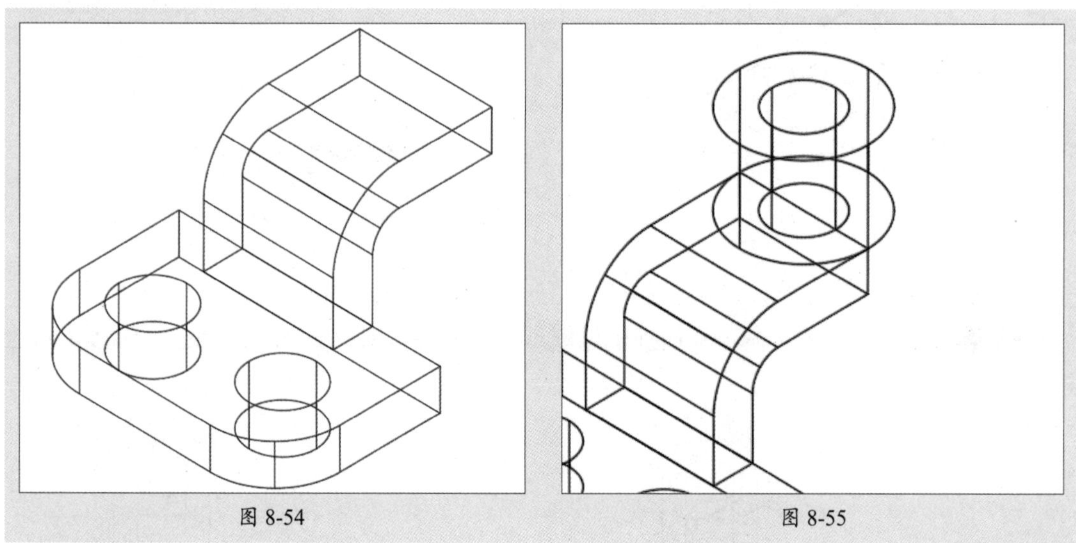

图 8-54　　图 8-55

步骤 14 执行“差集”命令，将半径12.5mm的圆柱体从半径为25mm的圆柱体中减去，如图8-56所示。

步骤 15 执行“差集”命令，将半径12.5mm的圆柱体从半径为25mm的圆柱体中减去，如图8-57所示。

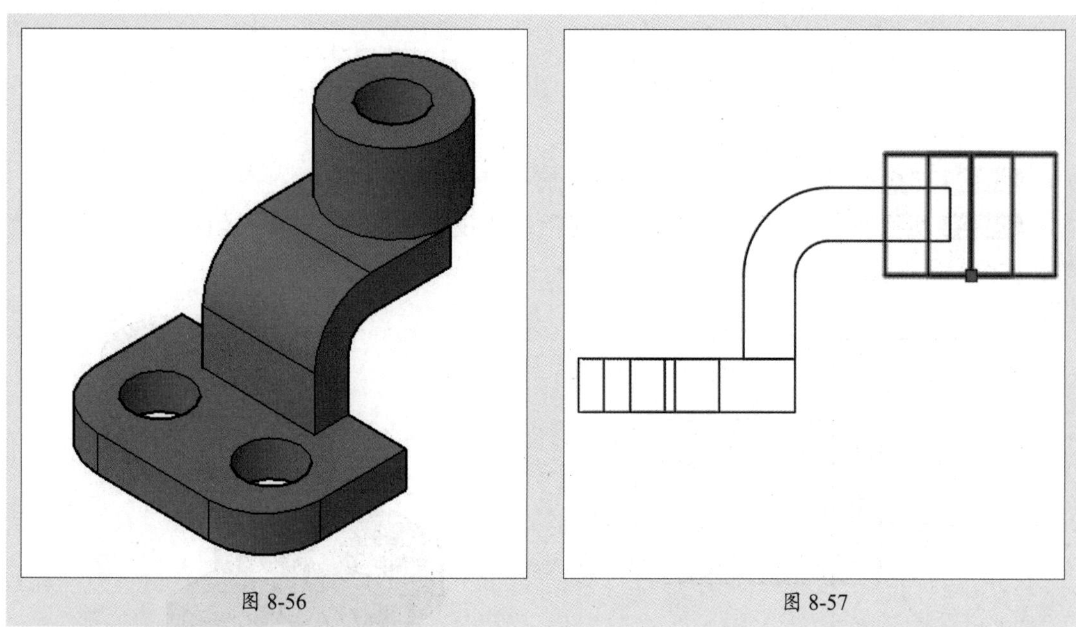

图 8-56　　图 8-57

步骤 16 切换回西南等轴测视图。在命令行输入UCS，指定坐标原点，如图8-58所示。

步骤 17 向左移动光标，指定X轴方向，如图8-59所示。

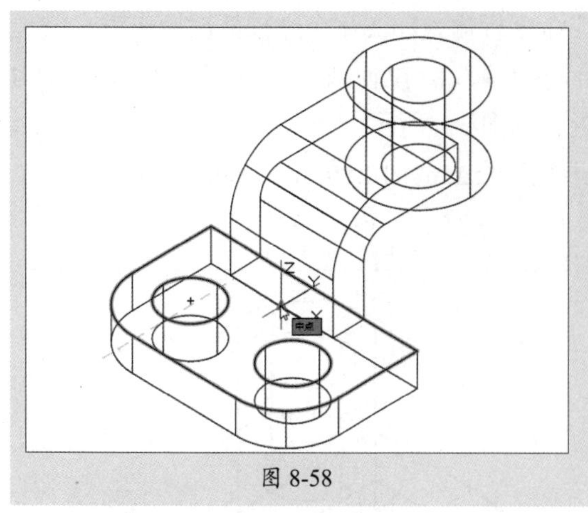

图 8-58

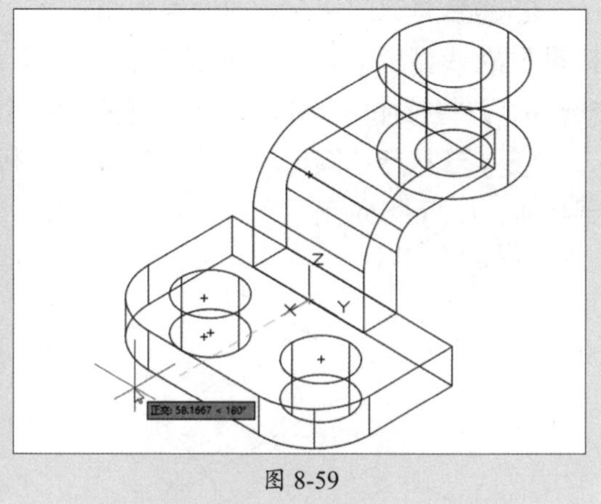

图 8-59

步骤18 向右移动鼠标，指定Y轴方向，完成三维坐标的设置操作，如图8-60所示。

步骤19 执行“楔体”命令，捕捉坐标原点，绘制底面长30mm，宽12mm，高40mm的楔体，如图8-61所示。

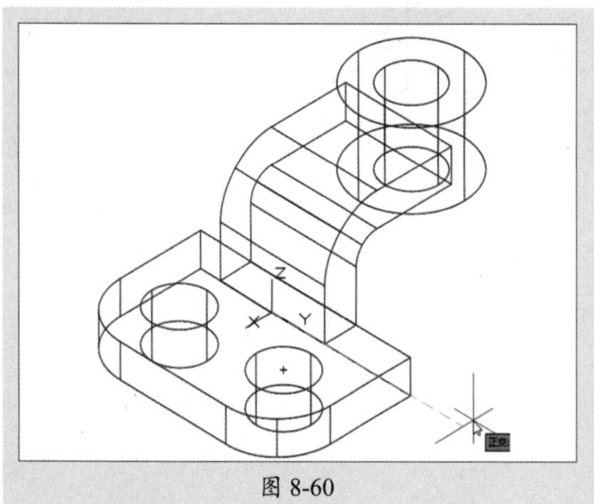

图 8-60

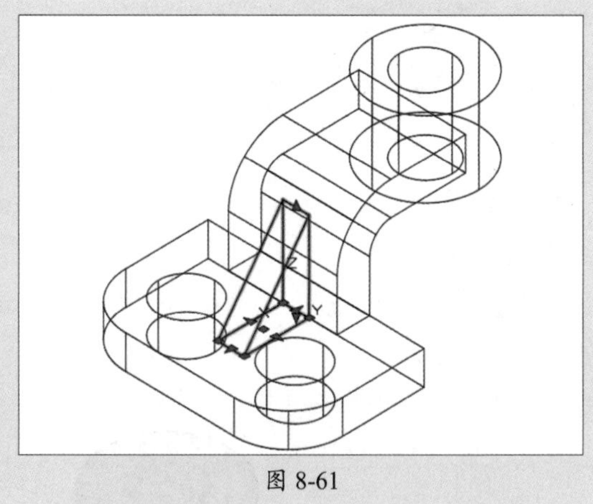

图 8-61

步骤20 切换到俯视图，调整好楔体的位置，如图8-62所示。

步骤21 切换回西南等轴测视图，将视觉样式设为“灰度”，查看创建的支座模型效果，如图8-63所示。

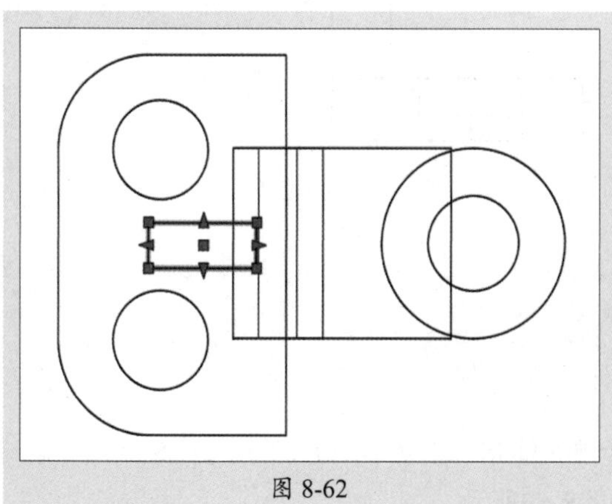
图 8-62

图 8-63

课后练习 创建连杆模型

本实例将利用多段线、拉伸、圆柱体和差集等命令来绘制连杆的三维模型，如图8-64所示。

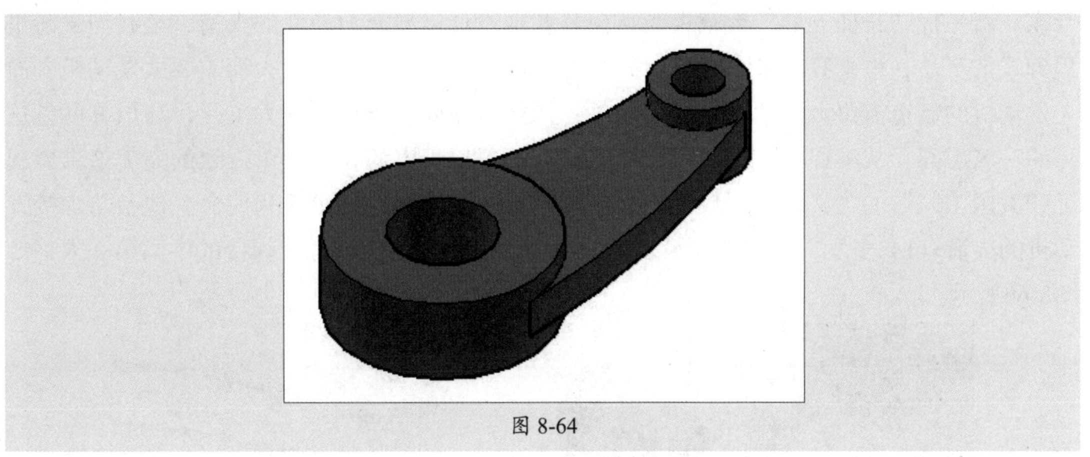

图 8-64

1. 技术要点

步骤01 执行“圆”和“多段线”命令，绘制连杆平面图。

步骤02 执行“拉伸”命令，将圆形和多段线图形拉伸成三维实体，并调整好各实体之间的位置。

步骤03 执行“差集”命令，将小圆柱从大圆柱中减去。

2. 分步演示

如图8-65所示。

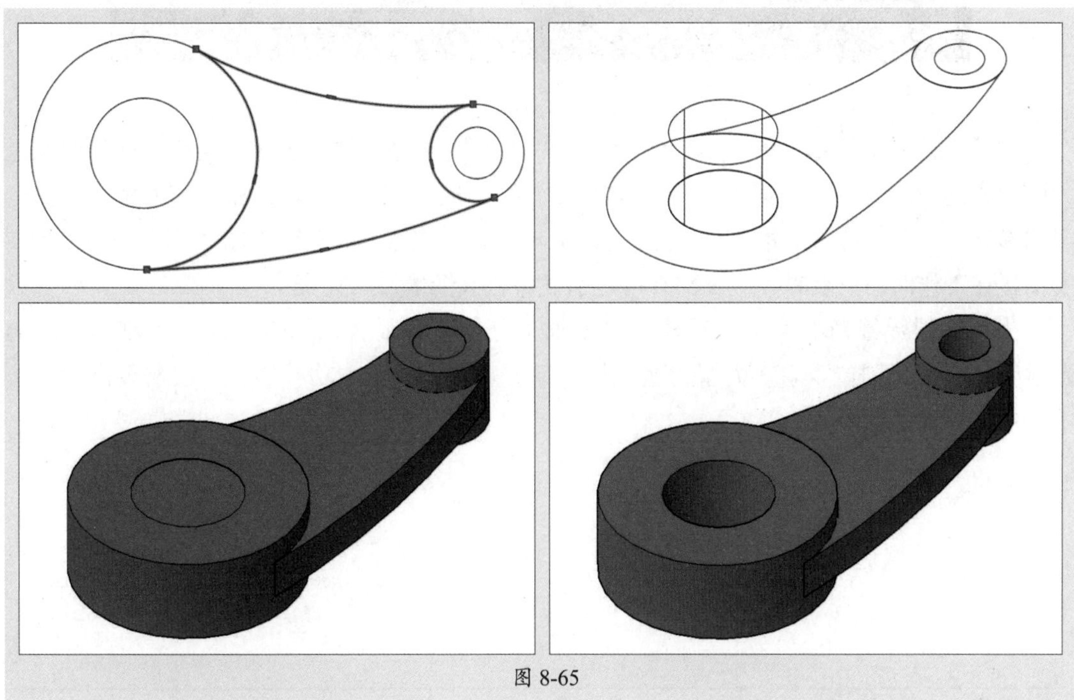

图 8-65

拓展赏析

火箭发动机焊接人：高凤林

高凤林是中国航天科技集团有限公司第一研究院211厂航天特种熔融焊接工、首席技能专家。新一代“长征五号”运载火箭目前是我国设计运载能力最大的火箭，是我国火箭里程碑式的产品，也是我国未来天宫空间站建设的主力运载工具。大火箭需要大发动机，而大发动机的制造需要大科学家、大工程师，同样也需要一线动手的大工匠，高凤林就是这样的一名工匠。从事焊接工作三十余年来，他不仅用精湛的技艺和对极致的完美追求展现了“大国工匠”的含义，更用自己的坚持诠释了一个航天人的责任和使命。他参与焊接发动机的火箭有140多发，占中国火箭发射的一半多，是火箭关键部位焊接的中国第一人，如图8-66所示。

图 8-66

焊接手艺看似简单，但在航天领域，每一个焊接点的位置、角度、轻重，都需要经过大脑缜密的思考。每一次焊接，一个焊接工作者的眼力、脑力、体力和意志力都在经受全面的考验。火箭发动机的每一个焊点只有0.16mm宽，而完成焊接允许的时间误差是0.1秒。发动机在工作时，一点焊接瑕疵都有可能引发整枚火箭爆炸的灾难。

为了确保焊接精准度，高凤林可以做到十分钟不眨眼。他的自信来自于刚学习时的勤学苦练，航天制造要求零失误，这一切都需要从扎实的基本功开始，不仅需要高超的技术，更需要细致严谨。

思政课堂

第9章

编辑机械三维模型

内容导读

为了保证模型的准确性，通常需要在创建的过程中对模型进行各种修改或编辑，例如模型的移动、对齐、镜像、阵列、修剪等。本章将对这些三维编辑功能进行介绍。通过学习，读者能够使用基本编辑功能和实体面边编辑功能，去构建和完善结构复杂的三维物体。

思维导图

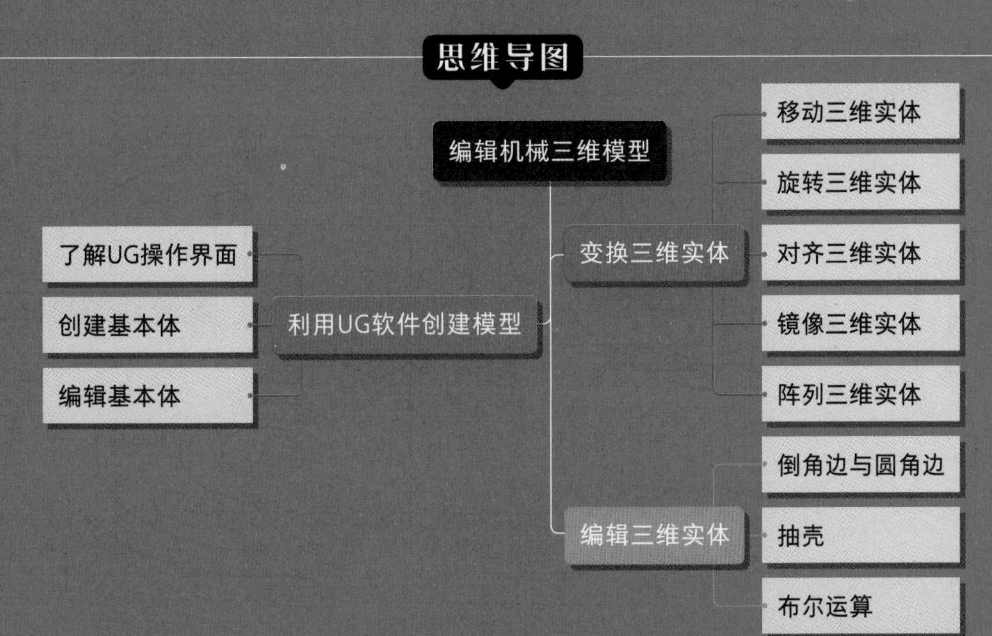

9.1 变换三维实体

变换三维实体包含三维移动、三维对齐、三维旋转、三维镜像、三维阵列等命令。这些命令是在制图过程中经常会用到的三维命令。本节将对这些命令的使用方法和技巧进行介绍。

9.1.1 案例解析：创建皮带轮三维模型

下面利用三维阵列、三维镜像等三维编辑命令来制作皮带轮三维实体模型。

步骤01 打开“皮带轮”素材文件。切换到西南等轴测视图，执行三维“拉伸”命令，将大圆和其中一个小圆向上拉伸50mm，如图9-1所示。

步骤02 执行“三维阵列”命令，根据提示选择拉伸的小圆柱体，如图9-2所示。

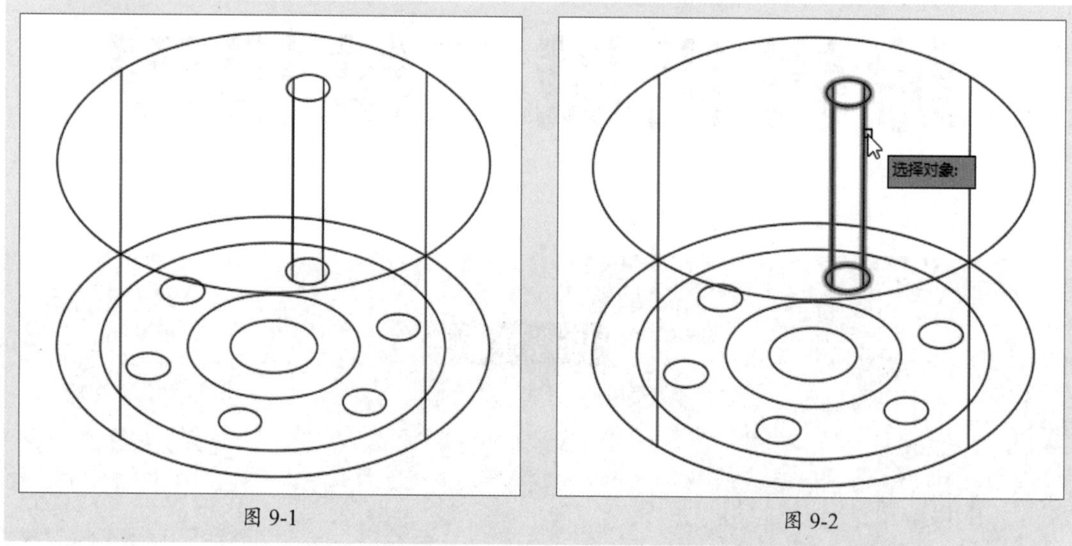

图 9-1　　图 9-2

步骤03 按回车键确认。根据提示，选择“环形”阵列类型，按回车键，将“项目数”设为6，如图9-3所示。

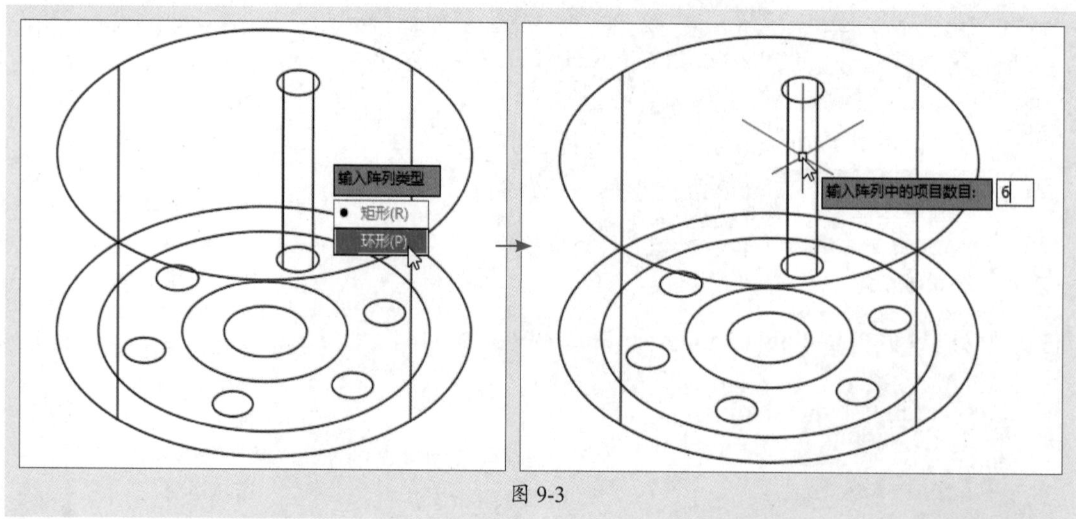

图 9-3

步骤04 按回车键确认，默认填充角度为360°。继续按回车键确认，根据提示，依次指定上下两个圆心作为旋转轴上的第一点和第二点，完成圆柱体的环形阵列，如图9-4所示。

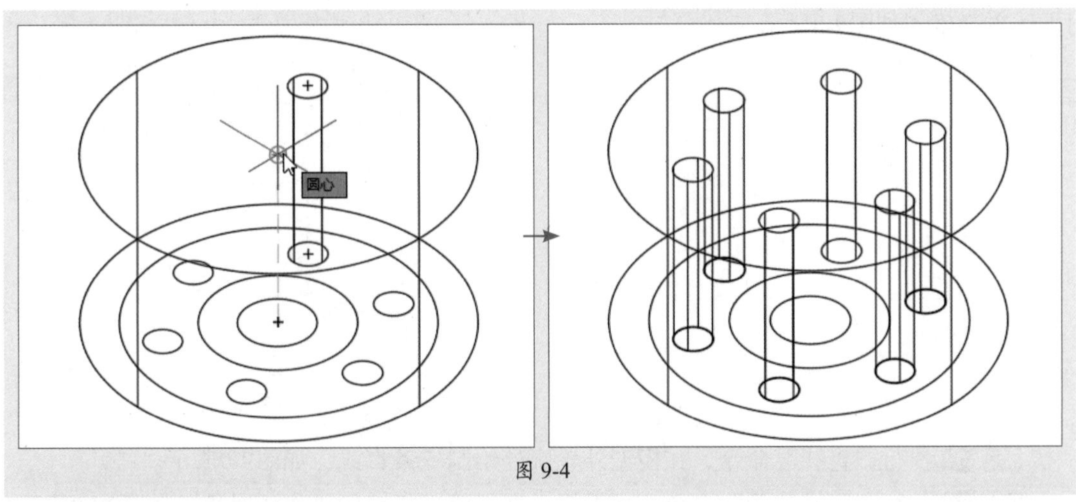

图 9-4

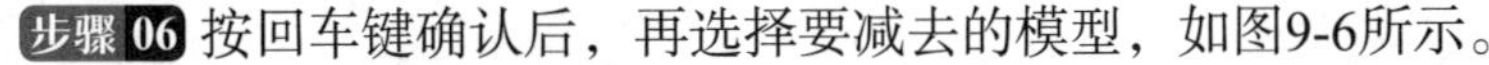

步骤05 切换到概念视图。执行“差集”命令，根据提示选择大圆柱体，如图9-5所示。

步骤06 按回车键确认后，再选择要减去的模型，如图9-6所示。

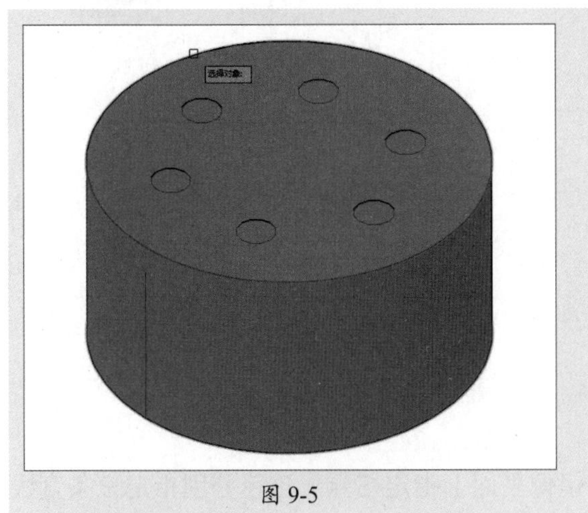

图 9-5

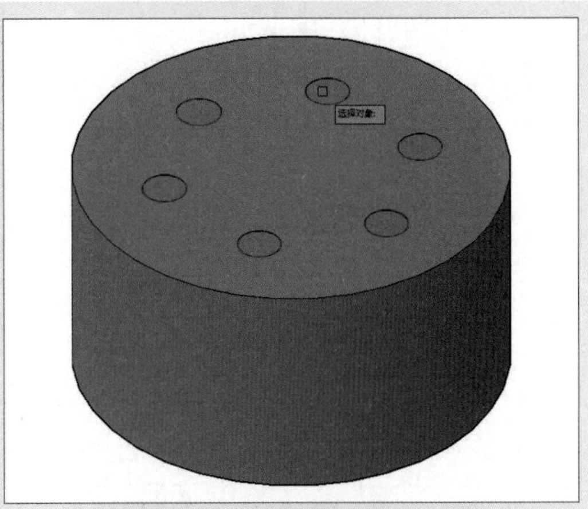

图 9-6

步骤07 再按回车键，此时小圆柱已从大圆柱中减去，如图9-7所示。

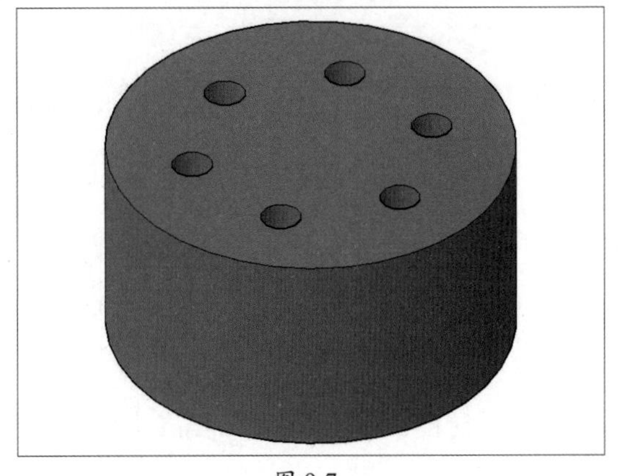

图 9-7

步骤08 切换到二维线框样式。执行“拉伸”命令，将半径为40mm的圆拉伸10mm的高度，如图9-8所示。

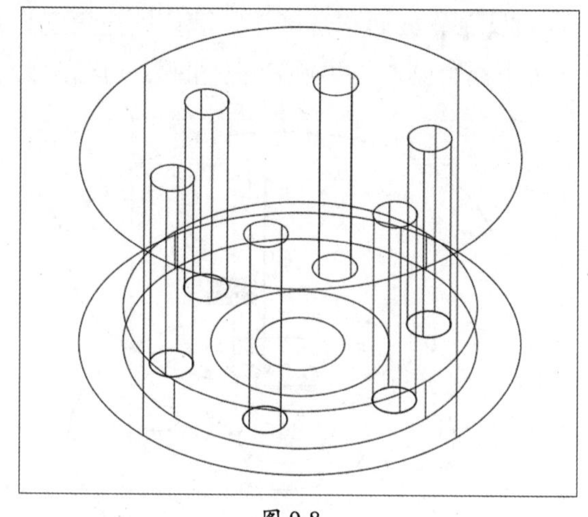
图 9-8

步骤09 执行“直线”命令，在模型外轮廓处绘制三条直线，如图9-9所示。

步骤10 执行“三维镜像”命令，根据提示选择要进行镜像操作的对象，如图9-10所示。

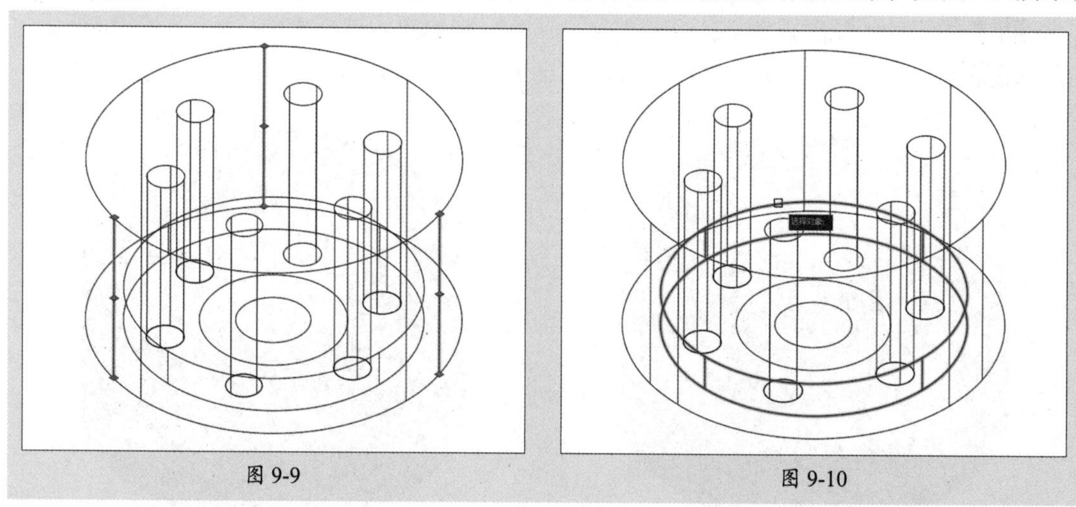
图 9-9　　图 9-10

步骤11 按回车键确认，再根据提示，在镜像平面上指定三点。这里分别指定三条直线的中点。根据提示，选择是否删除源对象，完成三维镜像操作，如图9-11所示。

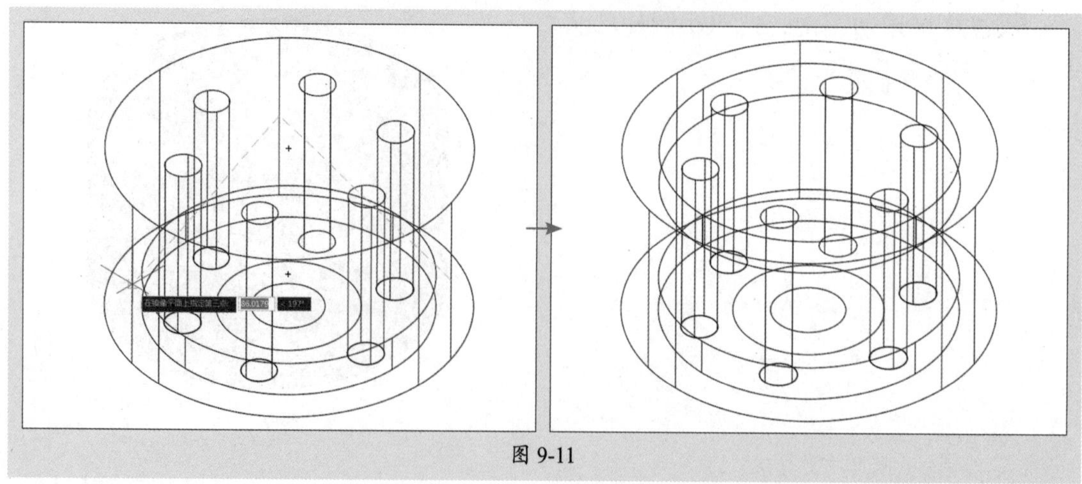
图 9-11

步骤12 执行“差集”命令，将上下两个圆柱体从主体模型中减去，删除三条直线；再切换到概念视图，效果如图9-12所示。

步骤13 切换到二维线框样式。执行“拉伸”命令，对半径为10mm和5mm的圆进行拉伸操作，高度为50mm，再切换到概念视图，如图9-13所示。

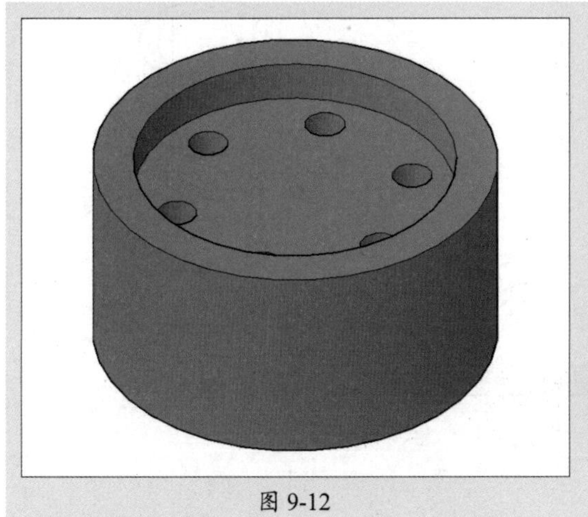

图 9-12

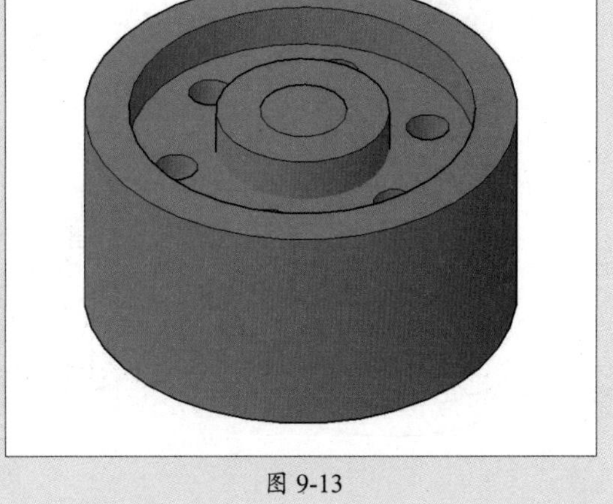

图 9-13

步骤14 执行“并集”命令，将半径为10mm的圆柱体合并到模型；再执行“差集”命令，将半径为5mm的圆柱体从模型中减去，完成皮带轮模型的创建，如图9-14所示。

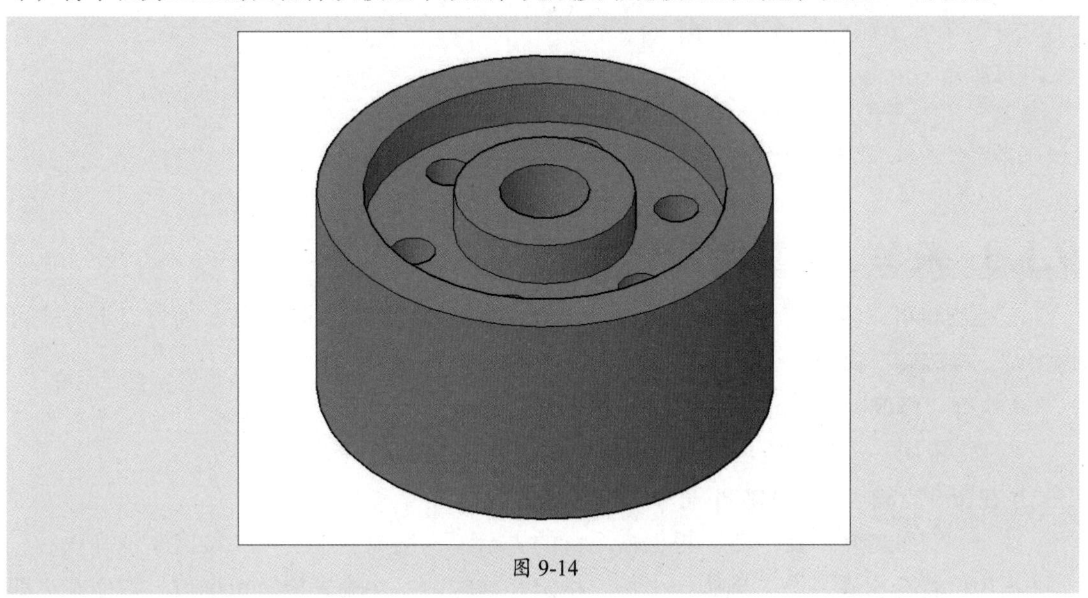

图 9-14

9.1.2 移动三维实体

使用三维移动工具可将三维模型按照指定的位置进行移动，通过以下方式可调用“三维移动”命令。

- 执行“修改”|“三维操作”|“三维移动”命令。
- 在“常用”选项卡的“修改”面板中单击“三维移动”按钮。
- 在命令行输入3DMOVE命令并按回车键。

执行“三维移动”命令，选择三维实体，按回车键确认后，指定好实体移动基点和目标基点即可完成三维移动操作，如图9-15所示。

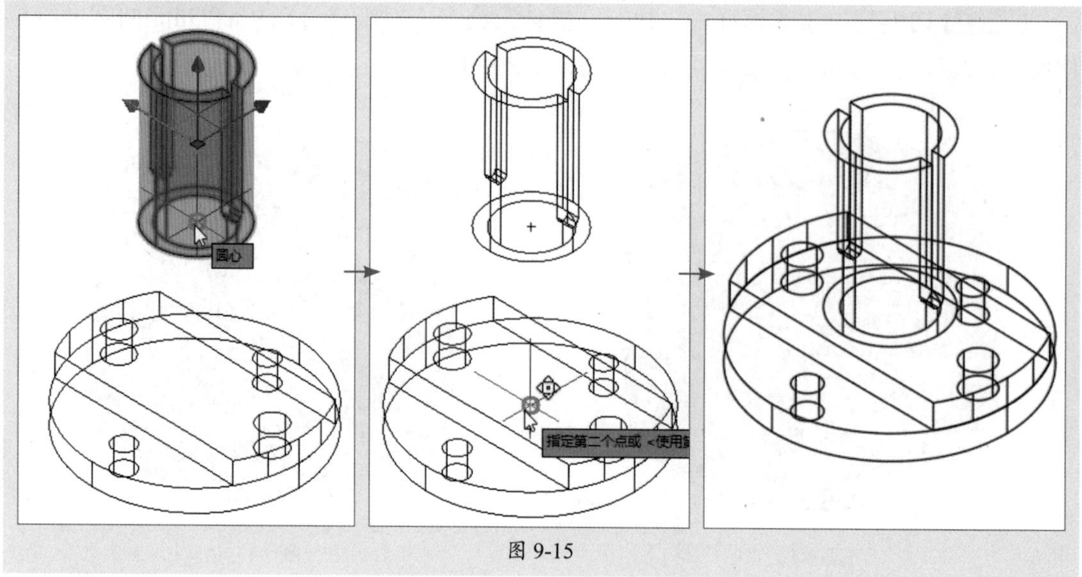

图 9-15

命令行提示如下：

```
命令: _3dmove
选择对象: 找到 1 个（选择实体模型，回车）
选择对象:
指定基点或 [位移(D)] <位移>:（选择实体移动基点）
指定第二个点或 <使用第一个点作为位移>: 正在重生成模型。（指定新位置）
```

9.1.3 旋转三维实体

三维旋转可以将指定的模型按照指定的角度绕三维空间定义轴旋转。通过以下方式可调用“三维旋转”命令：

- 执行“修改”|“三维操作”|“三维旋转”命令。
- 在“常用”选项卡的“修改”面板中单击“三维旋转”按钮。
- 在命令行输入3DROTATE命令并按回车键。

执行“三维旋转”命令后，根据命令行的提示，先选择三维实体，按回车键确认后，实体居中位置会出现一个三维旋转坐标。指定好旋转轴，并输入旋转角度值，按回车键即可完成三维旋转操作，如图9-16所示。

命令行提示如下：

```
命令: _3drotate
UCS 当前的正角方向: ANGDIR=逆时针 ANGBASE=0
选择对象: 指定对角点: 找到 1 个（选中三维实体，回车）
选择对象:
指定基点:（捕捉坐标原点，并选择旋转轴，回车）
```

```
** 旋转 **
指定旋转角度或 [基点(B)/复制(C)/放弃(U)/参照(R)/退出(X)]: 90（设定旋转角度，回车）
正在重生成模型。
```

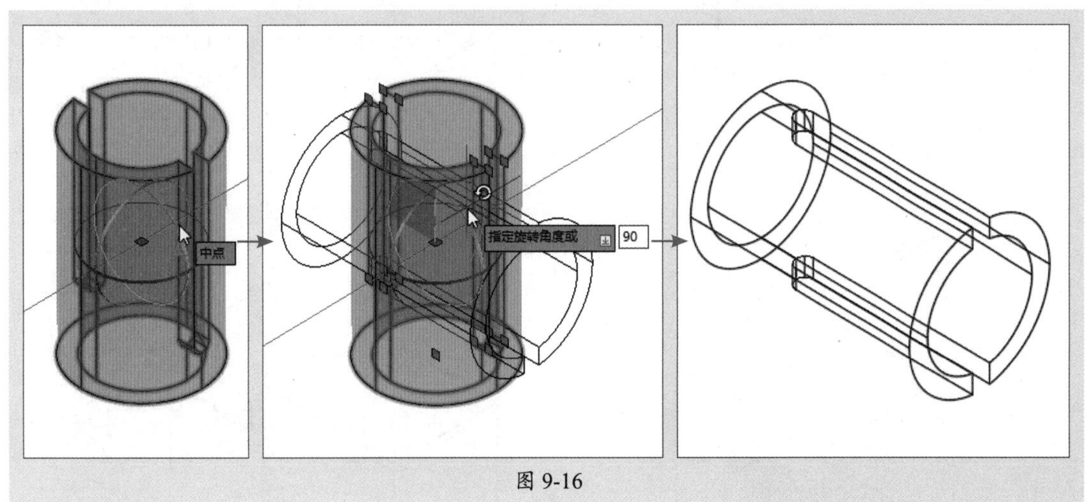

图 9-16

操作提示

红色轴为X轴，绿色轴为Y轴，蓝色轴为Z轴。被选中的轴以黄色显示。

9.1.4 对齐三维实体

对齐命令是将模型按照指定的对齐点进行对齐。通过以下操作可调用“三维对齐”命令:

- 执行“修改”|“三维操作”|“三维对齐”命令。
- 在“常用”选项卡的“修改”面板中单击“三维对齐”按钮。
- 在命令行输入3DALIGN命令并按回车键。

执行“三维对齐”命令后，选中所需模型，指定被选模型上的三个点，按回车键，再选择目标模型上要对齐的三个点即可，如图9-17所示。

命令行提示如下：

```
命令: _3dalign
选择对象: 指定对角点: 找到 1 个
选择对象:          （选择模型，按回车键）
 指定源平面和方向 ...
指定基点或 [复制(C)]:（指定三个对齐点，按回车键）
指定第二个点或 [继续(C)] < “C” >:
指定第三个点或 [继续(C)] < “C” >:
 指定目标平面和方向 ...
指定第一个目标点:（选择目标模型上三个对齐点）
指定第二个目标点或 [退出(X)] < “X” >:
指定第三个目标点或 [退出(X)] < “X” >:
```

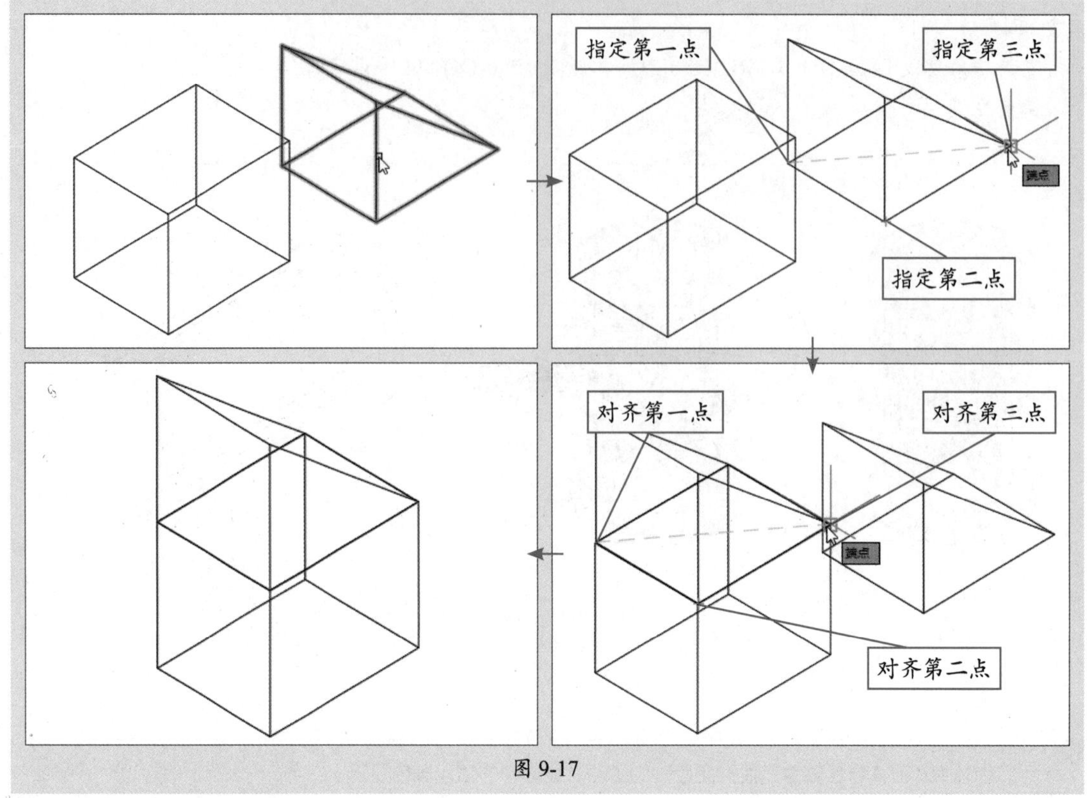

图 9-17

9.1.5 镜像三维实体

镜像三维对象是指将模型按照指定的三个点或镜像平面进行镜像，通过以下方式可调用“三维镜像”命令：

- 执行“修改”|“三维操作”|“三维镜像”命令。
- 在“常用”选项卡的“修改”面板中单击“三维镜像”按钮。
- 在命令行输入MIRROR3D命令并按回车键。

执行“三维镜像”命令后，选中所需模型，根据命令行提示，指定好镜像面上的三个点，按回车键即可完成三维镜像操作，如图9-18所示。

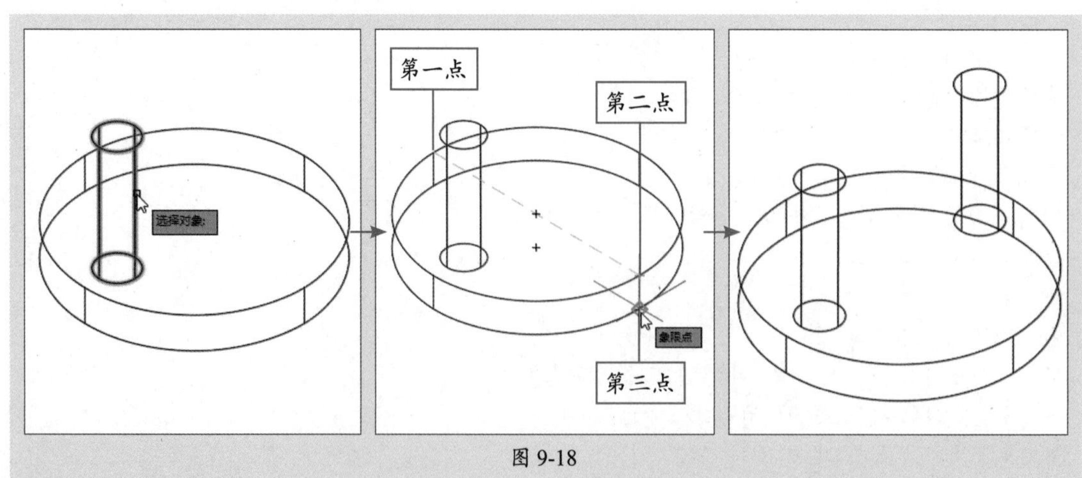

图 9-18

命令行提示如下：

```
命令: _mirror3d
选择对象: 找到 1 个（选择模型，回车）
选择对象:
指定镜像平面 (三点) 的第一个点或
 [对象(O)/最近的(L)/Z 轴(Z)/视图(V)/XY 平面(XY)/YZ 平面(YZ)/ZX 平面(ZX)/三点(3)] <三点>:
在镜像平面上指定第二点:
在镜像平面上指定第三点:（选择镜像的三个点）
是否删除源对象? [是(Y)/否(N)] <否>:（默认设置，按回车键）
```

9.1.6 阵列三维实体

三维阵列是指将指定的模型按照一定的规则进行阵列。在三维建模工作空间，阵列三维对象分为矩形阵列和环形阵列。通过用以下方式可调用“三维阵列”命令：

- 执行“修改” | “三维操作” | “三维阵列”命令。
- 在命令行输入3DARRAY命令并按回车键。

1. 三维矩形阵列

三维矩形阵列可以将对象在三维空间以行、列、层的方式复制并排布。执行“三维阵列”命令后，根据命令行提示，选择阵列对象，按回车键后再根据提示选择“矩形阵列”方式，输入相关的行数、列数、层数以及各个间距值，即可完成三维矩形阵列操作，图9-19所示为三维矩形阵列效果。

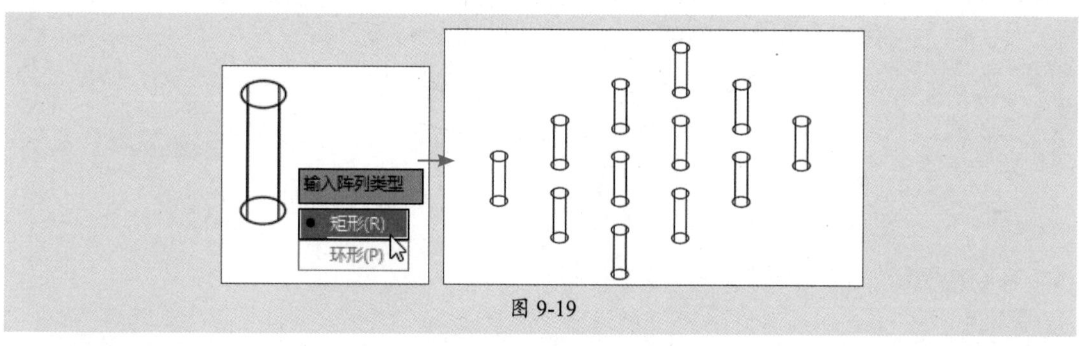

图 9-19

命令行提示如下：

```
命令: _3darray
选择对象: 找到 1 个（选择模型，回车）
选择对象:
输入阵列类型 [矩形(R)/环形(P)] <矩形>:R（选择“矩形”阵列类型）
输入行数 (---) <1>: 3（设定“行数”值，回车）
输入列数 (|||) <1>: 4（设定“列数”值，回车）
输入层数 (...) <1>:（默认值，回车）
指定行间距 (---): 300（设定“行间距”值，回车）
指定列间距 (|||): 300（设定“列间距”值，回车）
```

2. 三维环形阵列

环形阵列是指将模型按照指定的阵列角度进行环形阵列。在执行“三维阵列”命令的过程中，选择“环形”选项，设置好阵列角度以及阵列轴上的两个点，即可将该模型进行环形阵列，如图9-20所示。

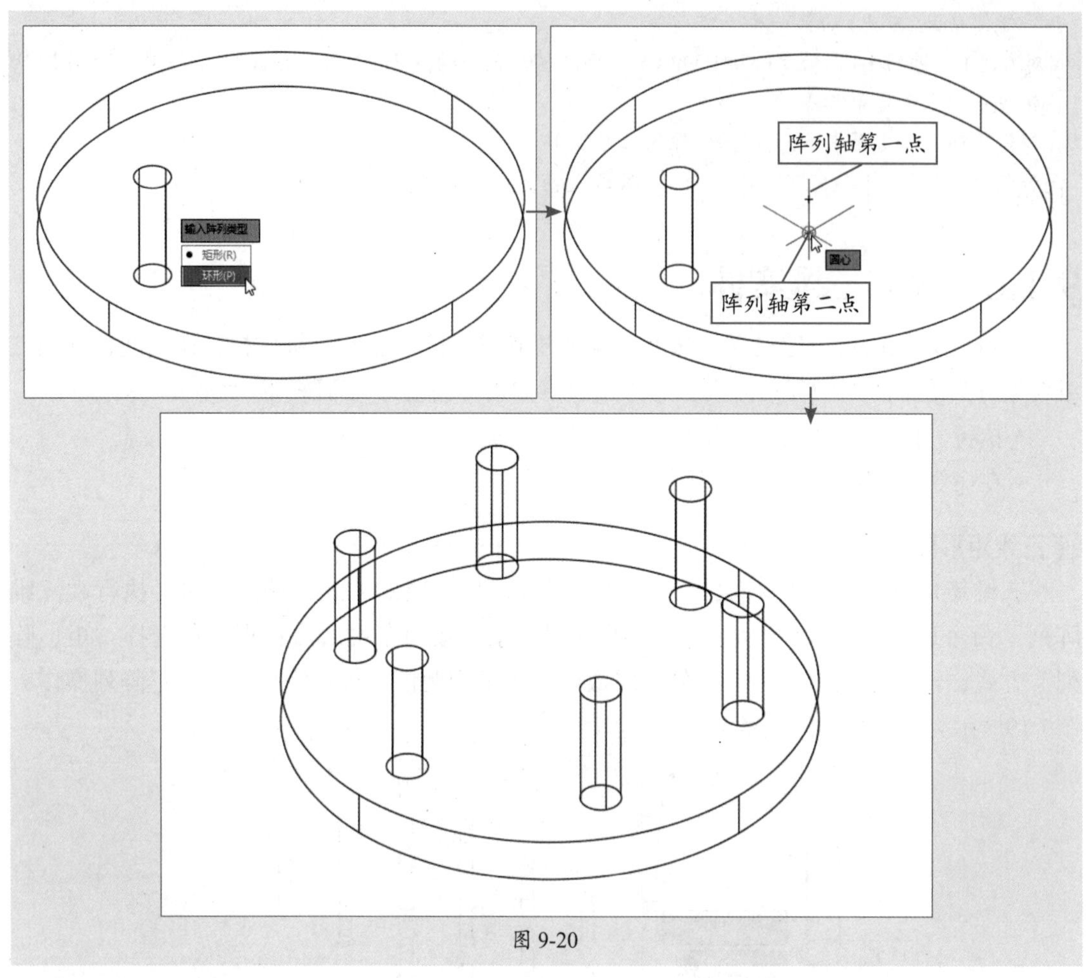

图 9-20

命令行提示如下：

```
命令: _3darray
选择对象: 找到 1 个（选择模型，回车）
选择对象:
输入阵列类型 [矩形(R)/环形(P)] <矩形>:P（选择“环形”阵列）
输入阵列中的项目数目: 6（设定阵列数目，回车）
指定要填充的角度 (+=逆时针, -=顺时针) <360>:（默认值，回车）
旋转阵列对象？ [是(Y)/否(N)] <Y>:（默认值，回车）
指定阵列的中心点:（指定阵列轴上的两个点）
指定旋转轴上的第二点:
```

9.2 编辑三维实体

除了对三维实体进行移动、旋转、对齐、镜像等操作外，为了使模型更为逼真，还可对三维实体进行布尔操作，或者对实体的边和面进行编辑。

9.2.1 案例解析：绘制传动轴套模型

下面将利用二维绘图命令、拉伸、三维阵列、差集等命令，创建传动轴套三维模型。

步骤 01 新建空白文档，切换到“三维建模”绘图空间，将视图设为俯视图。执行“直线”命令，绘制两条相互垂直的辅助中线，如图9-21所示。

步骤 02 执行“偏移”命令，将垂直中线左右各偏移140mm，如图9-22所示。

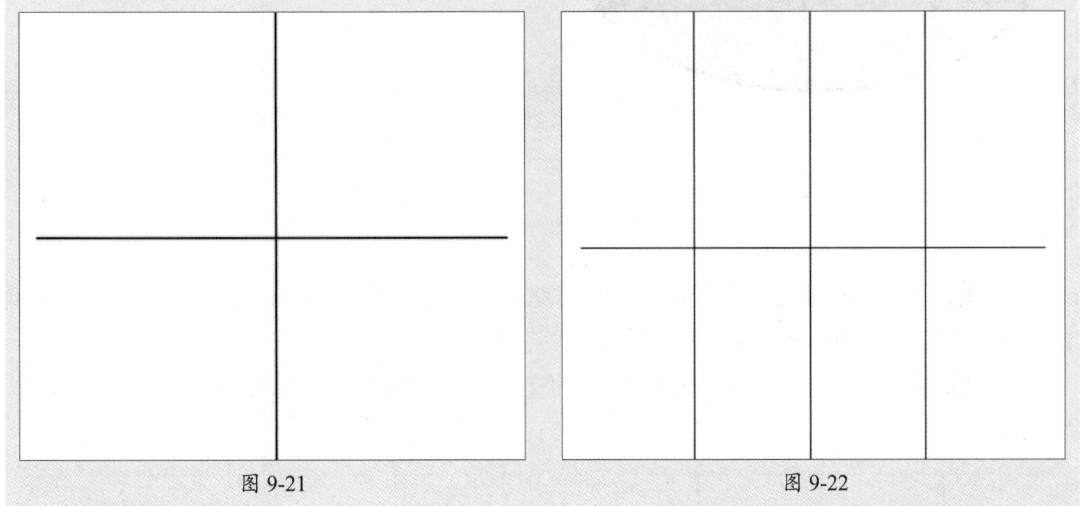

图 9-21　　图 9-22

步骤 03 执行“圆”命令，捕捉偏移垂直线的交点，绘制半径均为20mm的两个圆，如图9-23所示。

步骤 04 删除辅助直线。切换到西南等轴测视图，将视觉样式控件转化为概念样式。执行“拉伸”命令，将三个圆形均向上拉伸40mm，如图9-24所示。

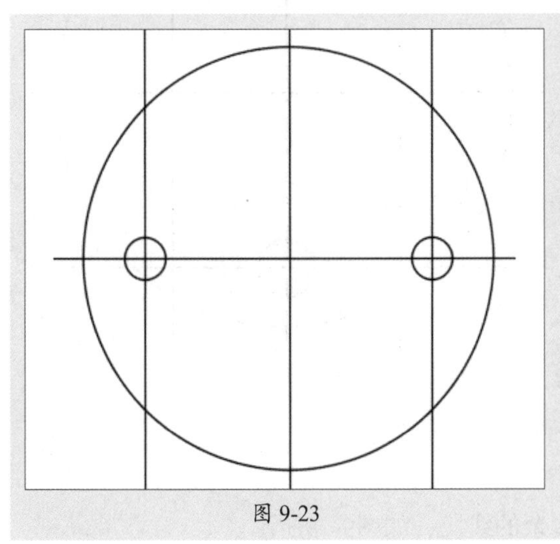

图 9-23

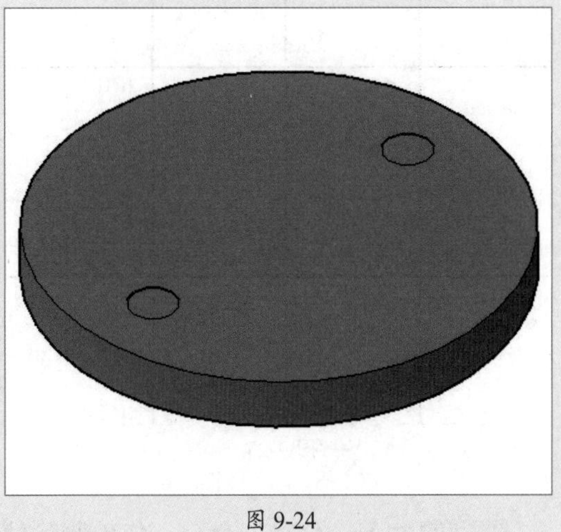

图 9-24

步骤05 执行“差集”命令，将两个小圆柱体从大圆柱体中减去，如图9-25所示。

步骤06 切换到俯视图，将视觉样式控件转化为二维线框。执行“直线”命令，绘制两条相互垂直的辅助线，如图9-26所示。

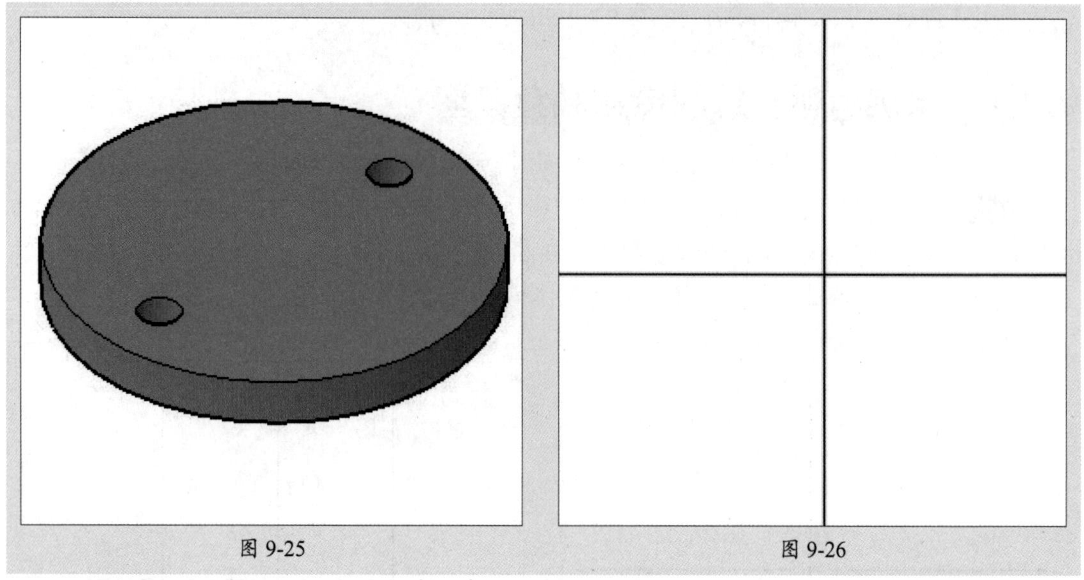

图 9-25　　图 9-26

步骤07 执行“偏移”命令，将垂直线向左右两边各偏移100mm，同时将水平直线各向上、下两边各偏移150mm，如图9-27所示。

步骤08 执行“圆”命令，捕捉构造线的交点，然后绘制半径均为25mm的两个圆，如图9-28所示。

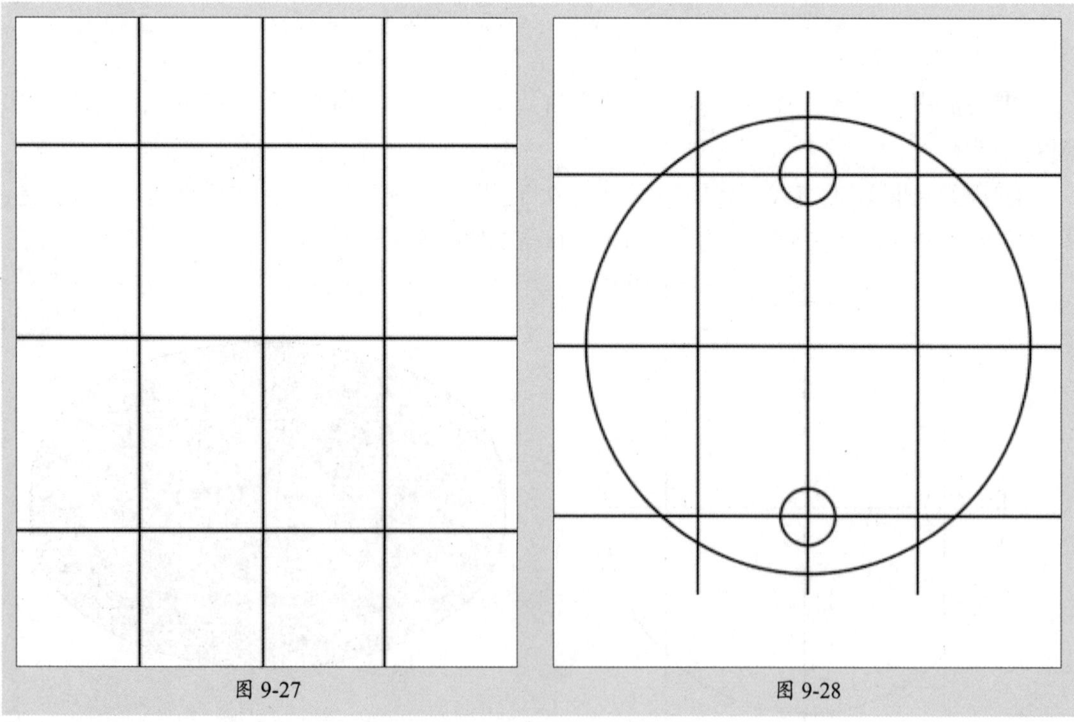

图 9-27　　图 9-28

步骤09 执行“修剪”命令，修剪删除掉多余的线段，如图9-29所示。

步骤10 执行“面域”命令，将弧线和直线组成的区域创建为面域。切换到西南等轴测视图，如图9-30所示。

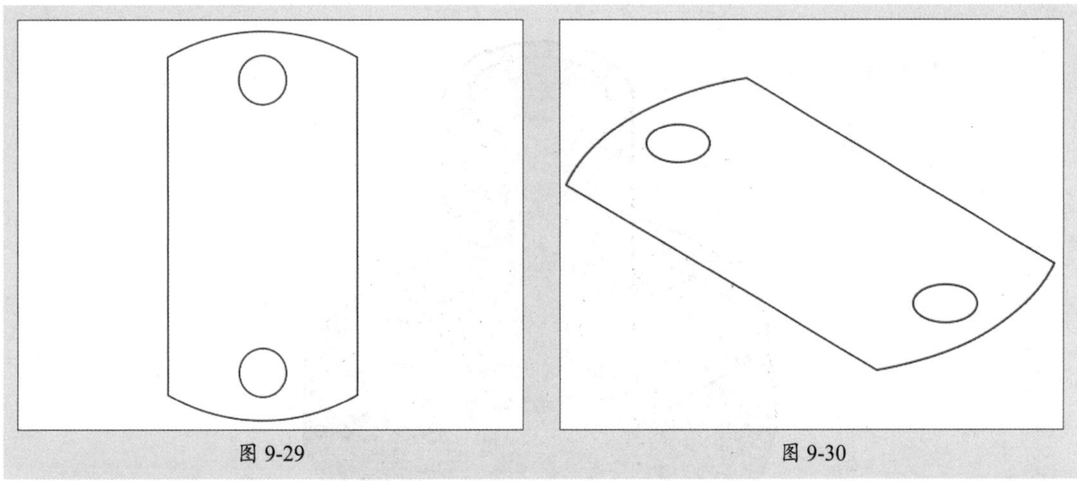

图 9-29　　图 9-30

步骤11 将视觉样式控件转化为概念样式，执行“拉伸”命令，将所有图形均向上拉伸40mm，如图9-31所示。

步骤12 执行“差集”命令，将小圆柱体从底座实体中减去，如图9-32所示。

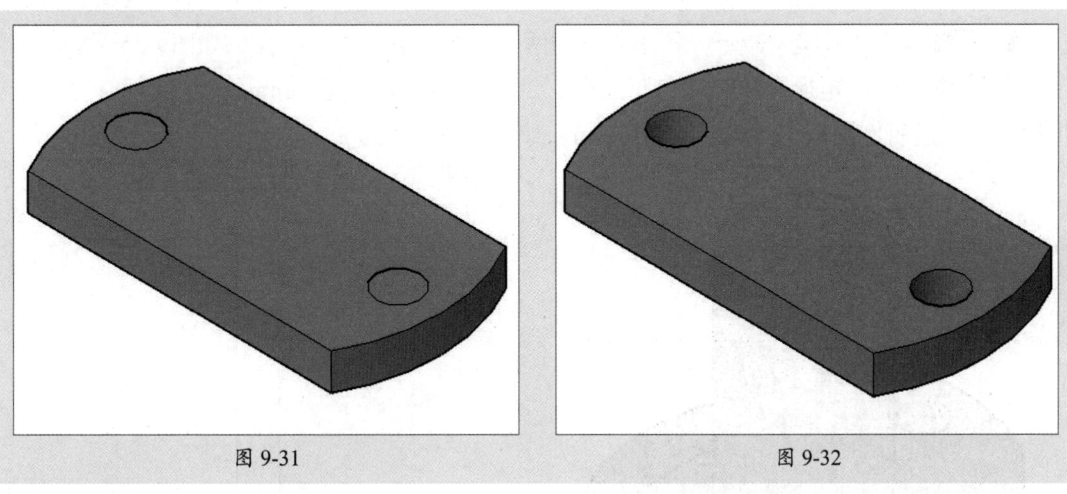

图 9-31　　图 9-32

步骤13 执行“三维移动”命令，将刚绘制的实体移动至前面绘制的圆柱实体上，如图9-33所示。

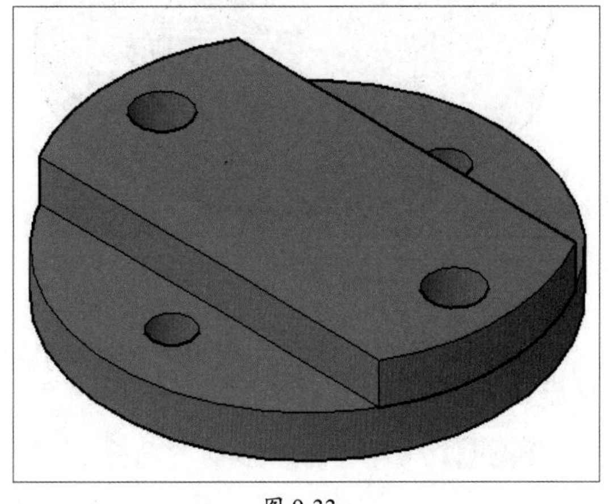

图 9-33

步骤 14 执行“圆柱体”命令，捕捉底座实体顶面的中心点，然后绘制半径分别为60mm和80mm、高为250mm的两个圆柱体，如图9-34所示。

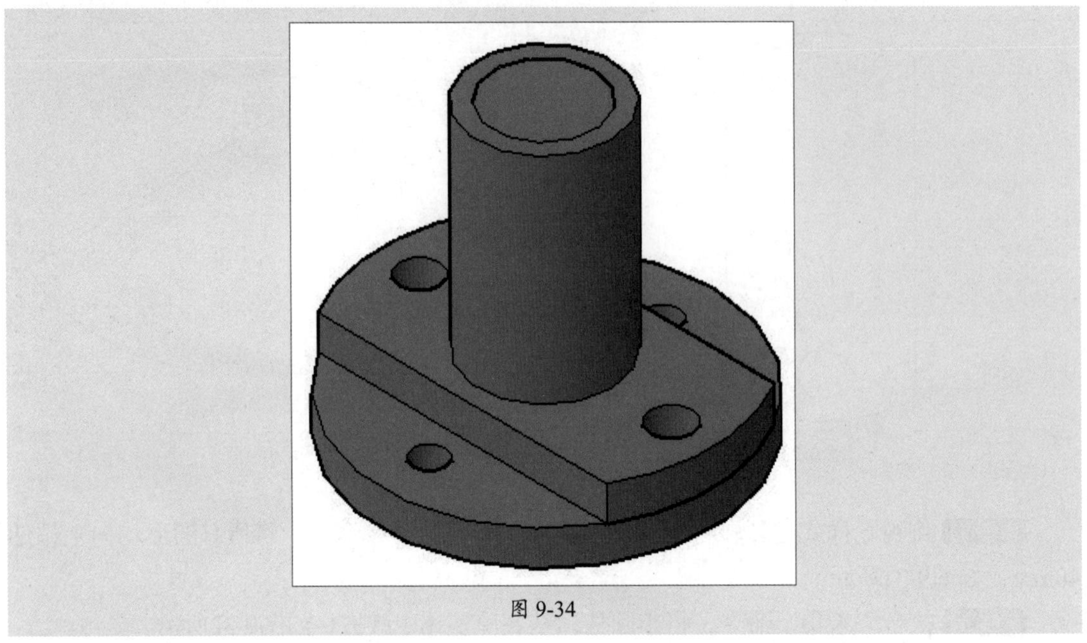

图 9-34

步骤 15 执行“差集”命令，将刚绘制的两个圆柱体进行差集操作，如图9-35所示。

步骤 16 执行“矩形”和“圆角”命令，绘制长200mm、宽20mm的矩形图形，并对矩形底部边线进行倒圆角，圆角半径为10mm，如图9-36所示。

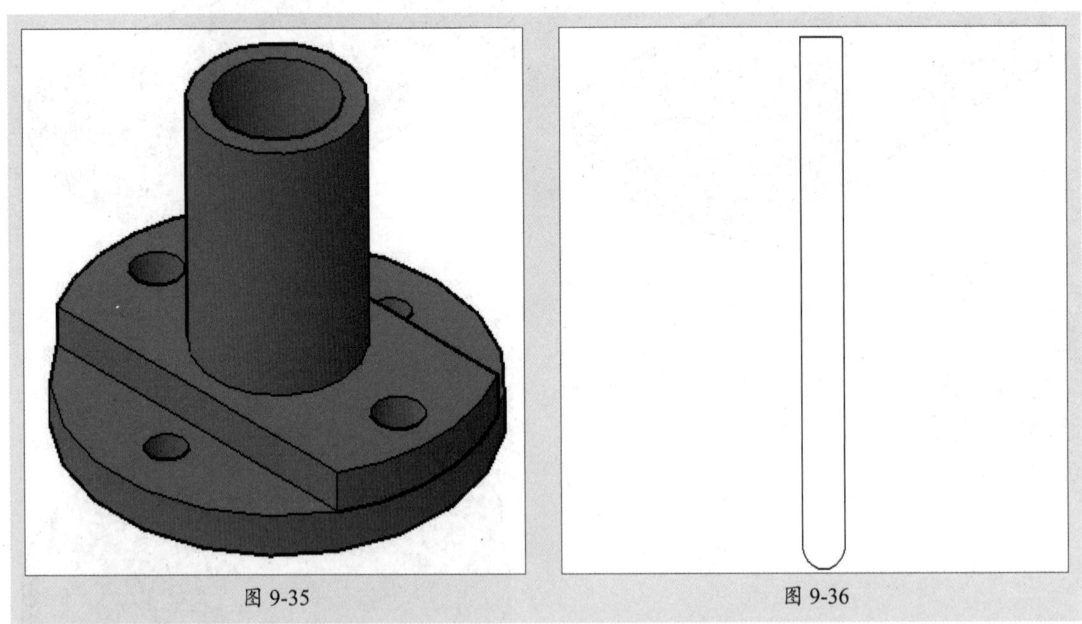

图 9-35　　图 9-36

步骤 17 执行“拉伸”命令，将刚绘制的矩形进行拉伸，拉伸距离为200mm，如图9-37所示。

步骤 18 执行“三维移动”命令，将刚绘制的长方体移动到圆柱体上，如图9-38所示。

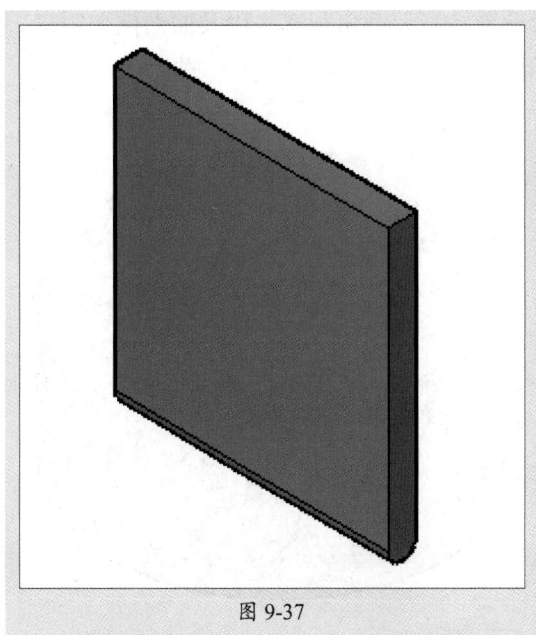
图 9-37

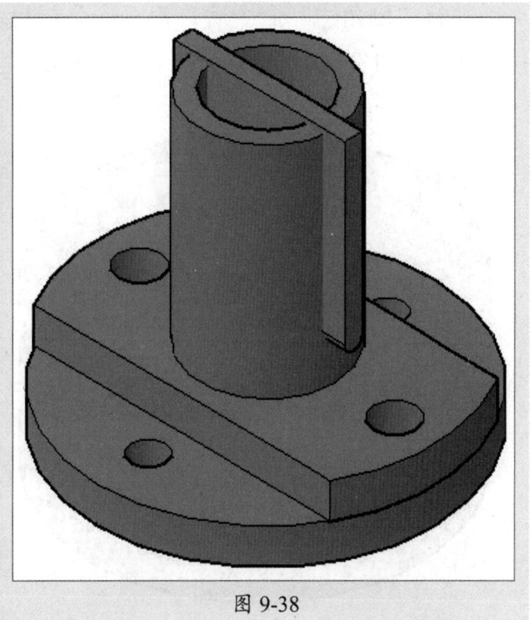
图 9-38

步骤 19 执行“差集”命令，将长方体从圆柱体中减去，完成传动轴套模型的绘制，如图9-39所示。

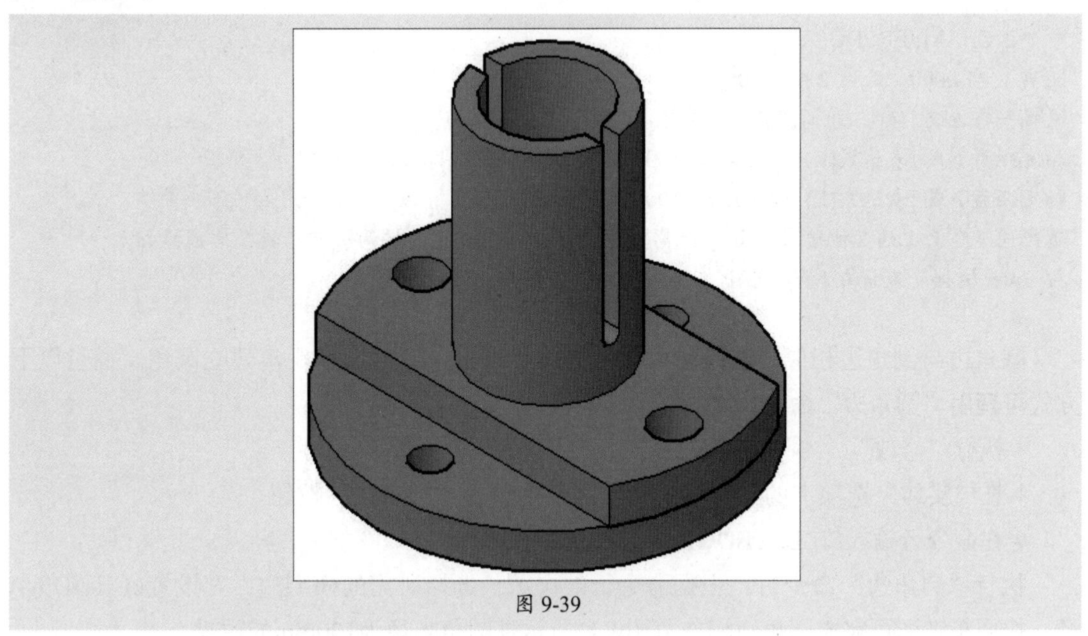
图 9-39

9.2.2 倒角边与圆角边

倒角边是指将三维模型的边通过指定的距离进行倒角，从而形成倒角面。通过以下方式可调用“倒角边”命令：

- 执行“修改”|“倒角边”命令。
- 在“实体”选项卡的“实体编辑”面板中单击“倒角边”按钮。
- 在命令行输入CHAMFEREDGE命令并按回车键。

执行“倒角边”命令后，根据命令行提示设置好基面倒角距离，以及曲面倒角距离，按回车键即可完成倒角边操作，图9-40所示是倒角距离均为100mm的倒角效果。

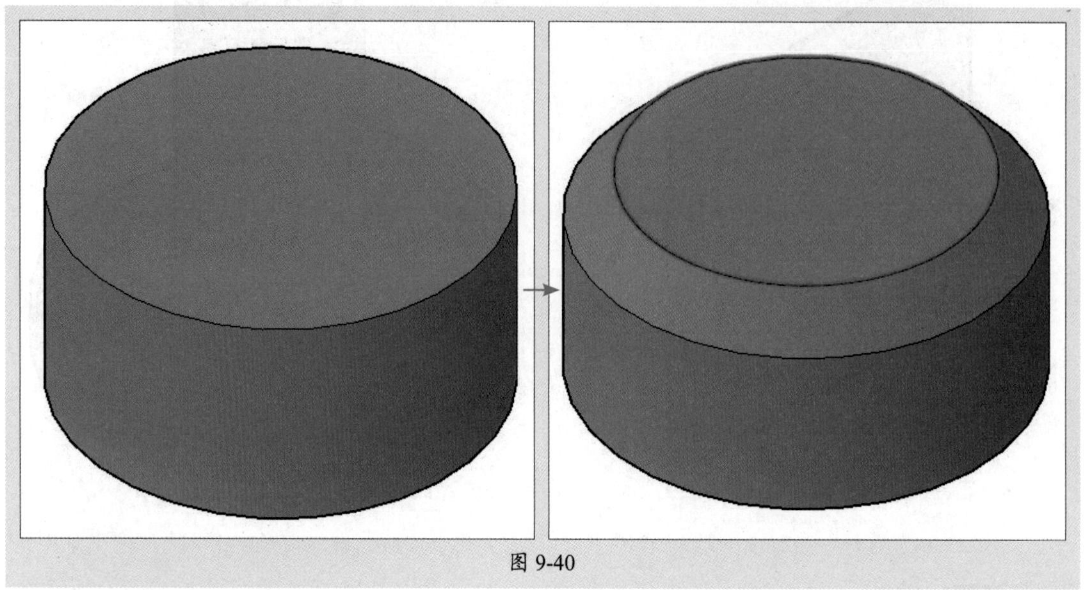

图 9-40

命令行提示如下：

```
命令: _CHAMFEREDGE
距离 1 = 1.0000，距离 2 = 1.0000
选择一条边或 [环(L)/距离(D)]: d（选择“距离”值，回车）
指定距离 1 或 [表达式(E)] <1.0000>: 100（设定两个倒角距离值，回车）
指定距离 2 或 [表达式(E)] <1.0000>: 100
选择同一个面上的其他边或 [环(L)/距离(D)]:（选择倒角边后，按两次回车键，完成操作）
按 Enter 键接受倒角或 [距离(D)]:
```

圆角边与倒角边相似，它是指将指定的边界通过一定的圆角距离建立圆角。通过以下方式可调用“圆角边”命令：

- 执行“修改”|“圆角边”命令。
- 在“实体”选项卡的“实体编辑”面板中单击“圆角边”按钮。
- 在命令行输入FILLETEDGE命令并按回车键。

执行“圆角边”命令后，根据命令行的提示，选择所需的模型边，并设置好其圆角半径，按回车键即可完成圆角边操作，图9-41所示是圆角半径为100mm的效果。

命令行提示如下：

```
命令: _FILLETEDGE
半径 = 1.0000
选择边或 [链(C)/环(L)/半径(R)]: r（选择“半径”选项，回车）
输入圆角半径或 [表达式(E)] <1.0000>: 100（设定圆角半径，回车）
选择边或 [链(C)/环(L)/半径(R)]:（选择圆角边后，按两次回车键，完成操作）
选择边或 [链(C)/环(L)/半径(R)]:
```

```
已选定 1 个边用于圆角。
按 Enter 键接受圆角或 [半径(R)]:
```

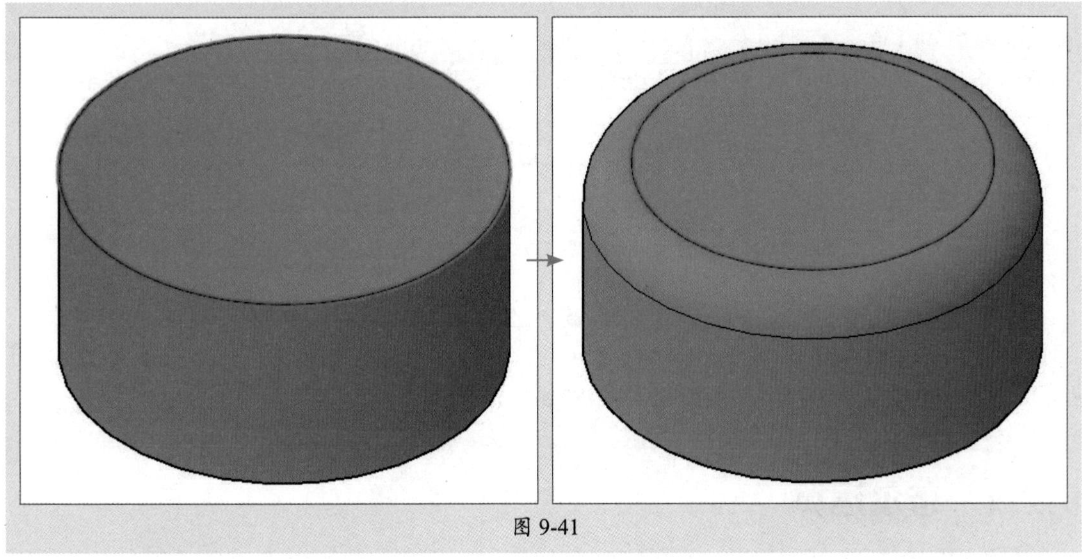

图 9-41

9.2.3 抽壳

利用抽壳命令可以将三维模型转换为中空薄壁或壳体。通过以下方式可调用“抽壳”命令：

- 执行“修改”|“实体编辑”|“抽壳”命令。
- 在“实体”选项卡的“实体编辑”面板中单击“抽壳”按钮。
- 在命令行输入SOLIDEDIT命令并按回车键。

执行“抽壳”命令后，根据命令行的提示，先选择实体模型，然后选择要操作的实体面，按回车键，再输入抽壳距离40，按回车键即可完成抽壳操作，如图9-42所示。

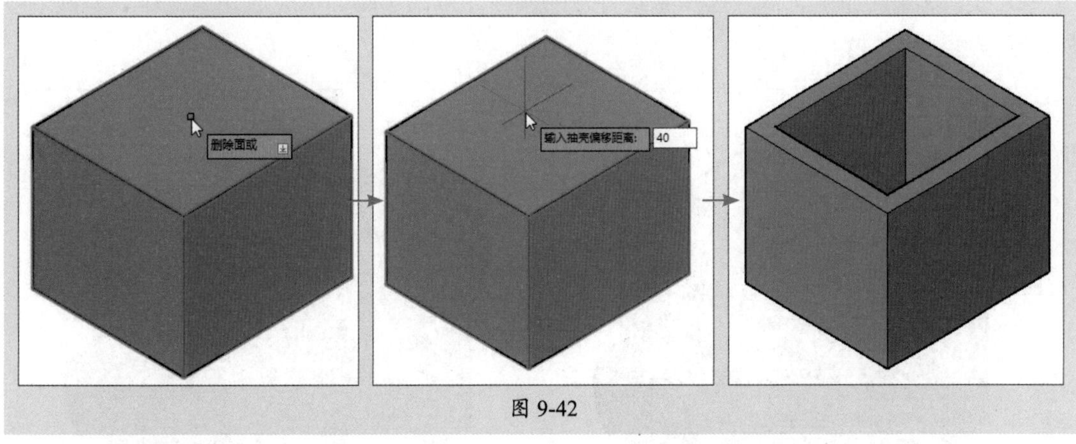

图 9-42

命令行提示如下：

```
命令: _solidedit
实体编辑自动检查: SOLIDCHECK=1
```

```
输入实体编辑选项 [面(F)/边(E)/体(B)/放弃(U)/退出(X)] <退出>: _body
输入体编辑选项
[压印(I)/分割实体(P)/抽壳(S)/清除(L)/检查(C)/放弃(U)/退出(X)] <退出>: _shell
选择三维实体:（选择模型）
删除面或 [放弃(U)/添加(A)/全部(ALL)]: 找到一个面，已删除 1 个。（选择要删除的面，回车）
删除面或 [放弃(U)/添加(A)/全部(ALL)]:
输入抽壳偏移距离: 40（设定偏移距离值，按三次回车，完成操作）
已开始实体校验。
已完成实体校验。
输入体编辑选项
[压印(I)/分割实体(P)/抽壳(S)/清除(L)/检查(C)/放弃(U)/退出(X)] <退出>:
实体编辑自动检查: SOLIDCHECK=1
输入实体编辑选项 [面(F)/边(E)/体(B)/放弃(U)/退出(X)] <退出>:
```

9.2.4 布尔运算

布尔运算包括并集、差集、交集三种布尔值，利用布尔值可以将两个或两个以上的图形通过加或减的方式，生成新的三维实体。

1. 并集

并集是指将两个或者两个以上的模型进行合并操作。该命令可将所有实体结合为一个整体。通过以下方式可调用“并集”命令：

- 执行“修改”|“实体编辑”|“并集”命令。
- 在“常用”选项卡的“实体编辑”面板中单击“并集”按钮。
- 在“实体”选项卡的“布尔值”面板中单击“并集”按钮。
- 在命令行输入UNION命令并按回车键。

执行“并集”命令，依次选中需要合并的实体，按回车键即可完成并集操作，如图9-43所示。

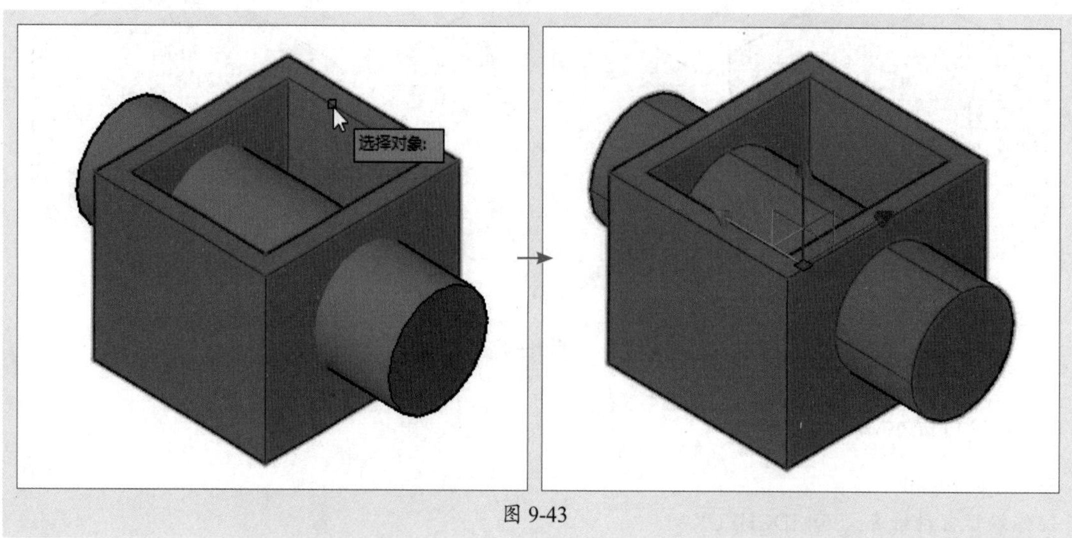

图 9-43

2. 差集

差集是指从一个或多个实体中减去指定实体的若干部分，通过以下方式可调用“差集”命令：

- 执行“修改”|“实体编辑”|“差集”命令。
- 在“常用”选项卡的“实体编辑”面板中单击“差集”按钮。
- 在“实体”选项卡的“布尔值”面板中单击“差集”按钮。
- 在命令行输入SUBTRACT命令并按回车键。

执行“差集”命令后，根据命令行的提示，选择主实体，按回车键后再选择要删除的实体，再按回车键即可完成差集运算，如图9-44所示。

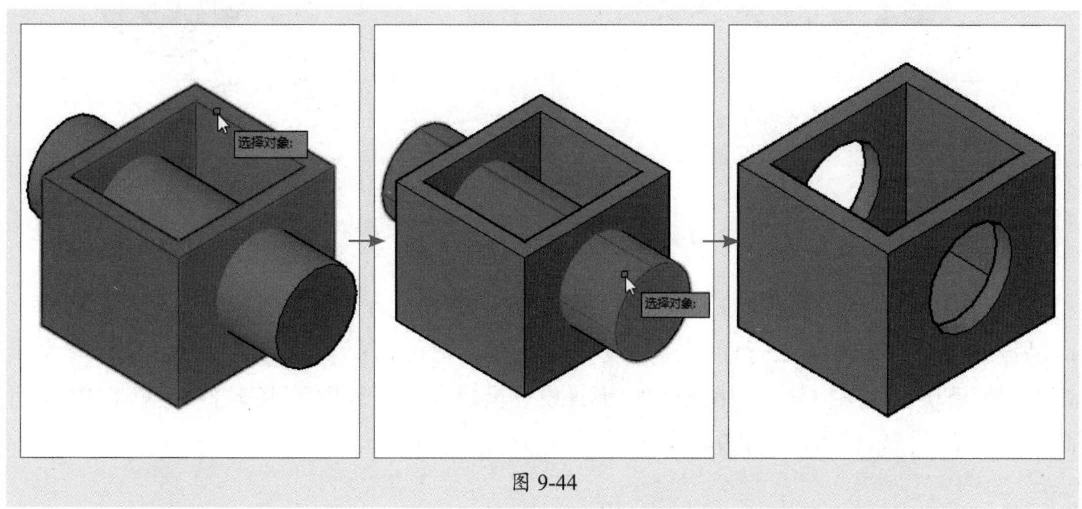

图 9-44

命令行提示如下：

```
命令: _subtract
选择要从中减去的实体、曲面和面域...
选择对象: 找到 1 个（选择方体，回车）
选择对象:
选择要减去的实体、曲面和面域...
选择对象: 找到 1 个（选择圆柱体，回车）
选择对象:
```

3. 交集

交集是将多个面域或实体之间的公共部分生成新实体。通过以下方式可调用“交集”命令：

- 执行“修改”|“实体编辑”|“交集”命令。
- 在“常用”选项卡的“实体编辑”面板中单击“交集”按钮。
- 在“实体”选项卡的“布尔值”面板中单击“交集”按钮。
- 在命令行输入INTERSECT命令并按回车键。

执行“交集”命令，选择相交的实体，按回车键，此时系统会保留实体重叠部分，其他部分将被去除，如图9-45所示。

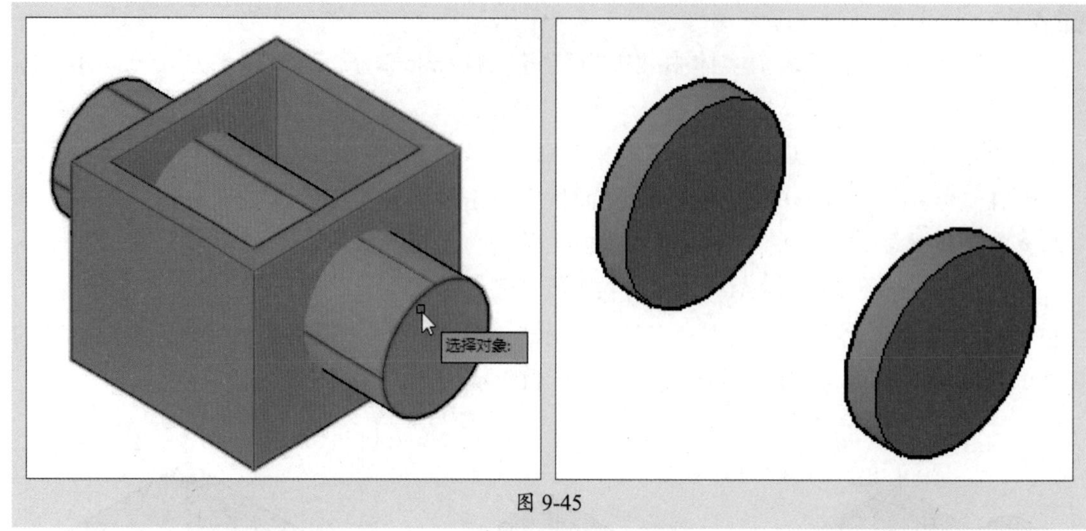

图 9-45

9.3 利用UG软件创建模型

Unigraphics NX（简称UG）软件是一款主流的模具设计软件，被广泛应用于制造业、产品设计行业、机械加工行业、模具设计行业等。它包含众多的功能模块，例如基础模块、建模模块、制图模块、装配模块、模具设计模块等。本节将对UG软件的基础功能进行简单的介绍，该软件为UG 10.0版本。

9.3.1 案例解析：创建法兰盘三维模型

下面将利用UG软件的一些常用命令来绘制法兰盘模型。

步骤 01 启动UG软件，新建文件。执行“圆柱体”命令，选择类型，设置矢量方向及指定点，并输入尺寸，绘制一个直径50mm、高度5mm的圆柱，如图9-46所示。

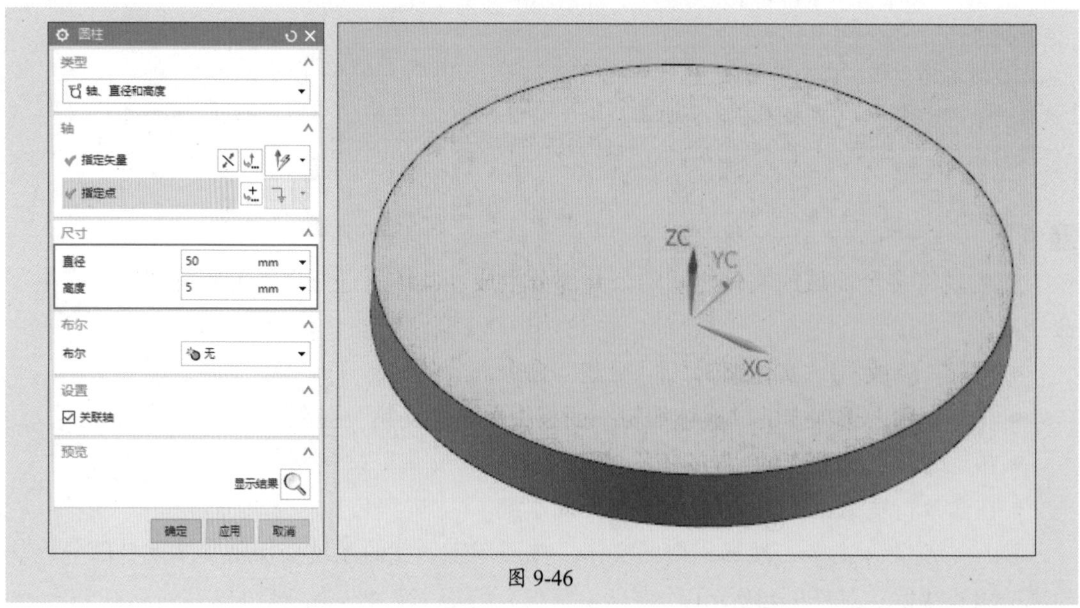

图 9-46

步骤02 继续执行“圆柱体”命令，输入尺寸，绘制一个直径25mm、高度20mm的圆柱，如图9-47所示。

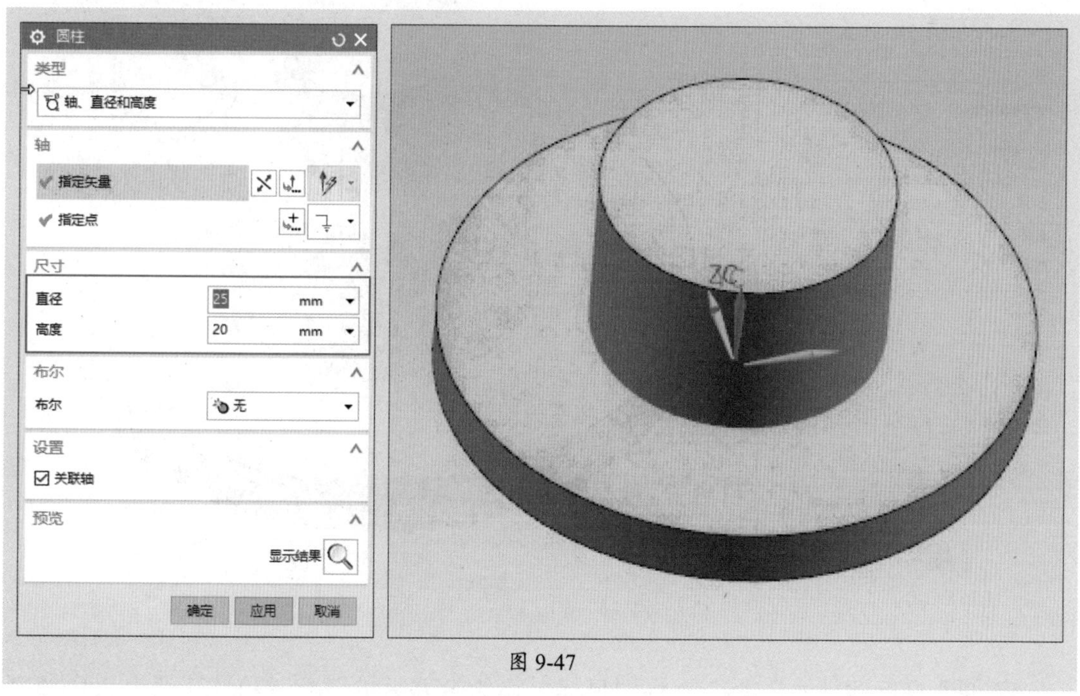

图 9-47

步骤03 执行“合并”命令，分别将两个圆柱体作为“目标”和“工具”选项，单击“确定”按钮即可将其进行合并，如图9-48所示。

图 9-48

步骤04 执行“圆柱”命令，绘制一个直径15mm、高度30mm的圆柱，如图9-49所示。

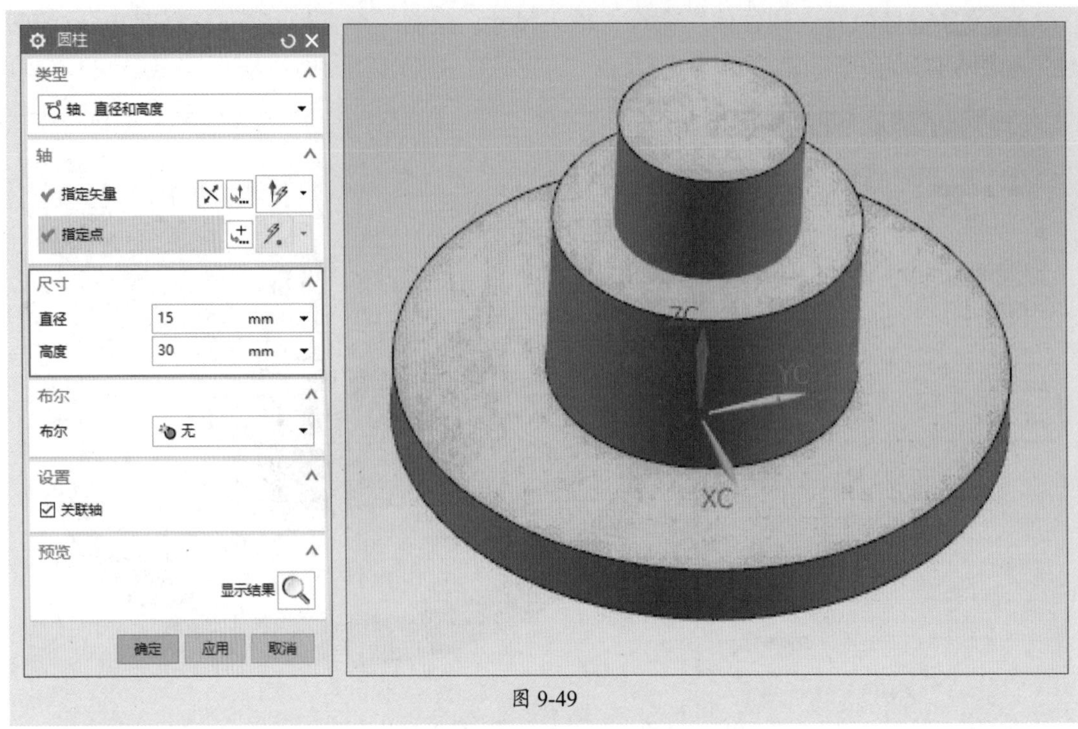

图 9-49

步骤 05 执行“减去”命令，将“目标”设为合并后的模型，将“工具”设为直径15mm圆柱，单击“确定”按钮，绘制出圆柱通孔，如图9-50所示。

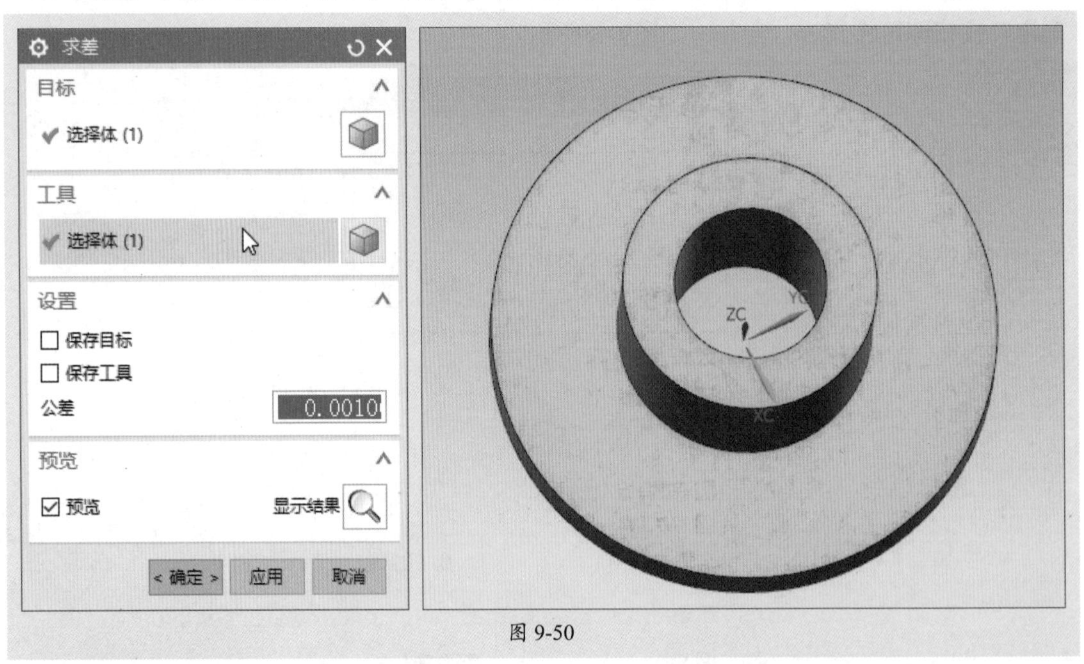

图 9-50

步骤 06 执行“圆柱”命令，绘制一个直径5mm、高度30mm的圆柱，如图9-51所示。

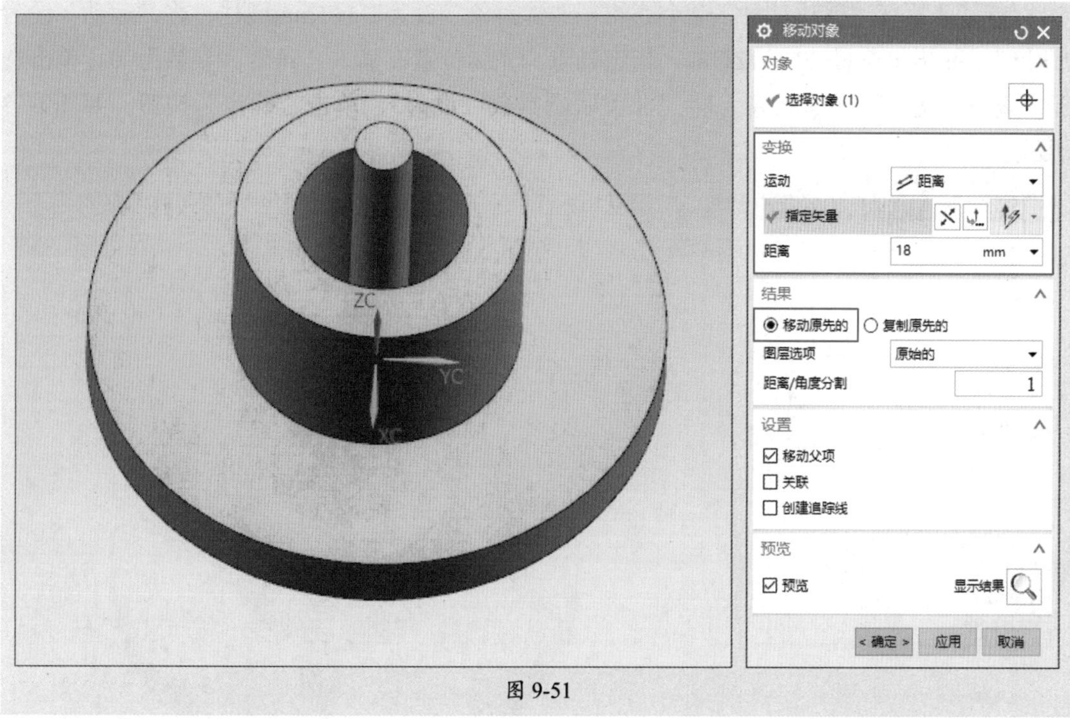

图 9-51

步骤 07 执行"移动对象"命令，将"选择对象"设为直径5mm圆柱，将"运动"设为"距离"，并指定矢量方向为XC轴，将"距离"尺寸设为18mm，单击"确定"按钮，如图9-52所示。

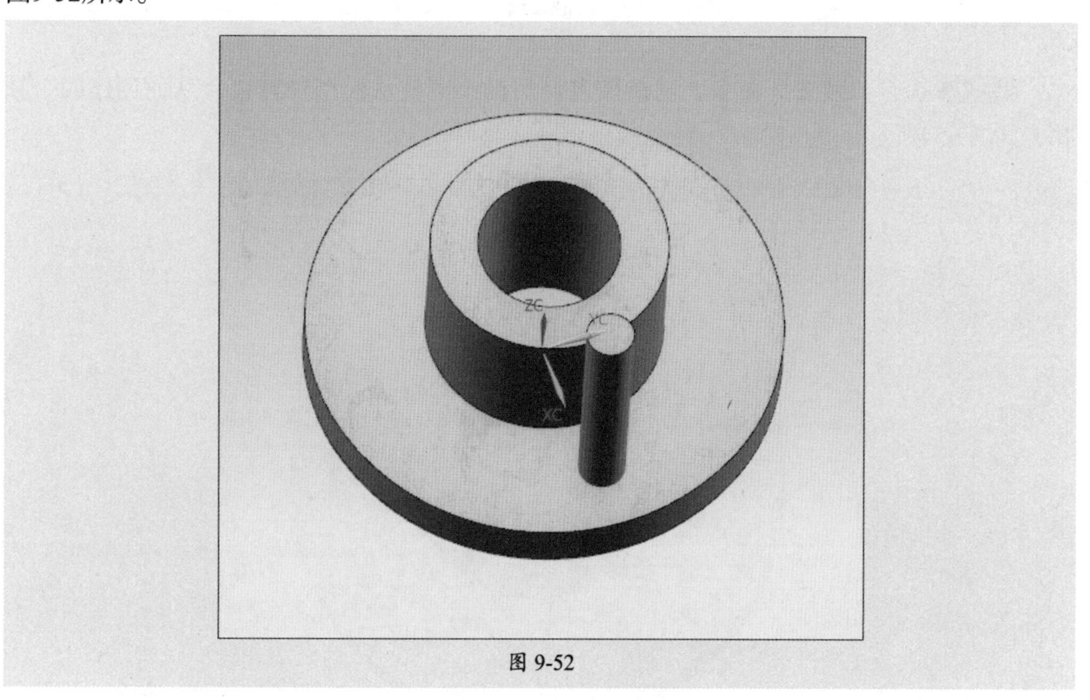

图 9-52

步骤08 执行“移动对象”命令，将“选择对象”设为直径5mm圆柱，将“运动”设为“角度”，并指定矢量方向为ZC轴，指定轴点为光标位置，输入“角度”参数为90。单击选择“复制原先的”单选按钮，将“非关联副本数”设为3，单击“确定”按钮，如图9-53所示。

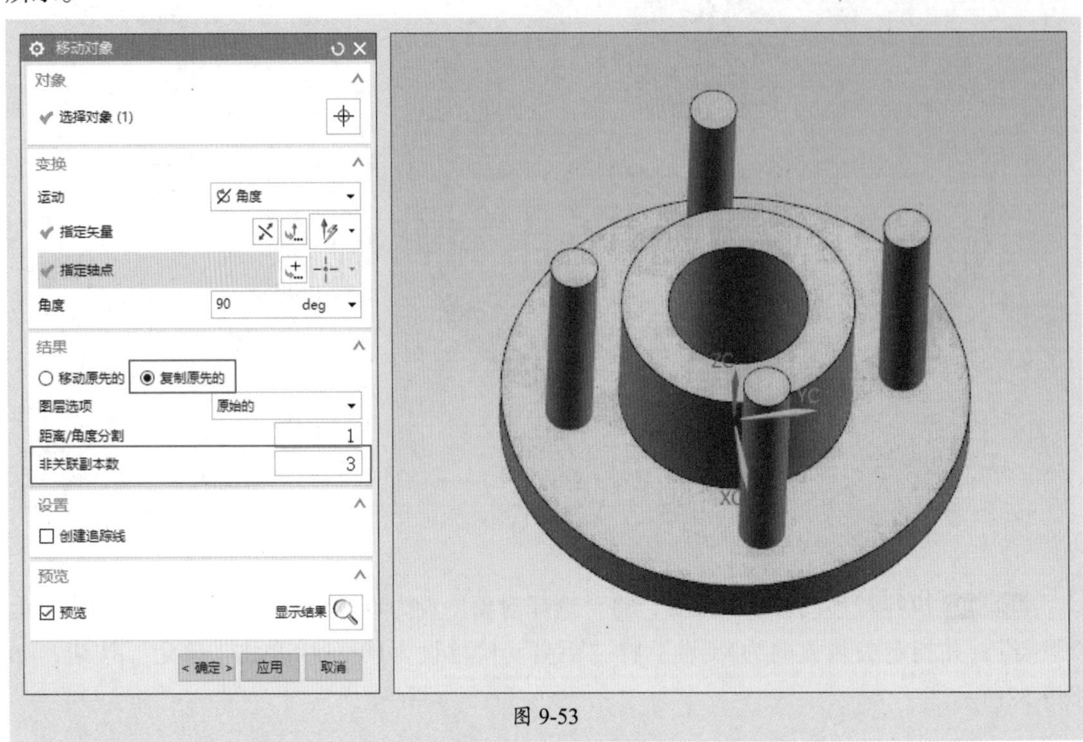

图 9-53

步骤09 执行“减去”命令，将旋转复制后的小圆柱从模型中减去，从而创建四个轴孔，如图9-54所示。

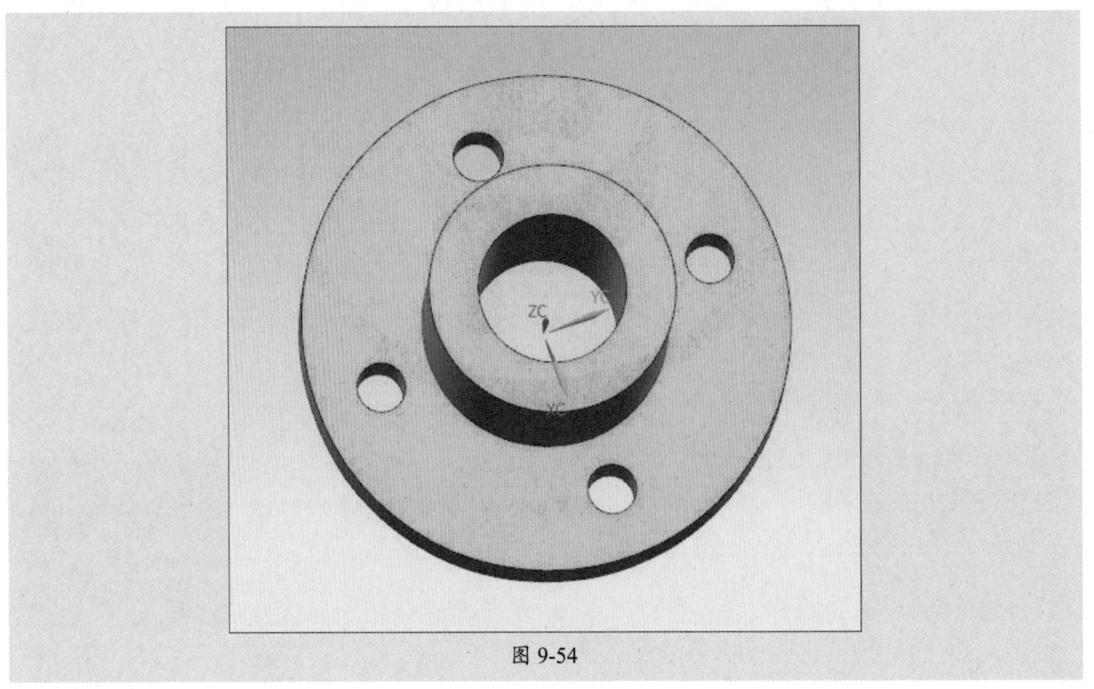

图 9-54

步骤 10 执行“边倒圆”命令，选择需要进行倒角的边，并将圆角半径设为1.5mm，单击“确定”按钮，如图9-55所示。

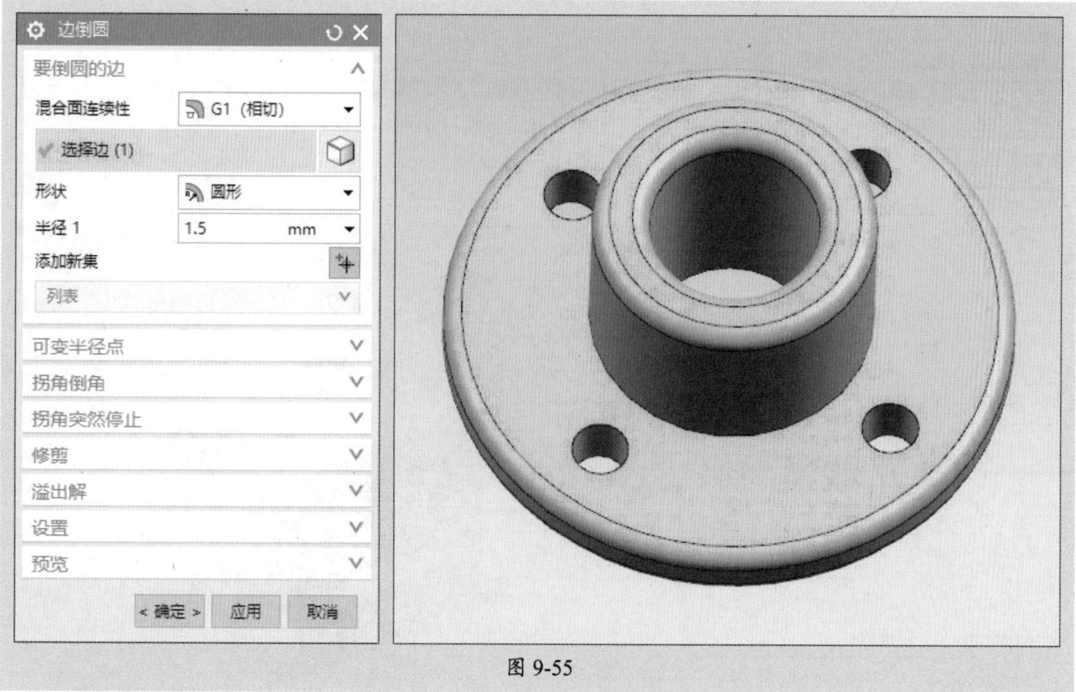

图 9-55

步骤 11 模型制作完成，需要进行参数移除设置。执行“移除参数”命令，选择模型，单击“确定”按钮，移除其参数，如图9-56所示。执行“编辑对象显示”命令，对模型的“颜色”进行更改，如图9-57所示。

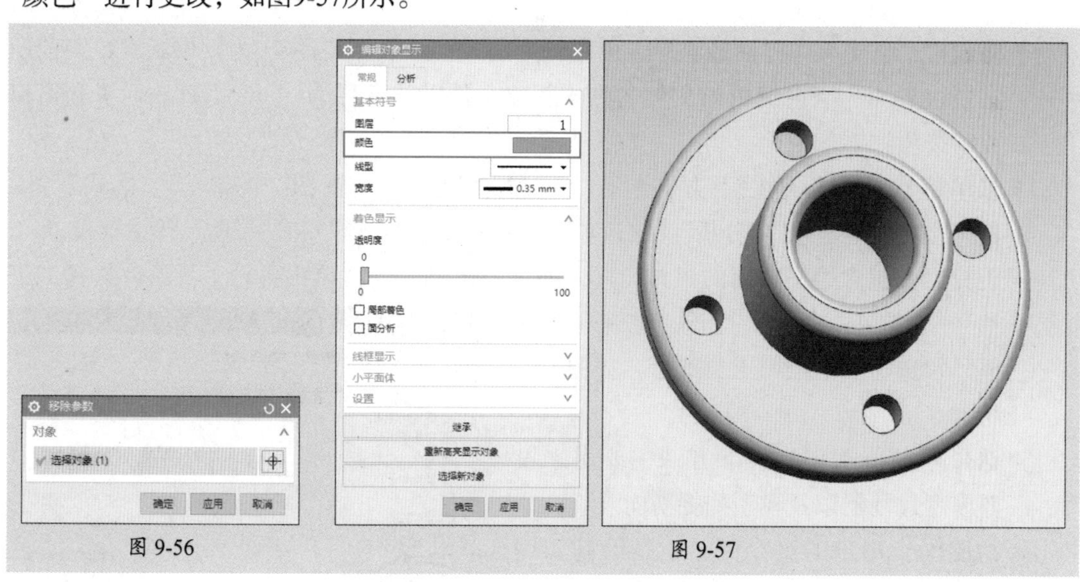

图 9-56　　图 9-57

操作提示

在使用UG建模时，要经常移除模型参数，否则会导致模型文件过大，造成卡顿。也会因为模型关联特征太多，不及时移除参数，后续修改容易出错。

9.3.2 了解UG工作界面

启动UG软件后，进入到建模工作界面，如图9-58所示。

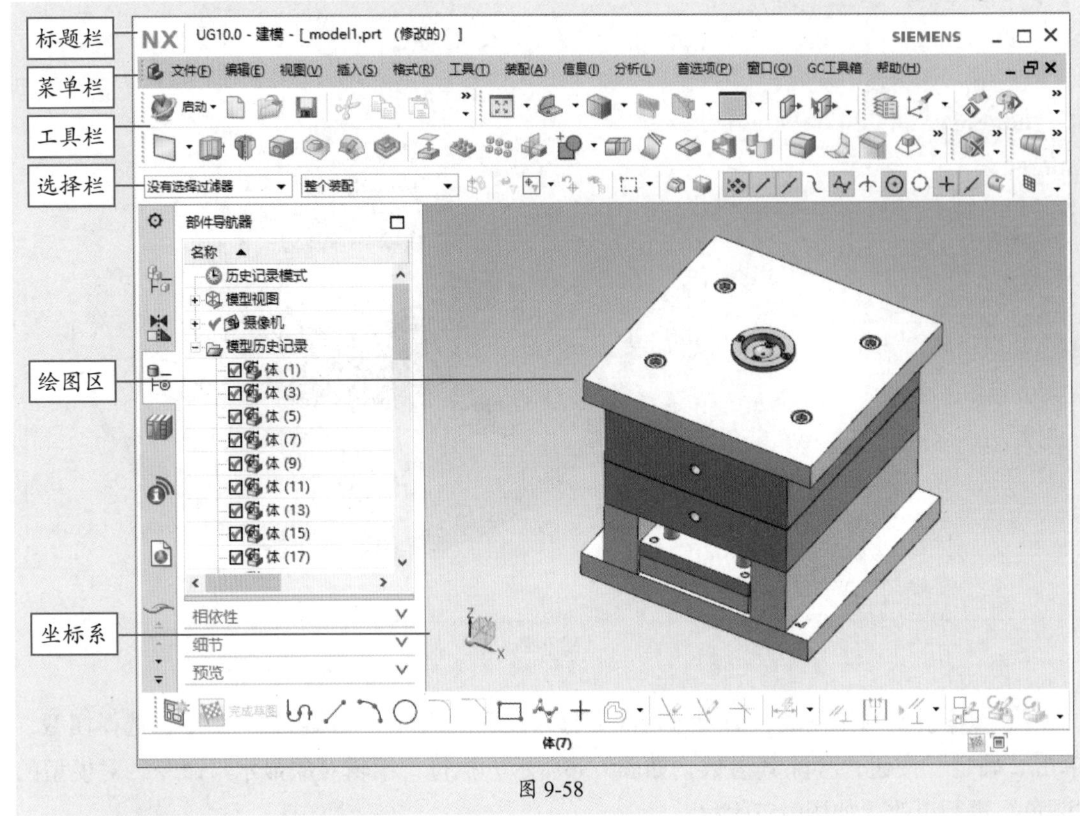

图 9-58

- **标题栏：** 位于工作界面最上方。最左侧为UG的标识，向右依次为软件版本，当前所在模块界面、当前编辑的文件名称（新建文件默认名称为“_model1.prt”）和窗口控制按钮。
- **菜单栏：** 位于标题栏下方，包含“文件”“编辑”“视图”“插入”“格式”“工具”“装配”“信息”“分析”“首选项”“窗口”“GC工具”和“帮助”等主菜单。
- **工具栏：** 包含绘图常用的工具。可以通过“定制”功能调出各种工具条。执行“工具”|“定制”命令，打开“定制”对话框，勾选需要的绘图工具即可，如图9-59所示。
- **选择栏：** 位于工具栏下方，主要用来设置模型过滤器以及模型捕捉功能。
- **绘图区：** 用户的工作窗口，是绘制、编辑和显示模型对象的区域。它位于操作界面中间位置。用户可以创建和编辑模型，也可以对视图进行调整。在绘图区可以看到绘图坐标系。

图 9-59

9.3.3 创建基本体

在选择UG软件进行模型绘制之前，必须掌握UG的一些基本工具和命令。下面讲解UG的主要工具和命令，包括设计特征的绘制操作等。

1. 创建长方体

长方体在UG建模中的应用非常广泛，通过定义拐角位置和尺寸即可创建长方体。执行“插入”|“设计特征”|“长方体”命令，打开“块”对话框。选择类型，设置好原点，输入长、宽、高参数，单击“确定”按钮即可创建长方体，如图9-60所示。

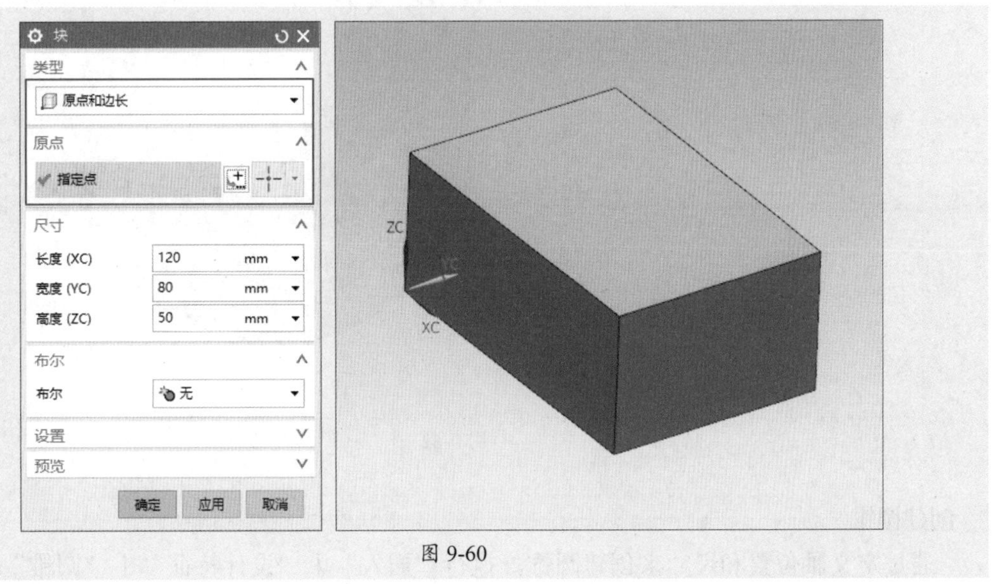

图 9-60

2. 创建圆柱体

圆柱体是通过定义轴位置和尺寸创建完成的。执行“插入”|“设计特征”|“圆柱体”命令，打开“圆柱”对话框。选择类型，设置轴位置，输入尺寸。单击“确定”按钮，创建圆柱模型，如图9-61所示。

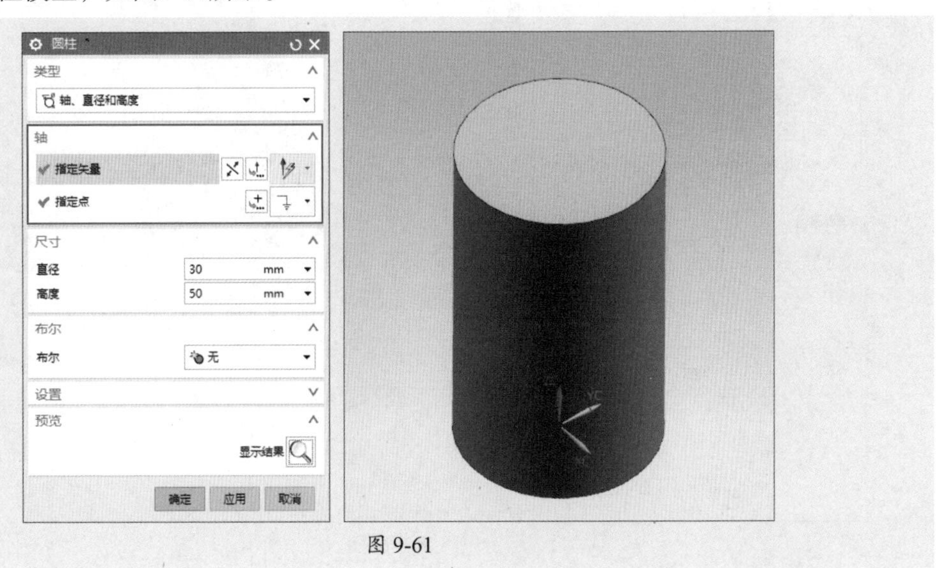

图 9-61

3. 创建球体

通过定义中心位置和尺寸来创建球体。执行“插入” | “设计特征” | “球”命令，打开“球”对话框。选择类型，设置中心点，输入直径尺寸。单击“确定”按钮，创建球体模型，如图9-62所示。

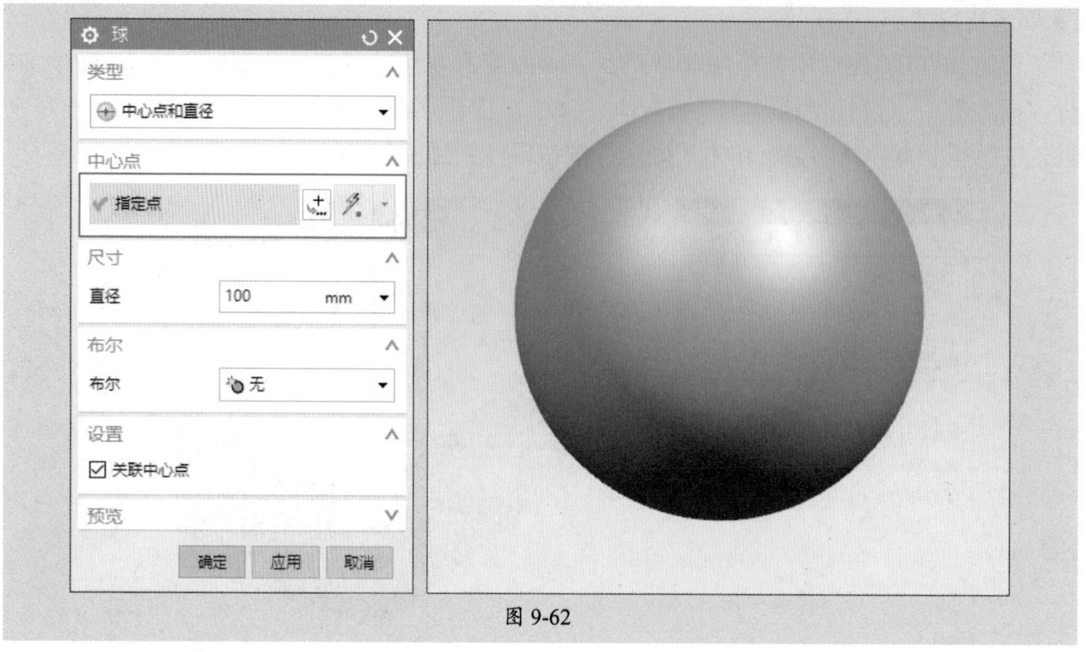

图 9-62

4. 创建圆锥

通过定义轴位置和尺寸来创建圆锥。执行“插入” | “设计特征” | “圆锥”命令，打开“圆锥”对话框。选择类型，设置矢量及指定点，输入尺寸。单击“确定”按钮，创建圆锥模型，如图9-63所示。

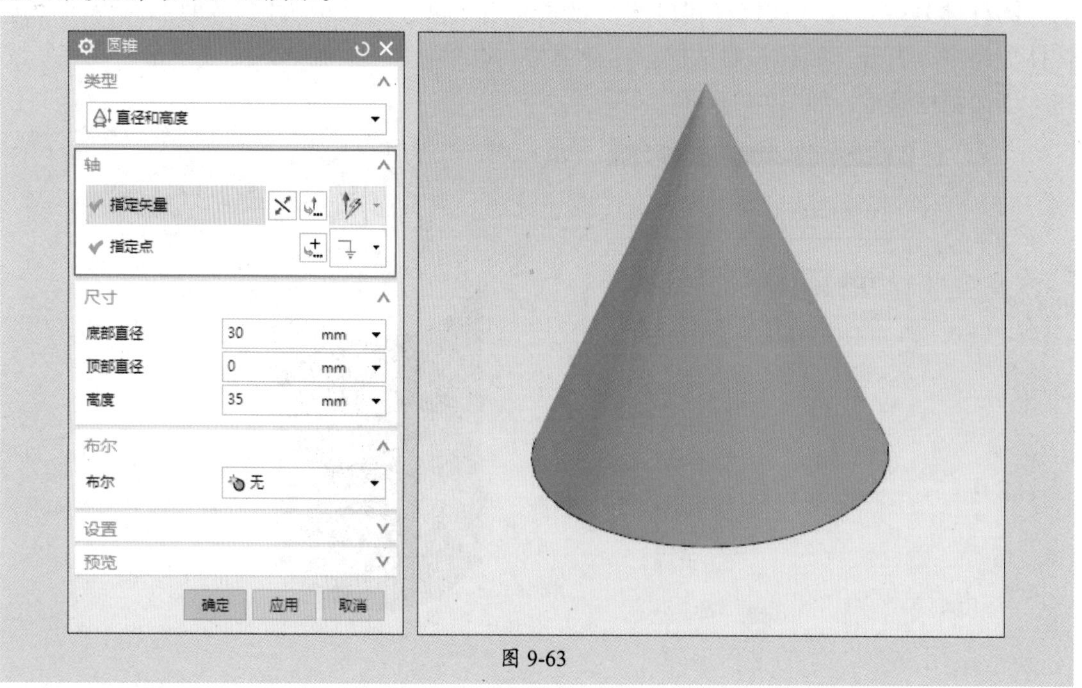

图 9-63

9.3.4 编辑基本体

在UG软件中创建好模型之后，还可以对模型进行编辑设置，例如对模型进行边倒圆、倒斜角、移动面、复制面以及对模型进行布尔运算等。下面分别对这些操作方法进行介绍。

1. 边倒圆

对面之间的锐边进行倒圆角，半径值可以是常数或者变量。执行“插入”|“细节特征”|“边倒圆”命令，打开“边倒圆”对话框。选择要倒角的边和形状，输入半径尺寸，单击“确定”按钮，即可对模型的边进行倒圆角，如图9-64、图9-65所示。

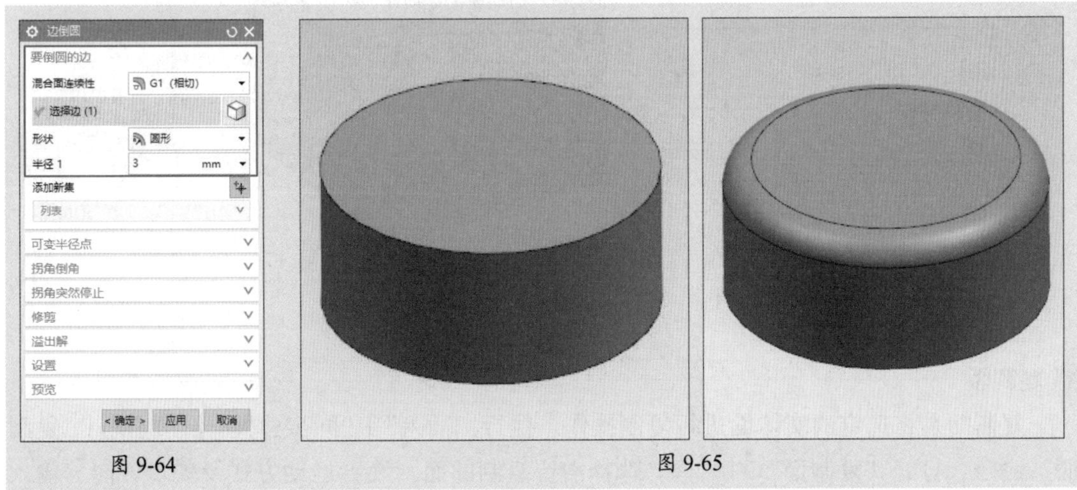

图 9-64

图 9-65

2. 倒斜角

对面之间的锐边进行倒斜角。执行“插入”|“细节特征”|“倒斜角”命令，打开“倒斜角”对话框。选择需要倒斜角的边，设置横截面，输入距离尺寸，单击“确定”按钮，即可对模型边进行倒斜角，如图9-66、图9-67所示。

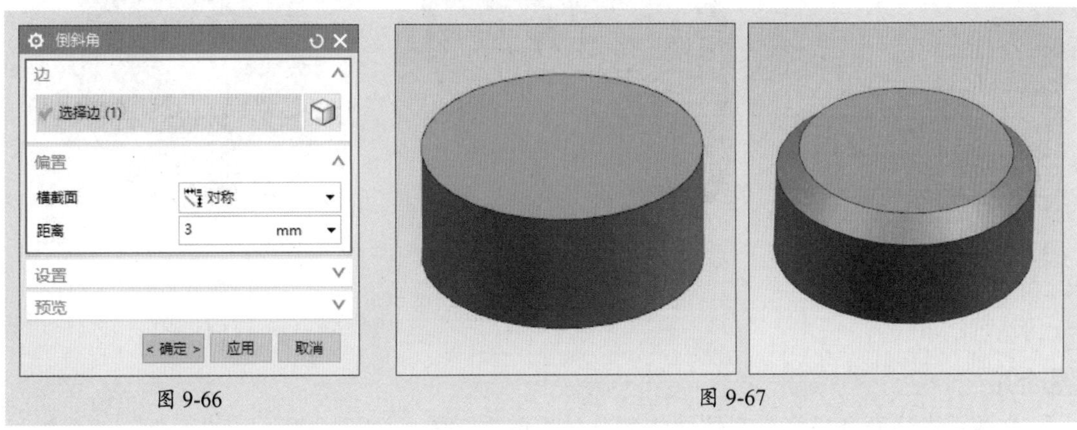

图 9-66

图 9-67

3. 移动面

移动面是将选定的面沿指定方向及距离进行移动，并调整要适应的相邻面。执行“插入”|“同步建模”|“移动面”命令，打开“移动面”对话框。选择需要移动的面，设

置运动方式及矢量，输入距离尺寸，单击“确定”按钮，即可对模型一组面进行移动，如图9-68所示。

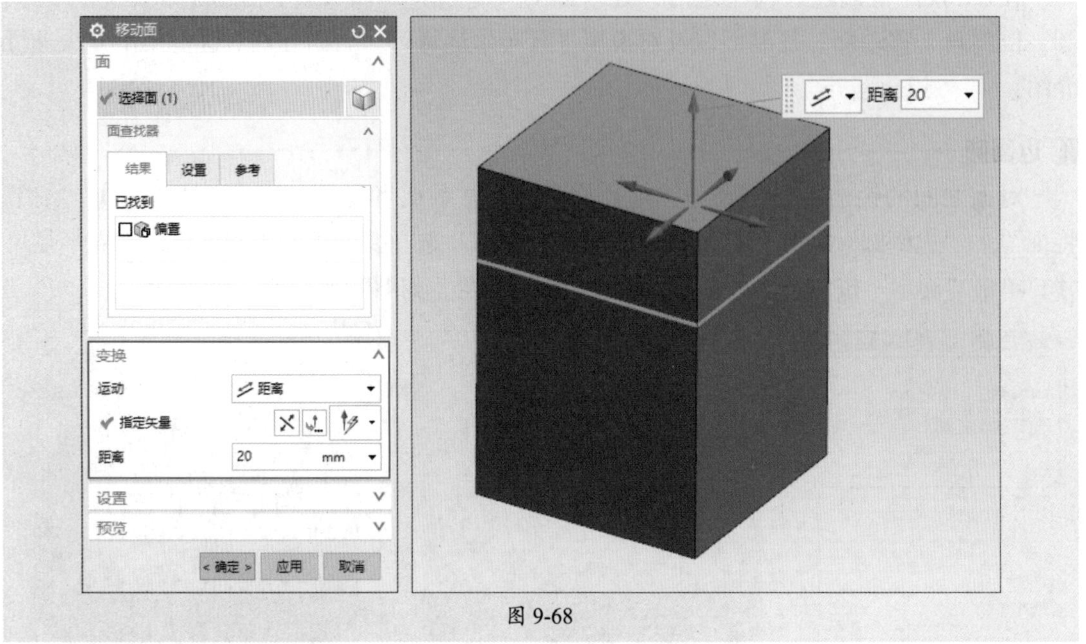

图 9-68

4. 复制面

复制面是将选定的实体面进行复制操作。执行“插入”|“同步建模”|“重用”|“复制面”命令，打开“复制面”对话框。选择需要复制的面，设置运动方式及矢量方向，输入距离尺寸，单击“确定”按钮，即可复制，如图9-69、图9-70所示。

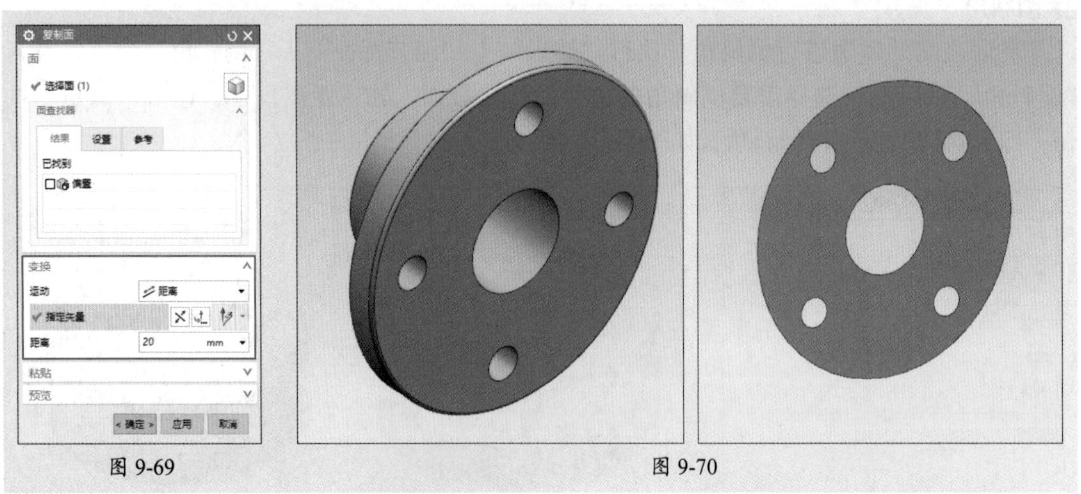

图 9-69　　图 9-70

5. 合并

合并是指将两个或多个实体的体积合并为单个实体。执行“插入”|“组合”|“合并”命令，打开“合并”对话框。分别选择目标体及工具体，单击“确定”按钮，即可将两个模型合并为一个，如图9-71、图9-72所示。

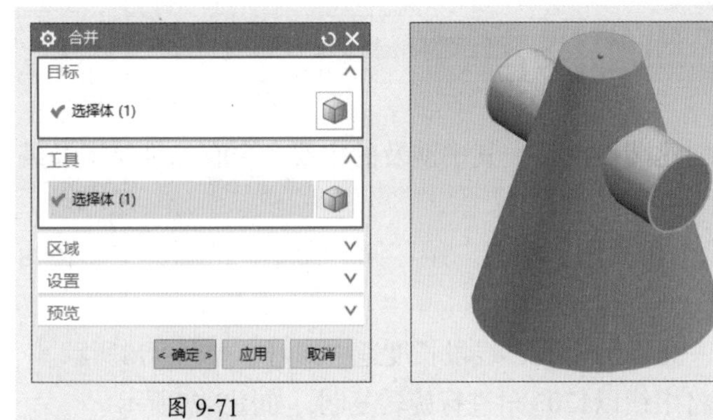

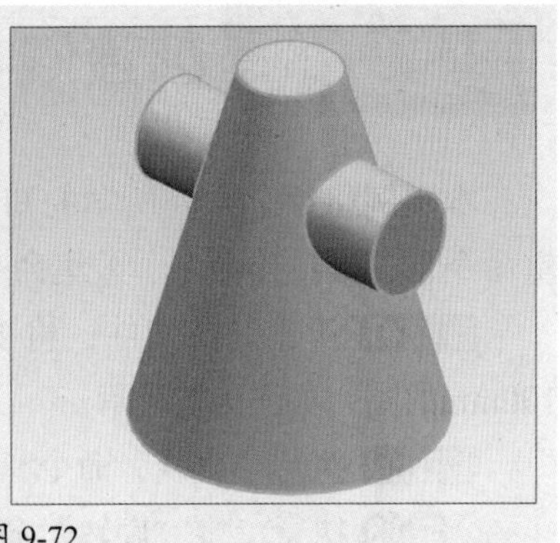

图 9-71　　图 9-72

6. 减去

减去又称求差，是指从一个实体中减去另一个实体的体积，留下一个空体。执行“插入” | “组合” | “减去”命令，打开“求差”对话框。分别选择目标体及工具体，单击“确定”按钮，即可求出空体模型，如图9-73、图9-74所示。

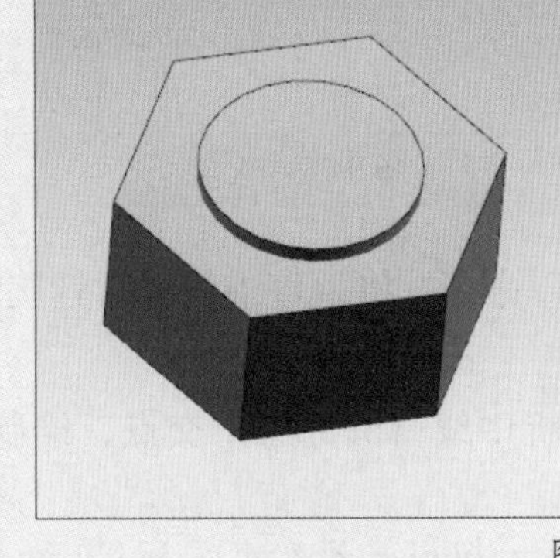
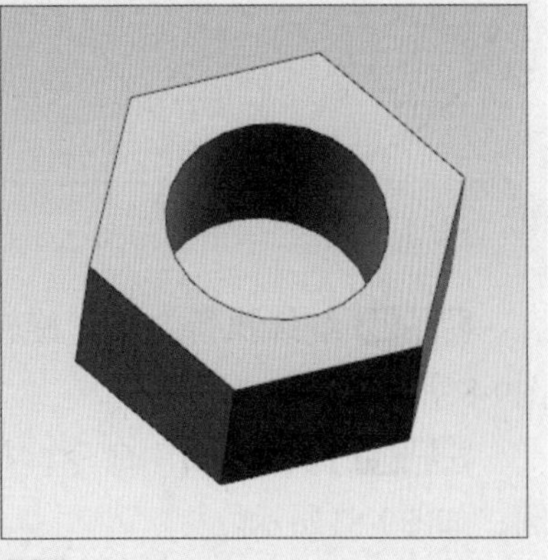

图 9-73　　图 9-74

7. 相交

相交是指将两个实体模型重合的公共部分进行保留，创建一个新的实体，它包含两个不同体的共用体积。执行“插入” | “组合” | “相交”命令，打开“相交”对话框。分别选择目标体及工具体，单击“确定”按钮，如图9-75、图9-76所示。

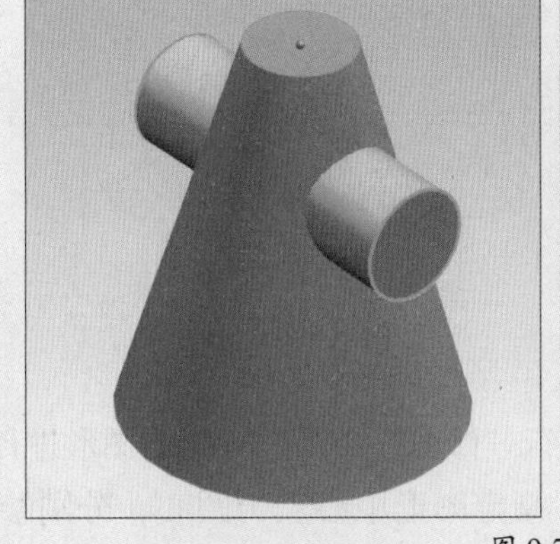
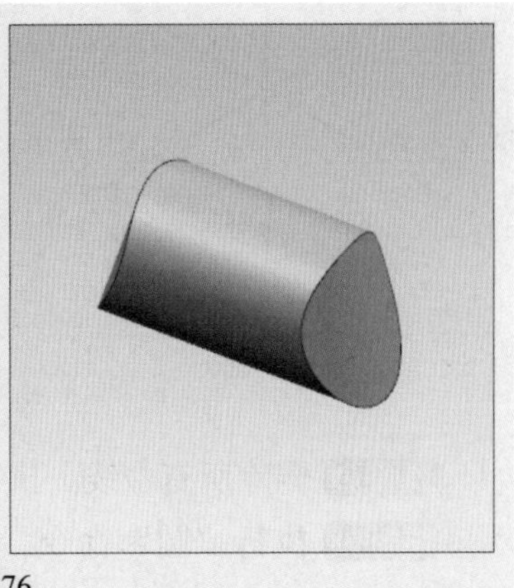

图 9-75　　图 9-76

课堂实战 创建端盖三维模型

本实例将综合之前所学的知识来创建端盖模型。其中涉及的主要命令有二维绘图及编辑命令、三维拉伸命令、差集命令等。

步骤01 新建空白文件，将视图设为俯视图。执行二维“圆”命令，绘制一个半径为100mm的圆，如图9-77所示。

步骤02 执行“直线”命令，绘制一条圆的中线，线段长度适中即可，如图9-78所示。

步骤03 执行二维“旋转”命令，将中线以120°角进行旋转复制，如图9-79所示。

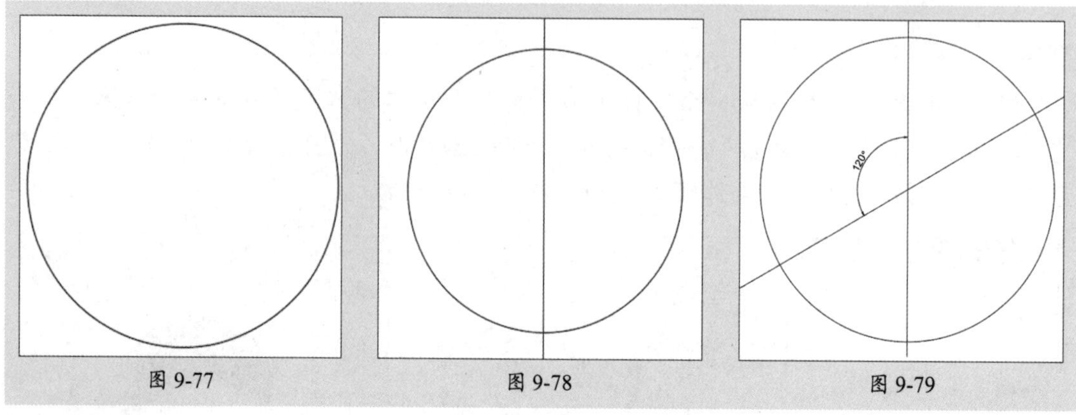

图 9-77　　图 9-78　　图 9-79

步骤04 继续执行二维“旋转”命令，将垂直中线逆时针旋转120°进行旋转复制，如图9-80所示。

步骤05 执行“圆”命令，捕捉中线与圆的三个交点，绘制半径均为30mm的三个小圆，如图9-81所示。

步骤06 继续执行“圆”命令，同样以三个小圆的圆心为圆心，分别绘制半径为10mm的三个更小的圆，如图9-82所示。

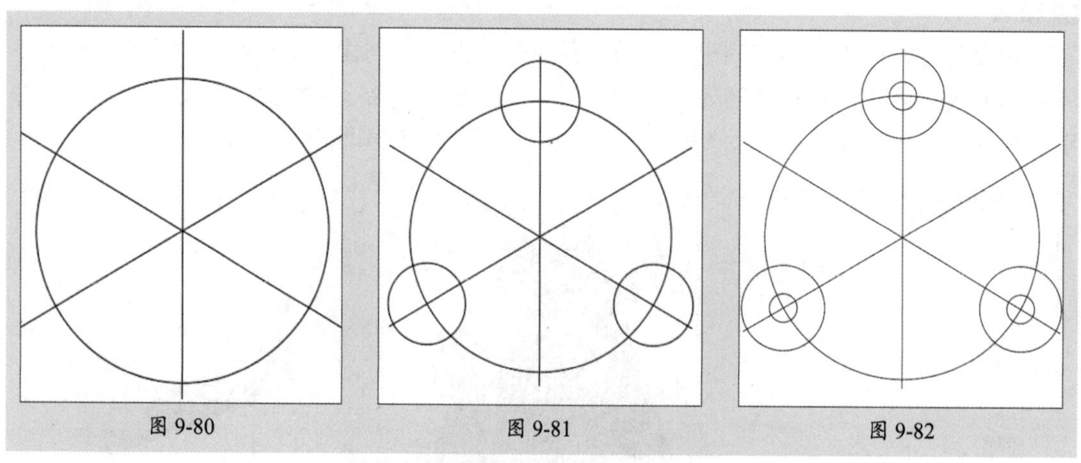

图 9-80　　图 9-81　　图 9-82

步骤07 删除所有中线。执行“修剪”命令，对当前图形进行修剪，如图9-83所示。

步骤08 执行“圆”命令，指定图形中心点为圆心，分别绘制半径为80mm、60mm和40mm的同心圆，如图9-84所示。

步骤 09 切换到西南等轴测视图。执行“面域”命令，选中所有图形外轮廓线，将其创建成面域，如图9-85所示。

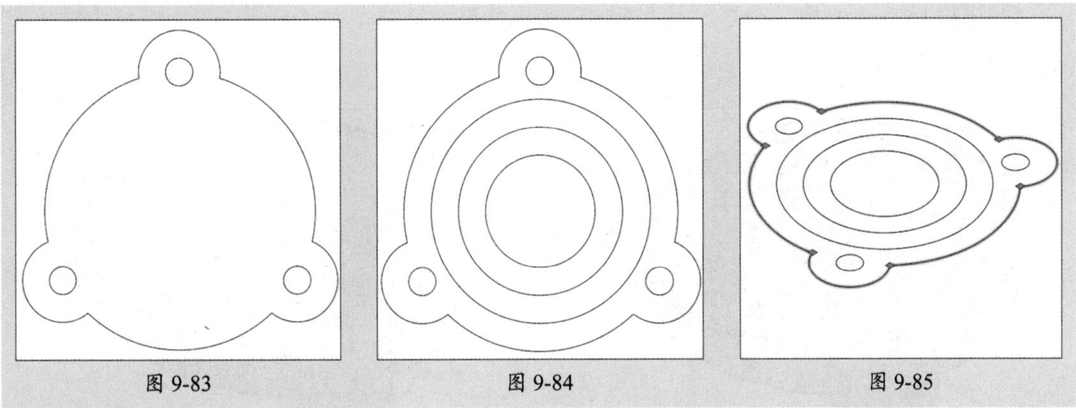
图 9-83　　图 9-84　　图 9-85

步骤 10 执行三维“拉伸”命令，将该面域拉伸成实体，拉伸高度为30mm，如图9-86所示。

步骤 11 继续执行三维“拉伸”命令，将三个小圆均拉伸成圆柱体，拉伸高度为35mm，如图9-87所示。

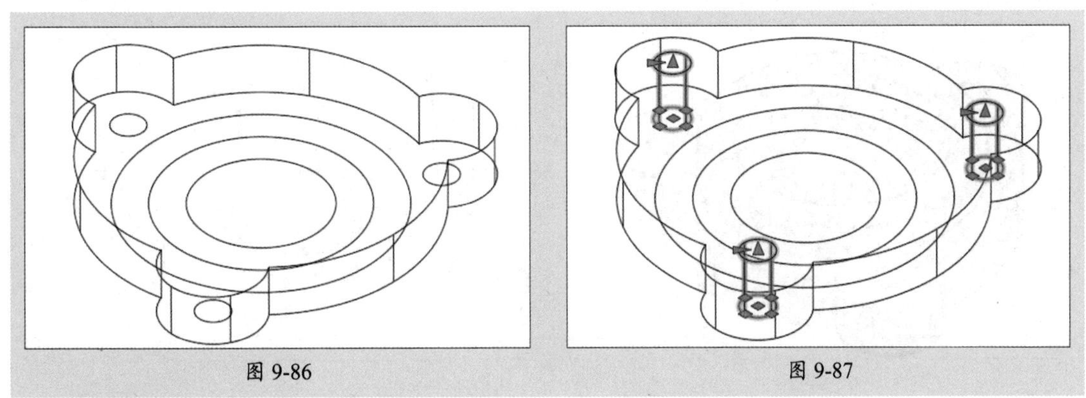
图 9-86　　图 9-87

步骤 12 执行“差集”命令，将三个小圆柱体从当前实体中减去，并将视觉样式设为概念，可查看效果，如图9-88所示。

步骤 13 返回到二维线框视觉样式。执行“拉伸”命令，将半径为80mm的圆向Z轴方向进行拉伸，拉伸高度为50mm，如图9-89所示。

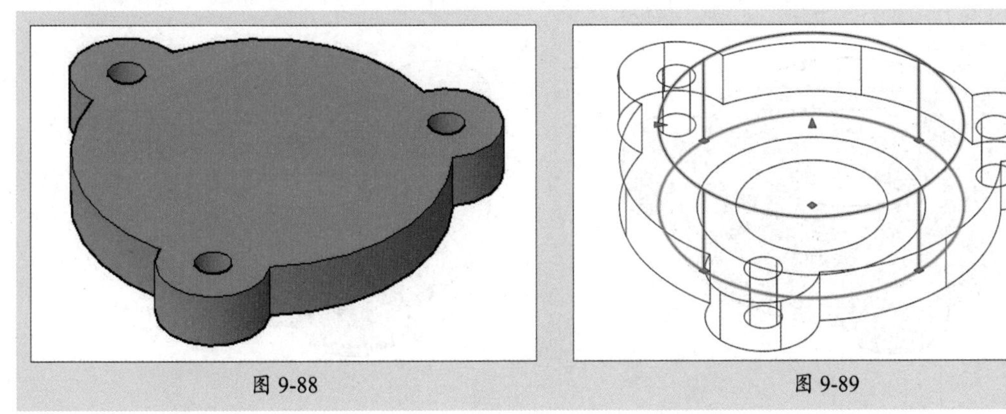
图 9-88　　图 9-89

步骤 14 继续执行“拉伸”命令，将半径为60mm的圆向Z轴方向上拉伸55mm。切换到概念视觉样式，查看效果，如图9-90所示。

步骤 15 执行“差集”命令，将半径为60mm的圆柱体从半径为80mm的大圆柱中减去，如图9-91所示。

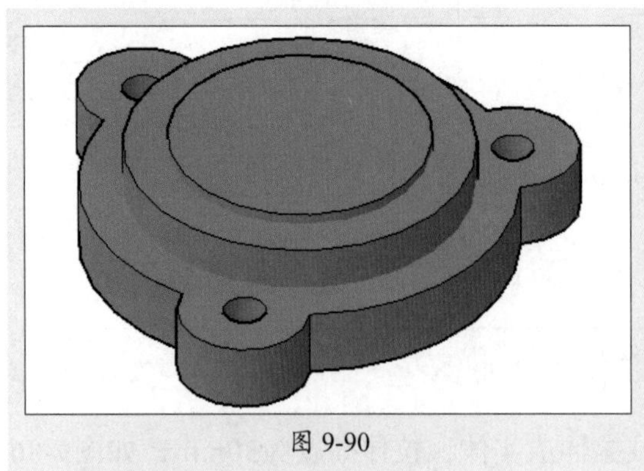
图 9-90

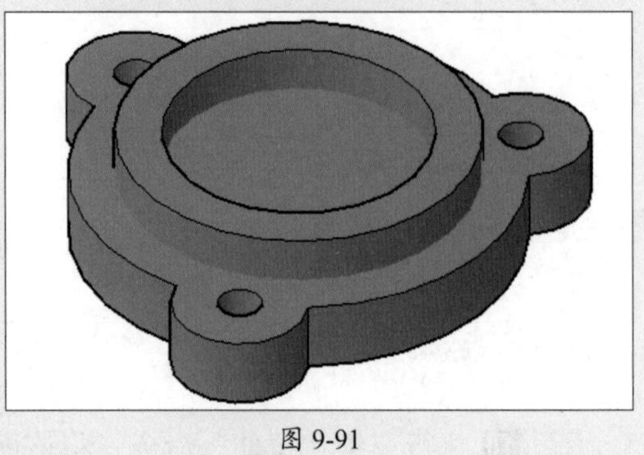
图 9-91

步骤 16 执行“并集”命令，将当前两个实体模型合并成一个整体，如图9-92所示。

步骤 17 切换到二维线框视觉样式。执行“拉伸”命令，将半径为40mm的圆也向Z轴方向拉伸55mm，如图9-93所示。

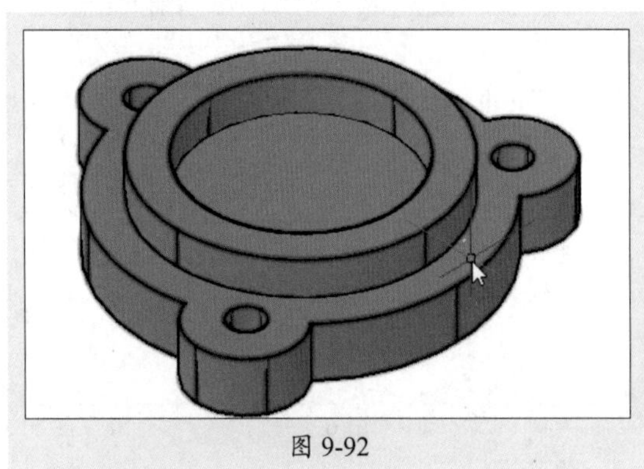
图 9-92

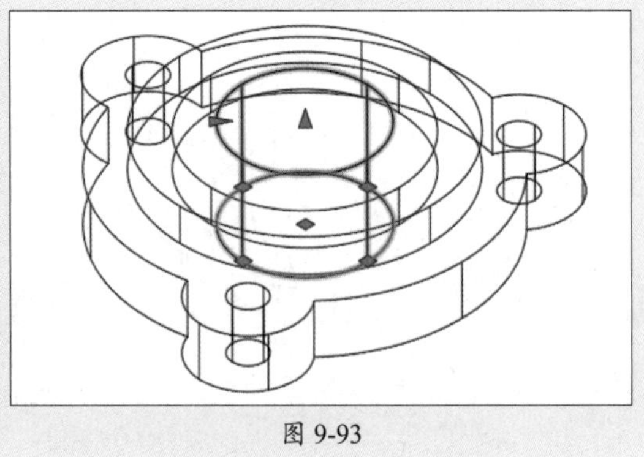
图 9-93

步骤 18 执行“差集”命令，将刚拉伸的小圆柱从实体模型中减去。切换到概念视觉样式，查看效果，如图9-94所示。

步骤 19 执行“圆角边”命令，将端盖实体边进行倒圆角处理，圆角半径为3mm，结果如图9-95所示。至此，端盖三维模型创建完毕。

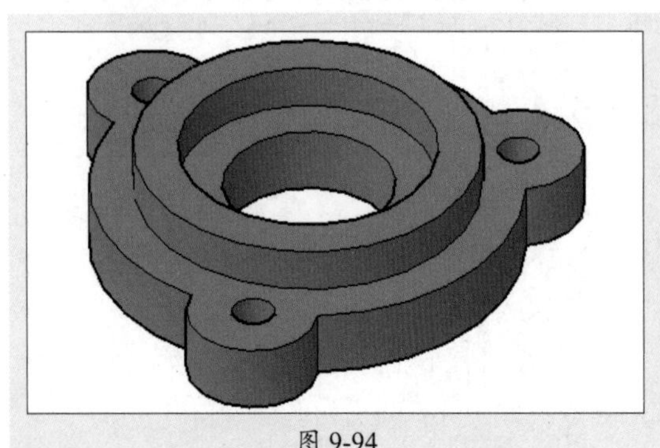
图 9-94

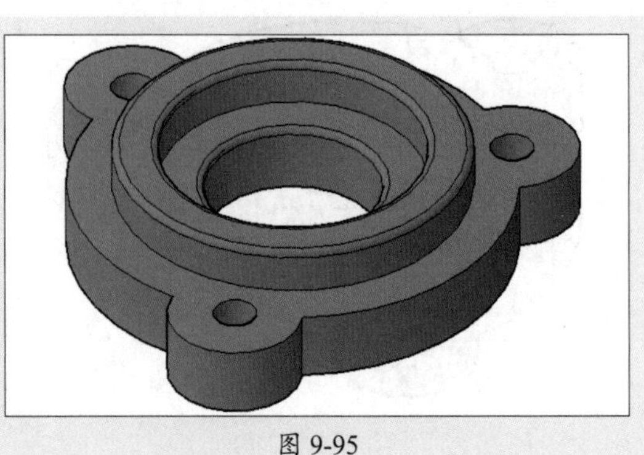
图 9-95

课后练习 创建空心螺栓模型

本实例将利用所学的三维命令，绘制一个空心螺栓模型，结果如图9-96所示。

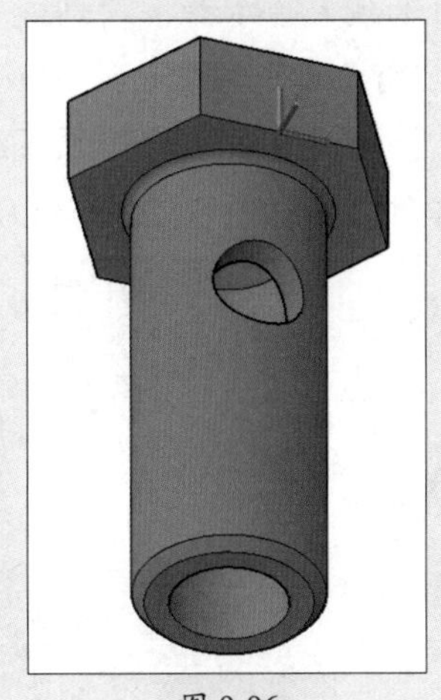

图 9-96

1. 技术要点

步骤 01 结合二维图形，执行“放样”和“拉伸”命令，绘制出螺栓头部造型。

步骤 02 执行“圆柱体”和“差集”命令，绘制出空心螺栓的柱体。

步骤 03 执行“圆柱体”“差集”“圆角边”等命令，绘制出空心柱体上的螺孔。

2. 分步演示

如图9-97所示。

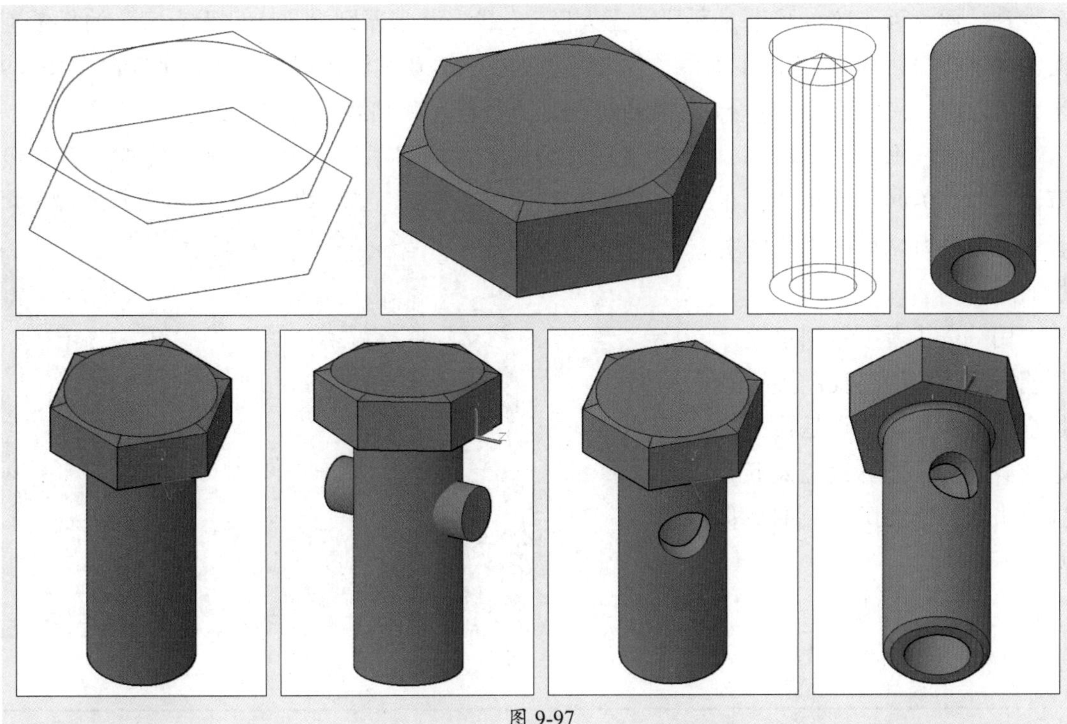

图 9-97

拓展赏析

深海万米探索：奋斗者

“奋斗者”号是我国研发的万米载人潜水器，它是继“蛟龙”号、“深海勇士”号载人潜水器之后的又一“国之重器”，“奋斗者”号融合了“蛟龙”号和“深海勇士”号深潜装备的优良血统，除了拥有安全稳定、动力强劲的能源系统外，还拥有更加先进的控制系统——核定位系统，以及更加耐压的载人球舱，如图9-98所示。

图 9-98

从外观上看，“奋斗者”号像一条大头鱼，鱼身涂成了绿色，因为绿光在海水中衰减较小，便于在深海捕捉到它的身影。头顶呈醒目的橘色，也是便于上浮到水面时能被母船快速发现。深海万米之处可谓是科研“无人区”，载人潜水器则是进入“无人区”的科考利器。2020年11月10日，“奋斗者”号载人潜水器在马里亚纳海沟成功坐底，坐底深度10909米，可以说，它已经可到达全球深海的任何地方，创造我国载人深潜的新纪录。

从百米浅海到万米深海，“奋斗者”号突破了我国多项核心深潜技术，完成了万米级海试，如图9-99所示是“奋斗者”号下潜万米所拍摄海底生物的照片。

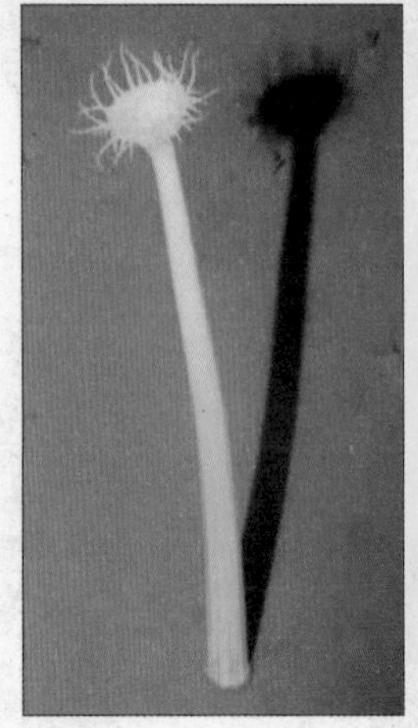

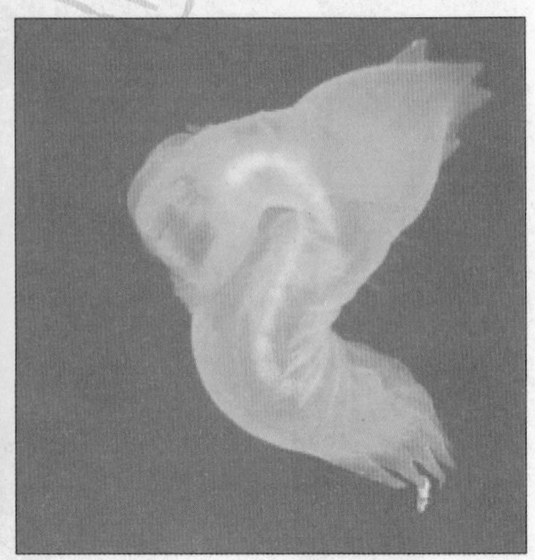

图 9-99

用“奋斗者”号副总设计师胡震的话来说，我们挑战的是全球最深处。特别是狭窄的球形载人舱，能够载三人下潜到万米深，这在国际上都是非常了不起的！

第10章

输出并打印机械设计图

内容导读

设计图绘制完成后，为了方便查看预览，可以将设计图进行输出或打印。掌握一些必要的打印输出技巧，可以提高工作效率。本章将对图形的打印与输出方法进行介绍，包括图形的输入及输出、模型与布局空间的切换、视口的创建、图形打印设置等。

思维导图

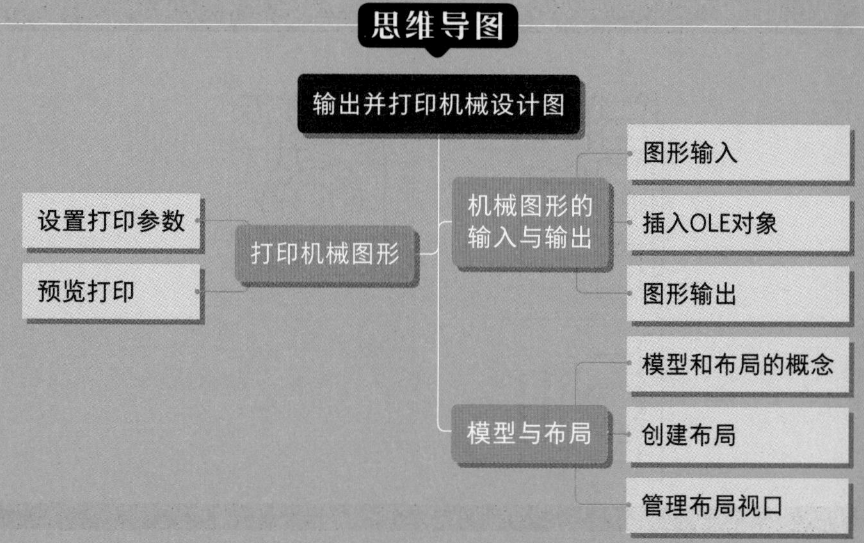

10.1 机械图形的输入与输出

通过系统提供的输入和输出功能，可以将用其他软件创建的图形文件输入到AutoCAD中，也可将绘制好的CAD图形输出成其他格式的文件。

10.1.1 案例解析：阀体零件图的输出

下面将利用输出命令，将阀体零件图输出成JPG格式文件。

步骤 01 打开“阀体零件”素材文件，在命令行输入JPGOUT命令，按回车键，打开“创建光栅文件”对话框。设置好保存的路径及文件名，如图10-1所示。

步骤 02 单击“保存”按钮，在绘图区中框选要输出的图形，如图10-2所示。

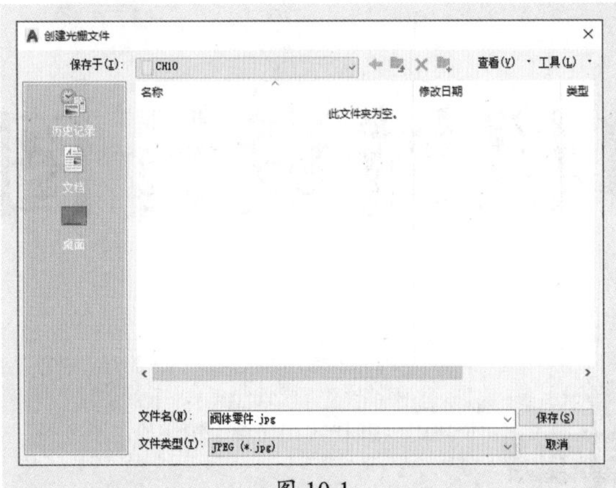

图 10-1

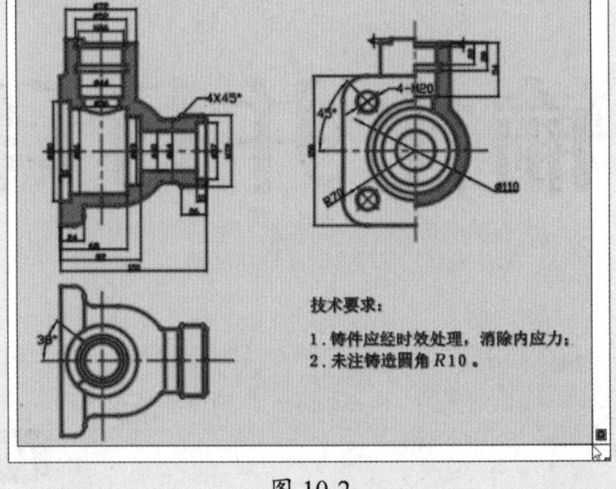

图 10-2

步骤 03 按回车键后，即可完成图形的输出操作。按照保存路径，可打开输出的图片进行查看，如图10-3所示。

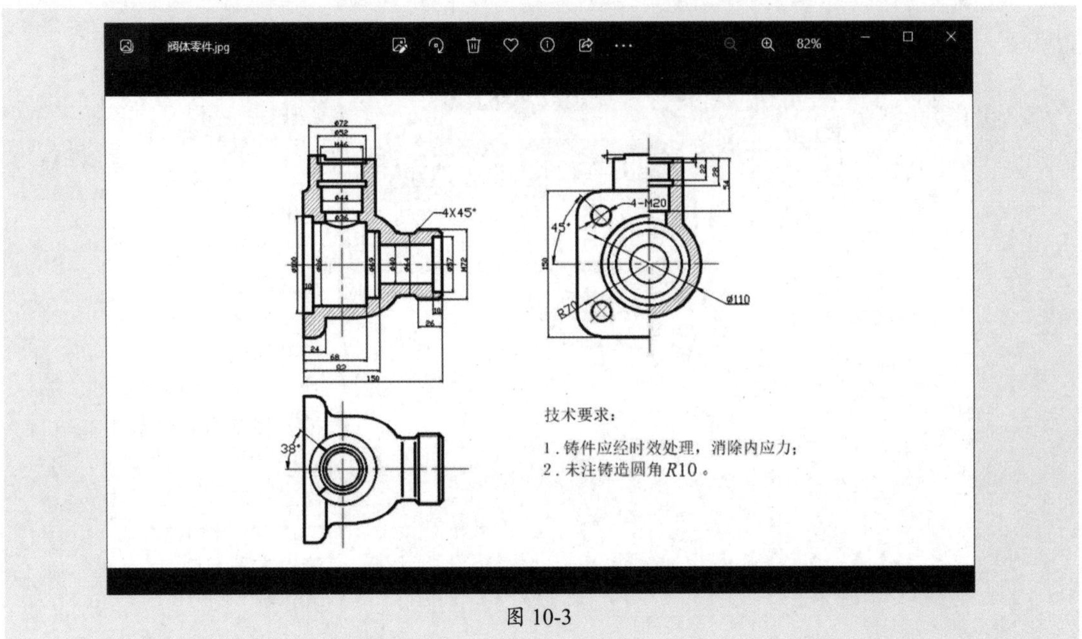

图 10-3

10.1.2 图形输入

要将其他格式的图形导入AutoCAD中，可通过以下方式进行操作：

- 执行“文件”|“输入”命令。
- 在“插入”选项卡的“输入”面板中单击“PDF输入”下拉按钮，从中选择“输入”选项。

执行以上任意一个操作，打开“输入文件”对话框。单击“文件类型”下拉按钮，选择要输入的文件格式，或者选择“所有文件”选项，如图10-4所示。然后选择要导入的图形文件，单击“打开”按钮即可输入该文件，如图10-5所示。

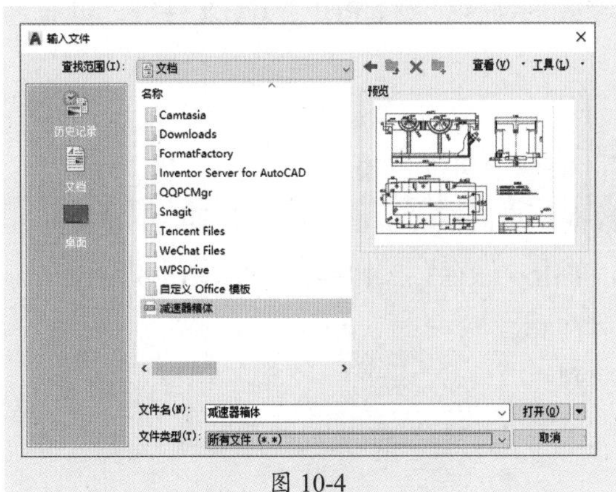

图 10-4

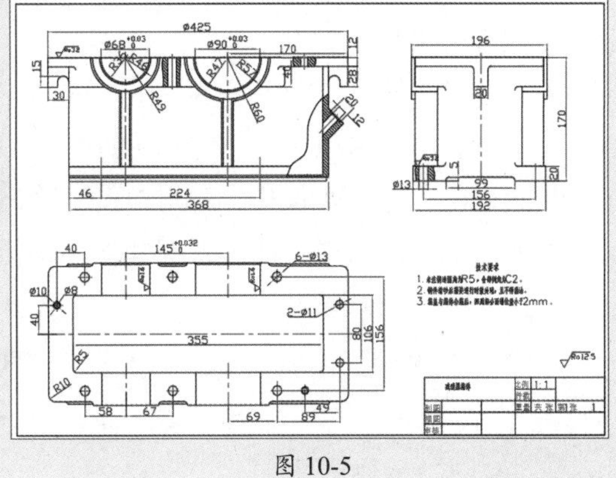

图 10-5

10.1.3 插入OLE对象

OLE是指对象链接与嵌入，是将其他Windows应用程序的对象链接或嵌入到AutoCAD图形中，或在其他程序中链接或嵌入AutoCAD图形。插入OLE文件可以避免图片丢失、文件丢失这些问题，所以使用起来非常方便。通过以下方式可调用“OLE对象”命令：

- 执行“插入”|“OLE对象”命令。
- 在“插入”选项卡的“数据”面板中单击“OLE对象”按钮。

执行以上任意一个操作，均可打开“插入对象”对话框。根据需要选择“新建”或“由文件创建”单选按钮，并根据对话框中的提示，进行下一步操作即可。图10-6所示是选择“新建”选项的界面，图10-7所示是选择“由文件创建”选项的界面。

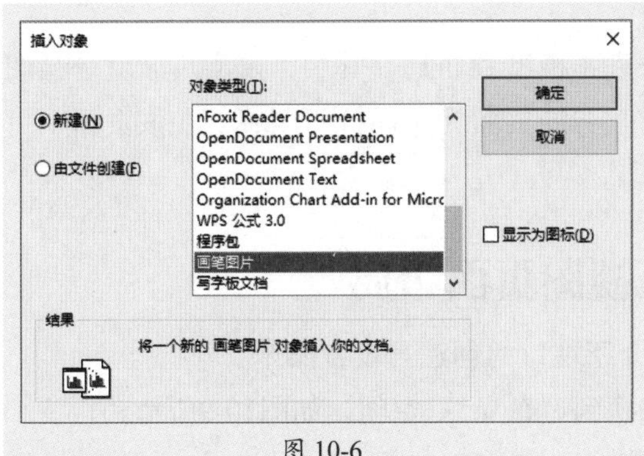

图 10-6

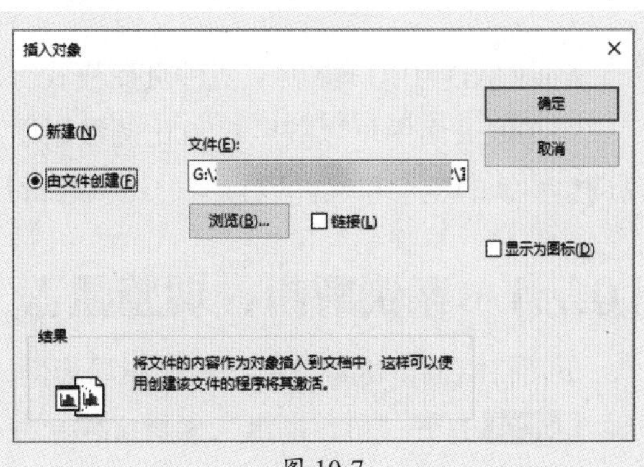

图 10-7

选择“新建”选项后，在“对象类型”列表中选择需要导入的应用程序，单击“确定”按钮，系统会启动其应用程序，用户可在该程序中进行输入、编辑操作。完成后关闭应用程序，此时在AutoCAD绘图区就会显示相应的内容。

选择“由文件创建”选项后，单击“浏览”按钮，打开“浏览”对话框。用户可以直接选择现有的文件，单击“打开”按钮，返回到上一层对话框，再单击“确定”按钮即可导入。

10.1.4 图形输出

如果需要将AutoCAD图形文件输出成其他格式的文件，例如PDF、JPG文件等，可通过以下方式进行操作：

- 执行“文件”|“输出”命令。
- 在“输出”选项卡的“输出为DWF/PDF”面板中单击“输出”按钮。

通过以上任意一个操作，都可打开“输出数据”对话框。单击“文件类型”下拉按钮，选择好所需的文件格式，并设置好其保存路径，单击“保存”按钮即可，如图10-8所示。

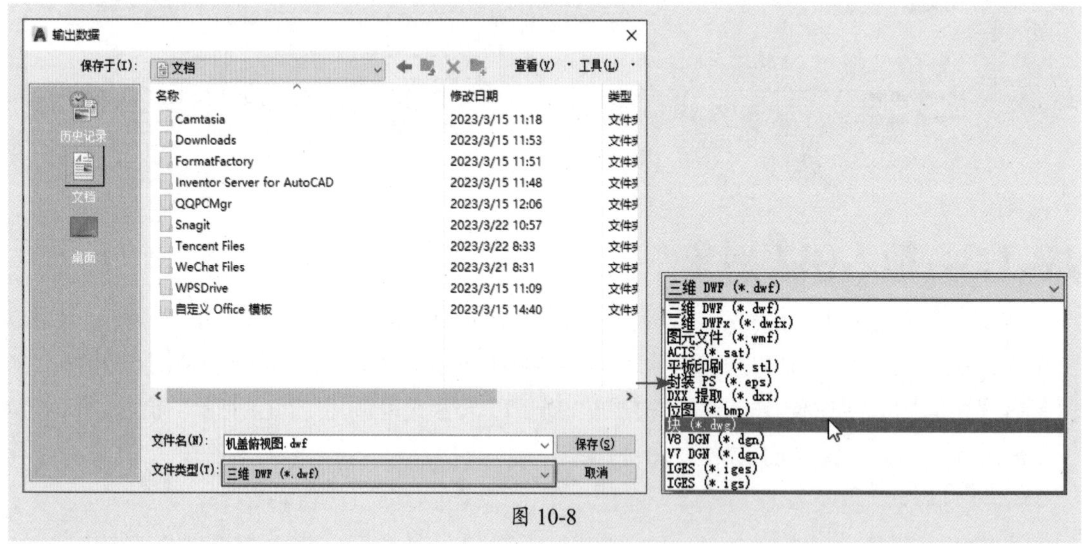

图 10-8

10.2 模型与布局

AutoCAD为用户提供了两种页面模式，分别是模型和布局。其中，模型页面就是绘图区域，在该页面中可以按照1：1比例绘制图形。布局页面为布局打印区域，在该页面中可以调整图纸的整个布局并以1：1的比例进行打印。

10.2.1 案例解析：调整机盖三视图页面布局

下面将以调整机盖三视图页面布局为例，介绍视口的创建与设置操作。

步骤 01 打开“机盖图纸”素材文件，并切换到“布局1”空间，如图10-9所示。

步骤 02 选中该空间中的视口，按Delete键删除，如图10-10所示。

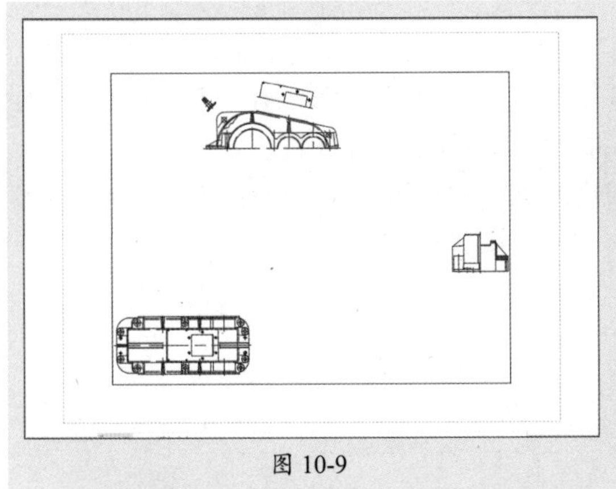

图 10-9

图 10-10

步骤 03 执行“视图”|“视口”|“新建视口”命令，打开“视口”对话框。选择“三个：右”标准视口，单击“确定”按钮，如图10-11所示。

步骤 04 在布局空间中绘制视口区域，创建标准视口，如图10-12所示。

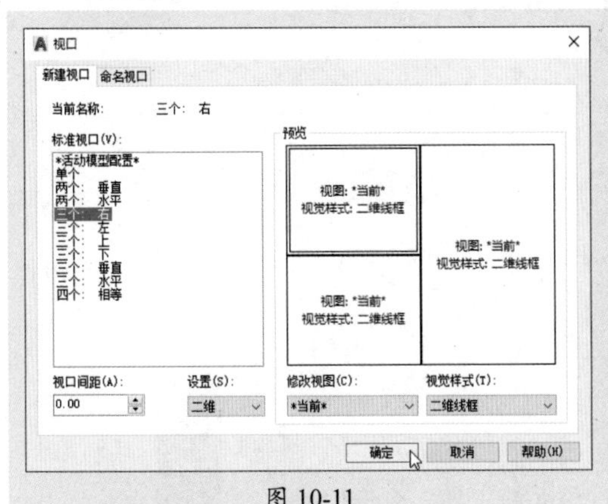

图 10-11

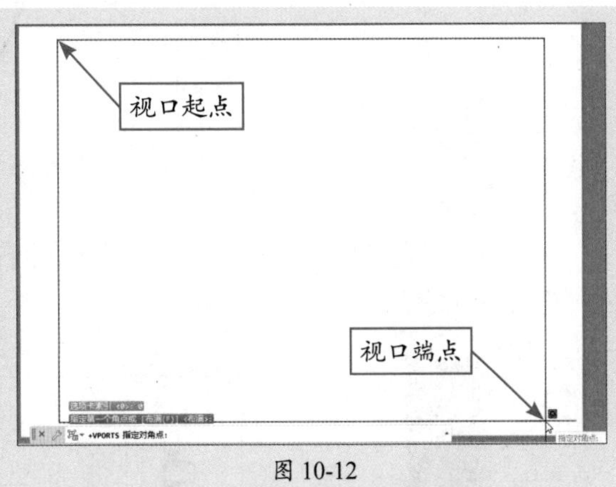

图 10-12

步骤 05 双击左上角视口内任意点，可解除视口的锁定。通过平移和缩放命令，将机盖主视图显示在视口中央，如图10-13所示。

步骤 06 双击该视口外任意点，可锁定视口。照此方法，将机盖俯视图显示在左下角视口中央，将机盖左视图显示在右侧视口中央。该页面布局调整完成，如图10-14所示。

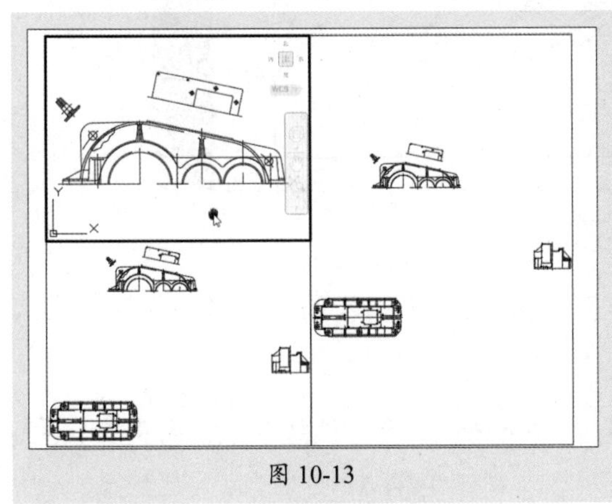

图 10-13

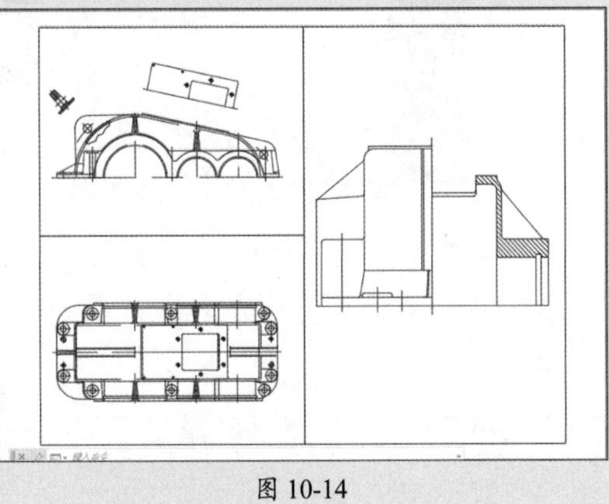

图 10-14

10.2.2 模型和布局的概念

模型页面和布局页面都可进行打印出图操作。如果一张图纸中只有一种绘图比例，那么可用模型来出图；如果一张图中同时存在几种比例，则用布局来出图。

这两种页面模式的区别：模型主要用于图形的创建与编辑，在模型中只需考虑图形绘制的精准度和效果，不需考虑绘图空间的大小，如图10-15所示。

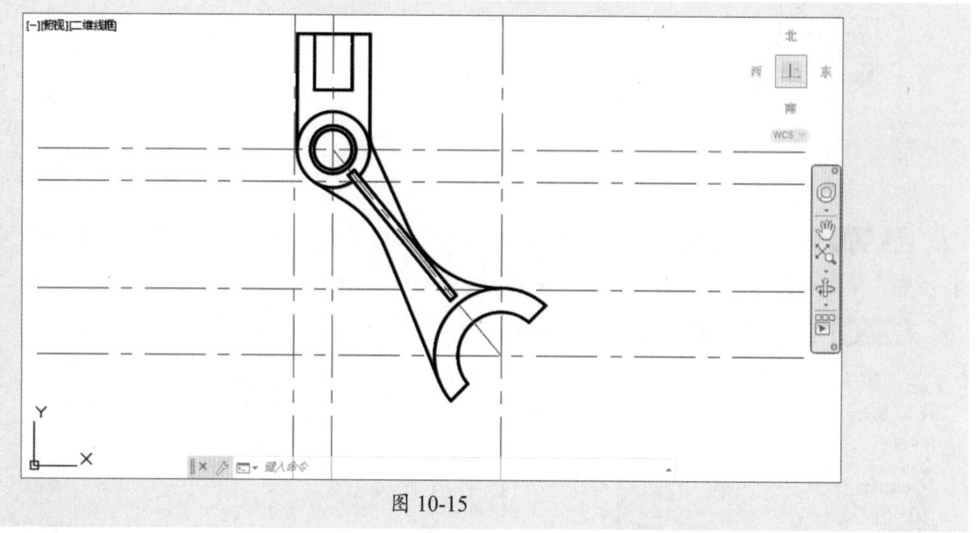

图 10-15

布局主要用于对多张图纸的摆放位置做调整，而不可以直接对图形进行修改或编辑操作，图10-16所示。

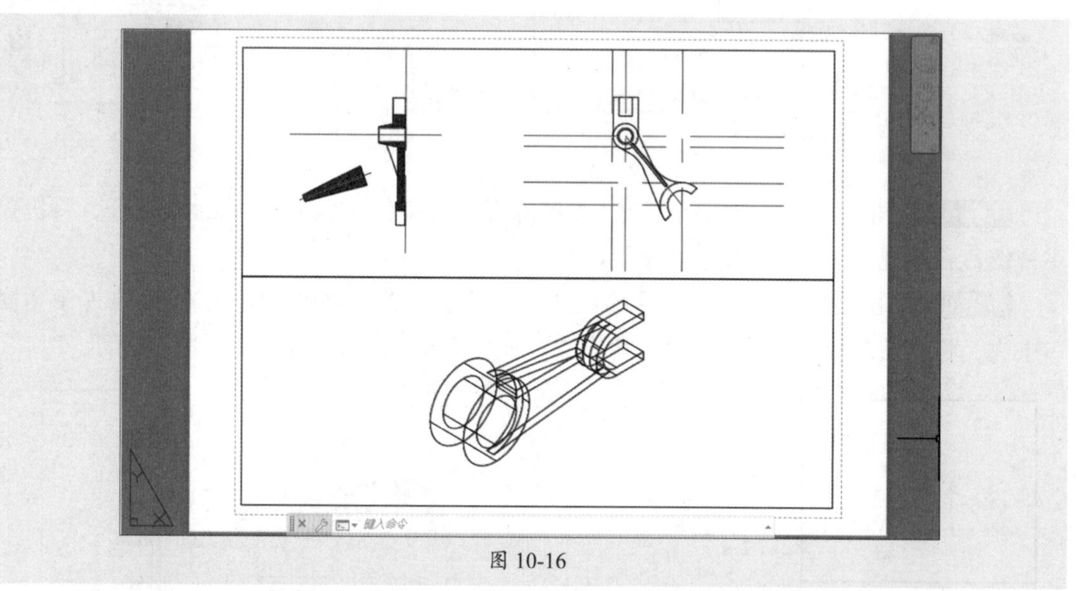

图 10-16

用户可在状态栏中通过单击“模型”或“布局”选项标签来进行页面模式的切换操作，如图10-17所示。

图 10-17

此外，在“文件”选项卡中将光标悬浮在“文件”标题上，系统会自动显示出模型与布局窗口，选中所需窗口即可切换，如图10-18所示。

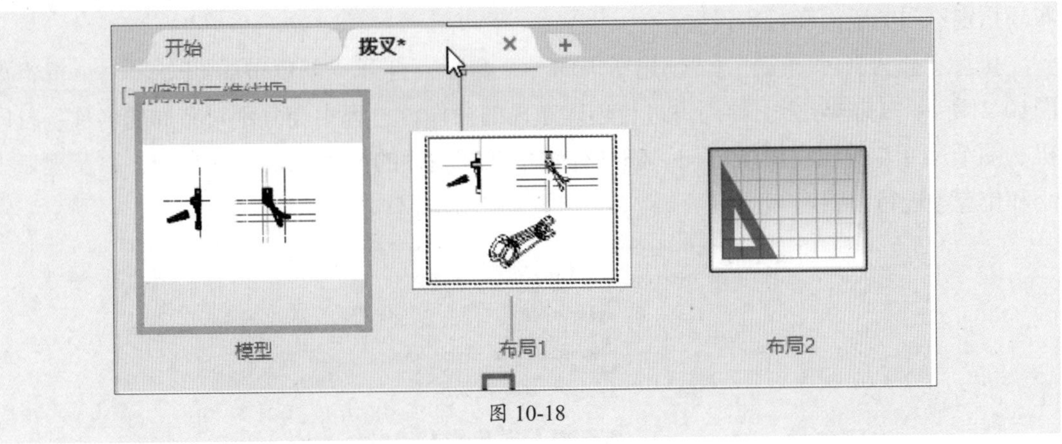

图 10-18

10.2.3 创建布局

布局是提供直观的打印设置，主要用于控制图形的输出，布局中的图形与模型页面上打印出来的图形完全一样。

1. 使用样板创建布局

AutoCAD提供了多种不同国际标准体系的布局模板，这些标准包括ANSI、GB、ISO等，其中遵循中国国家工程制图标准（GB）的布局就有12种之多，支持的图纸幅面有A0、A1、A2、A3和A4。

执行“插入”|“布局”|“来自样板的布局”命令，打开“从文件选择样板”对话框，如图10-19所示。选择需要的布局模板，然后单击“打开”按钮，系统会弹出“插入布局”对话框。在该对话框中显示了当前所选布局模板的名称，单击“确定”按钮即可，如图10-20所示。

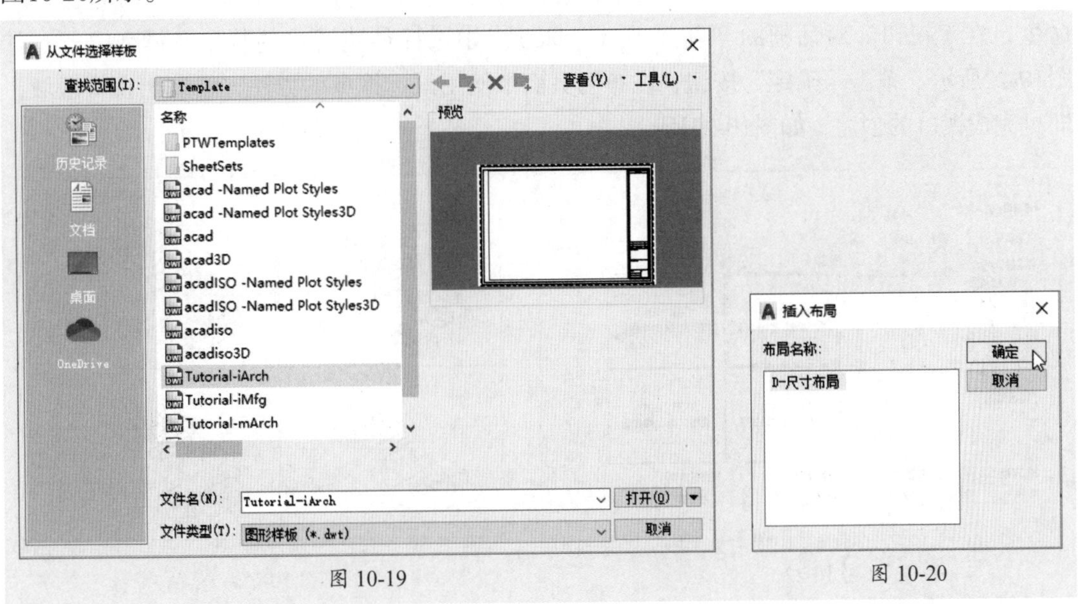

图 10-19　　图 10-20

2. 使用向导创建布局

布局向导用于引导用户创建一个新的布局，每个向导页面都会提示用户为正在创建新布局指定不同的版面和打印设置。

执行“插入”|“布局”|“创建布局向导”命令，打开“创建布局-开始”对话框，如图10-21所示。该向导会引导用户进行创建布局的操作，过程中会分别对布局的名称、打印机、图纸尺寸和单位、图纸方向、添加标题栏及标题栏的类型、视口的类型，以及视口大小和位置等进行设置。

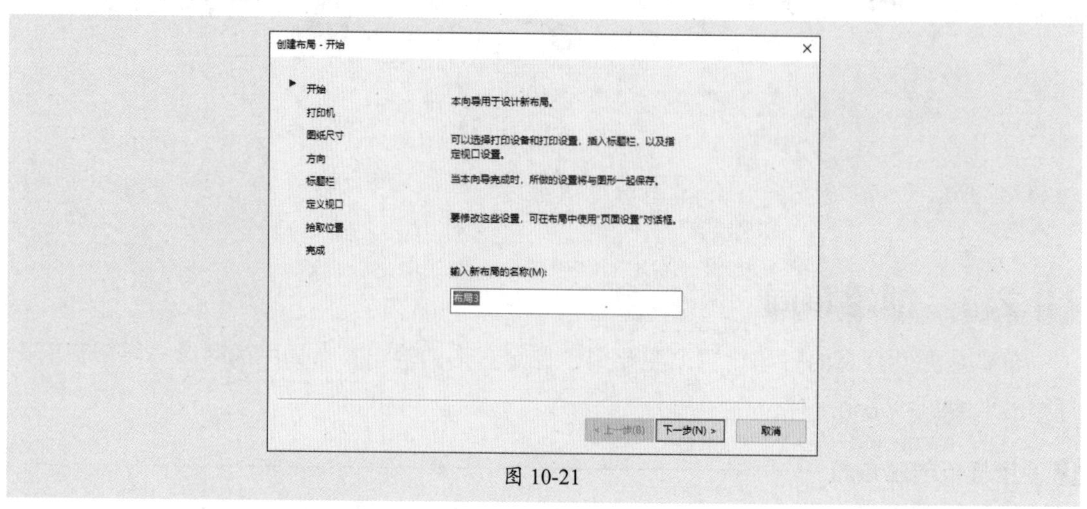

图 10-21

10.2.4　管理布局视口

在布局页面中会显示一个默认的视口，该视口会显示当前模型页面中所有的图形。如果需要通过不同的角度来查看模型，那么可在此创建多个视口。

1. 创建视口

选择视口边框，按Delete键可删除该视口。执行“视图”|“视口”|“命名视口”命令，在“视口”对话框的“新建视口”选项卡中选择创建视口的数量及排列方式，如图10-22所示。单击“确定”按钮，在布局页面中使用鼠标拖曳的方法，绘制出视口区域，即可完成视口的创建，如图10-23所示。

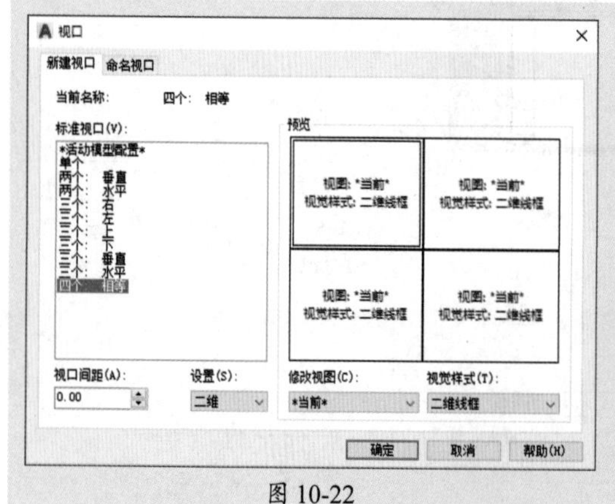

图 10-22

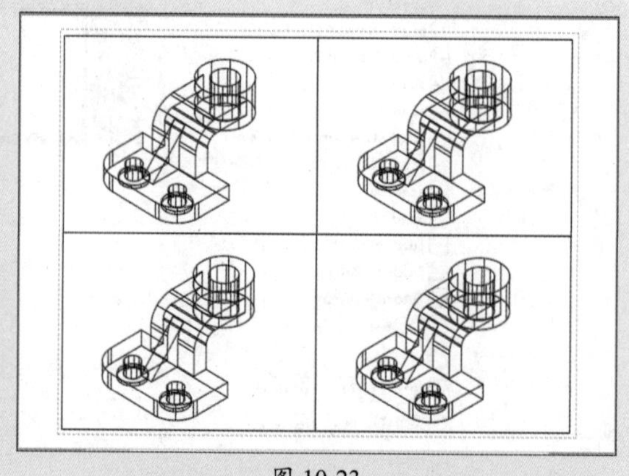

图 10-23

此外，切换到“布局1”空间后，在“布局”选项卡的“布局视口”面板中单击“矩形”按钮，可创建一个矩形视口。当然，也可创建多边形视口以及对象视口，如图10-24所示。

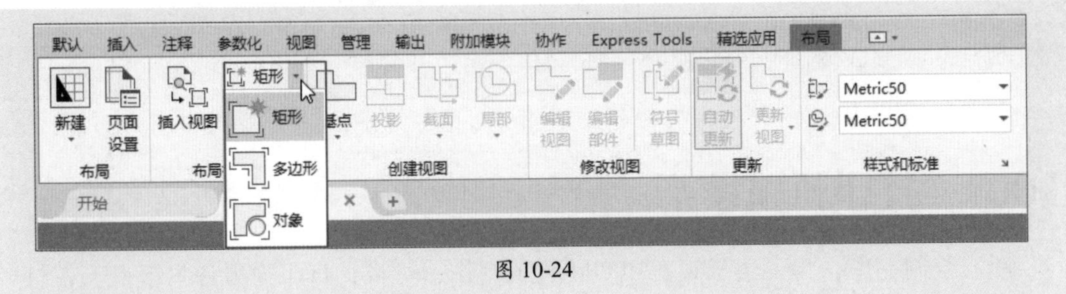

图 10-24

2. 管理视口

创建视口后，用户可根据需要对视口的大小、显示内容进行调整。选中并拖动视口边框任意夹点至合适位置，可调整当前视口的大小，如图10-25所示。

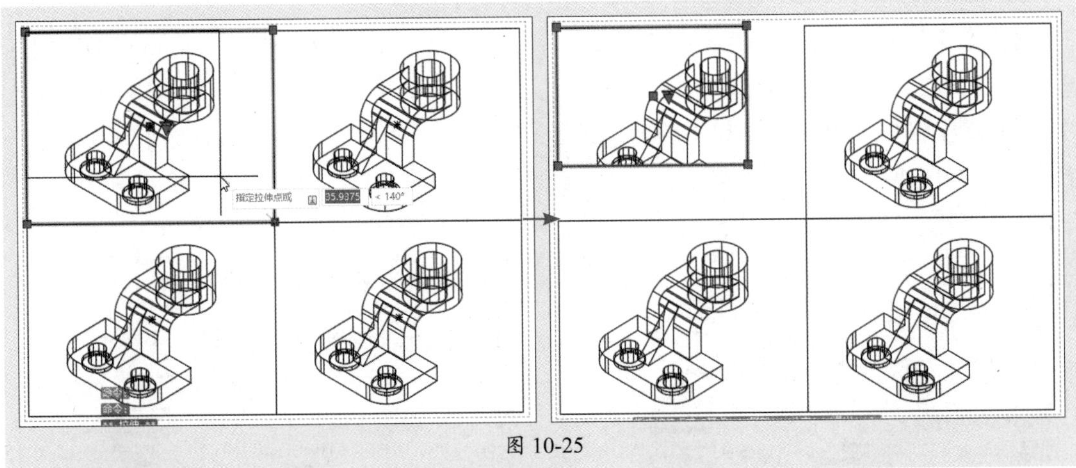
图 10-25

利用快捷键Ctrl+C和Ctrl+V可进行视口的复制、粘贴操作，按Delete键即可删除多余的视口。双击视口内任意一点，当视口边框加粗显示时，说明当前视口已被激活，如图10-26所示。此时，用户可对当前视口的显示内容进行调整，如图10-27所示。

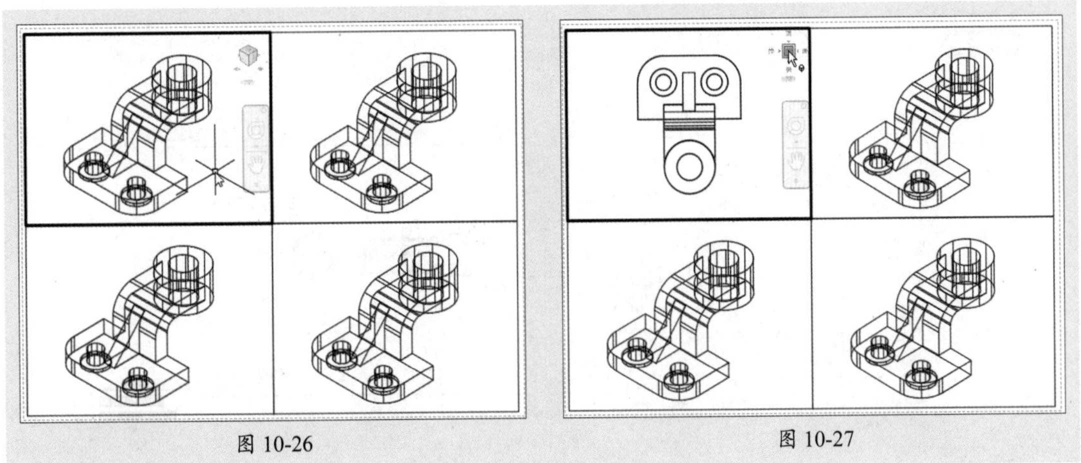
图 10-26　　图 10-27

调整完成后，双击视口外任意处，可锁定视口。

操作提示

激活视口后，用户除了可调整图形的大小外，还可以对图形进行修改，其操作与在模型空间中相同。修改完成后，其他视口中的图形会随之发生相应的改变。

10.3 打印机械图形

图形绘制完毕，为了便于观察和实际施工制作，可将其打印输出到图纸上。在打印之前，需要对打印样式及打印参数等进行设置。

10.3.1 案例解析：打印锥齿轮轴零件图

下面将以锥齿轮轴零件图为例，介绍图纸打印的基本操作。

步骤01 打开“锥齿轮轴零件图”素材文件。按快捷键Ctrl+P，打开“打印-模型”对话框，如图10-28所示。

步骤02 将“打印机/绘图仪”的名称设为当前打印机的型号，在“图纸尺寸”列表中选择所需的打印纸尺寸，如图10-29所示。

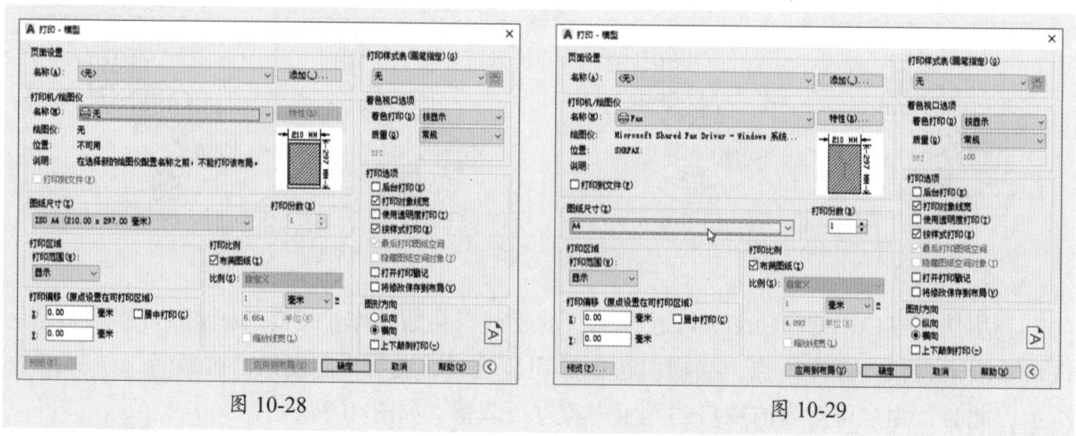

图 10-28　　图 10-29

步骤03 将“打印范围”设为“窗口”，并在绘图区选择要打印的图纸区域，如图10-30所示。

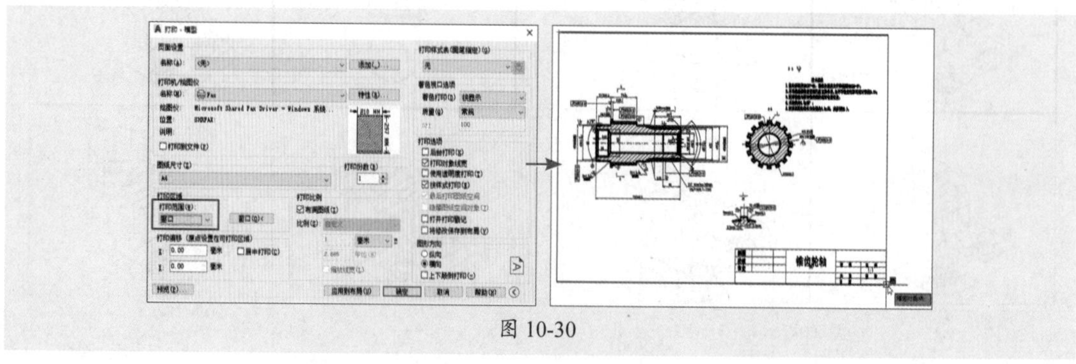

图 10-30

步骤 04 勾选“居中打印”复选框，单击“预览”按钮，打开预览窗口。确认无误后，右击窗口任意处，选择“打印”选项即可打印，如图10-31所示。

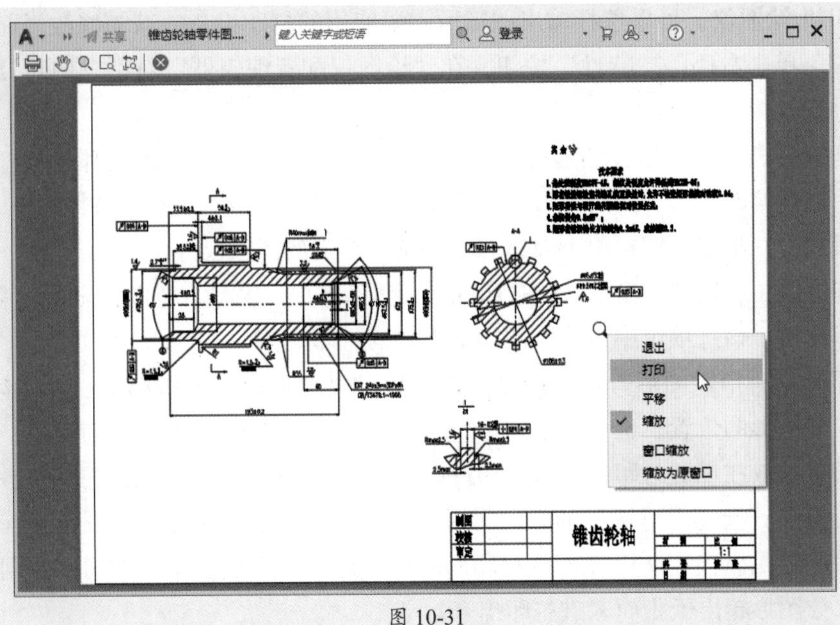

图 10-31

10.3.2 设置打印参数

在打印图形之前需要对打印参数进行设置，如图纸尺寸、打印方向、打印区域、打印比例等。在“打印-模型”对话框中可以设置各个打印参数，如图10-32所示。通过以下方式打开该对话框：

- 执行“文件”|“打印”命令。
- 在快速访问工具栏上单击“打印”按钮。
- 按快捷键Ctrl+P。
- 在“输出”选项卡的“打印”面板中单击“打印”按钮。

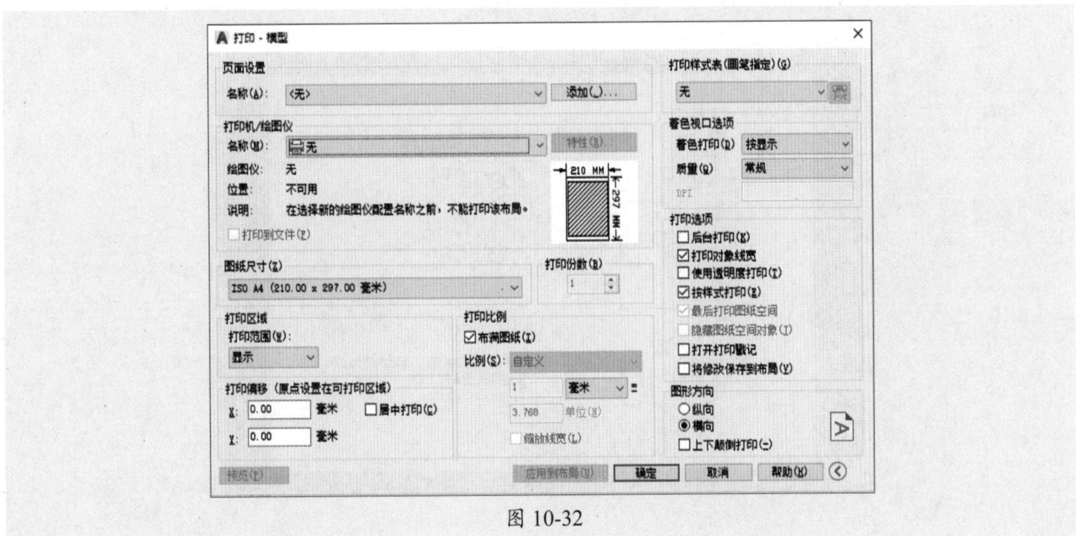

图 10-32

在进行打印参数设定时，应根据与电脑连接的打印机的类型来综合考虑打印参数的具体值，否则将无法实施打印操作。

- **打印机/绘图仪：** 可以选择输出图形所需要使用的打印设备。若需修改当前打印机配置，可单击右侧的“特性”按钮，在“绘图仪配置编辑器”对话框中对打印机的输出进行设置。
- **打印样式表：** 用于修改图形打印的外观。图形中每个对象或图层都具有打印样式属性，通过修改打印样式可以改变对象输出的颜色、线型、线宽等特性。
- **图纸尺寸：** 根据打印机类型及纸张大小选择合适的图纸尺寸。
- **打印区域：** 设定图形输出时的打印区域，包括布局、窗口、范围、显示四个选项。
- **打印比例：** 该选项组中可设定图形输出时的打印比例。
- **打印偏移：** 指定图形打印在图纸上的位置。可通过设置*X*和*Y*轴上的偏移距离来精确控制图形的位置，也可通过勾选“居中打印”复选框使图形打印在图纸中间。
- **打印选项：** 在设置打印参数时，还可以设置一些打印选项，以便需要时使用。
- **图形方向：** 指定图形输出的方向，因为图纸制作会根据实际的绘图情况来选择图纸是横向还是纵向，所以在图纸打印的时候一定要注意设置图形方向，否则可能会出现部分图形超出纸张而未被打印出来。

10.3.3 预览打印

在设置打印之后，可通过打印预览窗口来查看是否符合要求，确认后可单击“打印”按钮进行打印操作，如果不符合要求，可按Esc键退出预览，重新设置。

用户可通过以下方式打开打印预览窗口：

- 执行“文件”|“打印预览”命令。
- 在“输出”选项卡上单击“预览”按钮。
- 在“打印”对话框中设置打印参数，单击左下角的“预览”按钮。

执行以上任意一项操作命令后，即可进入预览窗口，如图10-33所示。

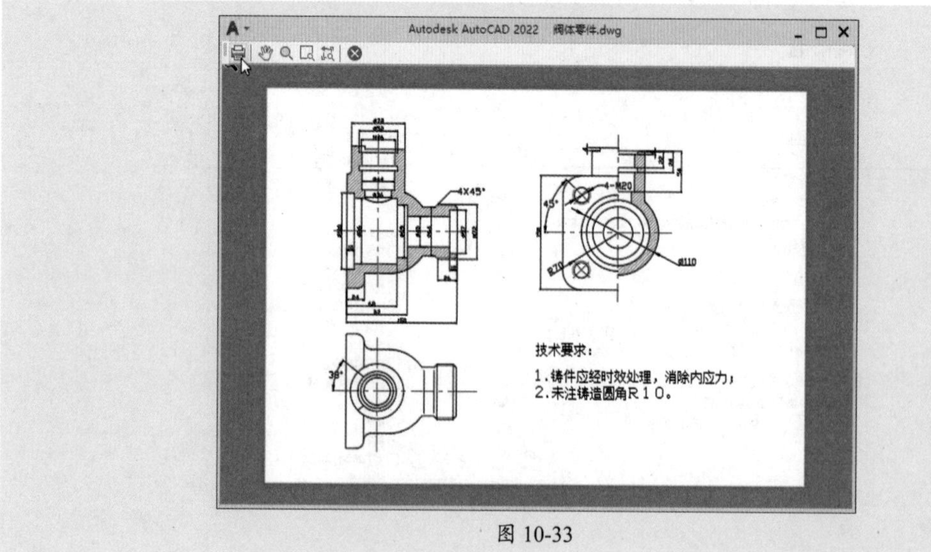

图 10-33

课堂实战 三通管模型图的输出

下面将利用本章所学的相关命令，将三通管模型图转换成PDF格式的文件。

步骤 01 打开“三通管”素材文件。切换到“布局1”页面，如图10-34所示。

步骤 02 执行“新建视口”命令，打开“视口”对话框。选择“四个：相等”标准视口，单击“确定”按钮，如图10-35所示。

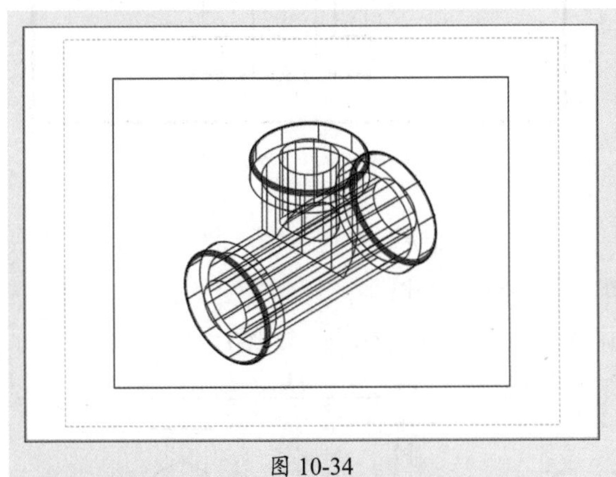

图 10-34

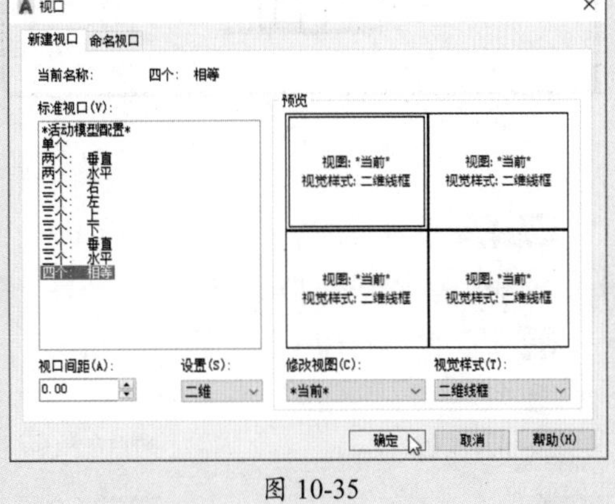

图 10-35

步骤 03 使用鼠标拖曳的方法，创建视口，如图10-36所示。

步骤 04 双击左上角视口，将其激活。单击视口右上角的方向坐标，将视图切换至前视图，如图10-37所示。

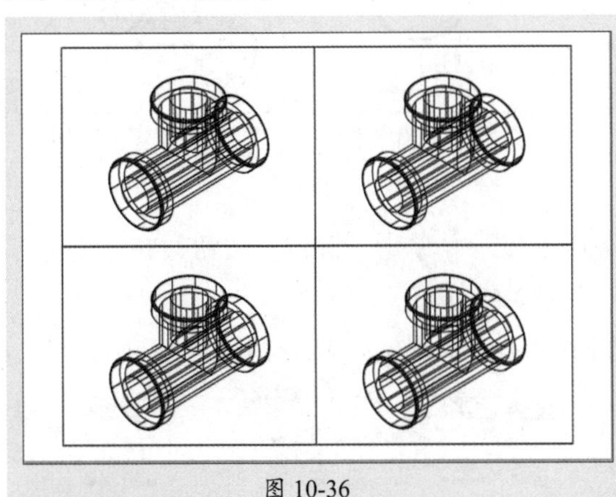

图 10-36

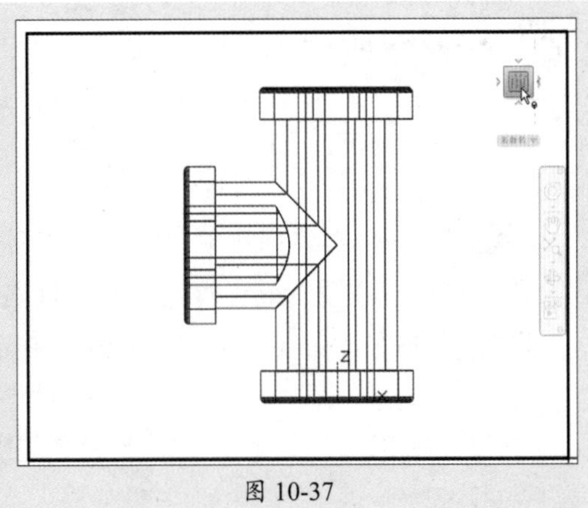

图 10-37

步骤 05 双击右上角视口，将其激活。同样，单击视口右上角的方向坐标，将视图切换至左视图，如图10-38所示。

步骤 06 照此方法，将左下角视口所显示的视图模式设为俯视图，如图10-39所示。

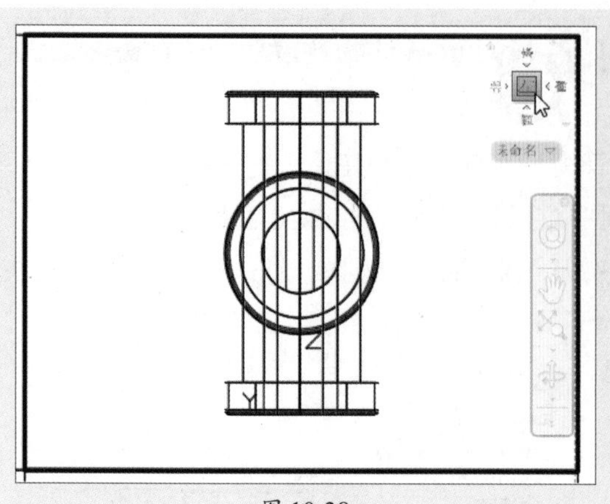
图 10-38

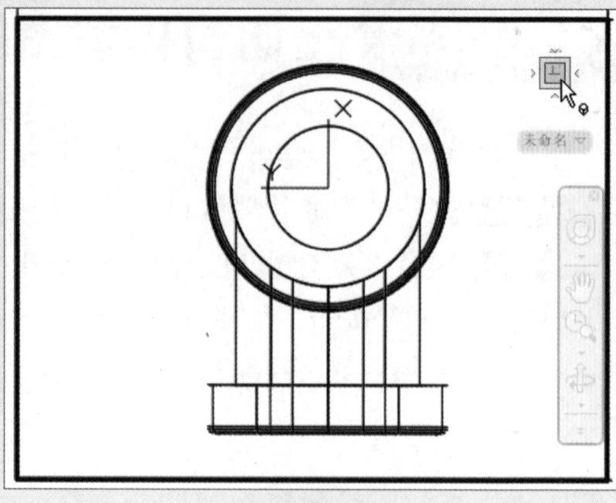
图 10-39

步骤 07 设置完成后，按快捷键Ctrl+P，打开“打印-布局1”对话框。将“打印机/绘图仪”名称设为“DWG To PDF.pc3”选项，如图10-40所示。

步骤 08 将“打印范围”设为“窗口”，并框选设置的标准视口，如图10-41所示。

图 10-40

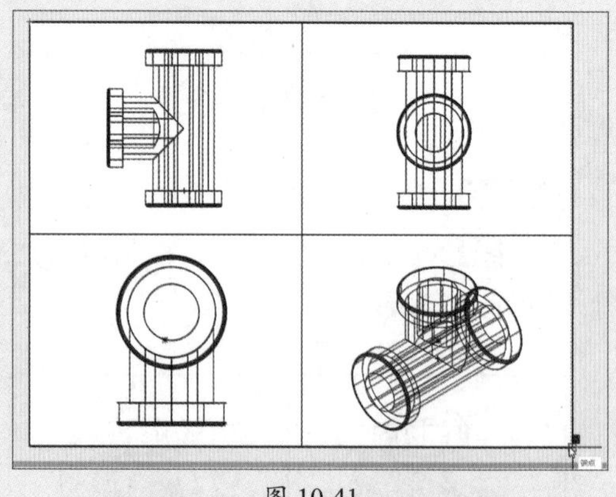
图 10-41

步骤 09 勾选“居中打印”复选框，将图纸居中显示。单击“确定”按钮，在“浏览打印文件”对话框中设置好保存路径及文件名，如图10-42所示。

步骤 10 单击“保存”按钮，完成PDF文件格式的输出操作，输出结果如图10-43所示。

图 10-42

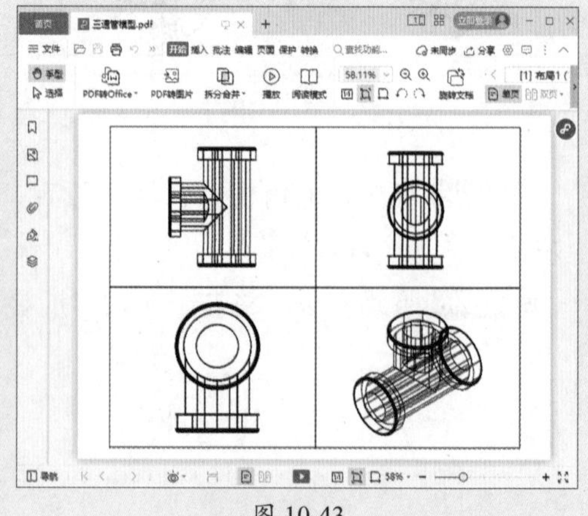
图 10-43

课后练习 打印阀体三视图

本实例将利用“视口”和“打印”命令，将阀体模型打印输出，如图10-44所示。

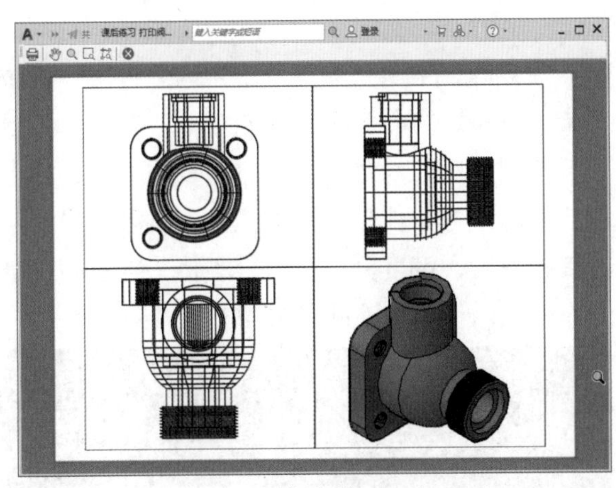

图 10-44

1. 技术要点

步骤 01 执行“新建视口”命令，新建“四个：相等”视口。

步骤 02 分别调整好每个视口的显示内容。

步骤 03 打开“打印-布局1”对话框，设置好打印参数，并将图形打印输出。

2. 分步演示

如图10-45所示。

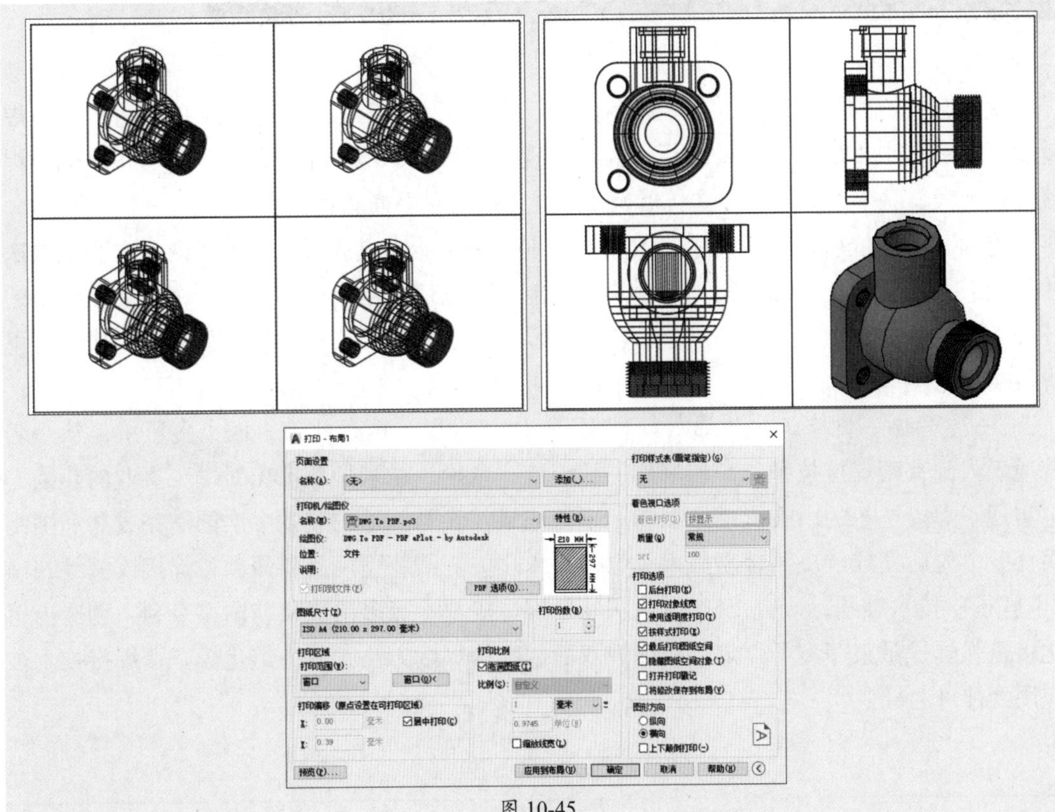

图 10-45

拓展赏析

独手“钢铁侠”：卢仁峰

卢仁峰，中国兵器工业集团内蒙古第一机械集团有限公司首席焊接技师。几十年来，凭借一只完好的右手练就焊接绝技，攻克技术难题，为我国军工事业做出了突出贡献。

车间是卢仁峰常待的地方。夏季，湿热的空气混合着铁锈味，卢仁峰身穿厚厚的焊工服守在焊机旁，伴随刺眼的弧光、飞溅的焊渣，焊枪在他手中稳稳移动，每次呼吸、移步和变换身姿，都万分谨慎，容不得一点粗心，毫厘之间都可能出问题。他手里那把焊枪，一拿便是四十多年（见图10-46）。

图 10-46

从拿起焊钳的第一天起，卢仁峰就给自己树立了“当工人就当最优秀的工人，干电焊就要干成最有水平的专家”的目标。为了实现这个目标，他开始拼命地学习。正当他在焊接岗位上大显身手的时候，一次机器操作失误，他的左手彻底丧失了功能。

重回工作岗位后，由于左手不太灵活，别人一次能完成的活儿，他要两三次甚至数次才能完成。即便如此，为了提高单手焊接的能力，他依然给自己定下每天练习50根焊条的任务，强化基本功。这一练，就是五年，厚厚的手套磨破了四五副，卢仁峰再次成为厂里焊接技术的领军人。

“一生只做一件事，一生做好一件事。”以此为生，精于此道，四十多年来，从一名普通工人到首席焊接技师，卢仁峰用一把焊枪一微米一微米地积攒出对军工事业的热爱，也实现了焊接技艺的由技入道，取得了丰硕成果：参与制造的装备多次圆满完成共和国阅兵任务，先后完成解决某轻型战术车焊接技术攻关、某新型民品科研项目焊接攻关等23项“卡脖子”技术难题，研究出HT火花塞异种钢焊接技术等多项成果与国家专利，创造出熔化极氩弧焊、微束等离子弧焊、单面焊双面成型等焊接方法，其中熔化极氩弧焊接技术被应用到神舟七号上。